软件工厂进阶实录

钱悦 程勇 刘锋 欧阳红军 黄友 ◎ 著

国防工业出版社

·北京·

图书在版编目（CIP）数据

软件工厂进阶实录 / 钱悦等著 . -- 北京：国防工业出版社 , 2025.6. -- ISBN 978-7-118-13746-0

Ⅰ . TP311.52

中国国家版本馆 CIP 数据核字第 2025EY4079 号

书　　名	软件工厂进阶实录
著	钱　悦　程　勇　刘　锋　欧阳红军　黄　友
责任编辑	冯　晨
美术编辑	徐　鑫
出　　版	国防工业出版社
地址邮编	北京市海淀区紫竹院南路 23 号　100048
印　　刷	雅迪云印（天津）科技有限公司
字　　数	426 千字
开　　本	710 毫米 ×1000 毫米　1/16
印　　张	32½
版次印次	2025 年 6 月第 1 版　2025 年 6 月第 1 次印刷
书　　号	ISBN 978–7–118–13746–0
定　　价	87.00 元

（本书如有印装错误，我社负责调换）

国防书店：（010）88540777　　书店传真：（010）88540776
发行业务：（010）88540717　　发行传真：（010）88540762

内容简介

《软件工厂进阶实录》主要描述政企单位等大型国有高监管组织采用软件工厂模式，进行软件系统开发的全过程。相较于传统技术书籍，本书独辟蹊径，以硬核技术流小说的形式呈现，通过更具可读性的情节设定展开叙事，将场景构设在某大型医院信息中心，从管理者视角系统呈现软件工厂从概念构建到成熟运营的全生命周期。内容上从破解高监管组织软件开发困局出发，通过仿真环境、跨网跨域数据交互、持续交付等技术，实现软件工厂全链路贯通，并构建质量监控闭环与安全左移机制，在满足合规要求的同时培育组织学习基因。本书独创性地将软件工厂业务经验总结为研发环境革新、流程架构重构、管控体系再造、管理平台迭代四个方面，成功实现风险管控与敏捷创新的平衡。书中方法论经过高监管领域的业务实证，为政企单位实现自主可控的软件研建提供了可复制的实践范本。

推荐序

软件工厂的求真之路：真问题　真解法　真实践

《软件工厂进阶实录》是作者团队在现代软件工厂探索求真之路上"痛苦并快乐着"的拟真记述。书中的"一个问题"和"一个风格"给我留下深刻印象。这个"问题"就是书中聚焦的"高监管组织的软件开发"问题，这是一类具有挑战性的软件开发问题，如同高山横亘在作者团队面前，使攀登者"痛苦"不堪。这个"风格"就是该书采用的一种故事（或小说）风格，把晦涩甚至乏味的软件开发创新之旅娓娓道来，展现了作者团队登上新高度、看见新风景的"快乐"。

早期的软件开发活动面向军事、金融、航空等组织的内部业务软件开发。这些组织都属于该书所指的"高监管组织"。这些软件多以工具的形态呈现，其功能点明确，软件需求边界清晰，如同一个机械设备。因此，当时的软件开发借鉴并遵循了在制造业工厂中成功的工程范式，关注产品的正确性和可靠性，严格控制可能影响软件正确性和可靠性的需求变更。然而，当今支撑高监管组织运行的信息系统不仅具有工具属性，更具有基础设施属性，也就是说，软件不再仅仅是提高组织效率的工具，更是一个高监管组织高效运行的基础支撑，如同一个组织离不开供电系统，现代组织运行离不开信息网络及其之上支撑该组织高效运行的信息系统。作为贯通人类社会、物理世界与数字空间的技术载体，软件系统正演化为支撑现代大型组织发展的核心基础设施，相关技术被概念化为"企业计算（Enterprise Computing）"。可以说，这个时代的每个关键场景都在经历着"软件定义"的深刻变革，软件不仅是技术落地的终点，更是连接需求与价值的纽带，它早已超越工具范畴，正以超乎想象的渗透力重塑着人类社会的协作方式与创新边界。这样的软件系统不仅需要保证正确性和可靠性，还要具备成长性和演化性，传统的软件开发方法不再适应这类"高监管组织的软件开发"。如何应对这个现实挑战？这正是该书试图回答的问题。

互联网与云计算的成功让软件界看到了一种在开源开放环境中构建软件服务的软件开发新范式，我称其为"开源范式"。发展到今天已经形成了以云原生的开发运维一体化（DevOps）为代表的敏捷软件开发技术体系，这是一种支撑软件成长演化的技术体系，成为解决"高监管组织的软件开发"问题可借鉴的技术路线。但是，DevOps 技术路线遵循的是互联网"尽力而为"的技术原则，通过持续迭代回应软件的"不完美"。然而，面向高监管组织的高可信软件系统建设不仅需要应对业务复杂性的挑战，还需在敏捷性与安全性、动态性与合规性之间寻求平衡。这种背景下，二十世纪七八十年代曾流行一时的"软件工厂"概念被赋予了新的时代含义，它试图将工业化生产的标准化、模块化、自动化理念与云原生的 DevOps 开源开放技术体系相融合，形成了安全可信的开发运维一体化技术（DevSecOps）解决方案，通过 DevSecOps 流水线、质量门禁体系与安全左移机制等设计，构建可重复、可验证、可溯源的工程能力。但理论框架的完美并不等同于实践可行性，在高度动态、强约束的现实环境中，这种理想化的开发范式究竟能否落地生根？该书作者团队给出了他们的实践答案。

有别于传统软件技术书籍，该书以故事驱动的技术流小说形式展开。这种写作风格在我国的软件开发读物中十分罕见，但是在管理学读物中（特别是通俗管理学读物中）这种写作风格并不罕见，甚至是畅销管理学读物的制胜风格。在软件工程学科专业领域，学者常常关注其计算机科学与技术的工程技术属性，往往忽略（甚至轻视）了软件工程的管理学属性。实际上，软件工程学科是计算机科学与技术学科与管理学交叉融合的结果，计算机技术能够解决软件开发中的许多问题，但是解决不了软件开发中许多人因问题，这正是管理学关注的问题。该书作者团队基于多年大型高监管组织信息化建设的实战积淀，将软件自主研发中的真实困境移植到本书构设的场景中，以故事风格展开软件开发中的管理问题，通过虚构人物信息中心主任王云飞，从管理者的视角讲述技术解决方案。以"逢山开路、遇水架桥"的闯关叙事，生动演绎主人公如何突破技术瓶颈、重构管理体系，最终带领团队实现从传统开发到软件工厂的蜕变，真实再现软件开发的底层逻辑与团队进化历程，让技术"生动"起来，与从业者寻求共鸣。虽然背景是虚构的，但书中呈现的问题、困境、解决方案都是真实而深刻的。

尤为可贵的是，全书贯穿三个鲜明的实践特征：真问题导向、真解决方案与真实践认知。这种源自工程实践方法论体系的创新表达，使读者得以清晰感知作者团队在专业领域的突破：既展现出抽丝剥茧的问题解构能力，又彰显出将创新理论转化为可操作解决方案的系统思维，最终通过持续迭代的工程实践，实现从经验积累到方法论构建的认知跃迁。其一，"真问题导向"体现在书中每个技术冲突点的设置都源自真实工程挑战的淬炼。无论是跨网跨域限制了全链路贯通速度，还是从表象需求到本质价值的挖掘过程，我相信信息化从业者都能在其中找到情感共鸣。其二，"真解决方案"体现在书中揭示的解决办法绝非头痛医头、脚痛医脚的修补，而是类似中医整体观的辨证施治。除了对 DevSecOps 和软件工厂关于加速、反馈和持续学习的贯彻，作者团队还呈现了"两限"模式、"需求可视化"等独到的解决思路，每一处细节都凝结着现实困境倒逼出的智慧结晶。其三，"真实践认知"体现在尽管故事背景经过艺术化处理，但每个技术路线的选择、每次管理决策的调整，都对应着现实工程中的关键里程碑。书中的"工作札记"坦陈进阶过程中的试错、反思与总结，这正是工程创新的精髓所在。作者团队所提出的"用户自己说的也不一定是真实需求""以细粒度任务管理实现精准成本追踪与计价""软件工厂就是一种实现数字化转型的好模式"等实践认知，极具启发性，也恰是"源于实践，归于实践"创作逻辑的最好例证。在我看来，该书作者团队这支深耕工程创新领域的软件工厂团队，始终保持着"工匠"与"探险家"的双重气质。我相信，这种带着硝烟味的经验总结，比简单的理论推演更具说服力。

观往知来，软件工程学科具有独特的发展规律，其实践性、迭代性的特征明显。当下，随着低代码平台的普及、AI 代码生成技术的成熟以及云原生架构的深化，软件开发人机协同的趋势不可逆转。然而，技术演进不会改变软件工程的本质——正如该书所揭示的，真正优秀的软件工厂，永远是"人机协同"的艺术：工程师的创造性思维决定系统价值的上限，自动化工具链保障工程效率的下限，而贯穿始终的工程纪律，则是高监管领域不可逾越的生命线。

中国科学院院士

2025 年五一假期于长沙德雅村

前言

当下，数字化智能化浪潮席卷全球，而高监管组织（如军事、金融、航空、医疗等）的软件开发大都在"戴着镣铐跳舞"。一方面，严格的合规要求、复杂的安全边界、多级的审批流程，使得软件研发的功能需求响应迟缓、版本迭代周期漫长、技术升级步履艰难；另一方面，传统瀑布式开发与敏捷化、智能化的行业趋势渐行渐远，"交钥匙工程"往往导致建成即落后。因此，上述组织正面临高监管压力与回归软件开发服务本质的双重挑战。近年来，DevOps 与 DevSecOps 的兴起为应对这一矛盾提供了部分答案：通过打破开发与运维的壁垒，推动安全左移，显著提升了软件交付效率。然而，这些方法在高监管环境中仍显局促——跨域数据交互受限、自动化工具适配困难、合规要求与敏捷实践冲突等问题频发。本书由此出发，以沉浸式技术流小说的创新体裁，聚焦软件工厂这一体系化解决方案，试图为高监管组织提供一套可落地、可复用的管理框架，弥合研发效能与合规约束之间的鸿沟。

如何在高监管环境下实现软件开发的"既快又稳"？如何将先进开发理念转化为组织可持续的运营能力？带着对这两个命题的探索，我们在过往的业务实践中发现，单纯引入工具链或方法论难以根治难题，而构建覆盖全生命周期、兼顾效率与安全的软件工厂体系，能够系统性破局，实现监管约束内化于流程、创新活力外显于交付的良性循环。本书的核心理念在于构建一套监管刚性与敏捷柔性相融合、技术效能与组织活力共进化的数字化转型框架：在顶层设计层面，以"两限"模式重塑供应商协作机制，通过将经费投入精准转化为可量化、可追溯的指标，实现合规高效的研发效能管理；在流程体系层面，打破传统瀑布式开发的线性思维，通过需求、开发、测试、运维的全链路数字化再造，将合规审查与安全防护深度内嵌至流程左端，形成"预防性治理"与"自动化响应"并行的闭环；在组织进化层面，以技术工具为杠杆、以管理机制为支点、以文化共识为底座，构建"短期效率提升、中期稳定运行、长期能力培育"的三维协同体系，推动高监管组织从被动适应技术变革的"跟随者"，转型为以软件工厂为核心载体的"数字化服务体"，最终在敏捷与安全、动态与合规的平衡中，开辟出一条可持续的软件研发新路径。

"进阶实录"的诞生，源于我们对技术变革浪潮下管理实践的持续观察与思考。不同于传统技术书籍偏重工具链讲解或纯理论推演，在本书中，我们将多年来承担某大型高监管组织信息化建设的历程，采用故事演义的新颖形式，进行真实还原和场景再现。为便于读者理解和场景代入，我们虚构了某大型医院，以其信息化攻坚案例为脉络，将抽象的管理原则转化为可借鉴的实战回顾。作为亲历者，我们通过"信息中心主任王云飞"这一管理者视角来全景式展现"软件工厂"从无到有的搭建全程。在篇目设计与内容构成上，本书分为五部分，层层递进构建软件工厂知识体系。第一部分（第1章~第5章）为先导篇，聚焦研发环境革新，以高监管组织的开发困境为切入，分析传统模式失效的根源，提出软件工厂的核心价值，并详解"两限"管理模式，为供应商协作建立量化标准。第二部分（第6章~第10章）为基础篇，围绕流程架构重构，重在阐述构建高效交付流水线的流程，介绍仿真环境、跨网跨域数据交互、持续测试、持续集成、持续交付等实践，旨在实现需求到交付的加速贯通。第三部分（第11章~第15章）为提升篇，着眼管控体系再造，强调构建"监控－分析－改进"闭环的反馈回路，以提升软件工厂出品质量。第四部分（第 16 章～第 20 章）为优化篇，立足管理平台迭代，详述了软件工厂在合规、安全、工具与文化上的多重进化，探讨了安全左移、效能提升、工作评价等议题，提倡培育组织的持续学习基因。每章末以"工作札记"形式对本章阐述的管理机制予以总结。第五部分（番外篇）以管理者视角，从战略高度复盘软件工厂的初心与使命，提出软件即服务、核心是需求、关键要好用等理念，并前瞻性讨论软件开发成本度量、人工智能辅助增强等前沿议题。

本书的亮点在于"实践出真知"，书中所记录的需求迭代、架构重构与组织变革等经历，都源自真实项目：那些会议室里的争论、系统宕机时的应急处置，都是团队共同历练的场景切片。因此，本书的读者对象锚定软件开发领域的一线实践者：首先，面向信息化决策层，本书提供从战略规划到效益评估的软件工厂顶层设计图谱，助力厘清监管约束与技术赋能的辩证关系；其次，赋能技术管理层，本书详解跨域数据治理、流水线编排、安全左移工程化等核心模块的实施框架，破解既要合规可控、又要敏捷高效的管理难题；此外，对锻造生产一线实操层也具有指导价值，更进一步地，我们正在撰写的本书姊妹篇《软件工厂技术实战》，将从技术角度讲述软件工厂的运营细节，为培养高监管环境的新型数字工匠提供可复制的实践范式。

"行者知之成"，本书既是"升级打怪"的进阶实录，又暗含组织管理的普适密码——书中描绘的每一个问题都是我们曾经面对的，也是读者可能遇到的，给出的解决方案都是经过检验且能参照复用的。现实中，我们自建的软件工厂已正式运行三年，在安全保密、自主可控、特制专用强约束条件下，通过一组开源技术、一套核心组件、一个样例工程和一套管理规范，有效组织百余人的软件开发队伍，自主开发软件研发全流程管理平台，构建了涵盖组件库、工具链、云原生的软件工厂流水线，极大提升软件研制生产力，实现轻量级软件以"周"为单位研制、流程以"天"为单位上线、迭代以"小时"为单位开展、故障以"分钟"为单位修复。

从实践中来，到实践中去，本书所推介的软件工厂模式适用于国防军工、金融科技、航空产业、智慧医疗、数字政务等核心领域，我们期待，无论是对数字基建主战场的指挥官，还是具体业务领域的开路先锋，都能在本书中找到想要的答案：比如，软件开发需持续适应需求变化、软件价值在于"用"而非仅"建"、软件上线要确保使用收益大于成本才能发挥实效。若书中这些凝结着代码调试焦虑与会议茶渍的记录，能为后来人提供些许参照坐标，便是对这场写作实验最好的回应。

由于本书写作时间较为仓促，加之作者知识经验有限，书中难免存在疏漏与不足之处。我们诚挚邀请各位读者和业界同仁提出宝贵意见，若有批评或建议，请发送至 sf@nudt.edu.cn，以便后续修订完善。在此提前感谢您的指正与支持。

本书由多位作者共同完成。其中，钱悦负责第 1 章 ~ 第 5 章以及第 13 章的写作；程勇负责第 6 章 ~ 第 10 章以及番外篇的写作；刘锋负责第 16 章、第 19 章和第 20 章的写作；欧阳红军负责第 11 章、第 12 章和第 15 章的写作；黄友负责第 14 章、第 17 章和第 18 章的写作。

本书的完成得益于多方支持，感谢我们软件工厂团队的一路求索：感谢方宏、曾光、汪诗林、孟兵、魏筱春、刘胜楠等人曾经直接参与建设或给予指导；感谢曹远、李旺、舒勇、向阳明、吴文、陈莹、徐冬梅、戴联皋、黄玉超等人帮助收集整理大量参考资料，邓心怡、施钟慧帮助绘制插图；感谢国防工业出版社编辑团队的专业建议；特别致敬所有在高监管环境中坚持软件开发技术创新的同行者——正是你们的实践探索，让理想照进现实。谨以此书，献给这个技术理性与制度理性交织的时代。愿每一家软件工厂，都能成为组织数字化转型的引擎。

目录

引导篇

第 1 章　开局选择了"困难模式" / 3
  1.1　下班别走 / 3
  1.2　三次握手 / 9
  1.3　最怕空气突然安静 / 17
  1.4　情况就是这么个情况 / 24
  1.5　橡皮图章 / 30
  1.6　To be or not to be / 35

第 2 章　Just Change IT！ / 43
  2.1　主打一个随心所欲 / 43
  2.2　变更路上的"404" / 51
  2.3　变更管理确实难 / 56
  2.4　谁动了我的流程 / 59
  2.5　云开见月 / 64
  2.6　能者多劳 / 69

第 3 章　无法照搬的 DevOps / 74

3.1　大事化小 / 74
3.2　就说三点 / 77
3.3　躺平依旧 / 82
3.4　小型研讨会 / 88
3.5　DevOps 买不来 / 96

第 4 章　"医"键定制软件工厂 / 103

4.1　戴着镣铐跳舞 / 103
4.2　跨国"取经" / 108
4.3　众人拾柴难 / 115
4.4　命运的齿轮 / 120
4.5　"Hello World" / 125

第 5 章　"两限"遇上软件工厂 / 134

5.1　专治供应商各种"不服" / 134
5.2　"两限"有用吗 / 139
5.3　一个不成熟的小建议 / 147
5.4　拉出来遛遛 / 150

基础篇

第 6 章　速度是基本要求 / 157

6.1　赔本买卖 / 157
6.2　软件研发中心 / 160
6.3　"上菜"仅需三个月 / 166
6.4　部署是场马拉松 / 175

第 7 章　软件工厂无仿真不立 / 182

7.1　"高仿"是一件困难的事 / 182

目录

    7.2 十倍部署速度 / 192

    7.3 "给黄牛建了个系统" / 195

第 8 章　软件工厂车间互联 / 203

    8.1 工厂是怎样运行的 / 203

    8.2 遇水架桥 / 210

    8.3 高速公路通车 / 214

    8.4 突发考验 / 217

第 9 章　优化测试打破瓶颈 / 224

    9.1 测试很重要 / 224

    9.2 测试复盘会 / 229

    9.3 双管齐下 / 235

    9.4 拿捏约束点 / 238

第 10 章　给产线提提速 / 245

    10.1 煲电话粥 / 245

    10.2 持续集成 / 249

    10.3 两张 CD 待播放 / 253

    10.4 轻舟已过万重山 / 261

提升篇

第 11 章　持续运维不断"链" / 269

    11.1 开发 666、运维 007 / 269

    11.2 打通任督二脉 / 273

    11.3 没有一行代码是无辜的 / 277

    11.4 日志记录是系统的体检报告 / 281

    11.5 寻得一剂后悔良药 / 285

第 12 章　持续监控把问题扼杀在摇篮里 / 290

12.1　故障退！退！退！ / 290

12.2　杀出"新手村" / 297

12.3　找到"显眼包" / 301

12.4　别把鸡蛋放在一个篮子里 / 308

第 13 章　变更管理斩断"混乱根源" / 316

13.1　溜进来的变更 / 316

13.2　变更进了迷宫 / 319

13.3　版本迷雾 / 322

13.4　一路绿灯 / 324

第 14 章　万物皆可"Code" / 328

14.1　"找代码比写代码还费劲" / 328

14.2　配置流浪记 / 331

14.3　您的配置评审在无人区 / 333

14.4　"三库"可遨游 / 335

第 15 章　坚守 QA 阵地 / 340

15.1　质量标准无处不在 / 340

15.2　All in QA / 344

15.3　QA 的 Q&A / 347

15.4　"用户就是上帝" / 349

优化篇

第 16 章　业务入场券 / 357

16.1　代码里藏着的"猫腻" / 357

16.2　勇敢入"圈" / 364

16.3　业务"正装"出席 / 370

第 17 章　安全向左移 / 375

17.1　漏洞"百出" / 375
17.2　安全向左"移"步 / 385
17.3　流水线上的守护神 / 388
17.4　安全别打盹儿 / 392

第 18 章　技术环境加 BUFF / 397

18.1　"秒懂"需求 / 397
18.2　集体智慧 +1+1+1 / 400
18.3　"省事多了" / 405
18.4　开源是把双刃剑 / 408

第 19 章　多管齐下专业团队 / 414

19.1　打工人都是平等的 / 414
19.2　人人为我我为人人 / 419
19.3　一而再再而三 / 422
19.4　"别老想着摸鱼" / 426

第 20 章　文化不只是说说而已 / 432

20.1　"我是自愿的" / 432
20.2　有问题大家一起上 / 435
20.3　"硬核"的支持 / 439
20.4　"想都是问题，做才是答案" / 443

番外篇

1　跨界 / 453
2　预习 / 456
3　初识 / 459
4　服务 / 462
5　需求 / 465

6 好用 / 468

7 创新 / 471

8 三足 / 476

9 度量 / 481

10 标准 / 485

11 智能 / 488

12 契合 / 492

参考文献 / 496

主要人物表

四方大学附属医院

王云飞	信息中心主任，软件工厂负责人；曾任四方大学信息中心高级工程师，负责数据治理工作
冯　凯	信息中心副主任，软件工厂团队技术统筹
邢　振	信息中心综合科科长，软件工厂团队管理统筹
陆　立	信息中心运维科员工，软件工厂团队骨干
晏九巘	院长
毛无夷	书记
孔静珊	总会计师
官　剑	信息中心运维科员工，软件工厂团队骨干
樊　博	信息中心数据科员工
袁　纬	信息中心运维科科长
宋森捷	信息中心数据科科长
方　正	信息中心运维科员工，软件工厂团队骨干
沈　初	审计处处长
章　直	皮肤科主任
金　峰	宣传科员工

软件工厂团队

林　谦	开发工程师
任天乐	开发工程师，后转型运维工程师
刘超群	开发工程师
孙妙倩	开发工程师，后转型需求工程师
黎　顺	开发工程师，后转型测试工程师
金佳伟	开发工程师
杨　尹	测试工程师
张　齐	运维工程师
周　觅	运维工程师
隋　毅	开发工程师
汪宇航	开发工程师
李　遇	开发工程师
谭文强	安全专员

其他

张志荣	四方大学信息中心主任
邱　竹	王云飞的妻子
李子乘	四方大学计算机学院教授，王云飞的硕士研究生导师
向　澄	志诚科技项目经理
刘　奕	远方集团销售经理
赵　冠	合规培训专家
刘玉林	信息安全专家
余之南	百姓卫健报记者（IT技术人员背景）
付　刚	百姓卫健报记者

第1章
开局选择了"困难模式"

——欲渡黄河冰塞川,将登太行雪满山。(李白《行路难三首》其一)

1.1 下班别走

"下班别走。来趟我办公室。"

张主任轻轻地敲了敲格子间屏风,打碎了王云飞悠哉的心境。

"好。"王云飞故作镇定地点点头,但疑惑与不安涌上心头。

什么事要等到下班再说呢?最近的工作也没出什么岔子吧?

距离下班还有一小时出头,王云飞再难聚焦于眼前的工作,原本写起来洋洋洒洒的《四方大学数据治理月度进展报告》也戛然而止。

随着大开间里忙忙碌碌的背景音渐渐微弱,王云飞深吸了一口气,起身走向张志荣主任的办公室,看了看半掩的门,缓缓抬起右手轻轻敲了三下。

随着一声"请进",王云飞紧握把手,推门探了进去:"主任好,您找我?"

他平时没少进主任办公室汇报,不过这次不由得有些谨慎。办公室内,一束斜阳透过百叶窗,斑驳地洒在张主任身上。张主任正握着鼠标,专注地盯着一横一竖两台27寸显示器。身后是一排令所有技术人员羡慕的又高又大的木制书柜,透过玻璃柜门,可以看到满满当当各类书籍,既有《Java核心编程》，又有《云原生架构实践》。面前办公桌却格外简洁，除了键鼠显示器，就只有一笔、一本、一茶杯、一台历，不大的桌子也显得很宽敞。在王云飞的记忆里，这间办公室布局和风格好像超脱在时间之外，和第一次走进来时一模一样。

"请坐。"主任缓缓起身，取出纸杯和茶包，给王云飞沏了一杯红茶："喝点红茶，据说可以养胃。"

王云飞起身连声道谢，接过茶杯放在身边矮几上，迅速坐回原位，摊开笔记本，揭开笔盖准备记录。今天张主任态度不一样，少了点平日里的侃然正色，隐约多了一分温和亲切，让本就心里打鼓的王云飞更加困惑。

张主任言笑晏晏，开口道："哎，不用记，请你过来，主要是想和你商量下工作调动的事情。上班时间我这人来人往，只好耽误你下班时间，咱们沟通下。"

"调动？"

王云飞心里咯噔一下，无数猜测如走马灯般闪过。他自觉工作开展得不错，从四方大学毕业后就留在本校的信息中心工作，十余年来也从助理工程师一步步成长为高级工程师，现在带领了一支3个人的小队伍，负责整个学校的数据治理工作。从最初杂乱无章的数据体系，到如今建立起一套高效运行的数据治理架构，每一步都凝聚着他的心血与团队的汗水。当然，十多年间，张志荣也从副主任晋升主任，平日里对王云飞的工作多有指导，两人共处也算无间。想到这些，王云飞尽量保持平静的表情，等待着张主任的下文。

"我们想推荐你去四方大学附属医院的信息中心，担任主任一职。"张主任一直主张最重要的信息最先说。

"四方大学附属医院信息中心原主任因身体原因，要调动到学院工作，现在缺一个领导。最近，他们通过人事处找到我，医院晏院长、毛书记也给我打过电话，他们想找一位吃得苦、耐得烦、靠得住的专家型领导，希望能够革新信息中心面貌，更好地应对医院日益增长的数字化需求。我向他们详细介绍了你的工作成绩和团队领导能力，他们都非常认可。特别是院长提到，上次学校的信息化工作会议，他对你的防疫数据建设情况汇报印象深刻，认为你正是他们所需的人才。你在中心工作了十多年，我也一路见证了你的成长和贡献，虽然中心工作需要你，但能够有更好的发展机会，我们不该成为'拦路虎'。"

张主任喝了口茶，顿了顿："你觉得怎么样？"

王云飞只觉一股热血涌上脑门，"嗡嗡"作响。从大学的信息中心调动到医院的信息中心，职位能够进一大步；但医疗行业毕竟是一个全新的领域，而主任的位置，更是未曾想过的挑战。

"谢谢主任，我……"王云飞一时语塞，心中摇摆不定。机会难得，但随之而来的压力和不确定性也让他犹豫不决。是福是祸？

张主任似乎看穿了他的心思，缓缓说道："这个消息确实有点突然，前面我和牛副主任一起商量了下，都觉得你业务能力强，工作上爱钻研，有一股拼劲和狠劲，应该能够胜任新的岗位。另外，这也是一个不可多得的提升机会，不要顾虑太多。"

王云飞只觉喉咙干燥，咽了咽口水才有所缓解。此时窗外蓝天已染上晚霞绚丽的色彩，室内升起一丝不易察觉的凉意。他沉默片刻，清了清嗓子，终于开口："主任，非常感谢您能够推荐我，感谢您的信任！我之前确实没有想过调动，还想再考虑一下，能不能给我几天时间？"

张主任笑了笑："云飞，确实应该考虑下，谨慎一点是好事。不过，据我所知，学校人事处也在向医院推荐其他人选，机会往往稍纵即逝，这个你应该清楚。明天下班前给我答复，怎么样？"

一天？一天也好过当场决定，王云飞点了点头，再次感谢了张主任的伯乐之举。

张主任摆摆手，叮嘱道："云飞，这种机会不常有，不管你怎么选择，我想请你对此事保密，不要扩散这个消息，免得引起不必要的猜测和波动。毕竟，任何人事变动都可能影响到团队的稳定。"

王云飞连连点头，感受得到，张主任又切换回了工作状态中的不苟言笑。

谈话结束后，王云飞匆匆起身离开，直到坐进汽车驾驶位，才发现后背已经汗湿了。此时夜色已降、华灯初上，但车水马龙似乎都没有了往日的喧嚣，王云飞轻松地转动方向盘，内心却在快速捉摸：之前的主任为什么辞职？为什么不从医院信息中心内部选拔一个？为什么是我？要不要去……

王云飞踏入家门，妻子邱竹从厨房探出头来："回来啦，今天有点晚呢。"

王云飞将背包放在一旁，犹豫了片刻，还是决定当下就与妻子分享这个突如其来的消息："今天下班后，张主任找我聊了会儿，他说有个工作调动的机会，让我去咱们大学附属医院的信息中心当主任。"

邱竹的脸上先是闪过一抹惊讶，随即被更多的喜悦所取代："真的假的？这是好消息啊！你在学校信息中心干了这么多年，现在能有这么个机会能够升职，太好了！何况去医院工作之后，会有更多医院的人脉，以后看病也方便些。你忘了前段时间我们买口罩都有点难，恭喜恭喜哈。"

王云飞望着妻子激动的神色，心中的天平渐渐倾斜："嗯，是挺好，但是医院信息化确实不太熟，这可能意味着我得投入更多的时间和精力去适应新环境。这个变动对我们家的生活肯定会有影响……"

"有变化就有机遇嘛。只要咱们一家人拧成一股绳，什么难题都能克服。为了更好的未来，这点付出绝对值得。我相信你，你一定能行！"

邱竹看着王云飞犹豫的神色，补充道："你是不是觉得心里没底？要不明天去找你的老师聊聊，听听他的看法。你平时碰到工作上的难题，不都是喜欢找他商量嘛，他见多识广，能帮你参谋参谋。"

妻子说的老师，是王云飞的硕士研究生导师李子乘教授，一位在计算机领域深耕多年的资深专家。多年来，不论是学业上、工作上，还是在生活上，对王云飞帮助良多。

王云飞闻言恍然："哎呀，我应该早点想到去请教他的。"他的内心如同飘忽不定的小船，瞬间就灌满了压舱水。对，在答复张主任之前，得先去找一趟李教授，请他帮忙分析分析。

当晚王云飞就给李教授打了电话，约他明天中午一块吃饭，说自己面临着很重要的职业发展抉择。李教授并未细问，爽快地答复"好"。

一整个上午，没拿定主意的王云飞有意避着和张主任碰面，路过其办公室都不由加快着脚步。

还没到上午的下班时间，王云飞就拿起车钥匙和手机提前十分钟溜号，赶在下课高峰前将车开到了四方大学的计算机学院楼下等候李教授，随即发送了微信，"李老师，车还是停在老位置等您。"

这条从学校南侧数据中心大楼到东北角计算机学院的路，连接了王云飞从求学到工作两个重要的人生阶段，他来来回回走了十多年，算是轻车熟路。

李子乘教授几乎与国内互联网同步发展，有着超三十年的行业与学术经验。早年在一家国际IT（Information Technology，信息技术）巨头的上海研究院，从工程师一路做到研发部门负责人，主导了多项公司内的软件解决方案，其中一款软件一度成为行业标杆。后来应朋友之邀，作为技术合伙人创业成功，成就瞩目，早已财务自由。或许是不习惯商界，又或许是热爱教育事业，李子乘激流勇退，回归校园，把其在业界工作中的所思所想，融入教书育人和学术研究的事业中。正由于经历特异，李子乘的研究和教学总是紧跟业界前沿，哪怕讲解书本上的知识点，都能够结合业界应用讲得深入浅出，因此也很受学生欢迎。想到这些，王云飞不由得觉得自己很幸运，能够考上李教授的研究生，并跟在身边学习了两年多，受益匪浅。

正想着，李教授迈着轻快的脚步走到车旁，坐上副驾后将手里的一本《大数据治理之道》递给王云飞："这本书不错，你拿去看看。"

王云飞看了眼封面，尴尬一笑："谢谢！"

接着发动汽车，驶向校外。

一刻钟后，王云飞和李教授坐在一家闽菜馆的小包间内，两杯刚冲泡的岩茶散发出袅袅热气。因一路都在聊家常，落座后王云飞就迫不及待地把张主任的话、家人的态度、自己的顾虑和盘托出。

"李老师，您看这次调动？"王云飞轻轻摩挲着茶盏。

李教授闻言，轻轻啜了口茶："这对你来说，应该是一个好机会；对其他人来说，更是一个香饽饽。你要感谢张主任，还能让你考虑考虑，换成其他领导，说不定已经推荐其他人了。"

说到这里，李教授的语气变得坚定："我换了几次工作，每次面临的困难和顾虑，都不比你现在少。但要相信，只要踏踏实实，善于学习，敢于吃苦，你一定能有新的收获，一定能取得事业上的进步。建议你好好把握住这次机会。"

看到王云飞边听边点头，李教授又提醒他今后工作要从管理角度出发，协调资源，解决问题。并基于自身管理经验，进一步叮嘱王云飞今后工作需要注意的方方面面。

王云飞听得眉头渐展，点头微笑："李老师您说得对，业务才是核心。从技术到管理，我都有许多地方需要向您学习，我想我知道下一步怎么做了。"

"菜齐了，吃饭吧。"李教授笑容里满是鼓励，顺手夹起来一片南煎肝。

午休结束前，王云飞把李教授送回办公楼，给妻子打电话通报了情况，赶在下午上班前直奔张主任的办公室，表达了调动意愿。

张主任闻言，嘴角勾勒出一抹满意的微笑，目光中满是信任和期许。"很好，云飞，我就知道你会做出正确的选择。这是个新的开始，也是你展示才华的大好机会。"

随后，张主任交代："接下来，学校会按照内部流程办理调动，估计得要半个多月，在此之前要注意保密。另外也请提前准备下工作交接资料，我想等任职通知下来后，将你们组的工作交给小叶，确保当前项目的连续性和稳定性。"

张主任口中的小叶刚进信息中心几年，虽然年轻，但业务能力强，工作态度严谨，而且在人际交往方面更是游刃有余，深得张主任的赏识。相比之下，自己在这方面或许稍显逊色。将目前的岗位职责移交给小叶，无疑是一个让张主任满意的安排，既保证了工作的连贯性，也能让年轻人更好地担起担子。

王云飞不禁暗自点头，向张主任保证一定用心准备交接材料，并借机表扬了小叶的业务能力。张主任满意地伸出手："我相信以你的能力，很快能在新环境中打开局面、站稳脚跟。今后有什么问题或者需要，可以随时来找我。"

"谢谢主任的信任和关心，我会全力以赴，不负所望。"

走出办公室，王云飞松了一口气。

回到自己小团队的办公室，王云飞和3个"战友"打了声招呼："下班别走，我请吃饭。"

1.2 三次握手

半个月转瞬而过，王云飞得到了新岗位报到的通知，时间就定在"五一"假期结束后的第一天。

报到那天，王云飞和妻子都起得很早。在家简单吃完早餐后，王云飞最终还是放弃了他那件格子衬衫，换上了邱竹新买的火山岩灰的纯色衬衫。

幸亏迎着朝霞出门，王云飞才能顺利地找到一个停车位。医院不同于校园，早上才过七点，各型车辆就鱼贯而入，估计最多半小时就能停满大小停车场。王云飞琢磨着怎样找个相对固定的车位，不然信息化工作东奔西走，太不方便。

在院子里简单逛了下后，王云飞就在办公楼前会合了信息中心副主任冯凯。冯凯身材健壮，没有肚腩，一看就经常健身，面部棱角分明，戴了一副半框近视眼镜。让王云飞想到一句话来形容："知识就是力量"。

冯副主任等到王云飞后，简要汇报说信息中心的骨干都在会议室等着，计划8点钟开始干部任职宣布大会。看时间也不早了，两人便在楼下等候学校人事处赵干事和医院人事科刘主任。冯副主任简单介绍信息中心的基本概况，并提醒道："今天院长、书记早上都有其他工作，估计10点后会分别找您聊一下。他们的办公室都在行政楼的3层。"说着用手指了下行政楼的方向。

信息中心的办公场所则位于医院门诊楼西侧的综合楼，和行政楼呈一个对角。综合楼是一幢独立的三层小楼，外立面看上去比较有历史感，据说是以前俱乐部改造而来。信息中心占据了综合楼一楼的一小部分（机房和服务大厅）和三楼的一半空间（办公室）。王云飞趁着"五一"假期，悄悄地来逛过信息中心，发现内部空间大、房间数量多，整体呈回字形。他还在挂着"信息中心主任"牌子的办公室门口短暂驻足，最终还是没有惊动大楼值班人员。

迎上参加会议的赵干事、刘科长后，冯副主任领着一行人来到了小会议室。王云飞一路上同赵干事、刘科长闲叙，一边观察着节后第一天的上班秩序：卫生打扫得比较干净，桌面应该也已经规整过。零星几名值班人员正在敲击键盘，偶尔抬头，似乎对他这位新上司的到来既好奇又有些许期待。

按照干部任职宣布会议议程，很快轮到王云飞表态发言，他还是放弃了准备了多日、反复推敲、烂熟于心的演讲稿，深吸了一口气，决定只做一个简单的自我介绍："大家早上好，我是王云飞，四方大学本硕毕业，之前在学校信息中心从事数据建设工作。感谢组织信任，让我荣幸地加入医院信息中心这个大家庭。"他尽量让声音听起来亲切而有力，"在职务上是主任，但在业务上我还是新手，期待在今后工作中得到大家的支持和帮助，希望通过我们的共同努力，把信息中心的工作推向新的高度。"

话音刚落，大家目光从四面八方汇聚而来，就职演说这就结束了？王云飞敏锐地捕捉到大家惊讶的目光。

会后送别了赵干事、刘主任，冯凯领着王云飞往三楼走去，边走边说："王主任，您的办公室在324，之前已经打扫布置了，基本的东西都已备齐。要是有不满意的地方，您就跟斜对门323的邢科长提，他负责综合事务。"

到324室门口后，综合科科长邢振已在等候。邢科长干净利落地帮王主任设置好指纹锁后，就先离开了。冯凯则进一步给王主任介绍了办公设施，特别是保密柜、网络、电脑和OA系统[①]，转交了所有的账号密码。

王云飞感谢了冯副主任，交代道："冯主任，今天大家节后第一天上班，事都比较多。要不中午，咱们一起吃个饭，交流下工作？"

冯副主任答应后正准备离开，突然猛地停下脚步，掏出手机，"哎，差点忘了，主任，我先加您微信。院领导的联系方式我一会儿发您，还得把您拉进咱信息中心的微信群，方便您以后部署工作。"

十分钟后，王云飞听到了微信频繁的消息提醒震动，打开"信息中心通知群"，看到冯副主任发送了一条"欢迎王主任主持工作！"，后面跟了一长串的"欢迎王主任"盖楼，于是索性研究起微信群成员。

首先吸引他注意的，是一张典型的职场人士头像——身着黑色西装，表情严肃，目光坚定，昵称简洁有力：邢振，这就是刚刚见过的邢科长了。

紧接着，一只雄狮的头像跃入视线，它头顶金色的皇冠，身后熊熊烈焰。昵称只有一个字：fan。王云飞眉头微蹙，这简单的昵称背后隐藏着怎样的性格？是"烦"，还是"范"？又或者是"凡"？每一个字都代表着截然不同的含义，他有点好奇。

一个昵称为"中间件"的账号引起了王云飞格外的兴趣，头像是一台瓦力机器人，王云飞心中暗自猜测，这位"中间件"是否就是团队中的技术高手。

[①] OA系统：Office Automation，办公自动化系统，是一种用于提高办公效率和信息管理的计算机系统。

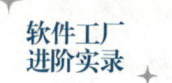

还有几个显然是拿孩子照片做头像。

正看着，一个新的好友申请发来，头像是一个反戴棒球帽的年轻男子，站在滑板上做出跳跃动作的剪影，背景是城市天际线。"王主任您好，我是信息中心运维科的陆立，请多指教！"

接着又是多条好友申请，看来信息中心还都挺热情。

上午十点多，王云飞刚订好一个餐馆，请冯副主任通知几个科长中午聚一聚，就接到了晏九巘院长的电话，他迅速站起身，拿起纸笔赶去了晏院长办公室。

晏九巘院长披着白大褂，王云飞一进门就握住了他的手，开门见山："云飞啊，你可是我们医院挖过来的高材生！非常欢迎你能来我们医院工作，以后医院信息化就指望你了哈。"

王云飞谦让着坐下，继续聆听晏院长指示。

"我对计算机技术了解不多，但早年在海外，曾见过电脑技术如何改变医疗行业的面貌，很早计算机就在医院普及应用。如今，咱们院虽医学底蕴深厚，却在这信息化的浪潮中显得步履蹒跚了。"

说着晏院长的语气更加坚定了起来："我有一个愿景，要让咱们四方大学附属医院成为智能高效的'互联网医院'。云飞，你有什么好想法吗？"

王云飞心头一紧，随即暗自调整呼吸，想着从建设一些智能化系统以提高效率的角度先简单回答一下。

不等王云飞开口，晏院长自己接着说道："你刚来，一切还刚上手，等你熟悉一段时间业务再回答我这个问题也无妨。"

晏院长喝了一口茶，又说道："我有个看法，不知道对不对，云飞你是专家，帮忙看看。我觉得医院和信息化具有天然的亲和性。你看，一方面，医院人、财、物、事非常集中，以前的各种表格统计、手写开方等方式很粗放，不能适应发展需要，需要全面应用计算机来提高效率、节约成本。现在我们医院有各种各样的系统，虽然搞不懂它们是怎样运行的，但确实帮我们节约了很多时间。"

"另一方面，医生说到底还是很依赖经验的，人工智能技术能够将计算机和医生工作结合起来，能够更好地促进医学发展。听说有些医院已经使用计算机辅助分析影像数据，我们在这方面也不能太落后。但大部分医生不懂计算机，这一块需要咱们信息中心来帮忙，可以一起做些大数据、人工智能、区块链相关项目。当然了，具体干哪些项目还需要你来谋划，我只是搬搬报告中的词。"

"不过，需要注意的是，搞技术的同时，不能忽视安全。达和医院今年年初就因数据泄露受损不小，我不希望我们医院出现这种情况。"

谈话间，王云飞留意到晏院长神情专注，他的心中也不禁涌起一阵暖流，他深知，这份专注背后是对医院未来的深切关怀。王云飞觉得很庆幸，能遇到重视信息化、理解信息化的领导。

不过晏院长话锋一转，"院内也有不少声音，说医院的信息化工作其实就是一个花钱办事的简单问题，只要投入一笔钱，找一家好公司，就能解决问题。你怎么看？"

王云飞连忙放下喝了一口的茶杯，接话道："院长，您对信息化两方面作用的理解，确实高屋建瓴，我非常赞同。正是因为信息化作用大，想找到好公司就如同大海捞针。医院信息化涉及系统集成、医院管理、业务流程、数据安全、人员培训等多个方面，我认为这些还是需要信息中心扛起大旗。院长您所期待的，正是我们信息中心要解决的，我们一定努力。"

听到王云飞的保证，晏九嶷眉头舒展。

从院长办公室出来，王云飞觉得内心忐忑。恰好收到了毛无夷书记邀请谈话的短信息，王云飞转身又轻轻敲开了毛书记的门。

毛书记将头发梳理得一丝不苟，眼神中透露出经历过风雨的沉稳。握住王云飞的手也十分有力，和院长一样，传递出一种疫情期间难得的温和的力量感。

"小王啊，你来得正是时候，我刚开完会回来。"毛书记缓缓开口，声音温和却带着不容忽视的力度，"我们医院，正如你所见，大家都很忙，每天都在向前奔跑，但奔跑的同时，是否跑得稳，这就要靠你们信息中心来提供一双'慧眼'了。"

王云飞心中暗自思量，连连点头。

毛书记随即打开了话匣子："小王，我时常在思考，咱们医院这些年来，引进的新设备、新技术，如同雨后春笋般涌现。我审议的每一份报告文件、每一次资源调配，都是为了医院的发展。但是，这些投资的回报率，设备和技术的实际效果，我往往只能通过各部门负责人的口头汇报来了解，缺乏更为直观、量化的数据支撑，这让我总觉得有些不托底。"

"医院是个大家庭，里面的人、财、物、事，就像是一个庞大的生态系统，环环相扣，错综复杂。作为一名管理者，我知道只有深入细致地了解，才能确保每一项决策都不会出现大的偏差。不过，我想要获取那些直接反映医院运行状态的数据却很不容易。很多时候，我们在制定策略、做决策时，只能依据面上状况，缺乏数据，这让我感到有些没谱儿。跑冒滴漏现象肯定有，但规模多大、可不可控，心里完全没底。"

王云飞努力使自己的语气坚定："书记，我完全理解您的担忧。信息中心的工作应当让医院的管理更加高效和透明。"

"你说得没错，就是要'高效'和'透明'！"毛书记眼神中闪过赞许，"提到'高效'，咱们医院里每年有各种评级评估工作，如果信息中心可以实现数据自动采集、自动评估，就可以将医护人员从繁琐的数据填写和材料撰写中解脱出来，专心于他们的本职工作，那就太好了。'透明'也是我打算和你强调的一块内容，我一直认为信息技术是作风建设的有力工具。我希望你们可以通过信息技术手段支持廉政、廉洁，利用系统更好地支撑医院的廉政管理。"

王云飞挺直腰背，大胆总结了一句："信息化不仅要带来效率，更要带来全院的清风正气！"

"小王，你说得很到位嘛。有你这句话，我心中就有底了。果然张志荣主任麾下能人多，我们没选错人！"毛书记抚掌而笑，"你的前任韦主任，其实也是个有能力的人，只是他感到力不从心，最终选择了离开。我希望你能够顶住压力，让信息中心成为医院管理升级的坚实后盾。"

他又紧接着补充道，"你现在的副手冯凯，在信息中心工作有十几年了，也是个靠谱稳重的人，大大小小的事情都可以问他。韦主任辞职后他也顶住压力接手了一段时间管理工作，不过他觉得自己能力有限，在统筹全局上有些吃力。但应该能够成为可以与你一同冲锋陷阵的'战友'。"

王云飞心中隐约有了一些蓝图的勾勒，毛无夷书记说得对，信息中心应当成为医院现代管理、纪律建设的新阵地。

走出书记办公室，看到手机上妻子邱竹发来微信关心他的首日工作，王云飞回了一句："万事开头难。"

从行政楼回到信息中心大本营，还没踏进大楼，就听到一楼运维大厅里电话声不停，王云飞边走边看了一眼，大部分工位上没人在。走到三楼，迎面碰到了冯凯，冯凯说中午只有他和邢振有空，运维科科长说早有安排、不好变动，数据科科长爱人出差，急匆匆地赶去接孩子了。

"没关系，那就咱们仨。"王云飞随口应道，显得轻松自在。

午餐中，王云飞能明显感觉到，冯凯和邢振比较拘谨，仅是有问必答、点到即止，饭局的温度和饭店生意的冷清程度有得一拼。

直到王云飞说起，和医院总会计师孔静珊约好了下午面谈，邢振才忍不住打破了这个氛围："孔总那可是一块难啃的骨头，咱们信息中心没少受她关注，总觉得我们这边开支大、产出少。这也可以理解，毕竟咱们不是直接创收的部门嘛。王主任，您跟她打交道时要小心些，她'甩锅'的本事可是一流的，而且由于工作能力强，领导们对她也是很信任。我们平时路上看见她都想绕道走，生怕被逮着说一通。"

王云飞苦笑着点了点头，说道："我记下了。"

两点半，王云飞准时到了孔静珊办公室。第一印象确实如邢振所言，一头利落的短发，精瘦干练、不怒自威，背后的墙上挂了一幅"精打细算，公正严明"的书法横幅，桌面上的文件摆放得井然有序。

孔静珊很直接果断，简单握手之后，也没有多余的寒暄："我代表医院财务部门，希望信息中心能在今后的工作中帮助提升财务效率。我们财务部门现在面临的问题，你有所了解吗？"

王云飞将身体微微前倾："孔总，我做了一些功课，但还想听听您的具体想法。"

"好。"孔静珊双手交叉置于桌上，"王主任，咱们医院的财务数据，那可是个大工程，繁杂无比。就拿数据统计来说，这事儿不仅容易出差错，效率更是低得可怜。比如，要是院领导想掌握最新的收支动态，按照现有的流程，我们得花上一周，甚至两周的时间才能搞定，这在信息时代简直就是落后到家了。"

"再说药品采购和库存管理，这都是资源调配的关键环节，同样离不开你们技术上的协助。现在这流程，繁复冗长，费时又费力。特别是去年新出现的疫情，对我们医院的营收造成了前所未有的冲击，营收额大幅下降。据了解，已经上线'互联网医院'的三甲医院，他们受到的影响相对较小。实话告诉你，疫情短期内恐怕不会结束，咱们医院的财务压力可不小。所以，我希望信息中心能够借鉴先进经验，运用信息化手段来提升效率，缓解压力。当然，最好是能'四两拨千斤'，花最少的钱，办最大的事。"

王云飞准确捕捉到了孔静珊话语中的压迫感，虽然一上来就给自己下了一道紧箍咒，但一时也顾不上细想，急忙保证道："明白，我有信心随着信息化工作的推进，可以让医院的财务管理、资源管理更加精准高效。今后还请孔总多多支持信息中心建设。"

孔静珊嘴角上扬，露出一丝认可："记得信息化改革，财务是先行者。早年，正是从财务业务开始，医院才逐步迈入信息化的进程。现在，我们要在此基础上更进一步，你的担子很重啊。"

王云飞连连点头称是。人在屋檐下不得不低头，没有孔总的经费支持，再好的信息化建设规划也只能是镜中花、水中月。

再次回到信息中心办公楼，运维大厅还是一幅团团转的不安宁景象。但王云飞无暇他顾，匆匆回到办公室，拿起记录本，一一复盘今天的三场领导谈话。王云飞一边琢磨，一边写写画画。窗外，阳光渐弱，喧嚣渐退，伴随着同事们陆陆续续离开，办公楼里只留下了规划工作的王云飞。

毫无疑问，这次从外部选调信息中心主任，是院领导们的集体意志，隐隐感到有一股难以抗拒的力量，正在将信息中心从边缘推向舞台中央。三场谈话，如同 TCP[①] 三次握手，在王云飞和医院信息化之间建立起可靠连接。

想到这里，王云飞掏出手机，点开"信息中心通知群"，在里面发了一条通知："各位同事，明天周五上午 8:10，三楼大会议室，信息中心集体会议，请戴好口罩、准时参加。王云飞。"发送时间，22:37。

1.3 最怕空气突然安静

即便接送女儿上下学的任务交给了妻子邱竹，王云飞还是得比原先早 20 分钟出门，才能在早高峰的车流中挤到医院。不过一想到今天要面对的第一次集体会议，王云飞顿时觉得通勤完全不值得头疼。

"王主任早。"路过一楼运维大厅时，迎面走来的板寸头小伙微笑着打了个招呼。

[①] TCP：即传输控制协议（Transmission Control Protocol），是一种面向连接的、可靠的、基于字节流的传输层通信协议。TCP 协议通过三次握手建立可靠连接，然后才会开始传输数据。

"早啊,你叫什么名字?"王云飞还对不上号。

"主任您好,我叫陆立,大陆的陆,站立的立,昨天我添加了您的微信……"陆立自我介绍道。

"是你啊,名字很好,以后我们一起努力、勠力同心。"王云飞玩起了谐音梗。

王云飞提前10分钟来到会议室时,长条桌旁只有冯凯和陆立两个人。见到王云飞前来,冯凯把他引向靠窗长边一侧的中间位置。落座后,王云飞观察起房间布局,会议室桌椅略带历史感,角落巨大的白板还隐约可见此前会议留下的笔迹,另一侧地面上各型网线、电源线杂乱交织,边上两台交换机嗡嗡作响,紧挨着的一台旧电脑应该是"退休返聘"。

冯凯随着王云飞的目光看向了这堆"破烂",赶忙找补一句:"最近因为疫情,很少开这种全员大会,会议室大多闲置,今天早上没来得及收拾收拾。"

王云飞嘴上说着"没事,没事",但身体却不自觉地走向那堆散乱的连接线,决定从这小小的改变开始,逐步带领信息中心迈向一个更加有序、高效的新阶段。冯凯和陆立见状也赶紧起身,帮忙整理起纠缠的线缆。

直到线缆基本归置好,才三三两两走进来一些同事。

8:10,王云飞拍拍手,拿着名册清点,准点到场18人,2人向科长请了一天事假,还有4人迟到。有点不可思议,王云飞决定再等等,并安排对应的科长打电话通知迟到人员。

两分钟后,1人想要悄悄从门口溜进来,探头却发现会议还没开始。又过了5分钟,1个人拎着早饭和咖啡小步快走着进来,"不好意思,堵车堵车",随即快速找了个空位置坐下。

接近8:20,还少了运维科的官剑和数据科的樊博。运维科科长袁纬打通了官剑的电话,转述道:"外科彭主任的挂号系统出了点问题,点名让他去现场看看。"数据科科长宋森捷说暂时联系不上樊博,"他散漫惯了,平时没少批评他。"

冯凯提醒道："王主任，要不我们先开始？"

王云飞清了清喉咙："各位同事，大家好，我是新上任的信息中心主任王云飞。昨天已经和部分同事见过面了，就不过多介绍自己了。首先，我想感谢大家的共同努力，信息中心这些年发展比较快，保障得力，院领导们都很关注。其次，也是今天会议的主题，我传达院领导对未来工作的期望和要求。"

他顿了顿："总体来说，院领导希望通过信息化建设，实现医院的数字化转型。比如在业务模式上，能够做到诊疗业务的线上开展、收支情况的及时反馈；在廉洁方面，通过技术手段加强监督，营造风清气正的氛围；在数据管理上，要做到精准收集与分析，提升资源管理效率，比如药品采买系统的优化；在学科发展上，能够引进大数据和人工智能技术，帮助医生更好地进行研究和创新，提升医院优势学科的影响力，同时也培育一些大数据和人工智能支撑的学科方向。这些都对我们提出了新的挑战，同时也是我们的机会。"

接下来，王云飞根据自己整理的笔记，逐一传达了院领导的指示，然后说："我前期主要在学校信息中心工作，对医疗领域信息化工作的特点和规律还认识不深，未来盼望大家多多帮带，有什么不合理的及时指出来，有好的意见建议也欢迎大家随时找我交流。至于具体如何落实院领导的要求，我会请几位科长和部分技术骨干，一起再专门探讨和规划下。大家有什么想法，欢迎随时与我沟通。"

王云飞话音刚落，会议室里却陷入了沉默。

空气中弥漫的寂寥感愈发浓厚，只听得到交换机的嗡嗡声。王云飞扫视一圈，有人眉眼低垂，有人紧握着笔，寻不到对视的目光。

陆立试图打破僵局："最怕空气突然安静，哈哈。我觉得开展线上诊疗业务，对于医院来说是大势所趋，甚至我之前工作的互联网公司也搞过互联网医疗领域的项目。如果咱们医院领导下决心，要搭上互联网的快车，那我愿意为之努力。"

不过，陆立的热情表态并没有激起其他同事的表达欲望。

副主任冯凯鼓励大家："主任提出的目标虽然不容易实现，但只要我们目标明确、团结一致，就没有克服不了的困难。目前一切还处于构想阶段，大家不要有畏难情绪，我有信心在主任的带领下，推动医院的信息化转型。我想大家也不甘心一直做处理故障、维修电脑的工作吧……"

就在这时，会议室的门被推开，一位身形魁梧、发型凌乱的男子匆匆入内，径直坐到角落的空座位上，带着几分不以为意，打断了冯凯的发言："冯主任，我们确实不想天天打杂，但转型哪有那么容易啊，现在连基本的系统故障都处理不过来，而且经费也不够。就像今天，宋科长一定要叫我来开会，倒不如给我多点时间处理实际故障。"

冯凯不悦道："樊博，这位是王主任。你为什么迟到这么久？"

樊博捧着手机，朝王云飞扬了扬下巴算作示意，继续敲着手机，"我正在和厂商协调解决故障。一早上存储就出问题了，影像科数据上传特别慢，病人排队老长了。不是我不想来开会，而是故障来得猝不及防。"

王云飞深吸了一口气，坚定地说道："我理解大家工作的忙乱，当前大家的工作现状我也确实不甚了解。但是，创新总是艰难的，不能因为眼前的困难就放弃。经费只有我们证明了自己的价值，才能有大的投入。在此之前，我们需要内部挖潜，优化流程，提高效率。天下事有难易乎？为之，则难者亦易矣。希望我们院数字化转型的千里征途，就始于我们足下。"

王云飞缓了一口气，说道："今天就不占用太多的工作时间，欢迎大家在会后与我沟通交流。"

王云飞早想到大家的响应度不会太高，但没料到现实还是结结实实地给他泼了一大盆冷水。整整一天，只有冯凯过来聊了聊当前的困难和问题。

这让王云飞不由得怀念起了学校信息中心的小团队。三人团队虽小却精干：一人擅长系统架构，一人精于数据分析，一人负责合规安全。他们合作默契，带领供应商驻场人员加班加点，使信息中心的数据治理效率远超兄弟院校。

"还是要从团队入手。"王云飞决定跟班观察下属各岗位的工作现状。

第二天是"五一"假期的调休补班日。王云飞让袁纬给自己在运维大厅腾挪出一个小工位，决定在这里"驻场"办公1天，近距离感受下樊博口中的"捉襟见肘"情况。

还没到八点，运维大厅的电话铃声就接连响了起来，工程师官剑手忙脚乱地接听着不同科室的求助电话，一边是急诊科的网络突然中断，另一边则是住院系统的数据库访问异常，甚至物业监控室的一台显示屏黑屏也给运维科打了几通电话。

官剑像一名消防员，哪里有"火情"就奔向哪里，或是通过电话远程了解情况，或是安排其他同事赶往现场，或是协调供应商团队前往处置。上班不到半小时，五六名运维人员已经带着工具包离开了大厅。

袁纬苦笑着看向王云飞："王主任，岗位编制数量有限，每个人都不得不身兼数职，这种情况几乎日日如此，大家都疲于应对。"

官剑在一旁听到后，狠狠点头，正巧他又接到了一位运维同事的电话，赶去急诊科现场后发现处理不了，急诊科这边乱成一锅粥，官剑无奈摇摇头说道："那你回来接听电话，我过去一趟。"王云飞询问官剑，是遇到什么很难处理的情况吗？官剑两手一摊："大概率不棘手，只是老周上了年纪，对新技术掌握程度有限，估计是遇到了什么没见过的情况吧。"

王云飞在运维大厅待了一个上午，有的运维人员拿上工具包后一上午没露面，他内心也有些打鼓，怎么会有这么多、这么难处理的故障？

午饭时，王云飞听闻数据科下午要开一个涉及跨部门数据合作对接的项目会议，便找到宋森捷，决定去听会。

不像昨天的集体会议那般沉默，项目会上相关负责人逐一汇报，大部分技术人员能够较为清晰地阐述情况，但在讨论环节常常陷入僵局或需要付出较高的沟通解释成本。王云飞注意到，每个人似乎都只关注自己负责的那一小部分内容，对于整体项目目标和如何协同作战缺乏足够的思考。

这种情况发生在信息中心数据科的内部，王云飞觉得匪夷所思：同一个团队为什么彼此各守一摊？他想起自己此前在大学数据中心推进数据治理工作时，团队成员之间默契协作、互通有无，做到了全局最优。

这场会议，樊博告假称家中有急事，未能到场参加，临时安排了一位同事替他介绍情况。结果接手的同事在查找他提供的相关资料时，发现除了几份零星的手写笔记外，几乎没有成体系的总结文字。

会议中，王云飞实在没忍住，按照过去的工作经验尝试提出一个建议，却只得到了不痛不痒的回应。与会人员各执一词，会议开得七零八落，形不成任何共识，更拿不出下一步工作协调计划。

会后，王云飞单独和宋森捷谈话，宋森捷却有一肚子苦水："当前团队中影响工作的连续性和效率的远不止今天会上暴露出的这些。交接不畅通也是大问题，比如之前有休陪产假，他的离开让几个项目立刻陷入停滞，许多细节和正在进行的事务只能靠其他同事一点点摸索……"

回到办公室后，王云飞独自坐在办公桌前。他在电脑上新建了一个文档，标题处写了"团队的问题——解铃还须系铃人"，下面依次写上了这样的要点。

团队的问题——解铃还须系铃人

- 运维模式固化

团队忙于"救火"。

- 人力资源紧张

编制受限，人少事多。

- 技能发展受限

人员技术能力不强、技能分布不均、缺乏提升性培训。

- 人员各守一摊

人员守摊子思想较重，局部优化和全局优化都难以开展。

- 知识管理缺失

缺乏制度化、规程化的文件，大量的知识都沉淀在个人层面，缺乏组织层面的知识积累。

- 项目交接不畅

不愿意带徒弟，缺少 AB 岗，项目连续性和知识交接不顺畅。

想到最近两日种种冷遇，王云飞五味杂陈。他不禁自问，是自己的能力和过往经历不令大家信服，还是这两日的交流方式不够妥当，抑或是团队对新变化的本能抗拒？

他试图理清思绪，但脑海中却如同乱麻，每一个未解的结都缠绕着他的心弦。这种不被团队接纳的感觉，像是一堵看不见的墙，将他隔离在了领导者的角色之外。他开始怀疑，前任真的是因为身体不好才离职的吗？冯主任难道不想再进一步？科长也可以当主任，为什么不提拔他们？是不是大家都发现信息中心是一个火坑，找个外人丢进去"祭祭天"？

此刻，王云飞既挫败又焦虑。

回到家后，王云飞躺在床上，自我怀疑的情绪犹如潮水般汹涌而来，他开始设想最糟糕的场景：在信息中心以失败告终，团队离心离德，而他无力回天。这样的念头如同梦魇，反复在他脑海中回荡。

但就在绝望的边缘，一点不甘心的星火正在燃起。王云飞紧握双拳，告诉自己真正的考验才刚刚开始，必须打破现状，唤醒沉睡的团队，实现自己的价值。

1.4 情况就是这么个情况

　　转眼间，王云飞上任已近半月。

　　这段日子，他几乎每天都在奔波协调和观察工作，仿佛整个信息中心就是一艘航行在风暴中的船，而他正是那位力图稳舵的船长。只不过水手们似乎各怀心思：表面上，团队成员依旧在各自岗位上忙碌；内心里，大部分人都只是祈祷海神不要卷走手中的桨。

　　王云飞一直试图寻找"救火式"工作模式背后隐藏的更深层次问题。他尝试推动一些变化，比如最简单的设备、耗材清理归档，或是组织定期的技术分享会以提升团队技能，但每次尝试都似乎无疾而终。不是突然间的服务器崩溃，需要紧急抢修；就是某个关键软件出现莫名故障，迫使团队成员不得不再次投入紧急处理中。这些"巧合"甚至一度让他怀疑，是否整个软硬件体系都在抵制改变。

　　业务现状更是棘手。医院的信息化建设看似全面铺开，实则漏洞百出。从现有的挂号系统到病历管理系统，再到药品库存管理，每个环节都存在着不同程度的滞后和不协调，这些都严重影响了医院的运营效率和患者体验。一次仅因为系统间数据对接的延迟，导致一批患者差点错过了重要的检查预约。

　　问题的严重性远超预期，王云飞决定不再被动应对。他再次召集了中心全体成员，安排了一场集中讨论会，要求全员务必参加，因事不能参加的必须亲自向他请假。

　　上次全体会议后，综合科在冯副主任的安排下，清理了大会议室角落的"报废品"，重新布置了走线，刮掉了墙面污渍，老旧灯管也换成了平板灯。

　　会议室干净整洁、灯光明亮，衬托的气氛略微紧张，每个人都正襟危坐。

前几天王云飞在办公室拍过桌子，大家可能觉得新主任不好惹，这次会议居然没人请假。

王云飞开门见山："我们今天不谈日常的'救火'，而是要直面问题的根源。我知道，改变不容易，但现状如果不改，我们会被自己的问题淹没。我希望大家能开诚布公，谈谈各自在工作中遇到的最大难题，以及对现状的看法。大家可以考虑两分钟。"

话音刚落，会议室陷入沉默。

大约过了漫长的 150 秒，还是副主任冯凯打破了僵局："主任，我觉得咱们有一个关键性的问题，就是系统老化、维护资源有限。每次更新就像是给一辆老爷车换零件，战战兢兢，还治标不治本。"

陆立依旧乐于表达："确实如此，而且我觉得我们缺少一个长期的发展规划，总是在应急响应中疲于奔命。要是遇到配合度不高的供应商那更是难搞，供应商拍拍屁股走人，留下我们在业务科室被医生护士'围攻'。"陆立说着还绘声绘色地模仿起一个护士长的语气和动作，惹得大家一阵哄笑。王云飞也跟着笑了起来，装作事不关己，继续引导大家吐槽。

"说到供应商，那真是头疼，咱们信息中心被少数几家供应商绑定得太紧了。上次服务器升级，明明市场上有更具性价比的选择，但我们只能原价购买他们的产品，几乎没有谈价的空间。而且技术资料管理得一团糟，想找点技术文档，得翻箱倒柜。"

"对。而且大部分供应商直接在生产环境①部署更新，把我们医院当成试验场，这简直就是拿医院的正常运行开玩笑。上次一个小更新，直接导致系统短暂宕机，差点丢失了一部分病历数据。"

"系统带病运行的问题，我也深有感触。用户反馈的问题，我们不是不想改，而是真的改不动。架构老旧，耦合度太高，每次打补丁都像拆炸弹，小

---

① 生产环境：指软件系统在实际业务中运行的环境，如医院中的互联网挂号系统、电子病历系统等。

心翼翼，效率极低。"

"系统之间缺乏统一的标准，开发语言五花八门，代码风格各异，新人上手难，有经验的员工维护起来也头疼。每次系统集成，就像是在翻译不同星球的语言。"

"移动互联网时代，我们还停留在十年前，用户抱怨连连。现在连挂号都要排长队，如果能引入移动应用，至少能减少一半的等待时间。"

"说到需求，每个临床科室都恨不得自己是产品经理，提的需求五花八门，有些根本不切实际。我们想落地，但资源有限，真是左右为难。"

"技术文档？简直就是谜一样的存在。有时候找到的文档，要么过时，要么内容残缺，对照着这些资料解决问题，就像是盲人摸象。"

"实不相瞒，我觉得咱们的网络安全就像一个火山口，随时可能爆发。没有一套有效的体系来防控，每次看到安全漏洞报告，我都心惊胆战。感觉我们的系统早就被攻破了，只是我们不知道哪些地方被攻破了。"

"数据隐私，更是个大问题。好几次我发现，一些敏感数据竟然被轻易导出。声明一下，我从没导出过哈。"

"资金永远是个难题。供应商赚取了不合理的利润，锅却是信息中心一起背。领导们不一定清楚中间的具体情形。我们想推动建设，却总是难以说服领导投入经费，因为投入产出没有直观效益。"

……

讨论逐渐热烈起来，大多数成员都开始贡献自己的观察和想法。王云飞认真听取，详细在笔记本上记录。他感到在吐槽的田野里，凝聚力的种子正在萌芽。

正当王云飞低头记录的时候，一个声音幽幽传来："情况就是这个情况。依我看，这些情况一时半会儿是改变不了的。大家今天讨论得热火朝天，明天来办公室还是'当牛做马'、委屈不断。"

樊博一句"情况就是这个情况"让热烈的吐槽氛围立刻降温。

第 ❶ 章　开局选择了"困难模式"

　　王云飞表情瞬间凝重，这个樊博每每有啥事都喜欢钻牛角尖，但他能力还不错。王云飞决定继续冷处理，他深吸一口气，目光坚定地扫视众人："感谢大家坦诚地吐槽。这些问题都很宝贵，我会后将认真梳理。根据近期的观察，大家受困于繁杂的工作，而又常常各自为战，缺乏团队力量来扭转现状。信息中心原本就编制数量少，人员力量不充沛，而大部分精力被过去的业务系统所牵连拖累，我们需要想办法将人解放出来，从事更有价值、更有获得感的工作。还请大家继续吐吐槽。"

　　王云飞的表态一定程度上松开了樊博踩下的"刹车"，一些同事又开始了新的讨论。信息中心的现状确实是内部怨声载道，外部误解堆叠，大家平时觉得委屈在心口难开，今天通过吐槽释放了长久以来的憋屈。

　　作为公认的技术大拿，官剑语气中夹杂着无奈和愤慨："我们就像医院里的'万金油'，哪里有问题就抹哪里，但往往是做得多，错得多。系统一出故障，不管是不是我们管辖范围，首先被责怪的就是信息中心。明明是为了支持临床一线，额外做了那么多，却很少有人看到我们的努力和付出。有时候，一个不相关的系统故障，我们也得跟着加班加点，到最后功劳没份，锅倒是背了一身。"

　　陆立也大倒苦水："就我个人而言，加入信息中心本是想在离开互联网公司后，在平衡生活的前提下，能够探索和实践新技术。只是现在，我感觉自己离技术前沿越来越远，最拿手的技术是重启系统。每天被琐碎的维护工作缠身，别说学习新技术，连基本的个人提升时间都没有。这种情况下，怎么会有成就感呢？"

　　综合科负责项目管理的雷铭声音中带着几分委屈："引入第三方供应商，本意是为了加速项目进度，提高效率。但没想到，这反而让我们成了众矢之的。系统上线后遇到问题，外界的第一反应总是怪我们信息中心，好像我们是花了医院的钱，却没做事。没有人看得到我们带着供应商实施人员加班熬夜推进建设，协调处理一个一个难题。不知道的还以为我们天天和供应商混在一起，吃香的喝辣的，唉。"

……

王云飞觉得这一次的会议十分有效，自己了解到了信息中心更加立体全面的困境、委屈与不甘。

会后，王云飞把自己关在办公室里，一条条梳理大家在会上的发言，他有了不少新收获，也发现了一些疑点。

比如，为什么信息中心说资金不够用，而总会计师孔静珊却认为信息中心一直开销巨大？比如，大家都对缺乏操作文档感同身受，但为什么自己在工作中却常常绕过文档而行？比如，提起供应商就一堆怨言，但为什么不更换供应商，一出问题还是首先要甩给供应商来解决？

王云飞感到自己仿佛置身于"只缘身在此山中"的迷茫之中，于是他与冯副主任打了个招呼，匆匆赶往李子乘教授的办公室，寻求李老师的帮助。李教授不愧是经验丰富之人，听完王云飞的倾诉后，并未直接安慰他，而是微笑着转身从书架上取下一本《凤凰项目》，递给了王云飞。"这本书值得一读，书中提到了IT的四类工作，分别是业务项目、内部IT项目、变更和计划外工作。你刚才提到的困扰，大多与这四类工作密切相关。"随后，李教授详细介绍了IT团队的四类工作。

IT 团队的四类工作[1]

1. 业务项目：这类项目往往源于业务部门的需求，旨在推动特定的业务目标，如推出新的服务模块、增强用户体验或是引入创新产品。它们紧密关联着单位的战略方向，是推动业务增长的重要引擎。

2. 内部IT项目：由IT部门自主推动，专注于内部系统和流程的优化，如构建自动化工具、升级数据中心设施或改进内部通信平台。这类项目的实施有助于提升IT部门的响应速度和服务质量，确保团队保持在技术前沿。

> 3. 变更：对现有的系统或应用进行的物理或逻辑上的操作改动，如升级版本，修复缺陷，调整配置等。对现有系统进行各种必要调整，包括软件版本升级、漏洞修补、性能调优及硬件维护等。这些活动是保证IT系统持续可靠运行的基础，对预防潜在故障和提升用户满意度至关重要。
>
> 4. 计划外工作：针对未预见的系统中断或安全威胁所采取的即时措施，如迅速修复服务故障、应对网络攻击或数据泄露等突发事件。这类任务要求IT团队具备高度的灵活性和快速反应能力，以最小化负面影响并尽快恢复正常运作。

李子乘继续补充道："如果将你描述的种种挑战对应到这四类工作中，问题大致归结为：业务项目难以调整，表现为系统带病运行和安全措施薄弱；内部IT项目推进困难，源于团队实力和资源有限，无法满足业务部门的需求；变更工作因缺乏规范而陷入无序；计划外工作耗费了团队过多精力，尤其是应对突发故障。此外，你们还面临着供应商管理不足这一额外挑战，虽然书中未曾提及，但它的影响也不容忽视。"

王云飞听完教授的分析，顿觉思路清晰，隐约感觉接下来只需要逐个击破。

"再复杂的情况，经过您的分析，也变得简单明了了。李老师，我真是找对人了！以后我还要多多麻烦您。"

"哈哈，我能帮的自然义不容辞。况且我也想要与行业实践保持密切联系。"李子乘笑眯眯地回应。

与李子乘教授告别后，王云飞并未径直回家，而是折返办公室，打算独自消化一番今日的收获。刚落座，手机屏幕亮起，李教授的信息跃然其上："云飞，突然想起一个可能对你目前处境有帮助的概念——精益管理。"

似乎察觉到文字难以详尽传达理念，李教授电话随后就到："云飞，你面临的问题，归根结底是管理层面的挑战。不妨将自己设想为一家工厂的管理者，逐一排查并优化生产线上每个环节。建议你深入了解精益管理的理论，对信息中心的业务工作进行精细化、标准化的治理。"

王云飞听得认真，心中欣喜："谢谢李老师！我一定好好学习。"

1.5　橡皮图章

最近两天，王云飞走路带风，笑容常驻，待人和善。

"吐槽大会"的成功、李教授的点拨和新理念的学习，让王云飞看到了希望。但这种由内而外的喜悦仅仅维持了两天，便被一次审批签字击得粉碎。

随着日常工作的开展，每天王云飞的办公桌上都会堆满等待签字的文件，从采购申请到项目进度报告，再到各种审批单据，纷繁复杂。面对这些文件，王云飞总是一一细读，深入了解每个请求的背景和必要性，因此没有出过大的纰漏。

这次，袁纬拿着一份关于服务器升级的采购单找王云飞审批签字。王云飞看了半天，还是对其中的技术参数和预算分配有些疑惑。

他试图向袁纬寻求解答，但对方的回答显得颇为敷衍，似乎主任只需宏观把控，一再催促着，说是再不升级就不能保证电子病历正常运转。尽管心中颇感不适，王云飞还是在冯副主任签名后面签下了自己的名字。

王云飞意识到，自己仿佛沦为了一个橡皮图章式的存在，而非真正的决策者。这一事实，促使王云飞继续深入探究精益管理的理论与实践。

在学习的过程中，王云飞逐渐领悟到精益管理的精髓，其魅力不仅在于提升效率，更在于透明化、标准化的管理。

精益管理[2-3]

● 精益管理是一种源于制造业的企业管理哲学和方法论，其核心目的是通过识别并消除浪费（非增值活动），以最少的资源投入（包括人力、设备、时间、材料等）创造最大价值，为客户提供更优质的产品和服务。

精益管理的核心原则/步骤：

- 定义价值；
- 识别价值流[①]；
- 确保价值流的流动性；
- 由用户价值拉动系统；
- 持续改进。

王云飞觉得学有所获后，决定亲自开展第一次业务培训。依旧是三楼的会议室，王云飞站在会议室屏幕前方，手中拿着激光笔，大显示屏上展示着他精心准备的 PPT（幻灯片演示文稿），每一页都凝聚了他对精益管理理念的深思熟虑和理解。

"各位同事，大家好。"王云飞声音清晰，"我相信追求更高效、更顺畅的工作流程是大家的共同期待。这几天，我研究了精益管理的理念，它源自制造业，却在全球各行各业中展现出非凡的效能提升潜力，也衍生出了与我们密切相关的精益医院、精益IT等概念。今天，我想跟大家分享我的一些想法，探讨如何将精益管理应用到我们的信息中心，让我们的工作更上一层楼。"随后，王云飞着重介绍了精益医院、精益IT。

---

① 价值流：指产品或服务从原材料到最终交付给客户的整个过程中，所有增值和非增值活动的集合，旨在识别和优化流程以提高价值创造的效率和质量。

精益医院[4]

精益医院是一种基于精益生产理念的医院管理模式，旨在通过优化流程、减少浪费、提高效率和质量，为患者提供更高效、更安全、更优质的医疗服务。

精益医院的核心，在于以患者需求为导向，关注服务细节，持续改进医疗流程，降低运营成本，同时提升员工满意度。精益医院强调全员参与和持续改进，通过数据分析、流程优化等手段，以应对医疗行业的挑战，提升医院的核心竞争力。

精益IT[5]

精益IT是精益原则在信息技术领域的应用和延伸，旨在通过优化IT流程、减少浪费、提升客户价值来改进信息技术产品和服务的开发与管理。

精益IT强调以客户为中心，通过持续改进和快速响应变化，提高IT组织的效率和灵活性，从而为组织创造更大的价值。它不仅仅关注技术层面的优化，更注重组织文化、团队协作和流程管理的全面提升。精益IT的实践可以帮助企业更好地应对快速变化的市场环境，提高竞争力。

"简而言之，精益管理的核心在于剔除无效劳动，追求持续进步，同时重视每一位同事的贡献。我相信，借助精益管理，我们能够显著提高效率，卸下不必要的负担。比如，如果能够预防故障发生，或者在故障发生的第一时间介入处理，处理故障时能够有操作规程，我们就不用等用户反馈故障后，火急火燎地赶去修复。这样一来，我们便能释放更多精力，投入到业务创新和提升能力上。"

樊博率先发难："王主任，您说的这些听着挺美，但咱们眼下活儿已经堆积如山，再分心搞改革，怕不是火上浇油？再说，运维涉及众多供应商，哪是说变就能变的，合同白纸黑字签着呢。"

还不等王云飞回答，官剑接着说道："主任，您的想法我能理解，想提升效率，变革现状，这没错。但您提到的精益管理，它涉及的培训、流程重塑，乃至整个团队文化的转变，绝非一朝一夕之功。在咱们现在人力吃紧、资源有限的情况下，恐怕难以立竿见影，反倒可能因改革的动荡，干扰到日常工作的稳定进行。"

袁纬也加入了"反对派"的讨论："对。我们目前面临的很多问题，比如供应商绑定，不是单纯引入精益管理就能解决的。供应商关系的建立和维护，涉及复杂的合同条款、技术依赖和长期的合作信誉。如果处理不当，可能导致供应链的不稳定，甚至影响到医院的正常运转。"

王云飞知道这样的反对声音在所难免，拍了拍胸口说："我理解大家的担忧。但正是因为我们现在疲于应付，才更需要找到问题的根源。这确实不是一蹴而就的事情，我们需要一步步来。"

王云飞稳住阵脚，继续补充道："上次会议后，我将信息中心的业务按业务项目、内部IT项目、变更及计划外工作四大类做了梳理。但我们都清楚，实际操作中，很多因素导致了浪费与低效。精益管理正是为了应对这些挑战，已在很多企业取得了显著成效，希望大家开放心态，共同探索。"

冯凯轻敲桌面，聚焦众人的目光："樊博等人的顾虑有其合理性，但问题的焦点不在于是否有余力改革，而是我们是否亟须改革。如果一直在低水平徘徊，信息中心就是不进则退，新技术、新机制向前发展，可不会停下来等我们。而且，我们现在确实被太多供应商绑定，应加强内部人才培养，逐步减少对外部供应商的依赖。"

王云飞感觉自己和冯凯之间已经有了一点默契，接过话头："冯主任说得没错，我们先把自身的依赖性降低，在今后的运维服务采购中，可以通过引入竞争机制来避免供应商绑定，建立一个多元化的供应商网络，不要仅仅依赖单一供应商。这样可以在价格谈判、服务质量、技术创新及供应链稳定性方面拥有更多选择。另外，在与供应商签订的合同中应包含清晰的退出条款和过渡计划，确保在需要更换供应商时，能够有序、高效地进行转移，减少业务中断的影响。"

陆立也适时地表达了支持："主任说精益管理的核心是持续改进，我们可以从小处着手，比如优化我们的日常维护流程，减少手动操作，引入自动化工具。另外，对于现有的合作供应商，我们是不是可以考虑引入评估和审计机制，定期进行绩效评估？包括服务质量、价格、服务响应速度、供应链安全等方面，来对供应商进行一定的约束和规制。"

王云飞对冯凯和陆立点了点头："感谢大家的建议，这正是我期待的。饭要一口一口吃，路要一步一步走。至于供应商问题，我们的确需要一个更透明、更公平的机制。我保证，所有的改革都将公开透明，欢迎大家监督。"

一直沉默的邢振也开口了："王主任，关于成本的问题也不能忽视。引入新的管理系统、培训员工、可能的设备更新、安排人力定期收集用户的反馈，这些都需要资金支持。在现在整体预算有限的情况下，如何平衡这些新增的开支，也是一个棘手的问题。"

王云飞点了一直没发表意见的宋森捷："森捷，你的看法呢？"

宋森捷似乎在走神，顿了几秒才开口："提升效率和减少浪费是每个科室都应该追求的目标，但坦白来讲，我站在数据科的业务角度，我们的挑战可能更为具体和复杂。我们每天处理的数据量巨大，我不想有任何影响数据完整性、安全性和可靠性的可能性。我担心如果我们急于求成，可能会引发数据管理上的混乱，反而加重了我们的工作负担。"

可能是觉得自己说得太过直白，宋森捷话锋一转："主任，我建议可以先选取几个小的试点项目或小部分团队，比如优化某一特定数据处理流程，或者在不影响核心业务的情况下，试验新的精益管理方式。"

这些反对意见如同一股股暗流，在会议室中涌动。王云飞感觉自己今天对于精益管理的宣讲如同泥牛入海。只得打起精神，总结这次的探讨："很好，我非常感谢大家的坦诚和直率。改革不易，我也是在摸着石头过河。接下来，我打算成立一个专项小组，继续论证可行性以及制定详细实施步骤，欢迎大家毛遂自荐。如果工作忙不能参加，也欢迎大家多提意见建议。"

会议结束，人群散去，但讨论并未停歇。在走廊的一角，几个技术人员聚集在一起抽烟窃语："我看王主任这新官上任，就想烧把火，真能改变什么吗？"其他人则点头附和，低声议论："王主任这么做，怕不是想借机换掉现在的供应商吧。"这样的揣测，虽然没有根据，却也播下了猜疑的种子。

王云飞对此并不知情，他坐在办公桌前，心中感慨万千。一方面，他为冯凯、陆立的支持感到欣慰；另一方面，他也清醒地意识到现在团队内部对他的支持力量还很有限，今后的工作推进不会平坦顺畅，尤其是面对团队内部的不信任和外部的误解。

1.6 To be or not to be

次日一早，王云飞坐在办公桌前，研究着昨天的会议记录。

冯凯和陆立先后进来，报名参加专项小组。王云飞连连道谢，开心地给两位各倒了一杯红茶。

"感谢两位的支持。既然我们都认为精益管理是一个值得探索的方向，我想就应该趁热打铁。"王云飞的语气中不乏对两位下属的信任和倚重，"自从我接任以来，阻力比我预想的要大得多。中心大多数人似乎对改变持观望态度，甚至有些抵触。你们两位的支持对我来说很重要。"

陆立咧嘴一笑："王主任，我从互联网公司跳槽来这里，虽然起初是想让生活节奏慢下来，但其实心底那份对技术的追求没有减少。只是现在每天陷在琐碎的维护中，我总在想，能不能用技术的力量去改变现状，让信息中心不再仅仅是'救火队'。刚好主任您的很多想法，激起了我的奋斗欲望。"

冯凯则显得更加深思熟虑，他轻轻摩挲着手中的笔记本："我的顾虑更多一点。我们怎样在满足院领导的宏观管理需求的同时，确保各科室的日常业务不受影响，这是个不小的挑战。昨天会上邢振、袁纬和森捷说得并不是没有道理。我们作为保障部门，夹在中间常常也很为难，既要有变化，又要保证平稳过渡。"

冯凯喝了口茶，继续道："医院的管理层可能更多地考虑系统如何帮助提高医院的整体管理效率，比如通过数据分析优化资源配置、提升患者满意度等。而一线操作部门，如药房、护理部等，则更关注系统能否简化日常操作流程，减少工作负担。具体来说，比如院长可能期望医院信息系统（Hospital Information System，HIS）应具备强大的数据统计分析功能，以便进行决策支持；而门诊部、住院部等部门，可能更希望少填数据甚至不填数据，两者的需求重点不同，可能在系统功能设计上产生冲突。王主任，您传达了医院领导的期待，其实在今后会有更多业务部门领导找到你，然后你就会发现经常被多个不同的甚至相互矛盾的需求'夹击'。"

说完，冯副主任看了看陆立，后者苦笑着点点头。

王云飞也点了点头："你们说得都对，如何在'运维'与'创新'之间、'管理'和'业务'之间找到平衡点，确实是很大的难题。怎样成为高效运转的'保障中心'？怎么把主动权从供应商手中拿回来？这些问题都需要仔细琢磨。"

王云飞有些激动地说："唯一可以肯定的是，我们不能继续做供应商的傀儡，我们要成为医院的总集成商，供应商只能给我们打工。"

"To be or not to be？ That is not a question."

陆立突然拽了一句洋文，王云飞、冯凯同时一愣，随后三人都开心地笑了起来。

王云飞笑着说："虽然我们现在还没有一个清晰的答案，但至少我们已经开始思考，开始讨论。下一步，我想我们可以从小处着手，比如从陆立提到的技术革新开始，你可以着手调研一些自动化工具，以减轻日常维护的压力；同时，冯主任你能否从管理角度出发，尝试建立一个沟通机制，让院领导和各科室对我们的工作有更深的理解和支持，也尽量避免跨部门沟通中的低效浪费。"

冯凯点了点头："我会尽力协调各方，争取更多的理解和支持。也许我们可以定期组织一些跨部门的交流会。"

冯凯、陆立离开前，王云飞让冯副主任帮忙把邢振叫来。

几分钟后，邢振忐忑地敲了敲王云飞的办公室门。"主任，您找我？"

"是，请坐。要喝茶吗？"

邢振连连摆手："刚喝了水。主任，您叫我有什么事情？"

王云飞坐在办公桌后答道："邢振，我想让你做一件事。把过去三年咱们医院在信息化建设上的每一笔投入都梳理清楚。分门别类，从每年的常规运维费用到那些大大小小的项目，尽量不要遗漏。"

"这也是你昨天在会上提到成本问题时给我的启发。我想从经费流向的角度来进一步了解信息中心的具体工作。"

心弦紧绷的邢振没想到只是这样一项寻常任务，他暗暗松了口气。

"好的，王主任，这项工作我们综合科每年都会配合审计部门的要求进行整理。"邢振语气中带着几分自信，同时心里快速盘算着工作的脉络，"如果不需要细到每一笔交易的具体凭证，我今天下午就能给您提交一份初步报告。毕竟，这些数据我们都留有记录，只要整合起来就行。"

王云飞轻轻点头，眼中闪过一丝满意的光芒，但随即话锋一转，加重了语气："好，请认真核查一下，数据一定要准确，我要用来做下一步的规划。"

邢振心中一凛："明白，王主任。我会认真整理，确保每项数据的准确无误，尽快完成，争取今天下班前给到您邮箱。"

下午，邢振打印了一份纸质报告："主任，您上午让我统计的信息化建设支出情况我已经基本完成了，请您过目。邮件也已经给您发送了一份。"

王云飞一手接过材料，一边点开了自己的邮箱，打开了最上方的一封邮件。

信息中心近3年信息化经费投入及项目概况报告

尊敬的王主任：

根据您的要求，我已对过去三年（2018年至2020年，不包含本年度的前5个月）的信息中心经费投入情况进行了详细梳理与分类，现将关键数据及分析结果汇总如下：

一、年度常规性运营投入

- 2018年：常规性运营实际支出1450万元，主要用于日常软硬件维护、系统升级、技术支持服务及网络带宽租赁等。

- 2019年：常规性运营实际支出1420万元，较上一年度略有下降，主要得益于部分运维流程的优化及成本控制措施。

- 2020年：常规性运营实际支出1480万元，略有增长，主要由于网络安全防护升级及新增云服务订阅费用、疫情因素导致的较大幅度的成本提升，即使差旅费、会议费等支出锐减，总支出仍有所增长。

- 三年合计常规性运营实际支出约4350万元。

- 2021年常规性运营预算为1365万元。

二、项目投入情况

在过去三年中，信息中心共计实施了16个信息化建设项目，涉及医疗信息化、管理信息化、安全保障等多个领域。具体如下：

1. 电子病历系统升级项目：投资约600万元，旨在提升医疗服务效率及患者信息安全性。

2. 药品管理系统优化：投入约200万元，实现了药品库存管理的自动化，减少了人为错误。

3. 智慧病房建设：投入约300万元，引入住院管理、智能床旁终端、远程监护系统等，提升了住院患者护理质量和医护人员的工作效率。

4.信息安全强化项目：总计投入250万元，提升了医院数据的安全防护等级。

5.智能挂号系统：投入150万元，优化了患者就诊流程，减少了排队等待时间。

6.医疗影像存储与传输系统升级：约180万元，提高了图像传输速度和存储容量，支持高清影像快速调阅。

7.后勤物资管理系统：投入120万元，实现了物资的精细化管理，减少了浪费。

8.电子支付系统整合：约100万元，方便患者多样化的支付需求，提高了收费效率。

9.临床决策支持系统：投入80万元，通过数据分析辅助医生做出更精准的诊断。

10.科研数据管理平台：约70万元，促进了科研数据的共享与分析，加速了科研成果的转化。

11.医疗设备物联网管理系统：投入60万元，实时监控设备状态，进行预防性维护，延长使用寿命。

12.远程会诊系统：约50万元，可支持单一科室的视频会诊与资料传输。

13.在线培训与考试系统：投入约35万元，便于员工随时随地进行专业学习与考核。

14.人力资源管理系统升级：投入25万元，优化了人事管理流程，提升了工作效率。

15.环境监控与能耗管理系统：约20万元，实现节能减排，优化医院能源利用。

16. 医疗知识库构建与更新：投入 15 万元，为医护人员提供最新的医疗资讯和治疗方案，以支持临床决策。

项目投入总计：16 个项目的总投入达 2255 万元。

三、分析与建议

1. 成本效率：从数据分析来看，常规性运营投入保持相对稳定，但考虑到医院业务量的增长，这部分支出的效率有待进一步提升。建议通过引入更先进的运维管理工具和流程优化，减少不必要的支出。

2. 项目投资回报：16 个项目的总投入达 2255 万元，需加强对已完成项目的跟踪评估，确保每一笔投资都能带来预期的效益。建议建立项目后评估机制，对投入产出比进行量化分析，为未来决策提供依据。

3. 未来发展：鉴于当前投入规模与医院信息化需求的持续增长，建议在确保现有系统稳定运行的基础上，合理规划未来几年的投资重点，如"互联网医院"的体系化建设、人工智能辅助诊断、大数据分析等前沿技术的应用，以促进医院信息化水平的持续提升。

综上，过去三年信息中心的经费投入在保障日常运维的同时，也支持了多个关键项目的实施，对提升医院信息化水平起到了积极作用。但面对日益增长的业务需求和外部环境的变化，我们还需进一步优化资源配置，确保每一分钱都能花在刀刃上，推动信息中心乃至整个医院的可持续发展。

邢振
信息中心综合科

王云飞花了几分钟浏览报告，这些数字确实出乎意料："原来，信息中心的开销竟达到了这样的规模，仅仅每年的常规运营就需要 1400 万元。"王云飞意识到，院领导对于投入多而效益不明显的感受并非空穴来风，而是切实存在的问题。

随即王云飞抬头看向邢振："辛苦你这么快整理出这份材料，让我对全局有了更直观的认识。不过，我们投入巨大，但似乎没有形成与之匹配的显著效益。"

王云飞继续说道："我想，接下来我们需要做两件事，主要交由你们综合科来牵头。第一，对这些项目进行一次初步的效益评估，看看哪些投资真正带来了价值，提升投资回报率。第二，我们需要重点梳理下维持性经费投入：一是看看今年经费被砍了一部分后能不能维持运转，二是看看还有没有挖潜的空间，确保每一分钱都花在刀刃上。"

"明白，主任。"邢振回答，声音中透露出一丝跃跃欲试的兴奋，"我们立刻着手进行效益评估，同时收集必要的数据供您决策。"

"很好，谢谢！"王云飞鼓励道，"记住，我们的目标是通过精准的管理，让信息中心的每一分投入都能转化为实实在在的效率提升和患者满意度的增加。综合科接下来的工作是一个挑战，但也是我们展现价值、推动改革的绝佳机会。"

邢振走后，王云飞望着窗外，心中既有紧迫感，也充满了期待。他内心关于信息中心下一步发展定位的"To be or not to be？"的问题已有定论，但控制成本、提升效益的具体做法还需要在实践中进一步探索。

来信息中心任职，跳出了原来的舒适圈，选择了"困难模式"开局，还好现在看到了一缕曙光。王云飞苦笑着摇摇头。

工作札记 1

IT 组织面临的系统性挑战

IT 团队普遍面临运维模式僵化、资源紧张和能力瓶颈等问题，长期陷入"救火式"抢修，计划外工作挤占资源，知识管理缺失和项目交接不畅导致技术债务[①]积累，同时"守摊子"思维和技能分布不均制约了全局

---

① 技术债务：指在软件开发过程中，为了快速交付而采取的短期解决方案，可能会在后期导致更多的维护成本和问题。

优化与技术创新，IT的四类工作（业务项目、内部IT项目、变更、计划外工作）的管理失衡进一步暴露了系统成熟度低和技术债务累积的现状。

从精益管理到精益IT

精益管理通过消除浪费、价值流思维和持续改进文化为IT治理提供了方法论支持，强调流程标准化、资源动态调配和技能均衡发展，帮助团队打破部门壁垒、优化全链路交付效率，并通过制度化知识管理和培训提升组织韧性，为IT团队从被动响应向主动赋能转型提供了实践路径。

通过提升内部IT项目占比、推动知识资产化和构建预防性运维体系，同时量化技术债务影响、重塑协作文化，利用精益工具（如价值流图）可视化瓶颈，驱动团队在资源有限条件下实现价值最大化，最终实现从被动运维到主动赋能的工作范式转型。

第 2 章

Just Change IT！

——变则通，通则久。(《周易·系辞下》)

2.1 主打一个随心所欲

王云飞走在四方大学熟悉的林荫道上，今天要去请教李子乘教授。

本科上课、硕士科研、工作后在大学信息中心挥洒汗水，一个个镜头如电影片段般在脑海里回放，曾经的青葱少年，走着走着就成了满腹心事的中年。

推开办公室的门，李教授正埋首于书堆之中，"云飞，来了。几天不见，感觉你瘦了啊。是不是在医院信息中心工作压力大？"李教授的问候温暖而直接，让王云飞感到了久违的亲切。

王云飞感激地笑笑，随即打开了话匣子："是啊，确实有点压力大。上次从您这学了很多，大部分人也意识到当前状态不对。从信息中心内部来看，大家感觉工作模式需要改、工作成就有点低。从信息中心外部看，领导们又觉得经费投入大、成果产出少。这几天，我一直在广泛征集意见，试图找出改善信息中心现状的方法，但似乎都卡在了具体实施上。特别是我们对供应商的过度依赖，大家忙于救火，让我们很难腾出手来进行长远规划和局部改进。"

李子乘教授闻言，沉思片刻，然后缓缓说道："云飞，你碰到的情况是正常的。信息中心在传统认知里，和宿舍管理一样，是一个保障型单位。但信息化工作又是技术含量高、发挥作用大的创新型工作。现在是信息时代，谁也离不开信息化。所以做信息化工作就是逆水行舟，没有好的方法机制，疲于救火已经是不错的状态了。据我了解，很多单位信息化工作历史欠账比你们还多、问题比你们还严重。甚至个别单位，信息化工作全部外包给公司，仍由公司瞎折腾。"

李教授安慰了王云飞后，说道："我有个建议，你们可以从变更管理入手，这是一个能够快速见到成效的切入点。变更工作管理，意味着要对每一项变更进行严格的审查、计划、执行和回顾，确保变更的有序性和可控性。"

变更 [6]101

变更是使一个或多个信息系统配置项（配置项是配置管理中的基本单位，可以是源代码、文档、构建脚本、环境变量等）的状态发生改变的行为。

信息技术领域中的变更指的是对现有IT系统、服务或基础设施进行任何形式的修改。这些变更可以是新增功能、升级软件版本、调整配置参数、替换硬件设备，或是任何旨在改进性能、增强安全性或提升用户体验的操作。

项目变更的常见原因包括：

- 产品范围（成果）定义的错误或疏忽；
- 项目范围（工作）定义的过失或疏忽；
- 增值变更；
- 应对风险的紧急计划或规避计划；
- 项目执行过程与基准要求不一致带来的被动调整；
- 外部事件等。

第 ❷ 章 Just Change IT！

项目变更管理：

● 项目变更管理是指在信息系统项目的实施过程中，由于项目环境或其他原因而对项目的功能、性能、架构、技术指标、集成方法、项目进度等方面做出的改变；

● 变更管理的实质是根据项目推进过程中越来越丰富的项目认知，不断调整项目努力方向和资源配置，最大程度地满足项目需求，提升项目价值。

王云飞眼睛一亮："这确实是一个好的切入点。说来不怕您笑话，我们医院新式CT（Computed Tomography，计算机断层扫描）、核磁共振成像等设备越来越多，数据量也越来越大，但数据中心网络骨干带宽[①]现在还只有1Gb/s[②]。医生做个检查，经常要等两三分钟上传数据。之前已经买了新的40Gb/s的核心和汇聚设备，运维科组织了3次网络设备升级，但都是割接[③]到一半就失败了，差点还影响正常使用。全网换设备，确实是一项大变更，具体该怎么操作才能做好呢？"

李子乘笑了笑："我也不熟悉网络系统变更，但知道一些变更管理的通用方法。比如说，变更管理需要遵守一定的流程。"随后，李教授详细介绍了变更管理的一般流程。

变更管理一般流程

● 变更请求：变更请求可以由任何利益相关者提出，无论是内部还是外部。该请求应详细说明变更的原因及预期目标。

---

① 骨干带宽：指的是在网络架构中，连接主要节点或数据中心的高容量传输线路的总数据传输能力。

② Gb/s：Gigabits per second，是数据传输速率的计量单位，表示每秒传输的吉比特数，1Gb/s等于 10^9 bit/s。

③ 割接：指在电信、网络或系统升级、迁移过程中，将旧系统或网络切换到新系统或网络的关键操作步骤。这一过程通常包括数据迁移、服务转移和功能切换，要求精确规划和执行，以确保服务的连续性和系统的稳定性。

- 评估影响：在收到变更请求后，需要对变更可能带来的影响进行全面评估，包括技术、业务流程、成本和风险等方面的影响。

- 制定变更计划：根据评估结果，制定详细的变更实施计划，包括确定变更的时间表、资源需求、负责人员等。

- 审批变更：将变更计划提交给变更管理委员会或指定的决策者进行审批。审批过程中可能会要求对变更计划进行修改。

- 测试变更：在实际部署前，对变更在受控环境中进行测试，以验证其功能性和兼容性，并确保没有引入新的问题。

- 实施变更：如果测试成功并通过最终审批，就可以按照计划实施变更。通常会选择在业务低峰时段进行部署，以减少潜在的影响。

- 监控与反馈：实施变更后，密切监控系统性能，收集用户反馈，确保变更达到预期效果。如果发现问题，则需立即采取措施解决。

- 文档记录：记录整个变更管理过程中的所有决策、行动和结果。文档对于未来参考和审计至关重要。

- 回顾与改进：定期回顾变更管理流程的有效性，并根据经验教训进行改进。这有助于持续提高变更管理的质量。

　　王云飞听后不好意思地笑了："老师，我们现在的变更管理主打一个随心所欲。就像上周做网络割接，运维科定一个时间，把设备供应商工程师叫过来，等医生下班了就直接开干。"

　　李教授接话道："所以就变更失败了哈。其实变更流程还只是基础，最重要的是要全面梳理常见的变更，逐一分析每个变更具体的影响，为每一种变更建立具体的操作流程。在实施变更时，还要将变更中的每一步怎样操作、出现问题怎样回滚都写下来，千万不要出现操作过程中还要举着手机临时查操作命令怎么写。"

　　王云飞若有所思地点点头，心中燃起了新的希望。"老师，您的这些建议

第 ❷ 章 Just Change IT！

非常中肯，我回去就和团队商量，争取马上行动起来。"

离开李教授的办公室，王云飞立刻联系了冯凯、陆立，并把袁纬和官剑也一并叫上，紧急召开了一个小型会议。

在会上，王云飞根据自己的理解，逐条讲解了李教授的建议，并提议以后中心内部"更新升级""打补丁""网络割接"等操作，都纳入变更管理。与会人员作为变更管理攻坚小组成员，分头梳理当前变更工作的症结，3天后开会讨论。

3天后，新成立的变更管理攻坚小组再次聚首。"万事开头难，但只要着手去做，总能取得成功。"王云飞的开场白简短而有力，"我们的首要任务，就是要弄清楚当前变更工作的实际情况，它是如何进行的？是否有一个清晰的流程？有谁在负责统筹管理？这些问题的答案，将是我们后续行动的基石。"

冯凯首先发言："我这几天做了一些初步的调研，情况不容乐观。变更工作似乎是'谁遇到问题谁处理'的状态，缺乏一个统一的协调者。很多时候，一个简单的变更请求会在各个部门间踢皮球，导致效率低下，甚至有些变更因为沟通不畅而被重复提交或遗忘。"

说着，他给在座的各位都分发了一张A4纸大小的材料，"这里是我最近几天找了不少同事，询问或者伴随他们一同工作发现的变更工作中的混乱情况，我和陆立一起整理了一份文字材料，大家可以对照自己的工作看看，提提建议。"

王云飞接过材料，认真阅读起来。

信息中心变更混乱引发的无秩序局面

1. 流程规范性不足：当前日常运维工作流程的规范执行尚未成为普遍实践，职工或供应商的操作未经正式申报便擅自启动，导致管理层面无法有效追踪和监管。

2. 问题追溯困难：由于变更缺乏规范化的系统记录，一旦发生故障，很难追溯到问题的源头，错误的修复尝试频发，非但未能解决问题，反而引入了新的麻烦。

3. 职责不清与项目管理混乱：信息中心成员对自身负责的项目界限模糊，即使与他们沟通明确的任务归属，也无法得到准确的答案。这导致没有员工能全面掌握业务系统的整体概况，成员之间也存在工作重叠与遗漏并存的情况。

4. 优先级设定随意：并行的各类业务系统之间的推进缺乏科学的优先级排序，决策往往依据谁的声音大、谁搬出的领导话语权高、谁催促得更急迫，而非实际重要性，严重影响了信息中心运维工作计划的合理安排与执行效率。

5. 质量与进度失衡：在追求速度的压力下，项目执行过程中的质量控制被忽视，仅满足于表面的进度推进，忽略了成果的实质价值。

6. 技术债务风险：曾经出现过软件代码未经充分审查就被部署，系统更新未经充分测试即上线，从而埋下了错误或漏洞的风险，导致后期需要花费更多时间和资源来修复。有的供应商成员可能因短期时间压力，采取"先上线再说"的策略，实则积累了技术债务。

7. 工作交接草率：项目或任务交接环节马虎，信息传递不全，各方在问题面前常采取回避态度，相互指责而非合力解决问题。

8. 变更成本管理粗放：变更时几乎不考虑成本管理，导致信息化运维成本高。

9. 运维成本虚高：比如，已经使用了5年多的服务器，运维合同中每年运维费用还是按照采购价格的15%来计算，实际上两三年的运维费用就能购买性能更好的新服务器。运维厂商每年工作就是巡检几次，并且记录还不全，换1~2块硬盘或者内存条，平均下来，每次变更成本高达2.59万元。

第 ❷ 章　Just Change IT !

> 10. 变更主体缺位：常年来依赖供应商实施变更，一个很小的问题也要拖很久才能解决。更关键的是，信息中心大部分人员长时间脱离技术一线，不会配置交换机，更别说采购应用 SDN[①] 等新技术。

冯凯接着补充："我这里还有一些实实在在的例子，通过这次梳理我才真切感受到变更混乱如此之严重。一方面，供应商唯利是图，干啥都要钱，狮子大开口，不答应就不干活；另一方面，大家变更工作中怎么方便怎么来，完全不考虑相关系统和变更影响，主打一个随心所欲。"

"去年，由于缺乏统一的变更管理流程，原定于第二季度进行的住院管理系统升级，直到第四季度才勉强完成。不可否认有疫情因素的影响，但这一延误导致了系统中超过 1 万条患者数据的同步问题，影响了约 5% 的患者出院结算流程。同时，由于升级的推迟，新功能的上线也被迫延后，影响了至少三个临床科室的日常工作效率，患者满意度调查中因此产生的负面反馈增加了三成。"

"此外，由于变更管理不善，与供应商的协作也出现了问题。过去一年中，因运维变更需求沟通不畅导致的供应商服务延迟或错误实施达 8 次，平均每项错误耗费额外的协调时间 20 小时，总计额外成本超过 15 万元。同时，由于供应商的不满意，有两家关键供应商屡次要求我们提高下期采购额，对医院长期的 IT 支持和维护构成潜在风险。"

陆立皱着眉头补充道："确实，这些情况在我处理系统维护时也是家常便饭。有一次，一个简单的系统配置变更，因为没有明确的流程，我跑了 3 个科室，协调了 5 家设备厂商，耗时一周才搞定。这种效率，实在是让人头疼。"

官剑则从技术角度提出了见解："而且，我们现在没有一套标准化的变更

[①] SDN：软件定义网络，全称 Software-Defined Networking，是一种网络架构方法，通过将控制平面（决策层）与数据平面（转发层）分离，并使用中央控制器动态管理和配置网络资源，从而提高网络的灵活性和可编程性。

49

管理流程，所以无法有效跟踪变更的前后影响，一旦出现问题，追溯起来就像大海捞针。我觉得中心需要一个集中的变更管理系统，记录每一次变更的详情，包括谁发起、谁审批、何时执行、影响范围等。"

王云飞认真听取每个人的发言，心中暗自思量。他意识到，这个问题的根源在于缺乏一个系统的管理框架，导致变更过程混乱无序。

袁纬坐在会议室的角落，双手紧握。随着其他人提出的一个个尖锐问题，他能感觉到周围的空气仿佛凝固，每一双眼睛都仿佛在无声地质问他。

"袁纬，你是运维科的负责人，对当前变更工作的无序局面，你有什么看法？"王云飞的提问尖锐直接，让袁纬感觉原本就紧张的气氛更加凝重。

袁纬咽了咽口水："王主任，我承认，运维科在变更管理上确实存在疏漏。这很大程度上是因为我们没有建立起一套行之有效的变更流程，也没有明确的负责人来统筹协调。日常的救火式工作让我们忽视了对变更工作的系统化管理，这是我的责任，我没有提前预见并解决这些问题。"

王云飞并没有批评，而是将讨论引向深入："很好，大家都提出了实际问题，也知道了症结所在。那接下来，我们的首要任务就是彻底梳理现有的变更流程，找出问题所在，也找出好的解决办法。攻坚小组的成立，就是为了共同面对和解决这些问题。袁纬，接下来由你来牵头，从最近三个月的变更记录入手，进行一次详细的数据收集。我们得知道，哪些变更流程是有效的，哪些是无效的，哪些地方容易出错，哪些是急需改进的。"

会后，王云飞盯着面前这张纸，窗外的阳光斜斜地洒在纸面上，但那份明亮似乎并不能驱散他心中的忧虑。规范变更，谈何容易。王云飞知道，这不仅仅是一个技术问题，更多的是人的问题，是习惯的问题，是利益纠葛的问题。他想起李教授的话："业务才是最重要的，技术不是问题，更多要从管理上解决问题。"

他闭上眼睛，脑海中初步规划了变更管理的实施步骤，并对此有了一定信心。

第❷章 Just Change IT！

2.2 变更路上的"404"[①]

为了更好地推进变更管理，王云飞新建了一个名为"变更管理2021"的微信群，把冯凯、陆立、袁纬和官剑都拉进了群聊。他看着群聊成员头像整齐排列，恍惚之间像是看到了"数据建设"群，心中默默期许这个小团队能够高效运转。

还没等到王云飞召集，陆立和官剑就被临时召集去处理一个紧急故障：药品管理系统出现了与其他系统的数据不一致的情况。随后，王云飞几次路过运维大厅，都没能捕捉到他们两人的身影。他皱起了眉头，原本计划在今天召集大家开个会，结果只建好了一个群。

第二天一早，王云飞特意提前到达，推开运维大厅的门，只看到空荡荡的工位。他推测，陆立和官剑可能是一夜未归，昨天运维群里深夜还消息不断。桌上散落的咖啡杯和半开的笔记本，似乎还残留着他们匆匆离开的痕迹。

处理完诸多行政事务后，王云飞还是忍不住在"变更管理2021"微信群发了一条消息："大家辛苦了，等这次药品管理系统故障应急处置任务告一段落，我们找个时间碰下头，好好规划一下接下来的工作，尤其是变更管理的分工，希望大家都能参与进来。"

消息发出去没几分钟，冯凯敲开了办公室的门，"主任，我感觉咱们得赶紧动起来。我这边时间相对灵活，请示一下，有什么我能先一步做的？"冯凯言辞诚恳。

王云飞面露难色，"说实话，我还在思考怎么分工推进工作，变更管理对

[①] 404：是一个 HTTP 状态代码，表示服务器无法找到客户端请求的资源。通常，这意味着网页或文件已被移除、重命名或不存在。在用户体验中，404错误通常与"未找到"页面相关联，提示用户检查 URL 是否正确或尝试其他途径寻找信息。

我而言也是新课题。陆立和官剑那边突然冒出的紧急故障把他们完全牵制住了，如果只有咱们几个领导讨论，得出的结论未必符合实际。"

两人正交谈间，王云飞灵光一闪，"对了，四方大学的李子乘教授，是我的研究生导师，也是软件工程领域的专家，我们去问问他的意见？正好也到午饭时间了，咱们边吃边聊。"

餐馆内，三人围坐。

王云飞简要介绍了当前的困境，李教授抿了一口茶。

"咱们遇到的问题，其实可以从价值流管理入手。我们设想一下，信息中心就像一条河流，价值流就是那条水道，你们需要做的，是清理河床上的淤泥，让水流更畅通。"李教授的目光闪闪，"价值流的梳理是个好起点。它能帮助我们看清整个变更流程中的价值与浪费，找到瓶颈所在，进而优化。"

冯凯眼前一亮："教授，您是说从整个业务流程的视角出发，分析每个环节的价值贡献和潜在的改进空间？"

"正是如此。"李教授点头赞许，"不仅要关注流程本身，更要考虑信息流动、决策过程以及客户反馈。每一个细节都可能是提升效率的关键。"

冯凯急切地问道："具体怎么做呢？我理解，是不是先要从头到尾梳理一遍中心的工作流程？"

"没错，价值流梳理的核心是识别和消除浪费，你们可以从头开始，记录每一个步骤，识别哪些是增值活动，哪些是非增值活动。我想，对于咱们信息中心来说，原本就没有开展变更管理，现在要从一线得到变更流程应该相当困难。"李教授笑道。

冯凯的眼神兴奋，"您真是专家，一针见血。我们就是没有梳理出现有的变更流程，呃，或者说我们就没有什么像样的变更流程。所以，我和王主任感觉无从下手，不知道当前有哪些工作可以去做。"

"嗯。"李教授笑着点点头，"具体开展工作时，可以将价值流梳理的结果绘制成价值流图。考虑到当前很多变更管理实质上处于失管失控状态，咱们可以按照当前认知，提出这些变更的假想流程。当然，假想流程应当尽量考虑各方诉求，表现出来会比较复杂。然后，我们就能用价值流图进行分析，通过删减调整得到更为优化的变更流程。换句话说，咱们先去想象一下，应当有哪些流程。并且，哪怕把流程搞得复杂点，也要尽量将流程相关约束考虑得更全面。然后，采用价值流图的方法，去优化这些假定的流程。得到优化流程后，可以用以前的变更案例进行复盘试验。我想，通过试验的流程，应当就可以用于指导实际的工作了。"

王云飞沉思片刻，工作思路逐渐清晰："李老师，您的意思是说，即使一线人员参与不多，也能绘制这张图，并且能直观地看到哪里需要疏通，哪里需要加固？"

李教授说："对。价值流图的绘制是一个团队合作的过程，每个人的观点都很重要。开始时不必追求完美，重要的是开始行动，不断地迭代优化。"

冯凯边听边点头，快速地在手机上敲击记录着些什么："我明白了，我们要做的是理清这条价值流，让每个环节都能高效运作，变更管理自然就有了清晰的路径。这不仅能帮助我们优化流程，还能让团队成员明白他们的工作是如何直接贡献于整体效率的。"

王云飞起身告辞："我们这就回去着手准备，从价值流图（图2-1）开始，一步步深入。"

王云飞和冯凯回到信息中心，开始规划价值流梳理工作。考虑到人力有限且大部分时间被计划外工作占据，冯凯提议可以用共享文档的形式在线协同编辑。王云飞虽然觉得面对面讨论更为高效，但眼下开会人员都凑不齐，只能退而求其次。

夜色已深，王云飞的电脑屏幕还亮着，显示着那份在线文档，页面上跳跃着冯凯和陆立的实时编辑标记，他们仿佛在虚拟空间中并肩作战，每一次光标的移动都承载着改变现状的决心。

软件工厂
进阶实录

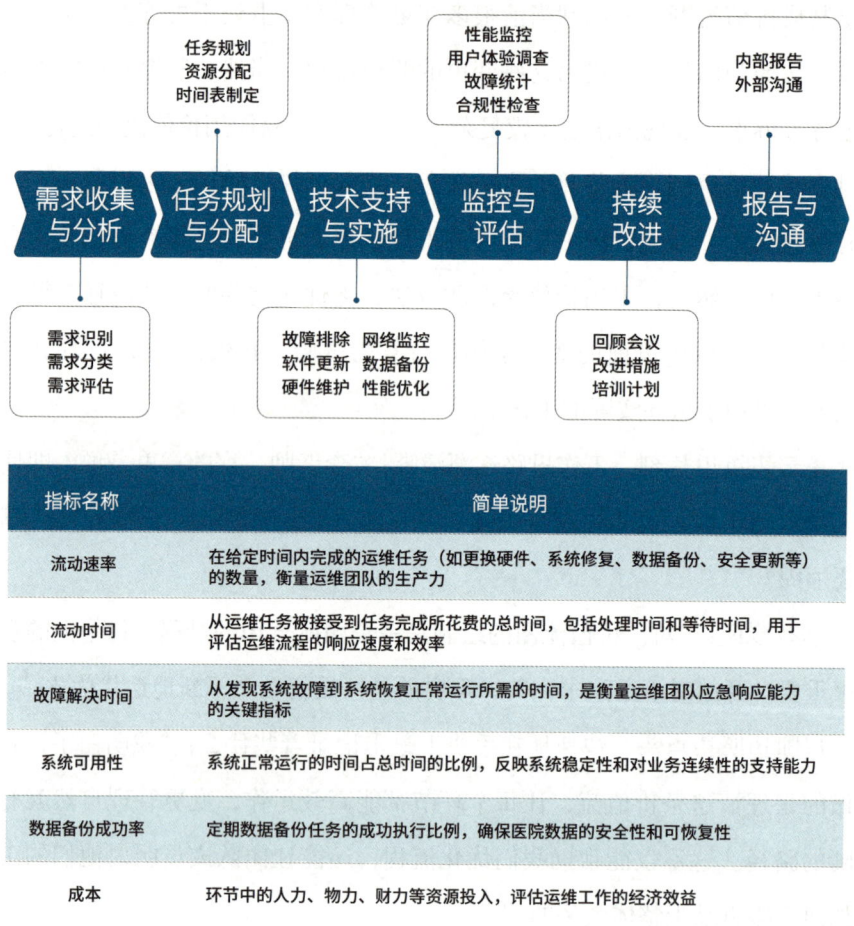

图 2-1 日常运维中的价值流图参考及关注指标

王云飞揉了揉太阳穴。他深知价值流梳理不是一项轻松的任务，特别是在自己认知有限、能够投入的人手不足的情况下。但每当看到同事们深夜留下的编辑记录，心中便涌起一股动力，继续开始码字。

冯凯的家中，灯光同样未熄，他埋头于电脑前，屏幕上密密麻麻的数据和流程图占据了他全部身心。他偶尔停下来，揉揉眼睛，随即继续投入到工作中。陆立也在回家的地铁上，用手机点开在线文档，小心翼翼地调整着流程图的一处细节。官剑则还守在机房，处理补丁修复后带来的莫名故障，只能偶尔在文档中做些小修小改。至于袁纬科长，估计在忙着以前的变更案例

第 ❷ 章　Just Change IT！

收集，并未参与群内讨论和共享文档更新。

为了能聚齐，王云飞狠了狠心，在星期天将冯凯、陆立和官剑约到了会议室。空荡荡的会议室成了他们临时的作战室。那块大白板也派上了用场，大半天下来，密密麻麻地写写画画了多条流程。

讨论中，王云飞提议，还需要针对价值流梳理工作中发现的延迟、浪费情况制定相应的改进计划。想了想，王云飞把邢振也拉进了"变更管理2021"群聊中。

几天后的又一个深夜，三楼会议室中，王云飞紧盯着屏幕上的价值流图，明显有些疲惫。连续一周多，5加2，白加黑，他几乎每天都不能在晚上十一点前离开医院，更没有周末休息。手边一份份尚未完成的变更流程文档堆积如山，变更管理团队就像移山的愚公们，努力地将一份份流程版本号推进到1.0。

王云飞手机微信提示音突然响起，划破了会议室的忙碌氛围。下意识一瞥，是妻子邱竹发来的消息。他心中一紧，赶紧点开消息："女儿最近学习压力很大，今天看起来情绪有些低落，一份数学中考模拟试卷做了2个多小时了，你能早点回家陪陪她吗？"王云飞读完，一股酸楚涌上心头。

他抬头看向会议桌周围同样疲惫的同事们，短暂思考后，轻轻起身，回到了自己的办公室。

他打开视频通话，女儿的脸庞出现在屏幕上。他用尽可能轻松的语气鼓励着女儿，虽然他也明白，言语的安慰远远不够。

挂断电话，王云飞心中充满了愧疚与无奈。但他没有时间沉浸在自责中，深吸一口气，重新整理好情绪，回到了会议室。

时钟的指针已指向深夜十二点。王云飞坐在电脑前，目光紧紧锁定在屏幕上的文档，那是他们几天来的心血结晶——初步制定的一部分标准化流程文档。文档的每一项细节，都凝聚着他们团队的智慧和汗水。身旁的冯凯指着文档中的某一处，对照着价值流图提出了一项优化建议，陆立则迅速记录下。

随着一次次挑灯夜战，运维流程逐渐清晰起来。日常运维、故障处理等关键环节的操作规程也在逐步明确。他们确定了每个流程的步骤、责任主体、输入输出、时间要求和质量标准，每一条规定都力求精准，旨在提高效率，减少浪费。

　　终于，在连续一周多的高强度工作后，他们完成了初步的标准化流程文档。当最后一个变更流程版本号提升到 1.0 时，整个团队都长舒了一口气。

　　王云飞知道，虽然从价值流梳理开始他们遇到了各种各样的"404"窘境，但好在这个小小团队在关键时刻交出了第一份答卷。

2.3　变更管理确实难

　　王云飞端坐在办公桌前，手中握着笔，在一份初步的标准化流程文档上做些批注，毕竟优化流程是一个持续的过程。

　　不过他的目光却偶尔飘向门外，似乎在等待什么。门终于被轻轻推开，袁纬的身影出现在门口，他的神情略显局促。这段时间，王主任带着一帮人起早贪黑梳理变更流程，他作为运维科长却置身事外，怕是今天这关不好过。

　　"进来吧。"王云飞的声音温和，但目光中透露着一丝不易察觉的严肃。袁纬低头走进办公室，站在王云飞面前，显得有些不自在。

　　"袁科长，我记得上次会议中，我们讨论了当前变更工作的混乱情况，你也承诺会尽快完成过去三个月变更工作记录的梳理。我想听听你这边的进展。"王云飞放下手中的文件，目光直视袁纬。

　　袁纬的额头渗出了细密的汗珠，赶紧解释道："王主任，我确实着手进行了调研，但前段时间多个系统频繁出现了故障，我不得不将大部分精力放在应急处置上。至于变更记录，我发现它们很不及时、不全面，数量不多的记录也存在明显的错误、遗漏和不规范现象。我自己一个人，实在难以在短时间内整理出来。"

王云飞的眉头微微蹙起,他明白故障处置的重要性,但也对袁纬的进展感到失望。他心中暗自思量,袁纬虽然认错态度好,但在执行任务上却太过拖拉。而自己过于相信袁纬在会上的承诺,忽略了对他工作的跟进。

袁纬悄悄观察着王云飞的表情变化,心中也有一丝委屈。他觉得,王云飞给予他的压力太大,没有考虑到日常工作、突发情况才是运维科的主旋律。对于过去三个月变更工作流程的梳理,他并非不重视,只是确实有点力不从心。

"袁纬,我理解你们运维科的处境,但变更管理是我们当前阶段的重点工作,不能拖延。要你梳理变更记录,是想通过记录进行复盘验证,看我们最近制定的变更管理流程是否符合运维实际。正因为变更记录缺失,更需要我们尽快回忆补齐。这样吧,我们开个攻坚小组会,共同讨论下这个问题。"王云飞看了看手表,"你找下邢科长,请他通知与会人员。大约半小时后,也就是10点整,我们会议室见。"

走出王云飞的办公室,袁纬舒了一口气,匆匆拐进了邢科长办公室。

王云飞特意将会议室空调温度调低,似乎这样能够赶走疲惫。陆立坐在会议桌的一角,平时那股活泼的劲头似乎也被连日的劳累消磨了不少,坐下来就打了一个哈欠。王云飞想着,忙完变更管理,一定让这几个骨干好好休息一阵子。

"这段时间大家都非常辛苦,加班加点推进变更管理。特别是陆立,连续一周多就没怎么休息过。感谢大家的努力付出。"王云飞说道。

"我看到你也在努力撑着。忙完这个变更管理的工作,我保证,我们会给大家一个充分的休息时间。"

"现在,让我们聚焦于当前的任务。"王云飞接着说道,他的语气变得严肃,"袁纬在梳理变更工作记录中遇到了一些困难。我们需要集中团队的力量,集思广益,共同攻克这一难题。"

冯凯、邢振和陆立纷纷点头。王云飞继续说道："我们首先要进行全面的现状分析，了解当前运维工作中变更管理流程的运作情况。这包括流程的效率、存在的问题，以及以往变更的成功率和失败原因。我目前想到可以采取两种方式并行来推进，一是深入研究历史变更记录，虽然过去三个月的记录有限，但我们可以将时间线拉长至一年，尽量找出一些典型案例出来；二是组织与信息中心关键人员的访谈，了解他们在变更管理过程中的角色、职责、遇到的挑战以及改进建议。大家有什么补充吗？"

陆立提出，可以先从最近的变更事件开始，分析其成功或失败的因素，这样可以为我们后续的访谈提供更有针对性的问题。

邢振补充道："前期我们开展了好几次骨干网变更，但都失败了，可以找到当时参与人员，重点研究下失败的原因。当然，这不是为了追究谁的责任。"

在热烈的讨论中，时间不知不觉流逝。最终，王云飞总结道："接下来，我们要尽快梳理清楚当前运维工作中变更管理流程的运作情况。通过复盘试验，看看我们最近制定的变更流程是否符合实际。"

不过，当正式展开对变更流程的梳理时，王云飞和他的团队便很快遇到了一系列棘手问题，一环套一环。

首要问题是，王云飞这才发现信息中心竟然没有一套明确的变更管理政策和流程。在日常工作中，员工们往往通过微信、电话甚至口头沟通来执行变更，完全没有正式的书面记录和审批流程。他之前以为员工们只是执行不到位，没料想到连制度化的基础都没有，这种混乱的局面让王云飞感到头疼不已。

而当王云飞拿到邢振和袁纬整理后提交上来的信息中心过去一年的变更日志时，他更加头疼了。这些记录如同一盘散沙，杂乱无章。有的记录仅有一两句话的简单描述，完全忽略了变更的时间、负责人、具体操作和预期影响；有的记录则干脆缺失，仿佛某些变更从未发生过。

第 ❷ 章　Just Change IT !

　　王云飞把希望寄托在员工访谈中，可陆立在对其他人的访谈中也是碰了一鼻子灰。面对这样的情况，王云飞意识到，要想追溯历史，分析问题，绝非易事，很多细节已经在忙忙碌碌中往事如烟了。

　　在与员工的交谈中，王云飞发现许多人对于变更管理的态度极为淡漠，甚至有人直言不讳地说："以前我们都是直接进行系统升级，也没见出什么大问题，何必把简单问题复杂化呢？"

　　"我知道变更管理很重要，但我们已经习惯了现有的方式。每次变更前都要填写那么多表格，还要等待审批，这得多浪费时间啊！"

　　"我理解王主任您的用心，但问题是，新的变更管理体系真的适合我们吗？我们信息中心和那些大企业不一样，规模小，灵活性是我们最大的优势。如果被这么多规则束缚住，会不会反而降低效率呢？"

　　一线运维人员的心声大多如此。这种普遍存在的"变更疲劳"情绪，让王云飞意识到，变更管理确实困难。

2.4　谁动了我的流程

　　"简直是一团乱麻。"王云飞和冯凯抱怨起信息中心过去变更工作的混乱。没有先例可循，没有经验可以借鉴，一切只能靠攻坚小团队自己去摸索和填补。日以继夜、埋头苦干，咖啡的香气与键盘的敲击声交织成一首无声的战歌。

　　王云飞带领攻坚小团队，经过近一周的忙碌，制定了一份信息中心变更管理细则。细则中提出了变更管理的基本流程，并同步发布了不同类型变更的具体操作流程（图 2-2）。明确要求各系统开展变更时，必须按照流程执行。

59

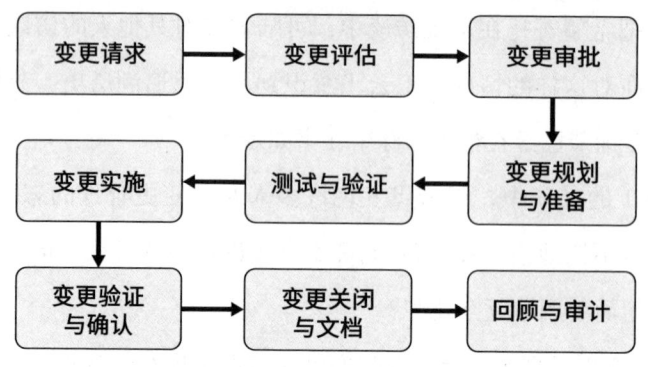

图 2-2　信息中心新版变更管理流程

在这份初步的变更管理细则中,王云飞等人将重点放在了运维工作的核心——硬件更换与基础维护上,同时也适度覆盖了软件升级与配置修改等软件层面的变更。根据历史变更案例的复盘验证结论,细则中特别强调了风险评估与回滚计划的制定,确保每一次变更都能有备无患,也算是吸取了以往的教训。

王云飞深知细节决定成败。因此,在推出变更管理规范的同时,他特别附加了一份变更请求表单填写模板(图2-3),旨在确保每一步变更都有迹可循,有规可依。这份模板不仅包含了变更的基本信息,如变更类型、目的、预期影响、实施日期和时间窗口,还包括了风险评估、紧急联系人等关键要素,确保变更的全面性和安全性。

为了增强变更请求的透明度,王云飞还制定了一项特别规定:所有通过审批的变更请求表单,必须通过共享文档清晰呈现,并张贴在信息中心一楼的公告栏上,供所有同事查阅,让每位员工实时了解正在进行的变更项目,避免因信息不对称而导致"撞车"。

此外,攻坚团队还精心编制了审批流程图、培训计划和沟通机制。

首先,审批流程图详细描绘了从提交变更请求到最终批准的全过程,包括每个阶段由谁来拍板,需要什么材料,预期完成时间以及可能导致申请被拒绝的具体原因。

第 2 章 Just Change IT！

变更请求表单(模板)

基本信息	
变更名称	—
变更类型	□硬件更换 □软件升级 □配置修改 □紧急事件
优先级	—
申请人	—
申请时间	—
紧急联系人及联系方式	—
变更详情	
描述	—
目的	—
预期效果	—
影响范围	—
实施步骤	—
所需资源	—
预估成本	—
风险评估	—
回滚计划	—
计划执行日期	—
审批与记录	
审批人	—
审批状态	—
审批日期	—
备注	—

图 2-3 信息中心变更请求表单模板

为了确保所有相关人员都能熟练掌握变更管理流程，邢振牵头制定了培训计划，在宣布执行的第一天就召开了一次培训会，内容涵盖变更政策的深度解读和具体流程的操作指南。

同时，王云飞公布了一个专用邮箱，用于及时向全员发布变更信息，并收集来自一线员工的反馈，以迅速解决在执行过程中遇到的各种问题。

当王云飞等人满怀信心地将精心设计的变更管理方案正式推向信息中心时，却意外地遭遇了来自内外的强烈抵制。

官宣推行新的变更管理规范后，樊博坐在运维大厅的工位上，向椅背一靠，丝毫没有隐藏自己的情绪："本来上班就烦，还搞一堆流程！"每一次变

61

更,无论大小,都需要经过一系列繁复的审批程序,这无异于在本已沉重的工作负荷之上,再添重负。以往,只需一通简短的电话,便能将棘手的问题轻松转嫁给供应商,而今,这样的"捷径"已被彻底封堵。想到这里,樊博皱起了眉头,心中涌起一股莫名的烦躁。

樊博开始酝酿反击,他联合了一批同样对变革感到不安的同事,成立了一个非正式的"抵抗联盟"。他们利用午休时间,交换着各自对新流程的不满与担忧。樊博提出了一系列抵抗策略,包括故意拖延变更请求的提交,或者在填写变更表单时故意遗漏关键信息,以此来增加审批过程的难度,迫使王云飞等人重新考虑这一变革。在樊博的鼓动下,越来越多的员工加入了这场"不合作运动"。

与此同时,信息中心的主要合作供应商之一——远方公司,也对变更管理的推行表现出了强烈的抵触。远方公司的驻场经理刘奕,对这一变化尤为不满。在过去,他们与信息中心的合作一直非常顺畅,通常只需一个电话、一条微信,就能立即进场干活,干完活、开张票,就能坐等收钱。

然而,新的变更管理政策彻底打破了这一平衡,钱不好挣了。不甘坐以待毙,刘奕开始施展手腕,试图规避新政策的约束。他私下联络信息中心内的"老交情",企图通过原来的方式推进变更。同时,一系列"公关"攻势悄然展开,甚至直接将电话打到了王云飞那里。

王云飞要求下属将近期的变更请求表单悉数汇总。当他一一翻阅时,他能感受到明显的敷衍,心中不禁泛起阵阵苦涩。这些表单,本应是变更管理流程中的关键一环,记录着详尽的信息与周密的规划,如今却沦为潦草的文书,满载着敷衍与草率。

樊博的申请尤为刺目。在填写"变更目的"一栏时,仅仅用了寥寥数语,完全没有提及变更的具体目标和预期效果。而在"风险评估"部分,樊博更是用了一句"风险可控"就草草了事,"变更影响"一栏也是直接留白。在"回滚计划"这一项,樊博的敷衍态度达到了顶峰,回滚计划一栏竟然只写着

"如有必要，手动回滚"，完全缺乏具体的操作步骤和具体责任人。这种态度几乎是对变更管理原则的公然蔑视。

王云飞感觉自己血压直线上升，随即拨通了审批人袁纬的电话。电话那端，袁纬显然未料到王云飞会逐一复查，他结结巴巴地辩解："这次变更只是例行公事的常规性操作，考虑到樊博是老员工，对流程了如指掌，便没过多追问。"王云飞心中五味杂陈，团队倾力构建的变更管理体系，在执行层面遭遇了上下一致的冷遇，连身为流程制定者的袁纬也未能免俗，对待审批工作漫不经心。

王云飞决定与樊博面对面，试图寻找突破口。樊博毫不掩饰内心的不满："这些条条框框有何意义？无非是领导的面子工程，最终苦了我们一线员工。"面对王云飞的劝导，樊博态度坚决："你要真有魄力，就将我开除，'杀鸡儆猴'。但有我这种想法的，远不止我一人。"谈话不欢而散，樊博我行我素。王云飞意识到，单纯依赖高压手段推行变更管理，难以触及问题核心。

正值此时，信息中心面临电子病历系统版本升级，成为检验变更管理成效的试金石。王云飞深知，这是一次不容有失的挑战，他要求这次变更必须严格遵循新的变更管理流程，以确保万无一失。

陆立作为项目负责人，更是绷紧了神经，要求供应商提交详尽的升级计划。计划中不仅罗列了每一步骤，还特别标注了潜在风险及应对策略。陆立着重强调，必须在升级前完成全量数据备份，并在隔离环境下先行测试，确保一切无虞后方可在生产环境实施。这套流程旨在将变更风险降至最低，保障患者数据的安全。

然而，樊博依旧我行我素，对这套流程视若无睹。在数据迁移过程中，他选择了所谓的"高效"路径，直接在生产服务器上操作，绕过了备份与验证的环节。此举虽短暂赢得了时间，却埋下了隐患。不出所料，检查时发现部分患者数据在操作中被错误覆盖，甚至遗失。尽管紧急恢复措施找回了大部分数据，但仍有少量记录无法挽回。

陆立怒火中烧："谁动了我的流程？！！！"

面对这次事故，王云飞愤愤不平。他在紧急召开的会议上，以此次事件作为反面案例，谴责了樊博的轻率行为，并宣布扣发其一个季度的奖金。樊博心中不服，觉得这次是运气不好，不过他也自知理亏，没有当场辩驳。

有得有失，这次事件以及对樊博的惩罚，如同一记警钟，唤醒了信息中心不少员工的警觉。

2.5 云开见月

不打一场胜仗，建立不起变更管理改革的信心。

虽然上次处罚了樊博，但大家并没有真正看到规范开展变更的好处和收益，不可能真正理解、赞同变更管理新模式。

王云飞认为，只有拿一个典型项目，使用新的变更管理流程跑起来，才能更好地说明变更管理改革的重要性。恰好前段时间一直在进行的数据中心网络升级，需求迫在眉睫，但失败了好几次。如果能够用新的流程顺利完成变更，估计能够拉动大部分观望人员加入变更管理改革中来。

说干就干。王云飞立马组织冯凯、袁纬、陆立、官剑和网络设备供应商工程师一起开会，讨论网络变更的下步工作。会上，参加上次任务的工程师们简要回顾了之前遇到的问题，对于下一步工作并没有好的建议。

王云飞虽然对网络的了解主要来源于本科学过的网络基础课程，但好在现在手头有一份陆立、官剑之前撰写的基础网络设备更新变更流程。于是他决定根据手头的变更流程，通过会议讨论，安排下一次变更工作。

首先是明确变更目标。这次变更计划更换所有网络设备，以及所有骨干网配套的网络安全设备，实现网络带宽由千兆升级到40Gb/s，彻底解决网络拥塞问题。据初步讨论，涉及的网络交换机14台，防火墙等设备6台，必须

第 2 章 Just Change IT！

断网变更，几乎会影响全网所有业务。

其次是明确变更负责人。官剑熟悉网络设备运维，但平时忙于处理各类故障，没有太多精力负责变更管理工作。陆立主要负责软件系统运维，时间相对灵活，但对网络设备维护并不熟悉。讨论来、讨论去，最终还是王云飞拍板，决定技术上由陆立牵头、官剑配合，组织协调上由冯凯牵头、袁纬协助。

接下来是变更各项准备。经过讨论后，安排陆立梳理所有需要更新的设备清单（需要导出上面现有策略），所有待上架设备清单（需要提前配置好相应的策略），并制定设备更换计划（计划先更换汇聚设备、再更换安全设备、最后更换核心设备）；安排冯凯副主任牵头制定业务系统服务恢复计划，并协调各业务系统派人来现场，解决因网络中断而出现的故障。

最后，经过讨论，将网络变更时间初步定在了4天后，也就是本周日晚上8点至次日凌晨4点。

散会后，王主任要亲自组织数据中心网络升级的消息不胫而走。樊博悄悄找到"抵抗联盟"的几位骨干，不屑道："王主任找了个搞软件的来做网络变更，怕不是病急乱投医了。时间还安排得非常紧，希望他碰颗钉子后，不要再来折腾我们了。"其他人也是议论纷纷，都不看好这次网络变更工作。

好在陆立毕竟是计算机科班出身，当天就加班加点拿出了一张数据中心网络拓扑图，上面一一注明了待更换的网络设备名称、型号、部署位置，以及待部署的新设备名称和型号。陆立还特别用红字标注了设备更新的顺序。

第二天一早，王云飞刚拐过走廊就看到了办公室门口手拿资料、伫立等候的陆立，不由得心中一暖。进门坐定后，王云飞展开网络拓扑图，当即表扬了陆立的工作。趁着早上不忙，他赶紧叫来了冯副主任和官剑。

官剑看完拓扑图后，对陆立竖起了大拇指："这个图画得真好，变更总体情况一目了然！想不到你还有这一手，早知道就拉你一起来搞网络运维了。"

随后几人对照网络拓扑图，仔细讨论了工作安排。

官剑建议："接下来我们要把新旧设备的供应商都叫过来，由旧设备工程师将配置导出来，由新设备工程师一一参照配置好新设备。一台一台搞，过程中我们科相关人员全程参加。"

冯凯接话道："设备工程师运维科先去叫，让他们上午 10 点前赶到，如果谁不来就告诉我，我去找他们领导。建议直接将新设备放到旧设备所在的机架上，紧挨着放，切换时只需要拔线、插线。"

官剑接着说："这样确实方便很多。考虑到部分设备很老旧了，建议所有旧设备都要备份配置文件，万一需要回滚，可以防止丢失配置。"

大家正热烈讨论，王云飞作为一个外行，抛出了一个内行的问题："当前这个骨干网的拓扑结构合理吗？"

大家纷纷看向手中的拓扑图，确实不合理。数据中心网络就像杂乱生长的藤蔓，随着新设备搬入不断蔓延。但谁也不敢回答这个问题，承认不合理就意味着要重建一个合理的拓扑结构，时间这么紧，风险很大。

看着陷入沉默的众人，王云飞试探性地说道："如果用新设备，建立一套星型数据中心骨干网[①]，替代原来的网络，有没有可行性？"

"这就意味着要更改几乎所有网络设备的配置。新设备还好，直接架网就行。还需要用的旧设备就需要一一更改配置，万一一个设备配置错误，都可能引发全网性故障。"官剑试图打消王主任的想法。

"但如果我们沿用老的拓扑结构，后续再想调整就很困难了。甚至都说服不了自己，为什么要动一个虽然长得丑、但是还能跑的网络结构。"王云飞还是不想放弃，接着说："如果用新的拓扑结构，变更范围确实大很多，但原来老骨干网设备几乎就不用管了。工作量一增一减，实际增加的工作并没有多太多。"

[①] 星型数据中心骨干网：是一种网络架构，其中所有服务器或节点都连接到一个中心节点或交换机。这种结构便于集中管理和故障排查，同时提供了高效的通信路径，因为数据包只需经过中心节点即可到达目的地。

第 2 章 Just Change IT！

经过反复讨论，最终还是决定趁机将骨干网拓扑改得更为合理。会上，王云飞安排官剑指导新设备供应商现在就进场搭建新的网络；安排陆立一一梳理数据中心内所有的入网设备，尽量以一个接入交换机为单位，做好迁移到新骨干网的准备，这样就不需要更改设备的 IP（Internet Protocol，互联网协议）地址。

王云飞还打电话回"娘家"，请张志荣主任派了一个熟悉网络配置的工程师，帮助陆立开展工作。张主任听完王云飞的描述后，很是佩服他的胆魄，毕竟一堆老设备，真要是变更失败，回滚起来都是大麻烦。当然，张主任还是很慷慨地派出了网络运维的技术大拿。

会后各人都在紧张忙碌，特别是冯副主任，协调处置了很多临时性问题，保障了陆立和官剑工作的顺利开展。到晚上，新的数据中心网络就搭建好了，需要调整配置的所有网络设备也列出了清单并备份了配置。

第三天一早，王云飞就召集变更小组开会，明确这次变更的步骤：先将园区接入网接入新骨干网，然后将数据中心设备一组一组地迁入新骨干网。虽然技术上可以两套骨干网并行，但为了避免变更过程中出现网络环路[①]，最终会议讨论决定还是断网后进行变更。

有了昨天的进展，大家信心更足。官剑负责按照旧骨干网的网络策略和安全策略，在新骨干网上实施，并要求反复进行校验检查。陆立还是负责所有数据中心接入设备的迁移准备，要求准备每一台设备的变更脚本和回退脚本，将所有配置命令、操作界面、实施步骤都写在脚本中。

因为是周六，各种故障处置、服务保障工作少了很多，官剑、陆立也能全身心投入，加班加点。冯凯带着袁纬，也联系了所有设备厂商，要求他们派人保障周日晚上的变更。

等到周日早会时，所有准备工作已经就绪，网络变更的通知也发给了各

---

① 网络环路：指在计算机网络中，数据包在网络设备之间循环传输而无法到达目的地的现象。

科室。王云飞看着详细的变更请求表，以及厚厚一沓变更脚本，心里踏实了很多，第一次心里有底、郑重其事地在变更请求表上签上了"同意。王云飞"几个大字。

考虑到这次变更影响很大，会后王云飞带着变更小组和供应商的实施工程师进行了一次模拟变更，就像彩排一样，一台一台设备过。每台设备都有具体的负责人，拿着对应的脚本，讲述怎样进行变更操作。一圈走下来，已近中午，王云飞本想一起吃个饭，结果大家都想回办公室，根据模拟变更的结果补充完善变更预案。于是王云飞只得请大家吃了个"开封菜"外卖。

等到晚上 8 点，变更正式开始实施。

8:10，园区接入网已经迁入新的数据中心骨干网，所有在线设备全部掉线。

8:23，第一组数据中心设备迁入骨干网，不久冯副主任传来好消息，对应的住院管理系统服务恢复正常……

王云飞守在机房，看着一条条命令有序键入、一次次网络割接顺利开展，悬着的心放下来一大半。等到晚上 10:48，所有数据中心设备均迁到了新的网络上，接下来就是等所有业务是否能恢复正常了。期间，偶尔也有个别业务系统怎么都连不上网，经过故障排查，很快就解决了问题。

等到最后一个系统恢复服务时，机房里大家不由自主地鼓掌欢呼了起来。这次变更严格遵守了流程，事前工作确实很忙，但变更过程也出人意料地顺利。

当王云飞踏着欢快的步子离开综合楼时，发现天空特别明亮，抬头一看，今晚天气晴朗、云开见月。

数据中心网络整体升级成功的消息，极大地鼓舞了整个运维团队。他们逐渐认识到了遵循变更管理流程的必要性，变更告知单不再仅仅是一纸文书，而成为了技术操作前必不可少的检查项。定期的培训也逐渐成为常态，确保每位员工都能熟练掌握并严格执行变更管理的最佳实践。

第 ❷ 章　Just Change IT！

随着变更管理逐渐推行起来，信息中心的面貌悄然发生着变化。最明显的是官剑，之前他一直忙得脚打后脑勺，现在能够腾出精力和陆立一起做了很多有意思的小创新。例如，原来住院楼的床头屏坏了，只有护士报修，运维科才会前去处置，现在直接能够从智慧病房系统拿到数据，有问题往往护士还没发现就修复好了；以前医生的云桌面瘦主机出了问题往往都需要打电话找信息中心，现在每个主机上都张贴了一张简易故障处置卡，运维科的"重启大王"们"生意"明显少了很多。

在冯凯的建议下，王云飞将目光转向了工作方式的革新，特别是自动化的引入，以期进一步提升效率，减轻员工负担。例如，为了避免数据丢失带来的灾难性后果，陆立推动实施了定期数据备份的自动化。通过设置自动化的备份任务，重要数据得以按照预设的时间表自动完成备份，这一举措确保了数据的安全与完整。

此外，在李教授的建议下，王云飞鼓励团队编写简易的网络巡检脚本。这些脚本能够定期自动检查网络设备的连通性、性能指标等，生成详细的报告，帮助技术人员快速定位和解决网络问题。这一举措不仅降低了网络故障的发生率，还大幅缩短了故障响应时间，确保了业务的连续性和稳定性。

通过这一系列的改进措施，信息中心的工作面貌改善不少。加班救火的繁忙场景越来越少，大部分员工能够按时下班。邢振科长曾因工作繁忙而错失了孩子许多成长的瞬间，如今也终于能够抽出时间，参加孩子的家长会。

2.6　能者多劳

王云飞任职后的一个多月，确确实实给信息中心带来了正向的变化。不少员工觉得当下的工作质量有了提升，对于新主任的认同感也逐渐增强。

为了进一步增强团队的凝聚力和协作精神，王云飞建立了周例会制度。但他没有将例会只是当成一个总结布置工作的平台，而是更是想把它打造成一个知识分享的舞台。他鼓励每位团队成员都分享自己的最佳实践和技术心得，想要促进技术的共同进步，不过应者寥寥，仍有相当一部分员工抱着"做一天和尚撞一天钟"的心态。

在例会的末尾，王云飞会特别留出时间，邀请大家坦陈面临的难题与内心压力，一起探讨调整优化策略。这个环节倒是收获了不少同事的好评，切实听到了一些心里话，拉近了王云飞和大家的距离。

正当信息中心的运维工作逐步好转时，在一次周例会上闯进来一个不速之客。门诊部护士长火气十足地找了过来："门诊大厅自助挂号机又出故障了！派过去的工程师解决不了问题，说是要找科长，结果电话也打不通，还能不能解决问题？"

见状，王云飞急忙起身，温言安抚："护士长，您别着急，我们马上处理。"随即转向陆立与官剑："你们两位立刻与护士长前往查看，一定要尽快解决。"

三人走后，会议室里讨论的话题自然地切换成了自助挂号机。

气氛有些凝重，冯凯的脸上写满了忧虑与疲惫："自助挂号机作为医院信息化建设的重要一环，其运行的稳定性与效率直接关系到患者的就医体验。门诊部的投诉声，关于系统升级的呼声，早已不绝于耳。但是，新功能难增，老毛病难除，我们一直没找到最佳解决方案，陷入了救火式的循环。"

王云飞感到压力倍增。

"我们必须解决这个问题，"王云飞面色凝重地说道，"自助挂号机是医院服务的门面。我们不能坐视不管，任由这些问题继续恶化。"

冯凯接道："我们已经与供应商进行了多轮谈判，但他们给出的报价实在是太高了，而且对于增设互联网挂号的新功能，他们直接表示无能为力。这让我们陷入了两难的境地。"

第 2 章　Just Change IT !

"不仅如此，"袁纬补充道，"自助查询功能经常出现问题，信息不全，不能满足患者的需求。更糟糕的是，与医院信息系统数据不同步，有时候会导致挂号信息丢失或重复挂号，这不仅给患者带来了不便，也加重了我们数据科的工作负担。"

"还有那个凭条打印问题，打印机总是卡顿，有时候甚至无法正常工作。我们已经多次联系供应商，但他们处理问题的效率实在太低，同样的问题反复出现，让人头疼不已。"

陆立的电话打断了袁科长的吐槽，告知袁纬门诊部急需支援，呼吁速联供应商领导，催促工程师尽快上门。

王云飞站起身，环视了一圈："被动等待不是长久之计。我们要主动出击，寻找替代方案。既然原供应商无法满足我们的需求，我们就应该考虑与其他公司合作，甚至可以考虑自主研发。今天的会先到这里，相关同志抓紧去处理问题。"

会后，王云飞把冯凯叫到了办公室。

"自助挂号机的故障，我看主要是软件供应商的问题。"王云飞沉思片刻，"之前提出的变更管理改革，虽然在运维环节取得了一定成效，但对于开发环节中的需求变更、设计变更、代码变更，还没有形成有效的管理机制。这是我们下一阶段要解决的问题。"

冯凯点了点头："是的，主任。现在我们主要依赖于购买供应商的产品和服务，自身团队的开发能力和资源比较有限。这造成了我们在面对业务部门的开发需求时，往往处于被动地位。而且，供应商的效率和质量参差不齐，很多时候，他们的低效牵连了我们的工作进度，甚至影响了我们的信誉。"

冯凯接着说："业务部门的需求旺盛，常常随着业务的开展不断提出新的需求期待，交到我们手上的开发工作就像滚雪球，越滚越大，不断增长。但他们对我们信息中心的评价却不高，经常抱怨我们响应速度慢，需求实现周期长。事实上，信息中心的人力资源已近极限，尤其是在处理业务部门频繁变更的需求时，更是力不从心。"

"更麻烦的是，"王云飞皱眉说道，"我们内部也存在效率问题。少数核心技术人员事务缠身，难以分身，而其他员工的整体工作效率也有待提高。内外交困，也难怪信息中心在医院内部的评价在谷底。"

"官剑，陆立。"王云飞低声念叨着这个名字，"这两位是我们信息中心的技术大牛，能力出众。但是，冯凯你发现没有，正是因为能力强，他们活也多，不止一次看到他们奔忙在各个业务科室之间。虽然他们能够收获大家的需要感和尊重感，但久而久之，还是会不堪重负的。说得好听点是能者多劳，说得不好听就是鞭打快牛、压榨人才。"

冯凯连连点头，他说起有次官剑因为家庭事务请了三天假，这对于平时忙碌的信息中心来说，本是一件平常的事。然而，他的缺席却激起了层层涟漪。他的短暂离开仿佛抽走了信息中心的一根关键螺丝钉，整个系统的运转开始出现了问题。排队叫号系统无法查看患者数据，整个医院临时性地退化成了人工叫号，医生和护士们手忙脚乱，患者们焦急等待，就诊秩序一片混乱。而这一切，都因为官剑不在，中心一时间没有人能接手他一直在跟进的系统。

冯凯的眼神中闪过一丝愧疚，"我不得不打电话给他，让他提前返回岗位。你能想象，他接到这样的电话，会是什么心情？他当时的声音里满是无奈，但我能感觉到，他还是尽力压抑着自己的情绪，答应了我们的请求。"

王云飞听后答道："是啊，官剑人很不错。一方面，我们不能让老实人吃亏，后续在各项评优评先评绩效中，要多向他倾斜；另一方面，我们确实需要把他和陆立释放出来，从事更有价值、更有收获的工作。特别是现在硬件维护工作上了轨道，如果不能搞好软件系统建设，那就没有下一步的发展。现在缺人才啊，官剑和陆立一定要用好。"

随后两人又为挂号系统头疼了起来，但讨论了好久，还是没有结果。

冯凯走后，王云飞陷入了沉思。

沉思中恰好瞥见了放在办公室的运动鞋，王云飞提笔在笔记本封面上郑

第 ❷ 章　Just Change IT！

重地写上：

Just Change IT！

变则通，通则久。干就完了。

工作札记 2

变更的本质与价值

变更是通过调整信息系统配置项状态实现改进的关键行动，涵盖技术架构、功能迭代、资源配置等维度。其实质是通过动态优化项目方向与资源配置，在风险可控前提下优化项目输出价值。变更管理的核心在于平衡需求演进与系统稳定性，既要适应业务环境变化，又要规避无序调整引发的技术债务和运维风险。

变更失控的典型症结与衍生风险

团队在实践中常因流程失范（如擅自操作、记录缺失）、职责边界模糊、优先级决策主观化（非基于业务价值排序）导致变更失控。典型案例包括技术债务积累（未经测试的紧急上线）、成本失控（低效硬件运维）、技术能力空心化（过度依赖供应商）等。这些问题不仅增加系统脆弱性，更造成故障溯源困难与运维成本指数级上升。

变更管理的实践探索与优化方向

为提升变更管理的效能，需要建立标准化的变更管理流程，明确各方职责，科学设定优先级，并加强质量控制和成本管理。同时，应注重文档记录和追溯机制的建设，推动运维管理的规范化和透明化。新版变更管理流程以系统性和规范性为核心，包含以下关键环节：变更请求、变更评估、变更审批、变更规划与准备、测试与验证、变更实施、变更验证与确认、变更关闭与文档，以及回顾与审计。这一流程框架不仅明确了变更管理的全生命周期，还通过闭环管理机制，确保变更的可控性和有效性，为项目的成功实施和系统的稳定运行提供了有力保障。

第 3 章
无法照搬的 DevOps

——以书为御者，不尽马之情；以古制今者，不达事之变。(《战国策》)

3.1 大事化小

挂号系统升级的难题，就像一片秋叶，反映的是信息中心软件系统建设的矛盾冲突：自己不能研发，只能依靠厂商；厂商只求利润，总是寻求加钱。

王云飞拨通了李教授的电话，先感谢了李教授的指导，并告诉他现在变更管理已有不错的成果，然后倾诉了自己的困境："我们的软件系统过度依赖供应商，面对不断膨胀的软件需求、频繁发生的系统故障，我们力不从心。软件项目一期一期地做，对供应商的控制能力却在逐步下降。明明是供应商的问题，出事了总还要中心人员来当背锅侠。"

李教授闻言知意："我明白你的难处了，软件建设确实不是很适合采用招标采购和项目制。你看哪个好用的系统是通过招标采购研发出来的？一般来讲，招标只能买到标准产品，各种定制化需求和适配化改造往往难以通过招标实现。我听过一个观点，软件在建设之初，往往只能提准 30% 的需求，60% 的需求有待后续持续发掘，还有 10% 的需求只能在客观环境变化后临机提出。这个观点中的比例不一定符合所有项目，但思路还是适用的。按照质量功能部署中的提法，软件需求分为常规需求、期望需求、意外需求，只有常规需求是用户能够明确表达出来的。"

> **软件需求的分类**
>
> 质量功能部署（Quality Function Deployment, QFD）是一种将用户需求转化为软件需求的常用技术。QFD 将软件需求分为三类：常规需求、期望需求和意外需求。
>
> - 常规需求：这些是用户认为系统应该具备的最基本功能或性能。常规需求通常是用户明确要求的，或者是行业内普遍期望的标准特性。如果常规需求没有得到满足，用户会感到不满。例如，对于自助挂号机器系统，需要让患者轻松完成挂号取号操作。
>
> - 期望需求：期望需求是用户虽未明确表达，但能提升其对产品满意度的功能或性能。这类需求的满足程度直接影响用户对产品的满意程度。例如，对于移动医疗应用，需要允许医护人员通过移动设备访问患者信息，进行远程监控和诊疗，从而提高响应速度和工作效率。
>
> - 意外需求：意外需求也被称为兴奋需求，指的是超出用户期望之外的附加功能或性能。这些需求往往能够给用户带来惊喜，提升产品的吸引力。比如，对于智能导诊机器人，需要能够在医院大厅提供导航、咨询服务，减少患者等待时间，提升医院形象。

王云飞开心地笑了："李老师您说得太对了，之前我只是隐约感到这里面矛盾重重，听您这么一说，我感觉看清楚了具体的问题。只是下一步该怎样加强软件系统建设保障能力呢？"

"我在外地出差参会，明天回学校。你到时下班后来我办公室一趟吧，我们当面讨论下，顺便给你几本书拿回去看看。"这个问题有点复杂，李教授三言两语说不清。

王云飞赶紧答复："好的，李老师，明天去找您。"

电话刚挂断，邢振敲门而入。

他一边将手里的材料递给王云飞，一边说道："主任，关于变更管理正式推行两周以来的效果，我简要做了点统计，还是有一些令人振奋的数据的。原计划在例会上给大家分享，被突发的自助挂号机故障打断耽搁了，我想着拿给您看一看。"

邢振翻到第一页图表："在实行变更管理之前，我们平均每周有 2.9 次紧急维护事件，不仅自己人忙得够呛，还要支付一笔不菲的维修费。而且，频繁的系统中断给业务科室造成了不少麻烦，间接经济损失难以估量。但在推行变更管理改革后，有了很明显的变化，主任您看第二页。"

王云飞翻开图表，上面清晰地展示了系统停机时间的显著下降。"这一两周以来，紧急维护需求锐减至 1 次，节省了可观的外部服务开支，对我们的财务支出压力也是一个大的缓解。而且系统稳定性得到了较大的提升，系统停机时间减少了 73%，各科室满意度虽然还没来得及统计，但应该有明显提升。"

随后，邢振翻开第三页："在价值流优化方面，变更实施周期从平均 5 个工作日缩短至 3 个工作日，这得益于我们前置的风险评估和需求分析，两周内就否决了 5 项不必要的变更请求。"

王云飞眉头舒展，连连点头："邢科长，你的这些数据很重要。大家知道后，估计能够极大提升开展变更管理改革的信心。后续还辛苦你继续盯紧点，切实减轻我们的运维压力。你可以告诉大家，变更管理严格后，大家加班加点会少很多，但不要担心裁人，我们还希望有更多人腾出精力后，投入其他领域的建设中。"

汇报结束后，邢振回到自己的办公室，立即打开电脑，将口头汇报的内容整理成一份详尽的邮件，并附上了图表和数据，群发给了所有中心人员。

随着窗外的夕阳将天际逐渐染成温暖的橙红色，王云飞一个多月来第一次感到一天工作如此轻松惬意。

第 3 章　无法照搬的 DevOps

看到邢振发的邮件，王云飞由衷地笑了起来：变更管理的成功，算是在信息中心站稳了脚跟。据冯副主任说，原来各套软硬件系统运维是医院信息中心的头等大事，这么多年来，第一次感到运维的压力变小了。确实如此，王云飞以前听一位领导说过，能力强的人干工作，能把大项工作干简单，甚至干没了；能力弱的人干工作，能把小事都做得步步惊心。王云飞想，好的机制就应该让复杂的工作变得简单，就应该大事化小，将以前的重点工作变成现在的制度化、流程化、规范化的日常工作。这样，才能腾出精力，做更多更有意义的事情。

3.2　就说三点

第二天，王云飞下班后快马加鞭赶到李教授办公室。办公桌上已经整理好了一摞书，王云飞快速扫了一眼，书脊上几乎都有 DevOps 的字样。"DevOps，开发运维一体化？以前听说过，好像很火。"王云飞内心嘀咕。

李教授放下茶杯，开玩笑道："最近怎么样？工作取得进展，内心成就感满满吧？"

王云飞往前探了探身体，轻快答道："主要还是老师您指导得好，这两天我确实是第一次感受到农民丰收的喜悦。"

李教授点点头："DevOps 听说过吧？这个概念最近在互联网产业界很火，具体细节我就不做详细科普了。就说三点：'从左到右''从右到左'和'持续学习'。"

王云飞听得一头雾水，好像只能听懂"持续学习"。但一想到信息中心例会上无人主动进行技术分享的尴尬场景，下意识觉得李教授这次的"妙计"，可能会和变更一样难以让大家快速接受，赶紧问道："李老师，这个左左右右是什么意思？"

"别急,我一个个给你解释……"

教授正要回答,响起了一阵急促的敲门声,学院的行政秘书走进来报告称软件工程系主任有急事需要李教授过去商讨。

王云飞连忙表示让教授先忙,自己先把相关书籍拿回去研读,有问题再随时向老师请教。

捧回一摞 DevOps 书籍,刚返回医院时,王云飞在一楼遇到了陆立,他凑过来打招呼:"主任,最近故障问题少了很多,今天应该可以按时回家了。"

陆立伸着脖子看到了王云飞捧着的书,更加激动起来:"主任,我以前在公司里听过推进 DevOps 的讨论,咱们信息中心也要搞这方面的实践吗?"

"我导师给我推荐来着,具体怎么做,还得等我先调研调研。你有兴趣一起吗?"陆立兴奋地点点头。王云飞递了最上方的两本书给他,陆立欣然收下。

回到办公室后,王云飞在电脑上创建了一个 DevOps 知识库文件夹,随手拿起一本书看了起来。

不知不觉,夜阑人静,信息中心的三层小楼只有王云飞的办公室还亮着灯。

屋内,王云飞沉浸在 DevOps 的海洋中,眼中闪烁着兴奋的光芒,他一页页地翻阅着,电脑屏幕上密密麻麻地记录着心得与灵感。回家之后,王云飞也没舍得把书放下,悄悄摸摸在书房看到凌晨两点都毫无睡意。

DevOps 的理念如同一束光,让他看到了解决信息中心软件系统建设困境的希望。尤其是 DevOps 三步工作法(图 3-1),着实让人入迷。

DevOps 的三步工作法[7]7-8

1. 建立从左到右的工作流

- 这一步骤的核心是建立一个高效、稳定且可扩展的开发到运维的工作流程。通过合理设计代码库分支管理策略、项目管理、需求任务拆分、缺陷管理等，确保开发过程中的每个环节都能顺畅地过渡到运维阶段。

- 通过建立敏捷①的开发流程，确保开发团队能够快速响应变化，并将新功能或修复及时推送到生产环境。

2. 建立从右到左的反馈机制

- 在开发完成后，需要建立一个有效的反馈机制来收集和分析来自生产环境的数据和用户反馈。

- 此过程通过强化反馈机制来预防问题重现，或确保问题一旦出现能迅速被定位并解决。这一不断优化的反馈机制，不仅提升了工作效率，还为组织创造了更多的学习和改进机会，能够有效扼杀潜在的重大故障。

3. 建立持续学习与实验的文化

- 最后一步是建立持续学习与实验的文化，强调每个人都是持续改进的一部分。通过不断提升个人技能和团队协作能力，推动整个组织的进步。

- 建立高度信任的文化，鼓励团队成员分享知识和经验，促进跨部门合作和创新。

第二天，王云飞早早来到办公室，他的眼中还有血丝，但精神却异常饱满。

他拨通了邢振的电话，声音中充满了激情："邢科长，麻烦赶紧安排采购一批关于DevOps的书籍，越快越好！书单我微信发给你。"

两天后，会议室的一角被布置成了图书角，增添了一排新书。王云飞亲自主持了一次全体会议，他站在台前，手中拿着一本《凤凰项目：一个IT运

---

① 敏捷：Agile，是一种软件开发理念和方法论，强调在快速变化的环境中，通过持续交付高价值的软件来满足客户需求。它倡导跨功能团队的紧密协作、客户参与以及对变化的快速响应。敏捷方法鼓励简化和优化开发流程，通过短周期的迭代工作，不断评估项目方向和进度，以确保最终产品的质量和相关性。

步骤1：建立从左到右的工作流

步骤2：建立从右到左的反馈机制

步骤3：建立持续学习与实验的文化

图 3-1　DevOps 三步工作法图示

维的传奇故事》，目光炯炯地说道："DevOps 不仅仅是一种技术，它更是一种文化，一种思想。我们要打破开发与运维之间的壁垒，实现无缝衔接，提高效率，减少浪费。我希望每个人都能认真学习，思考如何将这些理念融入我们的实际工作中。"

为了确保大家真正学习 DevOps 的理念，王云飞采取了强制性的措施。他要求每位员工通过提交读书报告或在例会上分享学习心得的形式来学习 DevOps。

会议室里响起一片"啊？"的哀叹。但王云飞非常坚定地补充道："这项工作，不分科室，不分岗位，全员参与。"

散会后，几个员工聚在一起。

"他好上头，我不理解，关我啥事？"

"本来就已经够忙了，现在还要抽出时间来看这些书，写报告，这不纯纯浪费时间吗？"

"我觉得王主任可能是出于好意，毕竟 DevOps 在业界挺火的。"

樊博闻言，嘴角勾起一抹冷笑："好意？我看他是急功近利吧。我们这儿的问题可不是看几本书就能解决的，信息中心的老毛病这么多，不是一两个想法就能扭转的。"

在樊博的鼓动下，大家抱着法不责众的心态，对学习 DevOps 一事变得敷衍起来，纷纷选择草草地拼凑一些内容作为报告提交。

这一切并没有逃过冯凯敏锐的观察。他一直密切关注着团队的动态，找机会敲响了王云飞办公室的门。

"王主任，我有些事情想和您谈谈。"冯凯语气中带着一丝忧虑，"我发现最近团队的士气有些松散，不少员工私下里对 DevOps 的学习任务颇有微词，有人带着抱怨直接找到了我。他们觉得您没有考虑到实际工作的忙碌，给大家加码，这在一定程度上影响了大家的工作情绪。"

王云飞沉默了片刻，然后缓缓开口："我明白大家的辛苦和顾虑。推进全员学习，主要有两个方面的考虑，这里也和你一起分析下。"

王云飞起身给冯副主任倒了一杯茶，继续说道："一方面，我想营造一个积极上进的学习氛围。搞信息化工作，三个月不学习就落后了。外面的技术发展很快，但我们大部分人都在低水平徘徊，不主动、不愿意去学新的知识。照这样发展下去，大家都习惯于墨守成规、固步自封，信息化的发展绝对达不到院领导的期望。"

冯凯适时插话："确实如此。医院的医生护士还要进行学习和考试，我们这里大部分人已经进入养老状态了。"

王云飞苦笑了一下："这也是另一个方面的考虑了。我想通过这次学习，挑选一部分优秀人才出来，让他们发挥更大的作用。至于确实不想学、不想改变现状的人，后续可以做一些不怎么需要动脑子的工作。他们每天只需要按部就班，完成流程性、事务性的工作就行。当然，后续奖励奖金，肯定会和具体的工作表现挂钩。"

"我明白了。"冯凯说道，"我非常赞同您的考虑。确实应当打破现在大锅饭、论资排辈的状况，让有能力、有意愿的人先成长起来。"

王云飞答道："感谢支持！这些还只是我的初步想法，下一步要想实现，离不开你的配合和院领导的支持。我想，只要我们一步步体现自己的价值，未来的信息中心一定能够成为医院举足轻重的部门，将来大家也都能够有好的发展。我们虽然不在医学主航道上，但各科室想要行稳致远，都离不开我们的高效保障。"

冯凯离开后，王云飞在笔记本上的"Just Change IT！"下方，郑重地写下了 DevOps 的字样。这个单词承载了他对于信息中心未来工作模式的无限期待。每一次创新，都是对现有业务模式，甚至利益格局的重塑，注定不会一帆风顺，但路再难也要坚定地往前走。

3.3 躺平依旧

王云飞面前摊开了一摞厚厚的报告，这些都是同事们关于 DevOps 的学习心得。

他专门空出了自己一整个下午的时间，打算将收集上来的报告好好看一看。随着一份份报告的翻阅，王云飞脸上的表情从最初的期待逐渐变为失望。

其中一份报告，标题写着"DevOps 浅析"，开头便是一段从网上复制粘贴的 DevOps 定义，紧接着便是大段的流水账式叙述，最后以一句"总之，DevOps 很重要"草草收尾。王云飞几乎能想象出撰写者敷衍了事的样子。

另一份报告则更加简陋，寥寥数语："DevOps 就是让开发和运维更好地合作，具体怎么做，我还没想清楚，主要看领导的意思吧。"这短短的几句话，没有深入思考，也没有任何个人见解，显然，撰写者并没有真正投入其中，只是在应付一项任务而已。

还有一份报告，字里行间透露出对 DevOps 的抗拒："我们信息中心的运维工作已经走上正轨，为什么还要折腾 DevOps？这明明是供应商的责任，我们做好自己的本职工作就好了。"一看署名，果然是樊博。尽管前期的运维工作规范化取得了一定成效，但员工们对于软件系统建设问题都在绕道走。

王云飞将报告放下，双手交叉放在胸前，陷入了深思。他轻轻地叹了口气，脑海中突然想起一句话，你永远叫不醒一个装睡的人，他会让你觉得醒着是错的。大多数人满足于运维工作走向正轨后，工作压力减小的现状。运维工作规范化之前，他们各守一摊、舒服躺平，看着老实人、热心人忙前忙后；变更管理改革过程中，他们不愿参与，生怕牵涉其中，只有掀到自己的床垫时才会懒洋洋地翻个身；运维流程规范化之后，日子更好过了，所以躺平依旧，虽然并未投身变更管理创新工作，但毫不影响他们坐享改革带来的红利。

所有报告中，依然只有冯凯、陆立、官剑和邢振等几个人有一些自己的思考。王云飞本想找到更多志同道合的同事，看来希望越大，失望越大。

冯凯建议，信息中心需重塑职责边界，不能再在软件开发上全盘依赖供应商，要有中心能够掌握的软件研发力量。他主张成立跨部门敏捷小组，按照 DevOps 的方式试点软件开发，尝试打通开发与运维之间的沟通桥梁。

陆立则提议，以点带面，挑选项目作为 DevOps 试点，小范围启用 Jenkins[①] 集成，借助 Docker[②] 容器化技术简化部署，以此为样板，向团队展示 DevOps 的实效。

官剑做了非常详细的 DevOps 学习笔记，他认为医院的软件系统好用的并不多，软件开发工作确实有必要向 DevOps 转型。

作为综合科科长，邢振从供应商管理的角度出发，提出了 DevOps 在供应商合作中的应用前景。他认为，DevOps 能够促进信息中心与供应商之间的深度合作，通过标准化的接口和流程，实现双方的无缝对接，提高项目执行的效率和质量。

---

① Jenkins：是一个可扩展的自动化服务器，可以支持构建、部署、自动化等项目需求。
② Docker：是一个开源的应用容器引擎，它允许开发者将应用及其依赖打包到一个轻量级、可移植的容器中，然后可以在任何支持 Docker 的机器上运行。

读到这份报告时，一个念头在王云飞心中闪过，支持和反对的意见中都提到了供应商，这或许是一个值得考虑的切入口。如果内部员工的支持力度不够，那么，管理好支撑医院信息化的另一股重要力量——供应商，是不是也能有所改观？

王云飞立刻行动起来，他开始研究供应商合作的模式，希望能从中找到突破口。他发现，以往与供应商的合作往往局限于产品和技术层面，缺乏深层次的战略合作。供应商被视为单纯的供应商，而非合作伙伴，这种关系在很大程度上限制了双方的潜力发挥。

"能不能尝试撬动传统的合作模式？"考虑到自己接任的一个多月以来，还没有和供应商团队实实在在地打过交道，这也是一个契机。有了想法后，他立刻通过邢振牵线搭桥，准备与几家关键的供应商进行深入沟通。

信息中心新主任有新的合作想法的消息传得很快，一些供应商甚至主动抛出橄榄枝，不放过每一个分一杯羹的机会，邢振的电话响个不停。

王云飞选择了现有的挂号系统供应商远方公司作为第一个沟通对象。驻场经理刘奕当天下午就带着公司的首席执行官刘总和首席技术官柳总到访信息中心，冯凯悄悄和王云飞递话："平时让他们处理故障，推三阻四，才不会像今天这样闻风而至。记得上次见刘总，还是签合同的时候。"

两方人马分坐在会议桌的两侧。午后的阳光太强烈，冯凯拉实了窗帘，室内顿时暗了不少。

"刘总，柳总，欢迎来中心交流。"王云飞开口，声音中带着一丝期待，"我们想在软件开发上探索实施 DevOps 机制，期望通过采用新的开发运维模式，来提升挂号系统的稳定性和效率。DevOps 能够实现开发与运维的无缝对接，这对我们的挂号系统升级至关重要。要是有可能，下一阶段的挂号系统升级就采用 DevOps 模式。"

刘总闻言，转头看向柳总，轻咳一声，说道："柳总，这技术上的事情，要不你来汇报下？"

第 ❸ 章　无法照搬的 DevOps

柳总微笑道："当前，DevOps 在许多公司得到了广泛应用。我们也进行了技术跟踪。一般来讲，DevOps 适合互联网企业，他们的生产环境、开发环境都是自己的，想怎么搭建就怎么搭建，打通起来很容易。所做的产品主要是 To C，面向消费者，能够随时响应用户新的需求。灰度发布，版本管理更是很溜，服务端同时支持上百个客户端版本都不是难事。王主任您想用 DevOps 确实是紧跟一线，我们在其他医院还没有遇到过类似的需求。"

说着柳总话锋一转："但我们公司主要是做 To B，面向企业，需求识别、软件开发、版本管理、部署运维等都有严格的流程。去年我们公司还拿到了软件能力成熟度模型认证，也就是 CMMI[①]4 级证书。可以说，我们公司软件研发实力还是不错的。如果要在下一期挂号系统升级中推行 DevOps，我觉得最大的困难是咱们中心缺少合适的运维人员。而且，公司的开发网和咱们医院的生产网不同，软件更新发布数据会受到很大的影响。当然了，我们以前研发过程中确实没有使用 DevOps，如果重新选择技术栈，还会面临着程序员重新培训的问题。"

王云飞微微皱眉："柳总说得很清楚，采用 DevOps 开展挂号系统升级，确实会存在很多阻碍。咱们公司对这个事感兴趣吗？说实话，咱们公司深耕医疗领域多年，经验非常丰富，如果能够支持我们开展改革，后续应该会有更为广泛的合作。"

刘总满脸堆笑，答复道："王主任，冯副主任，非常感谢领导的信任，能够给我们这么好的机会。听刘奕说，两位领导之前就对我们非常关心，现在又第一时间想到我们，感激不尽。确实 DevOps 对我们来说，也是一个新生事物，领导能不能考虑增加些预算？这样我们也就能更好地投入进来。"

---

① CMMI：能力成熟度模型集成，全称为 Capability Maturity Model Integration，是一套用于改进组织过程的模型集合，它通过定义、实施、测量、控制和改进组织的关键过程来提高效率和效果。CMMI 模型通常用于软件开发、产品和服务开发以及服务管理等领域，帮助组织评估其过程成熟度并指导过程改进活动。

"大概增加多少？"王云飞心想，看来之前规划的挂号系统升级预算，早已经泄露出去了。

刘总没有想太多，直接答道："之前计划升级挂号系统，我们内部讨论了下，感觉预算挺紧张的。如果能够追加 60% 预算，应该就没有问题了。"

狮子大开口。

王云飞心中一沉，他意识到远方公司的真实意图不过是想借机抬价，而非真正关心医院的业务需求。他深吸一口气，试图找到一个突破口。"我们医院的信息中心并非不愿增加预算，但任何投资都应该是基于实际需求和长远规划的。我们希望贵公司能够从医院的实际情况出发，提供一个合理的方案，而不是一味地追加预算。"

刘总坐直了身子："王主任，您也知道，今年生意很不好做，我们公司要养那么多人，压力确实有点大。况且要配合采用新技术，如果能够追加点预算，我们也能一起把事情做好。不然做到一半，钱不够搞不下去，对谁都不好，是吧？"

王云飞沉默了片刻，意识到与这家供应商的谈判已经陷入了僵局。

在一阵偏离主题的交谈后，他站起身，向对方伸出手。"感谢你们今天的到来。我们会慎重考虑贵公司的提议，同时也希望贵公司能够理解我们的立场。互信互利是长久合作的基础。"

送走了远方公司一行人后，王云飞回到办公室，坐在椅子上，心中憋了一口气。他意识到，信息中心在与供应商的博弈中，由于缺乏自主开发能力，始终处于被动地位。这让他更加坚定了推动 DevOps 的决心，不仅仅是为了提高工作效率，更是为了夺回信息中心在技术路线选择上的主动权。

在接下来的几天里，王云飞着手与其他几家供应商聊了聊，但局面和结果大同小异。供应商们听说要配合信息中心来做开发模式的更新，都或婉转或直接地表示他们不熟悉或是做不来，要不就是要追加预算，但又拿不出合理的依据。聊了几轮，却没有收获，王云飞有些泄气。

第 3 章　无法照搬的 DevOps

趁着冯凯过来讨论工作，和他诉说道："就找不到靠谱的供应商吗？"

冯凯顺着话题大倒苦水："其实医院里其他部门的很多人以为，我们与供应商打交道，就像是身处食物链的顶端，可以吃香喝辣，享受各种优待。但实际上，我们更像是在为供应商打工，不断地参与他们的分析，协调各种复杂的项目，确保每一个环节都能顺利进行。其中的辛酸，只有我们自己知道。"

"更让人头疼的是，外界对我们与供应商的关系充满了质疑。有人认为我们在采购过程中结党营私，甚至怀疑我们采购软件服务时上下其手。他们不明白，软件采购远不是价格高低那么简单。在软件市场上，物美价廉几乎是不存在的，我们面临的是异常复杂的选择题。购买软件成品，我们看重的是性价比，而对于定制服务，我们甚至愿意花一块一的钱去买一块钱的东西，因为这代表了我们对供应商专业性和可靠性的认可。我们追求的不仅仅是产品本身，更是长期合作的稳定性和信任。"

王云飞听完意乱如麻，本想探索 DevOps 的另一条推行路径，没想到深入接触后，更加真切感受到了现阶段与供应商合作模式的难以为继。

"没想到供应商也是个大麻烦，之前讨论的一些避免供应商绑定的方法我们也考虑下怎么执行吧。对了，你今天原本是想说什么问题？"

冯凯收拾心情，回归正题："本来要说的也是几件麻烦事。"

"变更管理整体推行得不错，但刚才提到的远方公司，他们的一个员工在昨天的夜间运维中，没有遵循标准操作流程，错误地更新了服务器的配置文件，直到今天早上才恢复正常。此外，我们的一个外包员工在疫情期间未经请假擅自赴外省旅游。"

几件烦心事叠加，王云飞脸色铁青，他当即决定召开党总支会议，研究退回驻场员工，解雇外包员工。

3.4　小型研讨会

王云飞很明白，仅仅做些变更管理减减工作量、开除一两人强调下纪律，远远不能满足医院创新发展的信息化保障需求。软件研发创新这场硬仗，怎么也得打下去，DevOps 这块硬骨头，怎么也得啃下来。

这天下班后，王云飞又独坐在电脑前，屏幕上的文档正是《关于 DevOps 的可行性调研报告》。这份报告是他近几天宵衣旰食的心血，正在反复推敲，旨在向信息中心的同事们展现 DevOps 的潜力与价值。

王云飞计划在明天周例会后，留下部分骨干，再次宣讲 DevOps 的重要性，并号召大家畅所欲言，共同探讨 DevOps 在信息中心的实施路径。

过往的经历，让王云飞放弃了在全体会议上宣讲 DevOps 的想法。在信息中心内部，任何改变都是困难的，但只要少数人敢为人先，就能拉起一支先锋队伍。只有先打开局面，才会有其他人加入和跟进。

次日小型研讨会上，王云飞简洁开场："今天会后辛苦大家留下来，只有一件事，那就是研讨交流 DevOps。在会议开始之前，我想先说几句心里话。我之前满怀期待地收集了大家对于 DevOps 的学习心得。但遗憾的是，大部分同志的学习心得，让我看到了敷衍、冷漠和抗拒。"

他拿起报告轻轻拍了拍："今天，我准备了一份关于 DevOps 可行性的报告，希望能够和在座的骨干一起分享、剖析和探讨 DevOps 模式的利好之处。我明白，变革从来都不容易，它意味着跳出舒适区，意味着面对未知。但请相信我，DevOps 能够彻底改变我们的软件系统建设模式，能够让我们在这个快速变化的时代中保持竞争力。"

王云飞给所有人分发了一页精简版提纲："详细内容我会一一分享，如有问题，可以随时打断讨论。"

第 3 章　无法照搬的 DevOps

《关于 DevOps 的可行性调研报告》[7]40[8]

一、DevOps 的基本概念

DevOps 是开发（Development）和运维（Operations）的组合，强调开发与运维之间的紧密协作，通过自动化流程、持续改进和快速反馈机制，实现软件交付的高速度、高质量和高稳定性。它不仅仅是一种技术实践，更是一种文化变革，旨在打破传统部门壁垒，促进团队间的有效沟通与协作。

二、DevOps 的文化

1. 协作：鼓励跨职能团队成员间的密切合作，促进开发和运维部门的沟通与协同工作。

2. 自动化：通过自动化工具来简化软件交付和基础架构变更的过程，提高效率并减少人为错误。

3. 持续改进：建立持续学习和优化的循环，不断寻求改进软件开发和运维流程的方法。

4. 反馈：快速且频繁的反馈机制，确保问题可以迅速被识别和解决。

5. 免责：创建一种无责备的文化，鼓励团队成员勇于尝试新事物和承担风险。

6. 透明：确保信息在整个组织中的自由流动，避免形成信息孤岛。

7. 共享：资源、知识和工具的共享，促进团队之间的协同。

三、DevOps 涉及人员

1. 开发人员：负责编写代码，实现软件功能。

2. 运维人员：负责系统部署、监控和维护。

3. QA（Quality Assurance，质量保证）人员：确保软件质量，执行测试。

4. 产品管理人员：定义产品需求，指导项目方向。

5. 信息安全专员：确保软件及数据的安全。

6. 发布经理：负责管理和协调生产环境部署以及发布流程。

7. 技术主管或价值流经理：负责从始至终地保障价值流的产出满足或超出客户及组织的期望。

四、DevOps 涉及技术

1. 版本控制：如 Git，用于管理代码变更历史。

2. CI/CD（Continuous Integration/Continuous Deployment，持续集成/持续部署）：自动化代码构建、测试和部署流程。

3. X as Code：一种通过代码定义和管理各类资源、流程或配置的通用方法论，将基础设施、配置等以代码形式管理，提高可重复性和一致性。

4. 容器化：如 Docker，实现应用及其依赖的打包，便于部署和扩展。

五、DevOps 的业务价值

1. 速度：加快软件交付周期，快速响应市场变化。

2. 质量：通过持续集成和自动化测试提升软件质量。

3. 稳定性：增强系统可靠性和韧性，减少故障时间。

4. 文化：促进团队协作与创新，构建更加灵活的组织文化。

六、DevOps 的挑战

1. 文化理念的转变：缺乏正确的文化理念是实施 DevOps 的一个主要障碍。许多企业在转型过程中难以改变传统的 IT 管理模式，导致 DevOps 难以落地。

2. 技术与工具的选型与整合：DevOps 工具链复杂多样，选择和集成适合企业需求的工具需要深入的了解和规划。此外，过度依赖自动化工具也可能成为累赘。

3. 技能要求高：实施 DevOps 需要团队具备广泛的技能，从开发、运维到安全和自动化，不同领域的知识交叉和融合是一个挑战。

4. 组织结构和流程的调整：企业必须对现有 IT 系统进行解耦，建立轻量级服务和消息集成的服务化架构,这对组织结构和流程的调整提出了更高的要求。

5.遗留系统的处理:处理旧系统并重新构建应用程序,以实现微服务架构[1]或将其迁移至云平台[2],给组织机构带来了额外的负担。

七、DevOps 的误区

1.认为 DevOps 只是技术变革:忽视了其背后的文化和管理变革。

2.一蹴而就的心态:DevOps 的实施需要时间和持续的努力,不能急于求成。

3.忽视人员培训和文化塑造:技术是基础,但人的因素和文化转变同样重要。

4.过度依赖工具:工具虽重要,但成功的关键在于流程、文化和团队协作。

5.DevOps 仅是工具集:DevOps 不仅仅是工具的应用,更是一种文化和变革策略。

6.DevOps 意味着运维消亡:运维角色依然重要,只是职责和工作方式发生了变化。

7.DevOps 只适用于敏捷开发:虽然 DevOps 与敏捷开发相辅相成,但它也可以应用于其他开发模型。

注:本材料为精简版提纲。

---

[1] 微服务架构:是一种将单一应用程序拆分为一组小型、独立服务的软件设计模式。每个服务运行在自己的进程中,通过轻量级通信机制(如 HTTP/REST 或消息队列)进行交互,并围绕特定业务能力进行构建。其服务之间松耦合、可独立部署、每个服务可采用不同技术栈。

[2] 云平台:是一种基于云计算技术的服务交付和管理平台,提供计算、存储、网络等资源的按需访问和自动化管理。云平台通过虚拟化技术将物理资源抽象为可动态分配的逻辑资源,支持用户以自助服务的方式快速部署和扩展应用,同时提供高可用性、弹性和成本效益。其服务模式包括 IaaS(基础设施即服务)、PaaS(平台即服务)、SaaS(软件即服务)等不同类型,具备多租户、资源池化等特性。

分享完毕，会议室里响起了热烈的掌声。

掌声刚落，陆立举手示意："主任，我也总结了一些资料，想汇报一下。"

"陆立，"王云飞的声音中带着掩饰不住的欣喜，"你有什么想说的，尽管分享给大家。"

他做出一个邀请的手势，示意陆立上前。陆立毫不犹豫地站了起来，步伐轻快地走到会议室电脑前，登录邮箱下载了一份文件，正是他近几天加班赶制的《互联网企业 A 的 DevOps 实践情况报告》。

"各位领导、同事，"陆立的声音充满了激情，"在看《凤凰项目》这本书的时候，我就被其中的 DevOps 理念深深吸引。我一直在想，书本之外，DevOps 在其他企业是如何被实践的呢？于是，我花了点功夫稍作准备，虽然整理得比较粗糙，但我还是想与大家分享这份报告。"

陆立开始详细介绍 A 互联网企业如何通过 DevOps 实现软件开发的高效迭代，如何通过自动化测试和持续集成提高产品质量，如何通过敏捷管理优化团队协作。他用生动的例子和数据，让 DevOps 的理念变得鲜活起来，不再是抽象的概念，而是看得见摸得着的成功实践。

《互联网企业 A 的 DevOps 实践情况报告》[9]

一、实施背景

随着互联网行业的迅猛发展，互联网企业 A 面临着日益激烈的市场竞争和不断变化的用户需求。为此，互联网企业 A 决定引入 DevOps 实践，通过优化开发、测试、运维等环节的协作模式，实现业务价值的最大化。

在实施 DevOps 之前，互联网企业 A 的研发流程存在以下问题：开发、测试、运维等环节各自为政，缺乏有效的协作机制；产品研发周期长，交付速度慢，无法满足快速变化的市场需求；运维过程中故障频发，影响用户体验和业务稳定性。为了解决这些问题，互联网企业 A 决定实施DevOps实践，通过持续改进和优化研发运维一体化流程，提高产品研发和交付效率，降低运维成本，提升用户体验。

二、具体措施

（一）业务驱动的协作模式

企业A实施了业务驱动的协作模式，将业务需求作为研发运维工作的核心驱动力。通过建立跨部门的协作团队，包括产品经理、开发人员、测试人员和运维人员，共同负责产品的研发、测试和运维工作。团队成员之间保持紧密的沟通与协作，确保业务需求能够准确、快速地转化为产品功能。同时，企业A还引入了敏捷开发方法，通过迭代开发的方式逐步实现业务需求。每个迭代周期结束后，团队都会进行成果展示和反馈收集，以便及时调整研发方向和优先级。

（二）产品导向的交付模式

为了实现快速、高质量的产品交付，企业A采用了产品导向的交付模式。该模式强调以产品为核心，将研发、测试和运维工作紧密围绕产品展开。通过建立持续集成和持续部署（CI/CD）流水线，企业A实现了代码提交、构建、测试和部署的自动化。企业A还引入了特性开关技术，使得新功能可以在不影响现有系统稳定性的情况下进行灰度发布和测试。

（三）特性为核心的持续交付

企业A将特性作为持续交付的核心，通过特性分支（为开发某个特定功能或修复某个问题而创建的分支）和代码审查机制确保每个特性的质量和稳定性。开发人员需要在特性分支上进行代码开发，并通过代码审查后才能合并到主分支。这种机制保证了代码的整洁性和可维护性，降低了后期运维的复杂度。企业A还建立了自动化的测试体系，包括单元测试、集成测试和系统测试等，确保每个特性在交付前都经过充分的测试验证。由此，企业A能够更快地将新功能推送给用户。

（四）应用为核心的持续运维体系

为了实现应用为核心的持续运维体系，企业A对运维工作进行了全面的优化和改造。首先，建立了全面的监控体系，对应用系统的性能、稳定性和安全性进行实时监控和预警。一旦发现异常或故障，运维团队能够迅速响应并进行处理。其次，引入了自动化运维工具，实现了应用部署、配置管理和故障恢复的自动化。这大大降低了运维工作的复杂度和人工成本，提高了运维效率。最后，企业A还建立了运维数据库和知识库，对运维过程中遇到的问题和解决方案进行记录和分享。

三、应用效果

通过实施DevOps实践，互联网企业A取得了显著的应用效果：

（1）产品研发和交付效率大幅提升，新产品上市周期显著缩短；

（2）运维成本明显下降，故障恢复速度大幅加快；

（3）用户体验持续优化，用户满意度稳步提升；

（4）团队协作更加紧密高效，跨部门沟通效率显著提高。

通过持续优化和改进研发运维一体化流程，企业A不仅提高了产品研发和交付效率，还降低了运维成本并提升了用户体验，为企业A在市场竞争中奠定了坚实的基础。

陆立汇报完毕，会议室里再次响起热烈的掌声。

王云飞表扬道："陆立的分享非常精彩，让我对DevOps有了更直观的理解。我相信通过刚才的报告，大家对DevOps的了解已经更加深入。DevOps确有诸多好处，但肯定难以顺利落地。现在我来讨论下，希望大家主要从DevOps的缺点，推行DevOps的顾虑等方面进行交流。只有找到问题、分析问题，才能直面问题、解决问题。"

袁纬缓缓开口："王主任，DevOps的好处刚刚您和陆立讲得很清楚了，可现实情况更让人头疼。我觉得推行DevOps最大的问题是缺人才。一方面，

第 ❸ 章　无法照搬的 DevOps

我们人手不够，软件开发这块儿跟互联网公司比，差得太远，人家高手云集，咱这儿就那么几位懂行的；另一方面，我们也没有人才成长的环境。互联网公司技术团队主业就是开发，我们医院信息中心顶多算个后勤保障，没有软件开发的技术氛围。"

官剑接过话头："确实如此，大家感觉我们就应该跑跑颠颠，即使技术上做出点什么成果，也容易被当成狗拿耗子。还有一个重要问题，就是业务系统多，中标厂商多，导致整体上烟囱林立。比如说，咱们医院业务系统的用户账号体系都不统一，各自为政，这在 DevOps 里听起来可是大忌。"

宋森捷接着发言，他的语气中带着一丝忧虑："确实如此。还有一个问题是，我们和互联网企业在数据治理上存在着巨大的差距。当前医院数据孤岛现象非常普遍，确实需要实施 DevOps，但感觉无从下手，毕竟当前的系统也不能说废就废。"

邢振则从采购模式的角度提出了问题："互联网公司采购灵活，研发投入按需报销，而咱们医院最少要三家比价，签订固定总价合同，灵活性差，响应慢。信息中心和供应商目标不一，沟通不易。暂时我还想不到一个适用的采购模式。"

副主任冯凯提出了两个问题："王主任，DevOps 好是好，但咱信息中心实力有限，推行不易。一是互联网公司技术部门庞大，技术人员占比高，咱医院编制紧，技术岗少，这从根本上制约了 DevOps 的实施；二是真的开展 DevOps，我们必将直接面对机关部门、业务科室无穷无尽的系统开发、升级需求，到时估计没有多少公司能够应对层出不穷的开发需求。"

王云飞其实早就想到，DevOps 的推行会比他想象中复杂。但听到同事们从技术、体制、人才、利益等多个角度提出的问题，才意识到自己原来想得太简单了。

王云飞坐在那里，一时有些愣住了，心中的坚定开始动摇。他琢磨着，互联网企业的 DevOps，在医院信息中心的地盘上，真能开花结果？体制、文化和技术的壁垒，让他头一回对 DevOps 的狂热产生了怀疑，但内心深处，那股探索和改革的渴望仍在燃烧，提醒他不能轻言放弃。

3.5　DevOps 买不来

小型研讨会在一片争论中落下帷幕，最终还是没有找到解决方案。

王云飞回到办公室，掏出手机，屏幕上闪烁着"导师李子乘"的消息提醒。解锁屏幕后，一连串未读的微信消息弹出。原来是李教授分享了几篇 DevOps 主题的推送文章。他迅速回复："感谢李老师，刚刚在开会。DevOps 具体怎么落地，我们还没有找到好的方法，路漫漫其修远兮。"

李教授的分享像一块吸铁石，吸引着他点开一篇篇文章，直到那份来自咨询机构的《2020 年中国 DevOps 应用发展研究报告》映入眼帘。王云飞的心脏猛地跳了一下，报告中的每一个字，每一幅图表，都诉说着 DevOps 的无限可能。尤其其中展示的一体化 DevOps 平台，及相应繁多的工具与厂商平台，如同万花筒般绚丽多彩，让他眼前一亮，顿时像被注入了一针兴奋剂。

在采购信息技术产品和服务方面，信息中心有着丰富的经验，如果能直接采买到合适的 DevOps 平台，岂不是能大大降低团队成员的前期筹备工作量？这样的想法让王云飞再次激动起来。

王云飞毫不犹豫地站起身，决定立刻行动。他将冯凯、陆立、邢振三人叫来，与他们分享这个想法："我刚刚看了这份报告，里面提到了一体化 DevOps 平台。我想，这或许是我们解决问题的关键。我们不需要从零开始，只需要找到一个合适的平台，就能让 DevOps 在我们这里运转起来。"

也不管其他三人的态度如何，王云飞直接安排了三人与 DevOps 平台厂商进行初步沟通："不论如何，这也是一个可能性。辛苦大家广泛联系 DevOps 供应商，交流一下看能不能买回来一个合适的平台。我们先行动起来吧。大

第 3 章　无法照搬的 DevOps

家把这个事情的优先级放到最高，咱们三天后再碰头讨论。"

冯凯、陆立和邢振交换了一个眼神，随即离开。

王云飞的小团队各自领命，三天内投身于与不同厂商的初步沟通与调研之中。他们穿梭于电子邮件与电话会议之间，试图从厂商口中挖掘出 DevOps 实践的宝贵线索。

冯凯很快锁定了一家知名 DevOps 厂商，通过官网和线上初步沟通后，双方约定了正式的视频会议。

"非常感谢贵公司能抽空与我们进行这次会议。前期沟通中已经向您介绍了我们医院信息中心的基本情况。我们对贵公司的 DevOps 平台很感兴趣，尤其是它的自动化部署和持续集成功能。不过，在我们医院信息中心的环境下，这些功能能否顺利实施，我们还有一些疑虑。我想了解一下，贵公司是否有在医疗行业应用的案例？"冯凯面对屏幕上的厂商代表，语气正式而带有期待。

厂商代表微笑着，但笑容中似乎夹杂着一丝不确定："冯主任，感谢您的提问。我们公司的平台确实已经在多个行业得到了广泛应用，包括互联网、制造和零售等领域。至于医疗行业，虽然目前直接的案例不多，但我们平台的通用性和灵活性足以适应各种场景。"

冯凯眉头微蹙："我理解贵公司的平台具有广泛适用性，但我们医院的信息系统和数据安全有其特殊性，比如医疗数据的隐私保护。您能否具体说明，贵公司的平台如何确保满足这些要求？"

"冯主任，我们平台的安全模块设计遵循国际通用标准，可以为各类数据提供加密存储和传输。至于贵院如果有特殊需求，我们可以通过配置特定的安全策略来满足，但具体实施细节可能需要我们的技术团队与您进一步沟通。"厂商代表在回答前明显迟疑了一下，语气中带着一丝含糊。

冯凯心中暗自思忖，但表面上仍然保持着礼貌："我明白了，贵公司在技术层面确实有深厚的积累。但我想强调的是，医疗行业有其特定的法律法规和行业标准，这些都需要在 DevOps 实施中特别考虑。我们希望找到的合作伙伴，不仅有强大的技术实力，更要有对医疗行业深刻的理解和丰富的实践经验。您能否提供一些医疗行业具体的成功案例，以便我们更全面地评估？"

厂商代表表情略显尴尬，停顿了几秒后说道："冯主任，关于医疗行业的案例，我们目前还在积极拓展中，暂时确实没有太多可以直接分享的成功故事。不过，我们愿意与贵中心一起探索，共同打造适合医疗行业的 DevOps 解决方案。"

此时冯凯心中已经有了答案，决定不再耗费口舌。"非常感谢贵公司的时间和坦诚，我们非常欣赏贵公司的专业精神。我们会仔细考虑您提供的信息，并期待在未来有机会进一步合作。如果有可能，我们希望贵公司能提供更多医疗行业的相关信息，以便我们做出更准确的评估。"

与此同时，在三楼的会议室中，陆立手持一杯咖啡，眼神锐利，直视着坐在他对面的销售代表："你们的平台真的像宣传的那样，买回去就能直接使用，无需任何额外的配置吗？"

销售代表自信满满，笑容满面："当然了，陆工，我们的 DevOps 平台采用最新的云原生技术，预置了所有必要的组件，确保客户开箱即用。"

陆立轻轻放下咖啡杯，语气中带着一丝质疑："那么，我简单举个例子，如果我们要将这个平台与我们医院现有的电子病历系统进行集成，该如何操作呢？"

销售代表笑容略有收敛，开始翻阅手中的资料："关于集成，我们平台提供了丰富的 API 接口[①]，理论上可以与市面上大多数系统实现无缝对接。"

陆立的语气变得更为直接："理论上的说法我听多了。我想知道的是，具体到我们医院的环境，你们有没有现成的解决方案或者至少是类似的案例？"

---

① API 接口：Application Programming Interface，应用程序编程接口，是一组预定义的函数、协议和工具，用于构建软件应用程序。API 允许不同的软件系统之间进行交互，使得开发者能够访问特定软件或服务的功能而无需理解其内部工作机制。

第 3 章　无法照搬的 DevOps

销售代表神情略显尴尬，声音也变得不那么肯定："陆工，每个客户的环境都是独一无二的，我们需要根据具体情况来定制解决方案。不过，我们有专业的技术团队，可以协助您完成集成工作。"

"也就是说，实际上并没有所谓的'开箱即用'，而是需要我们的 IT 团队花费时间和精力去适配和调试，对吗？"

销售代表被陆立不留情面的提问问得有些措手不及，声音中带着一丝辩解："陆工，任何技术产品在新环境中都有一个磨合的过程。我们的目标是尽可能减少这一过程中的摩擦，让客户更快上手。"

"我理解技术产品的复杂性，但关键是你们得懂我们这里特殊场景下的需求。医院的 IT 系统牵扯到人命关天，半点马虎不得。下次聊的时候，我希望你们能拿出切实可行的方案，更有针对性。"

邢振的沟通情况也不如预期。

他在听完对方对自家 DevOps 平台的吹嘘后，话锋一转，从自己更了解的环节提问："张经理，你们的平台我们挺感兴趣的，但在采购流程上，我们有一些特殊的考虑。医院买东西，规矩多，您那边有过类似经验吗？"

电话那头略显迟疑，"邢科长，咱们主要打交道的是大公司和互联网企业，医院这块儿，确实不太熟。不过，法务团队挺专业，合同问题包在我们身上。"

邢振语气中透露出一丝不确定："这事儿吧，医院采购得过五关斩六将，预算、招标、审计、一堆手续。不光是签合同，还有付款、售后、技术支援，条条框框一大堆。你们有多大把握？"

销售经理的声音有些磕巴："邢科长，我们尽力配合，但要是碰到特殊流程，可能得多花点时间，还得额外调资源。一般情况下，我们按标准商务条款走。"

邢振心里有数了，明白这家厂商难以符合预期，于是迅速结束了通话。

三天后，众人再次围坐会议室，冯凯、陆立、邢振眼前摊开一摞摞资料，记录着与各大 DevOps 平台厂商的交流点滴，眼神中流露出难掩的无奈。王云飞心头一紧，隐约预感，即将揭晓的成果可能不尽如人意。

"人都齐了，"他努力挤出轻松的口吻，"咱们来交流下这两天的进展。"

三人依次讲述沟通经历。

"王主任，正如我所说，虽然这些知名 DevOps 平台提供商的方案看起来非常专业，但一聊到实操，尤其我们医疗领域的活，他们就含糊其词。好像更对路的是大互联网公司，对我们这点需求，不上心也不够懂。这让我对直接买现成平台的主意，打起了问号。"

陆立接过话，叹息中透着失望："我这情况也差不多。我问他们平台能不能按咱们信息中心的需求进行定制化，反馈却不咋地。他们提供的大多是标准化解决方案，对于个性化需求的响应似乎并不积极。"

邢振侧身面向王云飞和其他人，声音中带着一丝担忧："王主任，平台的价格也是个大坑。有的厂商开价超出咱们预期，特别是提了医院定制需求，那数字跳得吓人。我怕平台采购费太多，挤占了别的项目预算，影响咱们全局。"

王云飞意识到，DevOps 平台的引入远比他想象中更为复杂，不仅要考虑技术的兼容性，还要应对经济成本的考量。

"辛苦大家的调研和汇报，看来购买现成平台这条路，坎坷很多。一方面，我们没有能够驾驭 DevOps 平台的能力；另一方面，DevOps 平台也只是一些开源软件的集成，高价买回来也不划算。哎，其实我们要是有能力，不买也能推行 DevOps，现在没有这个技术实力，买回来也是花架子。"他环视众人，言语中带点自嘲，"原本想捡现成，省心省力。如今，还是得重新上路，急不得也慢不得。"

这段时间以来，王云飞基本上搞清楚了 DevOps。但对于如何落地，仍然是一头雾水。互联网企业的 DevOps，显然无法照搬照用。

工作札记 3

软件需求的分类与 QFD 技术

质量功能部署（QFD）将软件需求划分为常规需求（用户明确的基础功能）、期望需求（隐含的增值功能）和意外需求（超越用户预期的创新功能）。这三类需求分别对应用户的基本要求、满意度提升点及差异化竞争力，需要通过 QFD 技术精准转化，以平衡功能优先级与用户价值。

DevOps 三步工作法的核心逻辑

三步工作法构建了 DevOps 的核心框架：从左到右的工作流通过敏捷开发与自动化流程保障高效交付；从右到左的反馈机制利用生产环境数据快速定位问题，驱动持续优化；持续学习与实验则通过文化变革（如无责透明、知识共享）推动组织韧性。三步法将技术实践与文化融合，形成"交付—反馈—改进"的闭环，确保速度、质量与稳定性的平衡。

DevOps 的文化与技术要素

DevOps 本质是协作文化与技术自动化的结合：文化层面需打破部门壁垒，强调协作、免责、透明与持续改进；技术层面依赖版本控制、CI/CD 流水线、容器化及 "X as Code" 等工具链，实现基础设施与交付流程的标准化。其业务价值体现在缩短交付周期（速度）、提升系统可靠性（质量）及促进组织敏捷性（文化），但面临文化惯性、遗留系统改造、工具链复杂性等挑战。

企业 DevOps 实践的关键启示

互联网企业的案例表明，成功落地 DevOps 需围绕业务驱动协作（跨职能团队敏捷迭代）、产品导向交付（CI/CD 与特性开关技术）、持续运维体系（监控自动化与知识库沉淀）展开。其效果验证了 DevOps 的价值，但实践路径需适配企业现状，避免照搬工具或流程。组织需认清 DevOps

是渐进式变革，需兼顾技术能力建设与文化磨合，而非依赖现成平台或短期工具堆砌。

DevOps 的认知误区与落地难点

常见误区包括将 DevOps 简化为工具集、忽视文化转型或误判运维角色消亡。落地难点集中于组织适应性（如传统 IT 管理模式难以转向服务化架构）、技能复合性（需融合开发、运维、安全等多领域能力）及遗留系统改造。组织需以"价值流"为核心，平衡自动化投入与流程优化，避免过度依赖技术而忽视人际协作的本质。

第4章
"医"键定制软件工厂

——纸上得来终觉浅，绝知此事要躬行。（陆游《冬夜读书示子聿》）

4.1 戴着镣铐跳舞

这天，李子乘来到附属医院体检，顺路来看看王云飞。走进信息中心后，恰巧碰到王云飞结束讨论后从会议室出来。

"云飞，怎么了？看你的脸色似乎不太好。"

王云飞看到李教授后，眼神一亮："李老师，您来了？我正想去找您请教呢，等下一起吃饭啊。"

王云飞领李教授到办公室落座后，自己也重重地瘫坐在椅子上，随后向李子乘大倒苦水，把DevOps在团队内部的不受待见，以及在寻求外部厂商支持的处处碰壁，都事无巨细地倾诉了一番。

"李老师，您觉得DevOps难以在信息中心落地，根子上的原因是什么呢？"王云飞微微侧头，最后问道。

李教授回答："云飞，技术革新需要大家一起来干。你追求新技术本身没问题，但不要忘记我之前和你强调的，要从管理角度思考问题。你遇到的这些问题，主要是管理上的问题，你就是被高监管环境束缚了。"

"高监管环境?"王云飞不解。

李教授笑了笑："是的,你所转述的团队成员和供应商的种种迟疑、顾虑和束手束脚,很大程度上都来源于这种环境的限制。在高监管环境中,大家躺平最舒服。但凡想做点创新,都必须经历一个'戴着镣铐跳舞'的阶段。"

高监管开发环境[10]

高监管环境(Highly-Regulated Environment,HRE)通常出现于国防、军事、金融、医疗等关键领域的软件研发场景,这类场景往往必须要求采用物理隔离的空间和计算机系统,具有更高的安全和访问控制,研发人员权限严格分离,研发资产受严格保护等。

医院软件开发的高监管环境,指的是在医疗领域中,为了确保软件的安全性、可靠性和合规性,而实施的一系列严格的开发流程和标准。

这种环境下的软件开发,需要遵循法律法规及行业标准,以保障患者隐私和数据安全。

在这样的环境中,开发者必须采用严格的需求分析、设计评审、代码审查、测试验证等步骤,确保软件功能的准确性和安全性。

同时,对软件变更的控制也非常严格,每次修改都需要经过详细的文档记录和审批流程,以确保软件的稳定性和可追溯性。

此外,对于第三方库和开源组件的使用也有严格限制,需要进行充分的安全评估和许可审查。

王云飞若有所悟,脑海中立刻跳脱出了自己与中心广大员工、与供应商之间的"对立陷阱"。

"李老师,您真是一针见血。"王云飞由衷地说,"其实他们并非与我为敌,而更多的是受困于高监管环境要求,这才缺乏改变的动力。您说的道理,让我想起'不拉马的士兵',哪怕不再需要马来拉大炮,但负责拉马的士兵编制一直存在,操练条例也一直没有改变。"

第 4 章 "医"键定制软件工厂

"不错,我在计算机行业这么多年,这样的情况我见过不少。不止医疗领域,金融、公共安全等很多业务领域都存在这样的问题。高监管环境下的信息化建设,确实会遇到一系列的挑战。每一次改动与尝试,都需要经过多次博弈,这无疑会减缓工作进度,但同时也能体现工作能力。最近政治学习,一直在鼓励引导干部担当作为、干事创业,你可要当先锋啊。"李教授笑着鼓励道。

听了李子乘教授对于高监管环境的解读,王云飞顿时感到找准了问题的根源。他努力在脑海中复盘加入医院信息中心以来所了解的现状,试图用"高监管"这个特征串联起推行 DevOps 所面临的种种阻力。

高监管环境下 DevOps 所面临的障碍[11]

一、协作限制

传统观念与流程冲突:在高监管环境中,往往存在严格的合规要求和传统的开发、运维流程。这些传统观念可能与 DevOps 的快速迭代、持续交付理念相冲突,导致文化上的抵触和沟通上的障碍。

团队间协作不足:DevOps 要求开发团队和运维团队紧密协作,但在高监管环境下,团队间可能因职责明确、流程固化而缺乏有效沟通,从而影响协作效率。

二、工具使用受限

碎片化工具链:在高监管环境下,可能需要使用多种不同的工具和平台来满足合规和安全要求。这些工具之间可能缺乏集成性,导致自动化流程复杂且难以维护。

技术栈的限制:部分监管要求可能限制了技术的选择,例如使用特定的加密算法、操作系统或数据库,这可能会影响 DevOps 工具链的效率。

技术更新与适应:随着技术的不断发展,企业需要不断适应新的工具和技术。在高监管环境下,这种适应过程可能更加复杂和耗时。

三、安全性考量

安全性和审计要求：在高监管环境的行业中，安全性是首要任务，存在独特的安全合规性要求以及相应的法规，需要随时对软件开发生命周期进行细粒度的审计，或者维护特定的第三方集成组件。此外，还需要尽早与合规性审计者建立合作关系，避免拖得太久而需要花费巨大代价进行修改。DevOps 的快速迭代和自动部署可能与传统的安全检查和批准流程相冲突，因此需要在敏捷性和安全性之间找到平衡。

四、变更管理和审批流程

监管环境下的变更管理往往非常严格，每一个更改都需要经过多重审批，这可能与 DevOps 追求的快速迭代和部署相矛盾。

五、职责分离与风险管理

在高监管环境中，职责分离是通过增加隔离以最大限度地降低风险的一种方法。这与 DevOps 的核心理念相冲突，因为 DevOps 旨在消除障碍并最大限度地减少交接。

六、资源分配与管理

资源有限：高监管环境下的组织可能面临资源有限的挑战，如何在有限的资源下实现 DevOps 的转型和优化是一个重要问题。

七、基础设施即代码（Infrastructure as Code，IaC）和配置即代码（Configuration as Code，CaC）的应用难题

基础设施即代码是一种通过代码定义和管理计算基础设施的方法，旨在实现基础设施的自动化部署、配置和管理。IaC 将基础设施的配置和部署过程视为软件开发的一部分，使用版本控制系统（如 Git）来管理基础设施代码，确保其可重复性、一致性和可追溯性。

配置即代码是一种通过代码定义和管理系统配置的方法，旨在实现配置的自动化、版本控制和一致性，便于版本控制、团队协作、环境一致

性维护等，在实际操作中通常与配置管理工具结合使用。

关键资源访问权限受限：在高监管环境中，对敏感资源的访问往往受到严格控制，以防止未经授权的访问和操作。这可能导致 IaC、CaC 工具在自动化配置和管理基础设施时遇到障碍，因为它们可能无法直接访问或修改关键资源。

八、认证和授权的复杂性

机制的复杂性：在高监管环境下，认证和授权机制往往比一般环境更为复杂和严格，比如包括多因素认证、角色基础访问控制、属性基础访问控制等高级安全策略，以确保只有经过验证和授权的用户才能访问系统资源。

想到这些，王云飞轻叹一声，流露出一丝怀念："李老师，我现在真的挺怀念在学校工作时的日子。那时候，我们利用了一个低代码平台，就可以直接进行开发，响应需求的速度快得多。而现在……"

低代码平台

低代码平台是一种通过可视化界面和少量代码快速构建应用程序的开发工具，可提供丰富的预制模块和组件，如按钮、输入框、图表等，旨在简化开发流程、降低技术门槛并提升开发效率。开发人员只需通过简单的拖放操作，将这些组件组合起来，就能快速构建出应用程序的界面和后台功能。该技术适合没有丰富编程经验，但需要快速开发应用程序的场景。

他摇了摇头，目光落在办公桌上的一堆尚未审签的文件上："每一个改动，哪怕是微小的，都要非常审慎。"

"高校与医院是两种不同的环境，自然有不同的规则与挑战。但你要记住，每一种环境都有其独特的优势与限制。高校的灵活性让你能够快速响应，但医院的严谨性是为了确保每一个改动都经过深思熟虑，这对于患者数据安

全至关重要。"

李子乘接着说："虽然你不能期望一个低代码平台解决所有问题，但你可以思考，如何在这个高监管环境中，找到属于你们的创新之路。比如你可以去了解同样在高监管限制的领域或行业中，有没有开展 DevOps 实践的？除了医疗，比如金融、航空，甚至是国防领域，它们如何在合规前提下，引入 DevOps？借鉴这方面的经验，结合医院实情，估计能够制定符合监管、提升效能的方案。"

"时间紧迫，帮手有限，李老师您见多识广，能不能给个具体的例子？"王云飞打破砂锅问到底。

"你知道的，我经常关注卡耐基梅隆大学软件工程研究所的最新进展。最近，美军在开设软件工厂，在学术界也引起了一些讨论。国防领域应该算是高监管环境的'天花板'了，你们可以从中汲取灵感。"

王云飞涌起了一阵莫名的兴奋："柳暗花明又一村！软件工厂，把软件当成工厂生产的产品，有意思！"

4.2 跨国"取经"

转眼过了一周，炎炎酷暑，王云飞的心情仿佛也被炙烤得更加焦急。

他走进运维大厅，看了看袁纬正在编辑的报告："看起来，最近的变更管理成效显著。虽然推动 DevOps 不容易，但眼下通过精益管理，我们的运维更加规范了，团队的努力值得肯定。"

坐在隔壁的陆立语带兴奋："主任，上周的变更平均处理时间缩短了 32%，错误率也降低了 25%。"

"不错。"王云飞将目光转向官剑，"但是，官剑、陆立，交给你们俩的美军软件工厂调研任务进展如何？原定的汇报日子，你们说再宽限两天，现在时间差不多了,今天下午到我办公室聊一聊?"

陆立和官剑两人对视一眼,官剑比了个 OK 的手势,陆立挠了挠头说下午可以汇报。

几小时后,二人如约步入 324 办公室,陆立留意到王云飞还准备了冰咖啡,心里琢磨主任对这次调研着实重视。

落座后,陆立尴尬地笑了笑:"主任,这周的工作确实有些棘手。先是交换机故障,我们不得不紧急抢修。另外,这两天还排期处理了好几个系统的更新,加班加点,导致调研工作耽搁了些。"

"是的,王主任,这周确实忙得团团转。"官剑先应和一句,随即话锋一转,"不过,这次调研让我对软件工厂有了更深入的了解,这个概念确实很有新意。"

"而且,我们还调研了 DevOps 的进阶版——DevSecOps。"官剑递过一份报告,"这里我们参考和翻译了美国国防部公开的文件内容,主任您过目。"

《美军软件工厂:模式与案例》[12]19, 28[13-15]

一、DevSecOps 理念驱动的软件工厂

(一)DevSecOps

DevSecOps(开发安全运维一体化)是一种软件工程文化和实践,旨在统一软件开发(Dev)、安全(Sec)和运维(Ops)。DevSecOps 的主要特点是在软件开发的各个阶段(计划、开发、构建、测试、发布、交付、部署、运维和监控)实现自动化、监控和应用安全性。DevSecOps 生态系统是在工具上创建和执行的一系列工具和工作流,以支持整个 DevSecOps 生命周期(图 4-1)中的所有活动。这些工作流可以完全自动化、半自动化或手动执行。

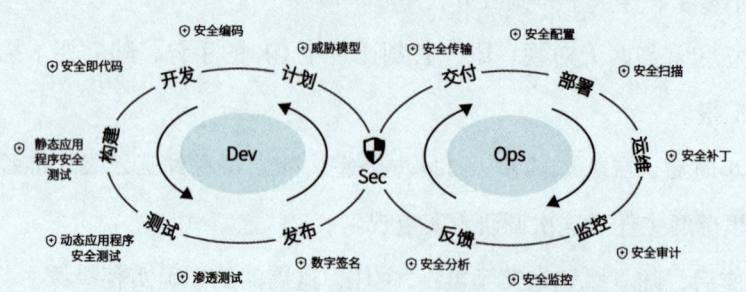

图 4-1 DevSecOps 软件生命周期（图源于 DoD Enterprise DevSecOps Reference Design Version 1.0（《美国国防部企业级开发安全运维一体化参考架构（版本 1.0）》））

（二）软件工厂

一个包含多个管道的软件装配厂，这些管道配备了一套工具、流程工作流、脚本和环境，以最少的人工干预生成一组软件可部署工件。它可以自动执行开发、构建、测试、发布和交付阶段的活动。软件工厂支持多租户。

（三）采用 DevSecOps 的好处

1. 生产平均耗时减少

2. 部署到生产环境中的频率提高

3. 在应用程序的全生命周期内，实现风险识别、监控和缓解的全面自动化

4. 以"运营速度"进行软件更新和修补

（四）DevSecOps 平台概念模型

DevSecOps 生态系统包含一个或多个软件工厂，每个软件工厂包含一个或多个管道。遵循箭头的方向来看，每个 DevSecOps 平台（图 4-2）都由多个软件工厂、多个环境、多个工具以及多种网络弹性工具和技术组成。

第4章 "医"键定制软件工厂

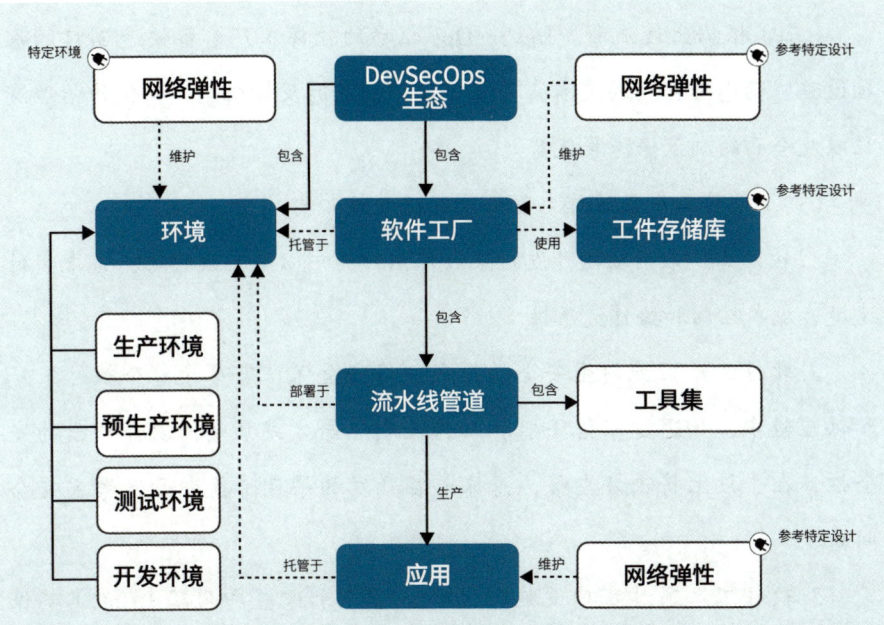

图4-2 DevSecOps平台概念模型（图源于DoD Enterprise DevSecOps Reference Design Version 1.0）（《美国国防部企业级开发安全运维一体化参考架构（版本1.0）》）

二、美军软件工厂的运作方式（图4-3）

（一）软件工厂启动运行后，开发人员主要使用集成开发环境（Integrated Development Environment，IDE）创建其自定义软件工件，相关代码和脚本可以全新编写，也可以基于现有的开源软件、商业软件或政府软件改造，完成后的代码和脚本会被保存于代码仓库中。每完成一部分开发工作都需要通过控制阀门，以审查代码的安全性与可用性。

（二）一个软件工厂中可以有多个CI/CD流水线并行执行，CI/CD流水线可以帮助开发人员小批次、渐进性地优化软件开发工作，以方便审查和及时修复错误。当每个开发环节成果都通过初检并被整合后，需遵守"持续集成"原则对整个软件产品进行全面测试。

111

（三）根据上述流程，DevSecOps驱动的软件工厂具备快速创建的基础设施、动态可扩展的流水线、测评左移的及时反馈机制、简化的治理流程以及全面的测试保障等优势。

（四）软件工厂在运作上有必须遵循的核心要求

1. 软件工厂采用敏捷开发框架和以用户为中心的实践思路，追求交付速度、成本控制和操作灵活性。

2. 软件工厂实施内生安全的模式，将安全保证贯穿于整个软件工厂和供应链中，如通过零信任[①]和行为检测[②]等方式来确保软件产出的安全性，在手段上将测评左移，意味着在开发的早期阶段即开始考虑安全问题。

3. 软件工厂通过基础设施即代码（IaC）和配置即代码（CaC）确保不同部署环境的一致性，避免配置漂移，实现基础设施配置与管理的代码化、版本化。

4. 软件工厂使用清晰的CI/CD流水线以确保代码能够快速可靠部署到生产环境中，并在其中设置明确的控制阀门。

5. 软件工厂通过收集和分析日志数据，以更好地了解系统的运行状况和性能，并及时解决问题。

6. 软件工厂使用标准化性能指标来衡量软件的交付成果，以持续改进和优化软件供应链。

---

① 零信任：一种网络安全架构，其核心原则是"永不信任，始终验证"，通常采用多因素认证、设备认证、持续身份验证、网络微隔离等技术手段，要求对所有用户、设备和应用程序进行持续的身份验证和授权，无论其位于网络内部还是外部。

② 行为检测：一种通过监控和分析用户或系统的行为模式来识别异常或潜在威胁的技术，常用于网络安全、欺诈预防和系统性能优化等领域。

7. 在上述原则指导下，自动化和安全性考量渗透到 DevSecOps 各阶段，并且测试与评估被左移，以快速定位和解决问题，降低修复时间与成本。

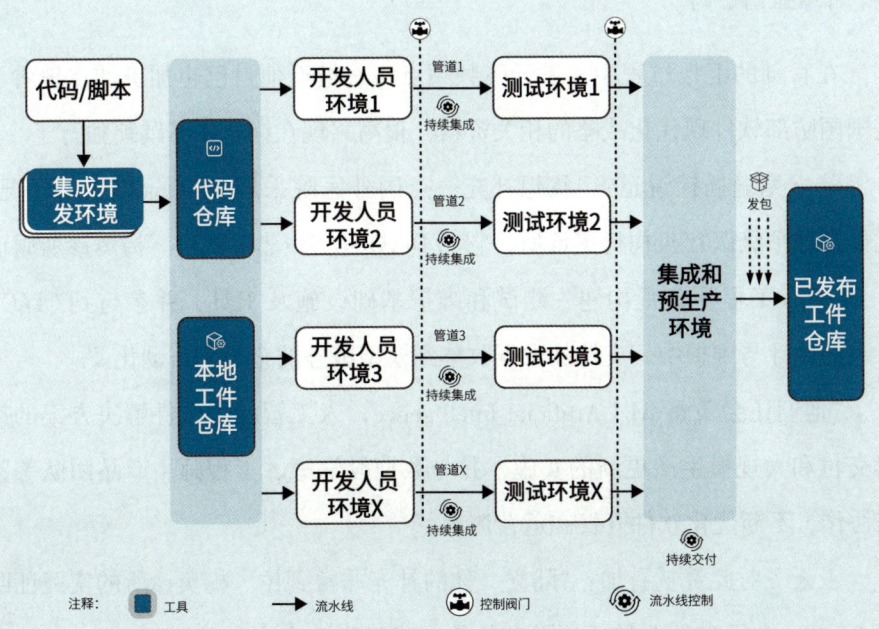

图 4-3　软件工厂运作规范性示例（图源于 DoD Enterprise DevSecOps Reference Design Version 1.0）(《美国国防部企业级开发安全运维一体化参考架构（版本 1.0）》）

三、美军各军兵种软件工厂应用实例

（一）凯赛尔航线（Kessel Run）是美国空军首个软件工厂，其正式名称是美国空军寿命周期管理中心第 12 支队，于 2017 年开始运行，其目的是通过 DevSecOps 和持续更新交付，快速提高空军软件开发、采购和装备速度。

（二）2021 年 5 月，洛克希德·马丁公司与美国空军合作，协助空军生命周期管理中心建立了名为 Rogue Blue 的软件工厂，旨在为美国战略

> 司令部研制任务规划和指挥控制应用,提供核指挥、控制和通信规划能力。团队利用 DevSecOps 方法,在三个不同的实验室建立了 12 个软件开发流水线,创建了一个基于云的敏捷开发环境,将软件功能交付时间从 6 个月缩短到 2 周。

在官剑的汇报过程中,王云飞频频点头。最近他自己也加班加点地看了美国国防部软件现代化战略的相关资料,很高兴现在终于不是踽踽独行了。

陆立见缝插针说道:"我想补充一点国外医院采用 DevOps 模式的情况。比如全球顶级医疗机构梅奥诊所,它的 DevOps 实践非常先进。梅奥诊所聘请了 DevOps 工程师负责构建、测试和维护基础设施及工具,并参与到 CI/CD 管道的设计与维护中,支持从数据收集到模型服务的全过程自动化。"

"他们还会负责 AI(Artificial Intelligence,人工智能)软件解决方案的持续交付和大规模生产更新的实施,并与数据科学家、工程师、产品团队等紧密协作,不断优化软件开发和运营流程。"

王云飞对此赞赏有加:"陆立,你的补充非常到位。梅奥诊所的实践证明了 DevOps 在医疗行业的适用性和价值。我隐隐感觉到,采用 DevSecOps,应该能够探索出一条适合信息中心的路子。"

他继续说道:"虽然因为任务并行,导致这次跨国'取经'延后了几天,但我觉得收获很大。官剑所介绍的由 DevSecOps 驱动的软件工厂模式,相信能给大家很多启发。这套持续安全的手段和策略,简直就是破解高监管难题的'金钥匙'。"

"明白,王主任,接下来您有什么安排?"

"两位辛苦了!是时候让其他同事也了解一下软件工厂的概念了,我们抓紧时间,安排一场内部分享会。"

三人讨论得热火朝天,全然没留意到一个身影悄然来到办公室门外。等了一两分钟,见里面的人暂时没有出来的意思,樊博收起手中的材料,悻悻离开。

第 4 章 "医"键定制软件工厂

4.3 众人拾柴难

站在会议室屏幕前，王云飞准备分享近期自己对美军软件工厂实践的调研，也一并展示了官剑、陆立准备的报告。

他极力宣传软件工厂的优势："美军各军兵种陆续建设软件工厂，在交付速度上得到了大幅提升。"

> **《软件工厂的制度、标准、工具参考调研分享汇报》**[12]28-29, 31-56
>
> 一、软件工厂的制度规范
>
> （一）宏观构造规范
>
> 提案、评估与差异化、定义互联、草案、试点、经验总结、审批。
>
> （二）微观运行规范
>
> 用户为中心、内生安全、X as Code、流水线与控制阀门、日志分析、性能指标。
>
> 二、软件工厂的标准
>
> （一）SMART 绩效指标
>
> 具体（Specific）、可衡量（Measurable）、可实现（Achievable）、相关（Relevant）、时限（Time-bound）。
>
> （二）能力模型
>
> 速度、稳定性等能力指标。
>
> （三）成熟度模型
>
> 三、软件工厂关键技术
>
> （一）DevOps 云平台
>
> DevOps 云平台是一个集成了 DevOps 理念、工具和实践的云平台。该

平台旨在通过提高开发和运维团队之间的协作效率，促进软件开发的自动化、持续集成、持续交付和监控，从而加快软件部署与交付速度，提升产品质量及交付的可靠性。

（二）容器云

容器云是以容器作为资源分配和调度的基本单位，封装软件运行的环境。

1. 容器云和 DevOps 的关系：容器云平台（Docker+K8s[①]为代表）的出现，提升了资源的弹性伸缩和交付能力，释放了 DevOps 的动能。

2. 优势特点：开发环境、测试环境和生产环境的统一化和标准化；解决底层基础环境的异构问题；易于构建、迁移和部署；轻量和高效；工具链的标准化和快速部署。

（三）软件工厂流水线

1. 清晰可识别、动态可扩展的 CI/CD 管道。

2. 流水线管道中的核心活动：功能请求、项目配置、代码/测试、提交/代码评审、持续集成/测试、QA/集成测试、持续交付、功能交付。

王云飞留意到有人露出一丝诧然，心里多了份拉拢人心的底气。

他乘胜追击："这里还有一份软件工厂全生命周期各环节配套工具的清单，利用这些工具（图 4-4），团队可以更加系统地规划、执行和跟踪软件开发过程中的活动，确保软件产品的质量、安全和效率。"

"试想一下，如果我们的开发交付效率提升 10 倍，会带来怎样的改观？我们能够更快地响应各科室的需求，系统能够按需更新，甚至是即时更新。大家将不再受限于繁重的人工操作，有精力投身功能创新、技术探索，甚至医疗服务模式革新。"王云飞初学画饼，一画还不止一个，"而对个人而

[①] K8s：Kubernetes，是一个开源的容器编排平台，用于自动化部署、扩展和管理容器化应用程序。

第 4 章 "医"键定制软件工厂

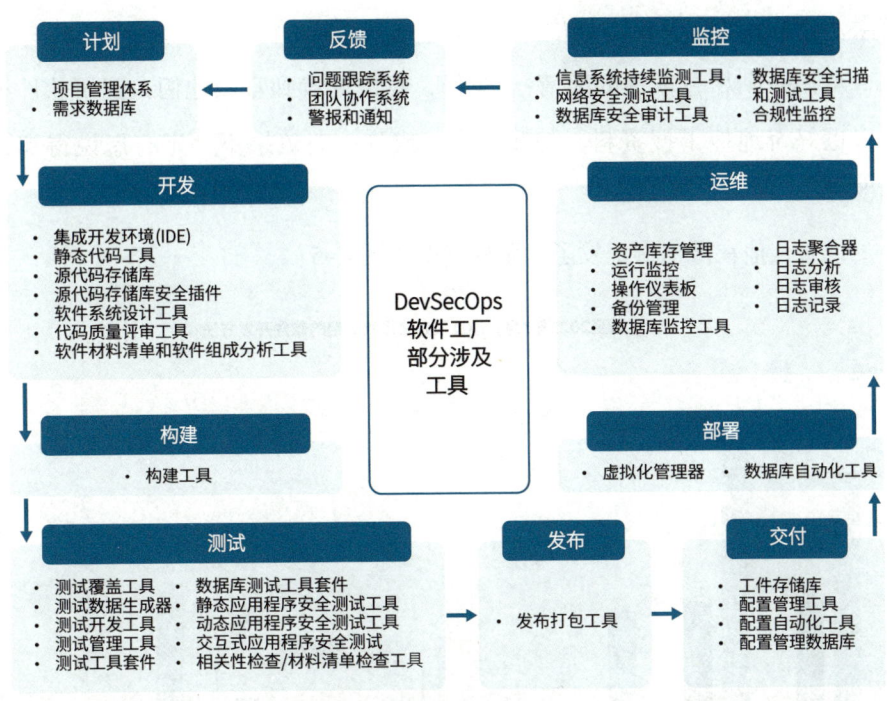

图 4-4 软件工厂工具链

言，这是一次提升自己的绝佳机会。以前大家忙忙碌碌，变更管理改革后有效减少了加班，这也给了我们更多时间投入新的学习。这次中心计划推广的 DevSecOps，就是最前沿的技术。学好了、用好了，咱们就能成为这个领域的专家。通过今天的分享以及陆立、官剑的调研报告，大家也能发现，软件工厂并不是空中楼阁，它是一种正在经过验证的高效开发模式。"

王云飞话语激昂，顺势问道："大家有什么想法？"

话音刚落，樊博侧过头看了看邻座，一位数据科的年轻人略显犹豫地开口："王主任，您说的这些确实很好。但感觉有些过于理想化，毕竟我们当前的技术基础还很薄弱，资源投入的力度也不大。"

樊博双手抱在胸前，向椅背一靠，坐在他后排的人也接过话题："王主任，就算我们能够引入软件工厂，但我们这些人的水平能不能跟上这种模式的要求？您展示的工具链，有不少我都闻所未闻。考虑到大家的时间和精力

117

有限，要怎么来适应和培训呢？"

樊博一副尽在掌握的表情："主任，我最近看到官剑他们在调研软件工厂，也好奇地搜了搜资料。恕我直言，或许……效果不一定有您说得那么神奇。"

说着，他在微信群里发了一张柱状图（图4-5）。

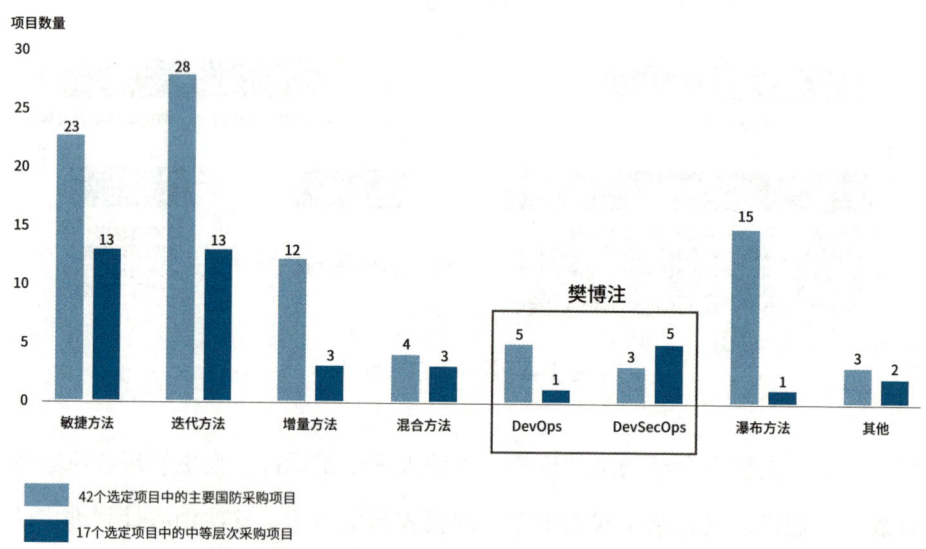

图 4-5 截至 2021 年 1 月，美国国防部软件采办途径中采用的软件开发方法
（图源于 DOD SOFTWARE ACQUISITION: Status of and Challenges Related to Reform Efforts.《美国国防部软件采购改革工作的现状和挑战》））

"大家看我刚在微信群里发的图片，这是今年年初美国国防部的一个小规模统计，可以发现，他们当前软件实践中的主要开发模型还是螺旋、敏捷甚至是瀑布式开发，DevOps、DevSecOps 的普及度很低。如果真的效果出众，那怎么没有被大力推广？"

他略带轻佻地补充道："我大胆猜想，尽管美军软件工厂想要提速开发，但在快速迭代的过程中，软件质量和稳定性是不是会被轻视，又或者这一模式的成本要求很高导致很难落实？总之，我对它持保留意见。"

樊博的准备超乎王云飞预期，他意识到自己没有考虑周全："樊博能够主动调研软件工厂的内容，确实给了我一个惊喜，现阶段大家能够广泛调研、大胆假设、积极求证，做到集众智之所长，我是十分鼓励的。既然樊博你对这个话题有兴趣，后面的调研工作欢迎你加进来。"

"别了，主任，我就是个新鲜劲儿，何况我这两天事情多，忙不过来、忙不过来。"

面对王云飞的"邀约"，樊博推三阻四，不过他的质疑如同野火燎原，原本倾向支持的同事开始动摇起来，相邻的人交头接耳小声议论。

"主任，咱们中心现有的技术架构太陈旧了，各个系统之间差异巨大，甚至有些是十多年前的遗留系统。要在这样的基础上推行软件工厂，恐怕难上加难。"

"王主任，樊博刚刚分析的不无道理，软件工厂感觉有点高不可攀，连美国国防部都没能大范围应用，想必需要很多资源投入。但是，我们医院可没有这样的氛围，中心能获得的资金支持一直相对有限。尤其是疫情周期内，全院都束手束脚，我们眼下想要说服领导们大笔投入，估计难于上青天。"

"主任，除了技术上的挑战，我们中心也没有熟悉这一模式的技术与管理人员，你刚刚提到的技术基础，大家都没太多接触过，让我们这么一群'老家伙'再去学新技术，确实有些勉强。"

"而且，我们现在岗位稀缺，想要招进新人难，绩效管理也难，这些都限制我们大规模改革。"

眼见消极意见有"滚雪球"的趋势，王云飞试图终止这个风向："大家的担忧都很在理。但是，我们可以先从最基础的做起，逐步改善我们的技术基础，比如先考虑引入关键的工具和平台。同时，我也会和医院管理层沟通，争取更多资源支持，并从内部培训入手提升团队技能，探索更灵活的人才管理和供应商合作机制。"

然而，消极的附和声渐涨，多数人依然认为采用软件工厂模式有风险、有压力。

冯凯试图调停当前讨论的对立局面："王主任，我想大家并非抗拒尝试新的工作模式，而是担心会陷入无休止的试错中。我们需要一个明确的计划，否则，大家还是会被眼前的一堆难题劝退。"

冯凯言毕，会议室气氛再度凝滞。

这场研讨会又没有形成实质性的进展，王云飞心情烦闷，有一种一拳打在棉花上的无力感。与之相对的，是难获共鸣的现实却像是一记重拳，不偏不倚地打在了他的自信心上。

会后，王云飞看着众人从会议室鱼贯而出，自己却没有起身，心中回响着那些反对与质疑。冯凯留意到王云飞的沉默，也特意留了下来。只剩他们俩后，王云飞说出心里的想法："本想着这次找到了 DevSecOps 这个思路，可以解决高监管环境带来的束缚，激励大家众人拾柴火焰高，从而加快推进软件工厂模式。看来，未来的路还得主要依靠咱们中心的开路先锋啊。冯主任，你有什么建议？"

"主任你说得没错，要众人拾柴，确实有点难。好在咱们还是有几个骨干，根据我对大家的了解，团队中有些人还是比较有上进心的。"

王云飞轻轻地点了点头。他知道，自己此刻不能显露丝毫的动摇，但内心的落差和无力感却如潮水般涌来。

4.4　命运的齿轮

"李老师，我感觉像是站在悬崖边的吊桥上，向前一步是未知，往后一步是不甘……"王云飞将刚才研讨会的经过和此刻内心的挣扎一一倾诉。他提到自己看好软件工厂模式的潜力，也坦诚地表示员工所提出的诸多问题也确有道理。

李教授没有直接回答："云飞，你知道当初我为什么同意做你的研究生导师吗？"

王云飞一愣，心想为什么李老师突然扯开了话题？

看王云飞没有回答，李教授直接说："其实当初无论是学业表现还是项目经验上，都有更具竞争力的同学来向我自荐，但你表现出了非我不可的韧劲。除了给我发送邮件，和我面谈了一次，还故作碰巧地在学院里制造了几次和我偶遇，让我对你有了更深刻的印象。"李子乘轻笑一声，"我也的确没有看错你，在后来的学习、工作中，你都是'开弓没有回头箭'的风格。你现在觉得进退两难，是因为习惯了之前的顺境。"

李教授喝了一口水："现在软件工厂谁也没有搞过，遇到阻力几乎是必然的。你那里很多情况已经是客观事实了，人力资源有限、外部支持匮乏、技术模式固化，但凡你想做出一些变化，就势必会遇到抵抗。因此，我建议你仔细想一想，如果单纯聚焦在软件工厂这一模式本身来看，它是否值得你勇往直前一次？"

"值得！"王云飞若有所悟，"李老师，您怎么看软件工厂呢？"

李子乘娓娓道来："依我看，软件工厂模式，其实质是一种先进的软件工程理念，它代表着效率、协作、安全与创新。从第一性原则来看，这些价值在任何时候都不会过时。"

李教授鼓励道："云飞，我认为你接下新的工作挑战，不是为了再走一遍之前信息中心走过的老路。你放心，这不是孤军奋战，在这个过程中，你可以随时与我沟通，我会尽我所能支持你。得道多助，只要你在做正确的事情，在这个过程中，愿意支持你的人也会越来越多。"

王云飞心中一暖："感谢李老师的支持。推进 DevSecOps 实践，只有 0 和

1，没有中间态。我定当全力以赴！"

下班后，王云飞独自梳理了相关案例，并认真反思了内部成员的顾虑，决定继续坚持推动软件工厂。

只是还没等安排好进一步的计划，王云飞就迎来了他履新以来的第一个大考。

原以为是照例列席院务会，这次院领导却在会上宣布了一项全新的任务——开发与上线互联网挂号系统。

晏九嶷目光坚定，环视着各部门负责人："各位同仁，今天，我们除了常规的例会内容，还准备宣布一项重要的任务。我们医院作为区域医疗的领头羊，必须紧跟时代的步伐，以创新的姿态，书写属于我们的辉煌篇章。近年来，互联网医疗兴起，移动医疗用户规模已经突破6亿，患者对医疗服务的便捷性有了更高的期待，我们医院自然不能落后。院领导们讨论决定启动互联网挂号系统项目。"

晏九嶷将目光转向王云飞："这个项目的重要性不言而喻。在此，我代表医院，将这份光荣而艰巨的任务郑重地交给信息中心。云飞，你们中心是医院信息化建设的主力军，一定要全力以赴，确保项目高质量完成。"

对于突然而来的"高帽子"，王云飞一阵猝不及防。早在第一天入职的谈话中，他就知道医院领导层有这方面考虑，只是没想到推进得如此迅速。

晏院长郑重其事地说道："我们相信，信息中心一定能将互联网挂号系统打造成为我院的标志性成果。当然，我也要强调，这是一项系统工程，需要全院各部门的鼎力支持与配合。让我们携起手来，以'功成不必在我，功成必定有我'的精神，共同为医院的数字化快步发展贡献力量！"

王云飞感到一股压力涌上心头，但仍尽力保持镇定，跟随着大家一起鼓掌。

在他准备应下院长的嘱咐之时，孔静珊开口打断了他的思绪。

"院长，书记，各位领导，"她清了清嗓子，"在座的诸位或许都知道，过去几年里，信息中心在技术升级与设备采购上的投入，确实为医院的信息化面貌带来了一定改观。不过，不能忽视的是，这些开支也给医院的财务状况带来了不小的压力。"

她停顿了一下，目光落在王云飞身上，"特别是在疫情期间，高昂的运营成本，以及部分非急症门诊收入的下滑，使得我们的财务情况有些吃紧。所以，我们必须更加审慎地对待每一笔支出，确保每一分钱都花在刀刃上。就拿信息中心来说，本年度的常规运营预算就削减了近8%。"

她字字如铁："因此，面对即将开展的互联网挂号系统项目，我从财务角度出发，有责任提醒王主任，成本控制是你们团队无法回避的议题。我们不仅要追求技术的先进性和系统的稳定性，更要兼顾经济效益，确保项目的可持续性。在后续的预算编制中，我们会与信息中心团队深入探讨。"

王云飞额头上渗出了汗珠，点了点头。

孔静珊结束发言后，其他各部门负责人也七嘴八舌地补充他们对于互联网挂号系统的想法。

一时间，王云飞成为众人目光的靶心，各种建议和要求如同密集的箭雨向他袭来。

"王主任，我们门诊部希望互联网挂号系统能够实现智能分流，根据患者的病情和科室的接诊能力，自动分配就诊时间。这样既能提高医生的工作效率，也能减少患者的等待时间。"

"王主任，医保报销功能必须纳入系统设计。患者在线挂号时，系统要能自动识别医保身份，计算报销比例，简化报销流程。这是我们医保办最关心的问题。"

"王主任，我希望系统能够提供多语言支持，特别是英语，以便服务于不同背景的患者群体。此外，系统界面要友好，操作要简便，让患者在手机上就能轻松完成挂号。"

"还有，一定要考虑到老年人的使用习惯，他们大都不太擅长使用智能手机。"

"王主任,关于数据安全,我们觉得系统一定要保护好患者的隐私,比如挂号信息、病历数据这些都不能泄露。最好能有个权限管理,只有相关医护人员才能查看患者信息,避免数据被滥用。"

"王主任,历史数据的迁移也很重要。我们之前积累了很多患者的挂号记录和病历信息,新系统上线后,这些数据最好能完整地迁移过去,方便我们后续查询和接诊。迁移过程中最好有专人核对,确保数据不会丢失或出错。"

每一声"王主任"都敲在心头。听着这些建议和要求,王云飞感到头大,但也不得不迅速平复心绪,将这些需求和限制条件一一记下。

最终,几位院领导要求王云飞尽快拿出初步方案,尽量考虑各部门的具体要求。

王云飞深吸一口气,微笑着应和道:"请各位领导放心,我会尽快和团队拿出方案。"

会议结束后,王云飞独自坐在办公室,思考着如何处理这一新的任务需求。他盘算着自己眼前的两种选择:一是继续过去的模式,选择供应商提供服务;二是借此机会,打造符合医院信息化建设实际的软件工厂,由自己团队进行自主开发。王云飞非常希望推进软件工厂实践,但现在确实还没有准备好。如果要用软件工厂模式开发挂号系统,则必然需要其他人的支持。

思考片刻后,他叫来了冯凯。

"每一种选择都有其利弊。选择供应商,意味着可以快速上手,稳妥产出,尽快交上第一份答卷,但可能面临定制化不足、后期维护成本高等问题。"

"而打造软件工厂,虽然能够更贴合医院的实际需求,但投入大、风险高、帮手少,而且需要时间和精力的沉淀。"

两人拿不定主意,手机提示音打破了沉默,是导师李子乘的信息,询问王云飞早先约定好的讨论可否调整时间。王云飞迅速回复，提议中午边吃饭边聊。

见面后，李子乘听完王云飞的"二选一"难题，稍作思考道："云飞，你要明白，软件工厂并不是一种通用的模式。它的规模是可以因人而异的，重要的是管理模式和理念上的调整。没有一个软件工厂可以直接通用，你完全可以结合医院自身的实际，打造专属的软件工厂。"

王云飞感到思路开阔，内心思谋着："建立医院内部的软件工厂虽然挑战重重，但有李老师做背书，定制软件工厂并非不可尝试。一旦建成了，将会为医院信息化建设奠定更坚实的基础。"

"李老师，我有答案了。"王云飞的眼中闪烁着决意。然而当时的他并不知道，此刻的决定已经推动了命运的齿轮，将会在他今后的职业生涯中掀起巨大的波澜。

4.5 "Hello World"

即便心中下定了决心，王云飞还是按部就班地安排攻坚团队成员，先开展针对互联网挂号系统的供应商调研。

宋森捷有一份审批单需要找王云飞签字，却感觉他神龙见首不见尾，整整一天都难觅其踪。

王云飞并没有落得清闲，反而是在医院里四处奔波。

早晨八点，他穿梭在门诊大厅的人群中，观察患者排队、挂号、就诊的流程，偶尔与几位医患交谈。

一小时后，他如约与一家医疗软件供应商代表会面，细致询问定制能力、数据安全、后期维护等议题，供应商走后还通过前同事多方打听这家厂商的实力。

十点刚过，王云飞又如约赶去拜访孔静珊总会计师，力求争取到更充裕的资金支持。

临近午时，他与冯凯、陆立、官剑齐聚，对比了几家供应商的技术文档，评估现有互联网挂号系统采购方案，确保技术契合度。

午休之际，他辗转至院外，和李教授一起午餐，讨论通过供应商采购系统的自主可控问题。

下午两点，王云飞在办公室闭关，逐一体验了国内各家知名医院的互联网挂号系统。为了一目了然，他还用 Excel 整理了各个系统的优劣势。

三点，他出现在门诊大厅服务台，详细了解他们的实际需求和痛点。

四点，王云飞和冯凯一起电话沟通了几家供应商，重点询问了他们的定制能力和集成经验。

下班前，他再次召集了冯凯、陆立等骨干，针对各自的调研情况进行沟通。

晚餐时，王云飞赶到医院食堂，与医务部和医保办主任深入探讨他们的需求和期待。

七点过后，王云飞回到办公室，梳理这一天的调研内容。桌上散落着各种产品介绍资料和过往的供应商合同，他也不时拿起翻看标注。

独自梳理到深夜，王云飞喃喃自语："又得打一场硬仗了。"

这么多的公司和产品，每家都说自己的功能最全面、最先进，都自称行业翘楚，但其实它们的功能大多雷同，并且与当前在院内调研的需求不能完全匹配。到底该怎么选？用多少功能，怎么删减、怎么对接，这些问题就像一团乱麻，缠绕在王云飞心头。

更不用说，如果要增加一些业务部门的定制化需求，供应商的开发时间和报价就会随之猛增，并且后续运维与变更也会处处受限。

"曾经沧海难为水，除却巫山不是云。"王云飞内心自嘲，"了解过软件工厂的优势后，果然再难看得上传统的供应商采购模式了。"

第 4 章 "医"键定制软件工厂

王云飞心想,既然下属的支持有限,能不能先撬动上级领导对软件工厂的支持呢?他想起冯凯之前所说的,团队内也还是部分员工有技术、知上进。先拿到资源,再来寻求内部更多的力量支持不失为一个好方法。

夜已深,王云飞的手指在键盘上飞快敲击,不时扭头参考手边摆放着的供应商提案和内部资源分析报告。他知道时间不等人,几乎彻夜赶进度。

在报告中,王云飞将供应商采购模式的弊端一一列举,从质量控制的难以把控到后续维护的不确定性,再到功能定制的局限性,王云飞还尽力搜集了一些造成浪费的数据与案例一并附上。

此外,他还着重笔墨,撰写了一份关于软件工厂模式的可参考性分析报告。报告从理念吸纳、规程制定、模式迁移和团队建设等方面阐述了软件工厂模式所带来的启示。软件工厂模式将赋予医院更大的自主权,从需求分析到系统开发,再到后期运维,每一步都能根据医院的实际需求灵活调整。更重要的是,这种模式能够培养一支技术精湛、响应迅速的内部团队,为医院的长远发展提供强有力的技术支撑。

王云飞在给晏院长和毛书记的邮件末尾写下了这句话:"外部依赖,终会使我们身陷被动,在关键时刻受制于人。打造医院自己的软件工厂,才能把开发运维的主动权掌握在我们自己的手中!"

《采用软件工厂模式开发互联网挂号系统的建议》[12]58

一、DevSecOps 驱动的软件工厂模式

由 DevSecOps 驱动的软件工厂完整囊括了软件产品从无到有的全周期。

作为一套软件开发实践规范,DevSecOps 软件工厂模式融合了软件开发、安全和运维等环节,在保障交付结果的同时缩短开发周期。

软件工厂包括独特的开发环境、持续集成/持续交付(CI/CD)管道、日志聚合和分析策略,以及持续监控操作。

通过定义最小可行产品（Minimum Viable Product，MVP）和最小可行能力发布（Minimum Viable Capacity Release，MVCR），通过开发出具有最基本功能的产品，以最小可行容量进行软件发布的策略，使软件工厂能够快速收集反馈并进行调整，实现持续改进。

二、软件工厂模式对软件开发工作的启示

（一）理念吸纳：DevSecOps 的引入和丰富

DevSecOps 强调，在高度复杂和动态变化的网络环境中，传统的网络安全方法已经不足以应对日益增长的安全威胁，其无法深入到软件的内部逻辑与代码中，难以提供全面深入的安全防护。DevSecOps 作为一种将安全性融入软件开发和运维过程的理念，在软件交付前就主动发现和修复潜在的安全问题，强调全生命周期的安全，对于医院高监管环境的要求而言十分适配。

从发展脉络来看，DevSecOps 是 DevOps 的演化升级。当前，软件开发领域已具备成熟的 DevSecOps 框架和测试流程，其在提高安全开发效率、提升组织安全成熟度和活跃度等方面具有明显优势。将 DevSecOps 引入软件工厂建设，可遵循以下理念。

1. 持续交付：通过持续集成、MVP 和 MVCR，提高软件可靠性。

2. 内置安全性：通过将网络安全控制点融入软件开发的各个阶段，提高软件安全性。

3. 开放协作：重视开源和合作的力量，如使用开源软件、开放 API 以及跨团队的协作，这种开放性和透明度有助于处理故障和激发创新。

4. 自动化：最大程度释放人力资源，集成自动化技术，由机器承担重复性任务。

上述原则共同构成了 DevSecOps 的引入框架，有助于在软件工厂实践中获得更高的效率和安全性。进一步而言，DevSecOps 的引入是接纳了持续进化的潜力，从 DevOps 迈进 DevSecOps 是凸显安全性的结果，而在其基础上还可以结合其他考量，如需求分析管理、协作效率提升等。结合人工智能等技术手段，DevSecOps 的理念仍然有进一步丰富的空间。

（二）规程制定：标准范式的确立与体系化

落实到软件工厂的具体执行层面，需要全面细致的规程制定，通过各类文档确立标准与范式，并保持有秩序迭代，以保障软件工厂的流畅与可持续性。建设一个软件工厂的规程应全面考虑工厂本身建设及运维的全生命周期，如架构设计上的配置管理规范、集成开发环境标准、流水线建设标准；开发流程上的代码规范、测试规范、部署与交付规范、故障处理规范等，要确保相关活动都在统一标准下进行。此外，软件工厂标准与示例的体系化首先要确保其合规性，符合国家或行业标准；其次要注重实用性和可操作性，所留存规程需具备实际指导意义和应用价值；最后要保持灵活性，以适应软件工厂的升级迭代与推广需求。

（三）模式迁移：敏捷开发优势的集成

软件工厂模式通过利用集成开发环境、CI/CD 流水线、通用代码和各类支撑工具，实现了软件产品的高效交付，同时，该模式通过将共性功能抽象，形成稳定和可复用的配置设施，有效地解决了重复造轮子的问题。

为获取敏捷开发优势，可以从支撑环境、工作流程、架构及工具等层面构造软件工厂。

1. 支撑环境：利用基础设施即代码（IaC）和配置即代码（CaC）确保所部署开发环境的一致性和可靠性，规避人工操作所产生的失误。同时，其自动化创建、配置和管理的方式能够提升效率。由于依托代码构造基础设施和配置，相关更改等历史操作均可记录和追踪，便于安全审计与合规性检查。

2. 工作流程：通过配置 CI/CD 流水线以自动执行代码构建和测试任务，减少了人工操作，并且通过持续集成、MVP 和 MVCR 来降低风险，在流水线中设置安全监控工具有效规避开发错误。

3. 架构设计：采用容器化微服务架构，有助于软件工厂的稳定、灵活和可扩展，节约开发资源。同时，每个微服务可以选择最适应的技术栈以达成最佳开发效果。以美军相对成熟应用的 K8s 为例，其具有自动化、可用性、可移植性等优势，可考虑部署 K8s 集群搭建软件工厂。

4. 开发工具：软件工厂的构建涉及 DevSecOps 全流程的多类型工具，除了在标准化和提升效率方面发挥作用，这些工具还提升了软件工厂的灵活度与可配置性，因此可根据不同需求选择相应的工具，进行软件开发场景与功能的定制。

（四）团队建设：人机协作的支撑

DevSecOps 驱动下的软件工厂模式追求极致的自动化程度，这并不意味着技术人员价值的贬损，相反软件工厂对于人员团队提出了一系列要求，以确保快速高效、高质量地完成软件开发项目。因此，要提高信息中心员工的数字化素养，培养其软件应用和改造能力。其次，随着软件工厂的快速发展和技术的不断进步，团队成员不仅需要具备扎实的编程开发等技术能力，还需要不断学习、适应和掌握新的技术和工具，需要针对软件产品经理、产品设计师、开发工程师等关键角色组织开展迭代式的学习与培训。最后，团队作为软件工厂模式下人机协作的人力资本支撑，要具备遵循和完善软件工厂规程的能力，以通过软件工程工作倒逼软件工厂模式的持续完善，从而为开发模式的持续发展注入新的活力。

次日，尽管王云飞自认为已做好了充分的准备，但在单独面对院长和书记时，仍不免感到有些紧张。所幸他的汇报得到了两位领导的认可，他们不时点头表示赞同。特别是当他谈到使医院能够掌握软件研发的主动权时，他明显感受到了对方的认同与支持。

晏九巍首先开口:"云飞,我非常赞同你的决心和想法,但光有决心还不够,确保项目高质量完成才是重中之重。"

毛无夷接着补充道:"我了解到,隔壁市立医院搞的互联网挂号系统,从开始筹备到上线整整花了一年。小王,咱们医院可耗不起这么久。时间就是生命,效率就是竞争力。我希望,信息中心可以在你所说的软件工厂模式下,打破常规,用超越过往的速度和效率,把这个项目执行到位。"

王云飞顾不上在心底拉出一个时间线,连忙表态:"院长、书记,我们会做好充分的准备,争取项目在最短时间内完成,同时保证系统的稳定和安全。具体的方案,我们尽快拿出来。"

汇报结束后,王云飞走出行政大楼。

不论怎样,只要有了院领导的首肯,软件工厂就能迎来"Hello World"时刻。快速采用软件工厂模式推进互联网挂号系统建设,必须作为最高优先级。

在返回办公室的路上,王云飞给李教授打了个电话报喜,分享了汇报的顺利进展。

李子乘提醒王云飞要保持冷静:"云飞,你现在只是迈出了第一步,获得了初步的支持来调动内部资源。接下来,你不仅要在保证项目质量的前提下,打破传统的建设模式,加快系统开发的步伐,还要同时摸索出一套适用于你们医院的软件工厂模式。在这个过程中,无论是具体的推进策略、技术上的难题、资源的分配挑战,还是内部的阻力和外界的质疑,都会是你'打怪升级'之路上避免不了的'九九八十一难'。这条路还很长,不容易走,你要有心理准备。"

回到信息中心,王云飞强忍住内心的激动,没有立即宣布这个好消息,而是径直回到324办公室,通过大学同学和同事的关系网络,收集了几家医院挂号系统的采购情况。

经过小半天的打听，他了解到一家知名医院去年采购的互联网挂号系统，供应商的报价高达260万元，而整个开发周期则长达一年。王云飞曾经试用过该医院的挂号系统，觉得系统还不错。他将此作为标杆，并暗自思量："260万，一年时间。我们必须做得更好、更快，更贴合我们医院的实际需求。"

正当他暗下决心之际，一个陌生号码打来。"王主任，您好。我是微分软件科技的代表，我叫彭泽溪，我们公司专注于医疗信息化建设。听说贵院正考虑开发互联网挂号系统，我们希望能向您介绍我们的服务和产品。您看什么时候前来拜访比较方便呢？"

消息传得真快，王云飞不自觉地微微一笑："我们确实正在考虑这个项目，但目前还在初步调研阶段。我很乐意听听你们的方案。你可以添加我的微信，就是这个号码，麻烦先发一些技术白皮书之类的资料给我。"

挂断电话后，王云飞嘴角不禁翘起。拜访就不必了，技术方案倒是可以拿来参考参考的。

工作札记4

高监管环境的特点与挑战

高监管环境主要出现在国防、军事、金融、能源、医疗等关键领域，要求严格的物理隔离、访问控制和权限管理。在这种环境下，软件开发必须遵循严格的法律法规和行业标准，确保数据安全和信息保密。核心开发流程包括需求分析、设计评审、代码审查和测试验证等，且对变更管理和第三方组件的使用有严格限制。DevOps在这种环境中面临协作限制、工具使用受限、安全性考量、变更管理复杂等多重挑战。

DevSecOps驱动的软件工厂模式

DevSecOps将安全性融入软件开发的各个阶段，强调自动化、持续集成和持续交付。软件工厂通过自动化工具和流程，支持多租户环境，能够快速生成可部署的软件工件。其优势包括减少生产耗时、提高部署频率、实现全生命周期的风险监控。软件工厂的核心要求包括敏捷开发、左移思想、内生安全、基础设施即代码、配置即代码、清晰的 CI/CD 流水线、日志分析和标准化性能指标等。

美军软件工厂的运作方式

美军软件工厂通过 DevSecOps 方法，实现了快速创建基础设施、动态扩展流水线、测评左移和简化治理流程。美军的软件工厂建设需要遵循宏观和微观的规范，包括提案、评估、定义互联、草案、试点、经验总结和审批。标准方面，采用 SMART 绩效指标、能力模型和成熟度模型。关键技术包括 DevOps 云平台、容器云和 CI/CD 流水线等，其容器云通过统一化和标准化开发、测试和生产环境，提升了资源的弹性伸缩和交付能力。

软件工厂模式对软件开发的启示

DevSecOps 的引入强调了持续交付、内生安全、开放协作和自动化。软件工厂的规程制定需要全面考虑架构设计、开发流程和故障处理，确保合规性、适用性和灵活性。通过敏捷开发、CI/CD 流水线、容器化微服务架构和多样化工具，软件工厂能够实现高效、高质量的软件开发。团队建设方面，软件工厂要求技术人员具备数字化素养和持续学习能力，从而支持人机协作模式的持续完善。

第 5 章
"两限"遇上软件工厂

——故木受绳则直，金就砺则利。(荀子《劝学》)

5.1 专治供应商各种"不服"

当看到眼前的采购审批单时，王云飞着实吃了一惊。

"只是更换一批打印机的硒鼓，也需要由我来审批吗？"等到王云飞仔细看了眼价格，发现供应商居然给出了五位数的报价。这也确实需要他的签字。王云飞立即上网查证，发现硒鼓在电商平台上的平均售价远低于当前报价。

王云飞拨通供应商的电话，可那头却毫不退让："王主任，您可能不太了解具体情况。我们一直使用的是这款特定配置的硒鼓，因为市面上的标准型号无法满足医院自助挂号机的要求。在价格方面，我们已经尽力给出了最大的优惠，而且相关的票据和证明材料我们也会一并提供，请您放心。"

"好吧，我知道了。"王云飞摇了摇头，在审批单上签了字。

挂断电话后，王云飞看了眼近期工作安排，转头交代邢科长抽出半天时间，和他一同梳理当前主要供应商的合作情况，重点关注采购价格畸高、超预算支出等执行漏洞。

第 5 章 "两限"遇上软件工厂

王云飞暗下决心：一方面，不能墨守成规，要让信息中心的每一次采购都经得起检验，不断提升采购效率，降低日常运营成本；另一方面，要结合软件采办模式改革，同步废除硬件耗材采购中的不合理做法。

午饭后，王云飞和邢振翻看起与供应商合作的相关材料。邢振指着一处内容说道："王主任，你看这，供应商的资质认证过期了，但我们的采购记录却没有及时更新。我们在供应商资质审核上存在漏洞。"

"是的，你记录下这个问题，这样可能会采购到不合格的产品，还会影响到信息中心的信誉和医院的运营。"

王云飞语气沉重："我粗略看了看，超过七成运维相关采购还是执行 3 年前的价格，甚至有的还是 8 年前的价格。备件、易损件、耗材的价格明显偏高，供应商不降价，相应的上门服务费用却几乎翻了一番。整体上日常运营支出逐年提高，如果不能控制这部分成本，财务口的压力会越来越大。"

邢振说："王主任，你看这个运维项目。3 个月前，这家供应商想涨服务单价，突然说人手紧张，硬是拖了一个月不上门，导致系统不能及时处置，业务科室还觉得咱们中心办事不牢靠。冯副主任费了好大劲协商，最后涨了 20% 服务单价，才继续提供运维服务。"

"邢科长，你说得对，咱们不能老是被牵着鼻子走。我觉得，针对供应商的改革迫在眉睫。"王云飞说，"大部分运维我感觉并不是只有原厂能做，再说一些老旧系统，三年的运维费用就够换一套新的，换新系统运维成本还能大幅下降。"

下班后，王云飞依然研究着关于供应商合作模式的资料。饭要一口一口吃，先解决软件供应商管理问题，形成一定的自主能力后，就可以对各种遗留系统下手，改变当前被动局面。

思忖数小时，关于软件系统建设，他的脑海里逐渐勾勒出一个大胆而又创新的想法，他暂时将其命名为"两限"。

这个模式的核心在于，既限定最小开发任务，又限定最低人月[①]数量，要求供应商派出合格的研发人员驻场研发，确保合同经费大部分直接转化为人力资源投入，在保障预定功能开发的同时，可以利用富余资源从事相关开发，从而为软件项目的持续交付提供充足的人力资源。

王云飞思考着，传统的采购模式让团队陷入了被动，但如果能够明确供应商的任务和对应的人月数量，或许能够扭转局势。"两限"模式直接转变了供应商合作的本质，从直接采买产品或服务转为采买人力资源和技术服务。

王云飞电话向李教授汇报了这个想法，李教授连连称赞，并给出了两个指标：一是本地软件行业发布的报告中，开发人员平均每人月成本约2万元，实际上可能还略低一点；另一是根据公司运营实际，将80%以上的合同经费直接花在人身上，公司还能保持微利（不超过5%）。

挂断电话后，王云飞立刻给冯凯发了一条微信："通知邢振、陆立和官剑，明早八点十分到会议室集合，我有个新的软件供应商管理方法想跟大家分享。"

次日一早，会议桌前，王云飞忘我地讲解着。

"过去的模式中，需求不明确或频繁变更，导致成本像脱缰的野马，而且供应商也难以驾驭。我设想的'两限'模式能在更好控制成本，保证项目有足够资源推进的前提下，防止资源过度分配而造成浪费。从厂商的角度看，限定最小开发任务可以促使他们更加聚焦于具体、可衡量的目标，提高开发效率。同时，要求厂商提供技术支持团队，即使平时不需要他们过多参与，但遇到关键的技术问题时，能够迅速提供支持，这对于项目的顺利进行至关重要。"

在座几人纷纷点头，大家都明白，如果"两限"构想能够如王云飞所述那样付诸实施，将会对信息中心的项目管理和供应商合作带来深远的影响。

[①] 人月：一种衡量软件开发工作量的单位，指一个人在一个自然月内全职工作的工时量。

第 5 章 "两限"遇上软件工厂

经过讨论，众人集思广益，共同草拟了一份《"两限"模式条款 V1.0》。看着初步成型的"两限"模式，王云飞充满期待："'两限'就是要专治供应商的各种不服。"

《"两限"模式条款 V1.0》

"两限"模式的解读。

信息中心将采用"既限定最小开发任务、又限定最低人月数量"的方式开展软件项目采购，要求供应商派出合格的研发人员驻场研发或就近办公，将 80% 以上的合同经费落实为直接人力成本，为软件项目持续交付提供充足的人力资源。

限定最小开发任务：设定项目中最小可接受的开发工作量或目标，确保任何与供应商的合作都有明确且可衡量的产出。这有助于防止项目范围模糊不清或过度膨胀，控制成本，并确保供应商有清晰的工作方向。

限定最低人月数量：为项目设定最低的人力投入标准，通常以"人月"作为单位。通过设定最低人月数，可以确保项目有足够的资源分配，避免因人力不足导致的进度延迟或质量问题，同时也能防止过度投入造成的成本浪费。

1. ☆明确最小开发任务清单：在合同中详细列出每一项最小开发任务的具体内容、预期成果、交付物格式及验收标准，确保双方对任务范围有清晰共识。

2. ☆最低人月数量规定：根据项目预算和平均人月成本，明确规定每个最小开发任务所需的最低人月数量，同时明确信息中心具有人月数量的最终认定权。

3. 灵活调整机制：信息中心可安排乙方研发人员从事相关系统开发任务，无需进行额外采购和合同变更。

4. 阶段性评审：项目实施过程中设置定期的里程碑评审，每个最小任务完成后需通过评审方可进入下一阶段，确保质量和进度符合预期。

5. ☆成本透明化：要求供应商提供详细的项目成本支出表，明确直接人力成本占比不低于80%。

6. 技术支持：供应商应提供专业的技术支持团队（作为技术储备力量，无需时刻参与研发工作，但在遇到关键技术问题时，需其协助攻关解决）。

7. 绩效考核与激励：建立基于任务完成质量、进度及成本控制的绩效考核体系，对表现优异的团队给予奖励或优先续签合同的机会。

8. 变更管理：制定严格的变更管理流程，任何超出原定最小开发任务范围的变更需提交书面申请，经双方同意后方可执行，并评估其对成本与时间的影响。

9. 知识产权与保密协议：明确项目期间产生的所有知识产权归信息中心所有，同时签订保密协议，以保护医院数据安全和商业秘密。

10. 技术支持与维护期：规定项目完成后一定期限内的技术支持与维护服务内容，包括响应时间、服务范围及额外人月数的安排。

11. 违约责任与争议解决：明确双方违约责任、赔偿机制及争议解决方式，包括协商、调解、仲裁或诉讼的程序，确保合作顺畅，减少潜在法律风险。

注：标☆条款为供应商必须遵守的基本条款，其他条款为合作双方可商议的可选择条款。

5.2 "两限"有用吗

炎天暑月，运维大厅忙碌如常，不时有运维人员满头大汗快步穿行其中。走上三楼，信息中心的会议室里不时传来激昂的谈话声。

"各位，我们初步论证一下互联网挂号系统的建设方案。看看有没有办法，在满足院领导和业务部门需求的同时，验证'两限'模式的可行性。"

王云飞面对的，依然是冯凯、陆立、官剑和邢振几位老面孔。目前在团队中，只有寥寥数位追随者。

陆立翻开手中的开发方案介绍起来："根据我们的判断，两限模式能够有效控制成本，同时保证项目质量。我们已经制定了初步的开发计划，包括功能模块、系统架构、最小开发任务和最低人月数量规划等，以确保资源的合理分配。"

《基于"两限"模式的互联网挂号系统开发方案》

一、项目概述

本项目旨在开发一套互联网挂号系统，以提升医疗服务效率与患者体验。采用"两限"模式进行项目管理，即既限定最小开发任务，确保项目需求明确、功能完善；又限定最低人月数量，要求供应商派出合格的研发人员驻场研发，将80%以上合同经费落实为直接人力成本，为软件项目持续交付提供充足的人力资源，确保项目高效、高质量完成。

二、需求分析

（一）功能需求

1. 用户注册与登录：支持手机号注册，密码加密存储。
2. 医生信息展示与查询：展示医生姓名、职称、擅长领域等信息，支持按科室、姓名等关键词进行查询。

3. 科室与号源管理：管理医院科室信息，包括科室名称、介绍等；管理号源信息，包括号源时间、数量等。

4. 在线挂号与预约：用户可选择科室、医生、时间进行挂号或预约，支持微信支付、支付宝支付等多种支付方式。

5. 挂号记录查询：用户可查询自己的挂号记录，包括挂号时间、科室、医生等信息。

6. 消息通知与提醒：通过短信或APP（Application，应用程序）推送方式，向用户发送挂号成功、变更等通知。

（二）非功能需求

1. 高可用性：系统需具备高可用性，确保在高峰时段仍能稳定运行。

2. 数据安全性：采用加密技术保护用户敏感数据，如身份证号、手机号等。

3. 良好的用户体验：界面简洁易用，交互流畅，响应迅速。

三、功能模块设计

（一）用户管理模块

1. 用户注册：通过手机号进行注册，密码需加密存储。

2. 用户登录：支持手机号、身份证号登录，需进行密码验证。

3. 个人信息管理：用户可修改自己的个人信息，如姓名、手机号等。

（二）医生管理模块

1. 医生信息展示：展示医生的姓名、职称、擅长领域等信息。

2. 医生信息查询：支持按科室、姓名等关键词进行模糊查询。

（三）号源管理模块

1. 科室管理：添加、删除、修改科室信息。

2. 号源管理：为每个科室设置号源的时间、数量等信息。

（四）挂号预约模块

1. 选择科室与医生：用户选择想要挂号的科室和医生。

2. 选择号源时间：用户选择具体的挂号时间。

3. 支付挂号费：用户可通过微信支付、支付宝支付等方式支付挂号费。

4. 预约管理：用户可查看自己的预约记录，并进行取消预约等操作。

（五）通知提醒模块

1. 挂号成功通知：用户挂号成功后，系统将通过短信或APP推送方式发送通知。

2. 挂号变更通知：如医生时间调整等原因导致挂号变更，系统需及时通知用户。

四、系统架构设计

系统采用微服务架构，分为前端服务、后端服务、数据库服务三层。前端采用React或Vue框架，负责页面渲染和用户交互；后端采用Spring Boot框架，负责业务逻辑处理和数据处理；数据库使用MySQL，负责数据存储和管理。同时，采用Redis作为缓存数据库，以提高系统响应速度[①]。

（一）数据库设计

1. 用户表：存储用户基本信息，如用户ID（Identifier，标识符）、姓名、手机号、密码等。

[①] React和Vue作为主流的前端框架，负责构建用户界面，提供动态和响应式的网页体验。Spring Boot作为后端开发框架，简化了Java应用的创建和部署过程，支持快速开发。MySQL是一种广泛使用的关系数据库管理系统，用于存储和检索结构化数据。Redis则是一种高性能的内存数据结构存储，常用作数据库缓存和消息代理，以加速数据访问和提升系统性能。这些技术共同构成了一个现代化的、高效的Web应用架构。

2. 医生表：存储医生详细信息，如医生ID、姓名、职称、擅长领域等。

3. 科室表：存储科室信息，如科室ID、名称、介绍等。

4. 号源表：存储号源详细信息，如号源ID、科室ID、医生ID、时间、数量等。

5. 挂号记录表：存储用户挂号记录，如挂号ID、用户ID、科室ID、医生ID、时间、支付状态等。

（二）安全性设计

1. 数据加密：对敏感数据如用户密码、身份证号等进行加密存储，确保数据安全。

2. 访问控制：实现细粒度的访问控制策略，确保不同用户只能访问其权限范围内的数据。

3. 日志审计：记录系统操作日志，包括用户登录、挂号、预约等操作，便于追踪问题和审计。

（三）用户体验设计

1. 界面简洁：设计简洁易用的用户界面，降低用户操作复杂度。

2. 交互流畅：优化用户操作流程，减少等待时间，提升用户体验。

3. 响应式设计：支持多种设备访问，如手机、平板、电脑等，确保用户在不同设备上都能获得良好的体验。

（四）"两限"模式具体体现

1. 限定最小开发任务

（1）明确项目需求与功能模块，确保供应商按照既定任务进行开发，避免需求蔓延和范围扩大。

（2）制定详细的项目计划和里程碑，确保项目按时交付并达成预期目标。

（3）对关键功能进行优先级排序，确保在资源有限的情况下优先实现核心功能。

2. 限定最低人月数量

（1）要求供应商派出合格的研发人员驻场研发，确保项目团队具备足够的专业技能和经验。

（2）将80%以上的合同经费用于直接人力成本，确保项目团队获得充足的资金支持，能够全身心投入项目开发。

（3）通过定期评估和监控项目进度，确保供应商按照既定的人月数量进行投入，从而避免资源浪费和项目进度延误。

（五）系统维护与升级

1. 定期巡检：定期对系统进行巡检，检查系统运行状态及日志记录等，确保系统稳定运行。

2. 版本迭代：根据用户需求与系统反馈，进行功能迭代与优化，以提升用户体验。

3. 数据备份：定期备份系统数据，防止数据丢失或损坏。

（六）时间线与资金预算

1. 时间线

（1）第1~2个月：需求分析与设计阶段，完成需求文档和设计文档等。

（2）第3~6个月：系统开发与测试阶段，完成系统编码、单元测试、集成测试等。

（3）第7~8个月：系统集成与联调阶段，完成各模块集成、系统联调等。

（4）第9个月：系统上线试运行阶段，进行系统部署和上线试运行等。

（5）第10个月：项目验收与交付阶段，完成项目验收和交付文档等。

> 2.资金预算
>
> （1）研发人员人月成本：200万（共需约100人月，按每人月成本2万元测算）。
>
> （2）其他费用（包括设备购置、短信服务、培训费用等）：40万元。
>
> （3）总预算：240万元。

"这只是初步构想，王主任，您看有什么疑问？我们应该着重完善哪些细节？"

"几位辛苦了。短时间内产出这份方案实属不易。大家都有丰富的项目经验，我相信方案的质量。不过，现有方案在'两限'模式的实施细节上考虑得还不够充分。比如，首要任务是重新选定符合'两限'要求的供应商，而这部分内容在当前方案中并未体现。我需要在院务会上向领导们详细说明'两限'模式的执行步骤、如何保证运作顺畅，以及如何确保产生积极的效果。"

冯凯点点头："主任，我明白你的意思，会后我们进一步细化和补充，周二上午给您反馈。"

邢振望向门外确认无人后，随后开口说道："另外，王主任，您可能要做好被质询的心理预期，提前准备些话术，尤其要小心财务和审计部门。"

王云飞点了点头，会意一笑。

会议室里的几人讨论得热火朝天，但数据科办公室内却是另一种氛围，员工们三三两两地聚在一起，低声交谈。

"听说了吗？王主任打算采用那个'两限'模式，好像是在供应商选择上加很多限制，这不又是在给我们找麻烦吗？"

"是啊，我跟几个供应商的关系都不错，合作也挺稳定的。这下好了，如果又要重新招标、重新维护关系，工作量不知道要增加多少。"

"我听说有人私下里已经跟某些供应商联系上了，让他们提前准备。这样

第 5 章 "两限"遇上软件工厂

一来,公平性何在?"

"不过这个模式似乎是在之后的采购中推行,会不会影响现在合作的供应商,还不清楚。"

"不管怎样,我们得想个办法,不能坐以待毙。或许,我们可以联合起来,向王主任反映我们的顾虑,争取一些缓冲时间。"

这种背地里的议论,冯凯早就提醒过王云飞。在信息中心工作了十余年,冯凯早有察觉,一小部分老资历人员与供应商之间有着颇为复杂的"共生"关联。供应商守着自己的老系统,小修小补,赚点小钱;中心员工负责维护老系统,时间长、经验多,慢慢就不可替代,工作量不大、话语权不小。"对他们而言,'两限'模式意味着不确定性,新模式可能会打破现有的平衡,推翻一人守一摊的老模式,影响老员工既得利益。"

王云飞也没有好办法,只要不耽误新模式的推行,他们有抵触情绪也可以理解。

周三下午,王云飞提前抵达行政楼会议室,在桌上摆放好精心准备的《基于"两限"模式的互联网挂号系统开发方案》,等待各部门领导陆续入座。

轮到发言时,王云飞眼神坚定,声音清晰有力:"尊敬的各位领导,今天我要向大家介绍的是信息中心关于互联网挂号系统项目的全新开发方案——'两限'模式。我们希望通过限定最小开发任务和最低人月数量,确保项目资源的有效配置和成本控制。"

随着王云飞的汇报,毛无夷的脸上露出了满意的表情。"'工欲善其事,必先利其器',我看好这个思路。"

随后,晏院长也表示肯定。

"的确,'两限'模式在财务管控上,相比之前的模式,更显严谨,更见真章。听起来有助于我们更好地控制成本,让每一分钱都用在刀刃上。"书记、院长都表态了,孔静珊难得地没有苛责信息中心的方案。

但审计处沈初处长提出了她的疑问："王主任，我理解'两限'模式就是让信息中心直接管理开发工作，但这并不意味着就能实现又快又好的效果。换句话说，你能保证'两限'真的有用吗？"

"另外，2万元每人每月的标准，成本也不低，现在很多员工的薪资都达不到这个水平。"沈初似乎并未想给王云飞回答的间隙，她紧接着补充道。

沈初这一连串的提问犹如泰山压顶，王云飞谨慎地回答道："沈处长，您所担忧的，我们也有考虑。"

"不过，'两限'模式的精髓在于确保资源的高效利用和成本的严格控制。坦率地说，我无法保证信息中心接管供应商后一定会更快更好，但相比之前的模式，那种对供应商开发过程'看不见、摸不着'的被动局面将不再成为瓶颈，我对效果的提升充满信心。"

"关于2万元每人每月的标准，我们承认这个数字表面上看成本较高。这个指标是成本上限，是我们参照软件行业人员平均薪酬待遇分析得出的，估计实际运行时成本会有所下降。而且只有提供更具竞争力的薪资待遇，才能吸引技术能力出众的人才。"

"另外，沈处长，管理开发团队确实存在风险，但在'两限'模式下，我们计划引入项目管理和团队建设的最新理念，包括但不限于敏捷团队、DevOps以及DevSecOps文化。事实上，前段时间基于精益理念的变更管理已在信息中心取得了不错的效果。"

说到这里，王云飞愈发自信。

"沈处长，我们相信'两限'模式是有用的，能够为信息中心带来长期的效益。我们也有信心锤炼出一支高效的软件开发团队，打破信息中心现有软件供应商模式的约束。我们愿意做第一个吃螃蟹的人，接受各方的监督。我们的所有工作都会透明进行，并且会全方位配合审计部门的工作。同时，我们也希望得到各位领导的理解和支持。"

王云飞的解释得到了与会人员的认同。最终，项目经费240万元一分没砍，王云飞还不知道这种情况在医院并不多见。

走出会议室，他迫不及待地在攻坚小组的群聊中发送了一条消息："这段时间大家辛苦了，今晚我请大家吃饭。"

5.3 一个不成熟的小建议

"先别擦！我觉得这个想法还可以再拯救一下。"陆立伸手拦住官剑。

综合楼三楼的小会议室被王云飞专门设置用来进行项目讨论，还新添置了一块白板。陆立、官剑等团队成员在这里集中办公了好几天，全力以赴为即将到来的外部专家评审会做准备。

白板上内容纷繁。左侧的一块被分割成几个部分，每一块都标记着不同的主题：用户界面设计、数据安全、预约流程优化、支付系统集成……团队成员勾勒了初步的设计草图，并标注了各种符号和注释。右侧的白板则专注于"两限"模式的细节讨论，上面列出了限制成本和风险的具体策略要点。随着讨论的深入，白板上的内容也在不断更新。

转眼间，到了评审会当日。

这次评审会王云飞邀请了 5 位资深专家。李子乘教授、张志荣主任相邻而坐，另外 3 位都是冯凯推荐的业界专家。

"尊敬的各位专家，非常感谢大家在百忙之中抽出时间指导我们工作。今天，我将主要汇报'两限'软件项目管理新模式，以及基于该模式开发升级医院互联网挂号系统的主要考虑。"

王云飞此前已经演练了好几遍汇报内容，正式汇报时，他的语气充满激情与自信。

随着王云飞的介绍，投影屏幕上切换播放着一系列图表，清晰地展示了"两限"模式的优势。这种模式的提出，令在座的评审专家眼前一亮。

李子乘轻声与张志荣交流:"张主任,你的兵带得好。你看他在这么短的时间内,就提出这样一个既实用又有前瞻性的方案,真是了不起。"

张志荣轻轻点了点头,回应道:"主要是李教授您培养得好!您这学生在我那里就是主力,到医院信息中心也干得不错。我看学校里的很多信息化工作都可以借鉴。"

在王云飞完成方案陈述后,专家们开始对"两限"模式进行细致的评估和讨论。

"王主任,你的这个模式相当有新意。通过设定最低人月数量和最小开发要求,确实可以最大限度发挥软件建设效益。这对信息系统后续迭代升级来说,主动权掌握在自己手里,可以持续发挥软件建设效益。"一位业界专家先是毫不吝啬地称赞,随即话锋一转:"但是我注意到,你一直在强调'两限'的约束力,会不会限制供应商的创新空间?合同条款严苛,供应商愿不愿意干?"

王云飞料想到专家会有这方面的疑虑:"感谢您的建议。我们也考虑了这一风险点,当前模式确实对供应商约束多、激励少。我们想先运行起来,后续再通过设立奖励机制来鼓励供应商采用新技术及优化方案。"

另一位专家接着说:"如果过分约束供应商,可能会驱使他们想方设法降低成本,减少在项目管理上的投入,长远来看可能埋下隐患、增加维护成本。"

王云飞态度诚恳:"我明白,确实如此。质量问题非常重要,我们计划建立严格的项目管理和质量保证体系,明确质量标准和验收流程。要求供应商提交阶段性成果并进行评审,确保每个阶段的质量达标,从而避免长期的维护成本增加和系统稳定性问题。"

李子乘补充道:"我建议建立定期沟通机制,鼓励开放、诚实的交流。在项目初期,双方就需要明确期望与限制,共同探讨双方都能接受的合作模式,提前达成共识,避免在合作过程中氛围紧张、衔接不上。"

第 5 章 "两限"遇上软件工厂

又一位专家开口说道:"2万元每人月的标准,我认为还有待斟酌,毕竟按照你所说的模式,这个标准应当是一个总包价格。这个薪资水平放在体制内或许颇具吸引力,但与IT行业开发者薪酬对比,尤其对于编程高手来说,吸引力还不够,我认为至少需上调至2.6万元/月。一名优秀开发人员,有时抵得上十个普通程序员。"

王云飞连连点头,内心评价业界专家的经验判断果然精准。

"我认为还需关注远程及分布式办公。王主任,后期引入供应商团队时,你计划引入多少人?分几批次?人员构成如何安排?他们是驻场还是分散办公呢?若选择集中办公,场地问题如何解决?"

没想到,这一连串的问题竟打得王云飞有些措手不及,他勉强整理好思路:"从预算角度倒推,人员队伍我计划控制在10人左右,前期先小规模招募,快速将项目启动,过程中根据项目进展查漏补缺,补充人手。至于办公场地,初步计划找一个大会议室。"

李子乘适时地当起了助攻:"我有一个不成熟的小建议,对于办公问题,我建议引入云桌面作为开发环境。这不仅能解决办公场地的限制,同时也对开发过程中的安全和效率予以保障,提升医院信息化建设项目的灵活性与安全性。目前人员进出管理很严,会议室也不是长久之计,建议依托供应商租一个场地就近办公。"

王云飞松了口气,幸亏有李教授坐镇评审专家组,为他化解了数个棘手难题。

后续的研讨中,专家们的担忧逐一化解,最终对"两限"模式的可行性给予了高度肯定。会议室内的掌声再次响起,角落里冯凯、陆立、邢振和官剑尤为卖力地拍手,心中积压数日的紧张瞬间释然。

评审会圆满结束,王云飞站在综合楼门前,与评审专家握手告别。当面对李子乘时,教授轻轻拍了拍他的肩膀。

远处夕阳的余晖渐渐消散,王云飞对团队成员说:"评审会只是我们征途上的第一站。接下来还有不少考验，关关难过关关过，前途总是光明的！"

话音刚落，对面行政大楼的景观灯恰好亮起。

"Wow，看，好兆头！光明就在前方！"陆立手舞足蹈。

5.4 拉出来遛遛

"陆立，你可真是个'乌鸦嘴'。"

官剑忍不住吐槽。评审会结束后，他们遇到了一系列不顺利的情况。

首先是信息中心内部的支持依然寥寥无几。

骨干例会上，王云飞带领团队官宣了优化后的方案，并邀请其他有想法、有意愿的成员加入团队，然而只有综合科的雷铭表达了参与的意愿。考虑到他的非技术背景，且邢振的大部分精力已经被占用，王云飞交代其现阶段还是重点顾好中心的综合事务。其他技术骨干们则对新项目依然热情不足。"真心难留去心人，"王云飞宽慰自己，现在有比较充足的人力预算，内部支持不力，那外部就得多招些得力干将。

而真正让王云飞头疼的，是招标工作也困难重重。

邢振牵头，在医院的官网上发布了招标公告。

四方大学附属医院互联网挂号系统升级项目招标公告

项目编号：HIS202100001-LXMSGHXT

一、项目基本情况

本项目旨在开发一款高效、安全的互联网挂号系统，采用"两限"模式（限定最小开发任务、限定最低人月数量），以确保项目资源的合理配置和成本控制。系统将支持在线预约挂号、智能分诊、支付管理、数据统计等功能，旨在提升患者就医体验，优化医院服务流程。

参与本项目的供应商须承诺采用"两限"模式进行项目管理，确保80%以上的合同经费用于直接人力成本，满足限定的最低人月数量。

采购方式：公开招标

预算金额：2,400,000.00 元

最高限价：2,400,000.00 元

二、申请人资格要求

三、获取招标文件

四、提交投标文件截止时间、开标时间及地点

五、公告期限

六、其他补充事宜

其他内容详见招标文件。

七、对本次招标提出询问，请按以下方式联系

联系人：邢振

电话：12345678

邮箱：xingzhen@sifanghospital.com

地址：四方市鼓书区乐明路 120 号四方大学附属医院信息中心 323 室

四方大学附属医院信息中心

2021 年 7 月 1 日

相关附件下载

1. 招标文件

2. "两限"模式实施指南

3. 《互联网挂号系统开发与升级》技术规格书

4. 投标人资格审查表

5. 商务条款

6. 投标文件格式模板

公告发出两天后，与预期中的热闹情况不同，只有零星的几家供应商打来电话，询问关于"两限"模式的具体要求。这些询问大多聚焦于"两限"模式的细节，尤其是不低于80%人力成本的硬性规定。

攻坚小组七嘴八舌地讨论起来。

"对于习惯了传统外包模式的供应商来说，软件系统建设总是利润丰厚的。而'两限'的人力成本规定，确实是一道阻挡他们牟利空间的高墙。"

"尤其对体量小的供应商来说，没有这个实力，自然望而却步。"

"让供应商们派出合格的研发人员驻场或专职开发，将大部分合同经费转化为直接人力成本，本质是以人力资源服务为主，这也可以理解为什么反响寥寥了。"

大家明白，供应商选择范围的缩小意味着竞争的减少，这将给项目的成本效益和供应商的选择带来挑战。于是，他们开始探讨可行的解决方案，力求在坚持"两限"模式的原则下，吸引更多有能力的供应商参与进来。

王云飞翻看了供应商名单："咱们团队也需要主动出击，接下来试着和潜在的供应商进行一对一接触，解释'两限'模式的优势，探讨合作的可能性。"

临近开标日，每当无其他议程，王云飞便与几位骨干围坐会议桌旁。由于招标文件的复杂性远超预期，对供应商的要求详尽而严格，潜在供应商质量参差不齐，攻坚小组面临不小的挑战。

冯凯提醒道："招标文件的复杂性是导致这一局面的关键瓶颈。"与王云飞讨论后，他们一致同意通过第三方代理机构优化招标文件编制。

此外，为了确保所有潜在供应商对招标要求有统一、清晰的理解，第三方代理机构还建议举办标前会议与答疑环节。答疑环节中，"两限"过于具体的限制条件引发了部分供应商的质疑，他们担心这些条件是否公平，是否存在对某些特定供应商的偏向。王云飞亲自上阵，面对面解答他们的问题，消除疑惑，并邀请所有供应商参与投标。

第 5 章 "两限"遇上软件工厂

经过采购部门近一个月的招标工作，互联网挂号系统项目由一个本地国企——志诚科技中标。攻坚小组一复盘，觉得这次采购条件苛刻，利润低，还要垫资入场，估计只有国企和上市公司有意愿来投标。志诚科技没有开发挂号系统的经验，能否完成任务还是未知数。但采购已经结束了，是骡子是马，都只能硬着头皮拉出来遛遛了。

本以为万事俱备，不料双方在合同商议环节就已出现分歧。志诚科技主导投标的市场团队只关注自己的销售业绩，而负责实施的团队在详细评估采购文件后，觉得没有利润，积极性不高。

合同签署本来很简单，主要条款都已经在招投标文件中明确了，需要讨论的主要是一些格式条款。但恰恰在格式条款上出了问题，双方就一些细节问题展开了多轮谈判，一直持续到晚上，双方才终于在合同条款上达成了共识。

在忙于招标工作的这段时间里，信息中心内部的改革稳步推进，变更管理工作也在持续优化。王云飞等人的宣贯动员，加上院方在财务和政策资源上的支持，使过去运维混乱的状况得到了更进一步的改善。

工作札记 5

"两限"模式的核心机制

"两限"模式通过限定最小开发任务和最低人月数量，确保供应商派出合格的研发人员驻场研发，并将80%以上的合同经费直接转化为人力成本。"两限"模式的实施依托于一系列细化规则，包括明确最小开发任务清单、设定最低人月数量、建立灵活调整机制、实施阶段性评审、推进成本透明化等。同时，通过技术支持、绩效考核、变更管理、知识产权保护、技术支持与维护期等多维度机制，确保项目开发的高效性、规范性和可持续性。

"两限"模式的优势

"两限"模式的核心优势在于将供应商合作从单纯的产品交付转向长期能力共建，通过明确的人力资源投入和规范化的管理机制，改变了传统采购中团队被动的局面，实现了对开发资源的主动掌控和持续优化。这种模式不仅提升了项目交付质量，还为组织的长期数字化发展奠定了坚实基础。通过阶段性评审、绩效考核与激励、变更管理等措施，确保项目按计划推进并符合预期目标。此外，知识产权与保密协议、技术支持与维护期、违约责任与争议解决等条款，进一步降低了项目风险，保障了合作的顺利进行。

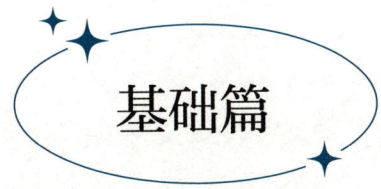
基础篇

第6章
速度是基本要求

——朝辞白帝彩云间,千里江陵一日还。(李白《早发白帝城》)

6.1　赔本买卖

尽管医院是甲方,理论上占据主导地位。但与志诚科技的合作敲定后,对方的动作仿佛按下了暂停键,连续几天没有动静。王云飞一通电话打了过去,对方才表态说,这几天正在积极准备,马上就派代表当面沟通。

当天下午,向澄站在医院综合楼前,对着手机屏幕稍微整理了发丝。今天是她新入职志诚科技后,第一次到访医院,也是第一次与信息中心主任打交道,心中难免紧张。她深吸一口气,推了推鼻梁上的眼镜,迈入大楼内。

作为供应商代表,向澄很清楚这次项目的特殊性。医院信息中心提出"两限"模式,目的是优化资源利用,确保项目质量。然而,这也意味着供应商盈利空间不大,甚至可能亏损。出发前,老板嘱咐她,今天的主要任务是探一探王主任的底线,看能否放宽点履约要求,顺便商量下接下来的工作。

"咚咚咚",清脆的敲门声响起,王云飞闻声抬头,"请进。你是?"

"王主任,您好!我是志诚科技的项目经理向澄。今后主要由我来和您做具体的项目对接。这是我的名片。"向澄步伐稳健,径直走向王云飞的办公桌，递名片时眼神扫过办公桌上一堆 DevOps 相关书籍。

坐定后，向澄整理思绪，直入主题："王主任，我今天特意来访，是希望能与您就互联网挂号系统合同中的'两限'模式进一步交流。前期的招投标环节我没有参与，但我最近仔细阅读了合同条款，仍有一些疑问，希望能得到您的指点。"

王云飞闻言起身，走向办公室一隅的保密柜。他手指飞快地输入一串密码，轻车熟路地从众多文件中抽出了与志诚科技签订的合同。

向澄故作弱态地说道："王主任，项目开销的绝大部分都是人力成本，分期付款加上各类运营开销和税费，这样的垫资压力不小。如果项目不能顺利验收，估计公司就得亏损。我们也是第一次接触这种模式，难免非常担心最后会变成赔本买卖。您知道，我们工资不高，主要靠项目绩效。"

王云飞开门见山地回应："我明白你们的顾虑，项目顺利实施，离不开甲乙双方的有效合作。至于合同要求，我们在采购文件中已经详细列明，同时在开标前的现场踏勘时又做了解答。可能在竞标的过程中，大家都想着怎样中标，没有深入研究。但现在合同已经签订，我们应该本着契约精神，按照合同条款来执行。"

王云飞补充道："不过，我们自己也算了下，如果合作顺利，公司还是有 5% 左右的利润的。"

向澄还想再争取一下："明白了，主任。您知道，软件开发不可控的地方多，所以一般软件项目毛利较高。咱们这个项目利润空间很小，稍不留意就会亏，您得多帮帮忙，能不能把要求稍稍降一点？"

王云飞笑了："合同签了就按合同来，降不降我说了也不算。我建议你还是专心做好合同履约，一切顺利的话只是赚得少点。如果想法太多，最后真有可能进退两难。如果实在没信心，也可以按照合同条款走合同终止流程。"

短暂沉默了一会，向澄做出了决定："王主任，我相信您，下一步工作我们将全力配合。具体您有什么指示？"

第 6 章　速度是基本要求

王云飞耐心地解释道："没有特别的指示，就是希望我们能够尽快按照合同要求，推进下一步的工作。我们需要迅速组建一支研发团队，并根据合同条款启动软件开发工作。在开发期间，公司必须确保团队成员专注于医院项目，不得分心于其他事务。"

向澄答道："好的。合同签订后，我们就在着手准备团队，当前主要有两个问题。一是公司研发人员主要分散在各个项目上，当前只能从各个项目抽调人手，需要一定时间；二是按照合同要求，实施人员需要通过贵单位的技术考核和面试，这个还没有试过，不知道是什么标准。"

王云飞这两天也在琢磨这个问题，这确实是关键："我说得比较直接。现在去各个项目抽调人手是个好方法，但不一定奏效。一方面，各个项目团队并不会把最优秀的人派出来，派过来的往往是在其他项目中打辅助的；另一方面，我们这边对技术人员的要求比较高，希望通过合作，建立一支比较稳定的开发团队，抽调的人不一定满足要求。"

向澄笑着说："我明白了，这个模式有点像人力资源外包，我们主要负责派人，具体工作内容则由信息中心决定。组建团队的事宜，我回去就推进。不过，项目推进还得请主任多多关心，就怕人力资源开支额都超过合同额了，还不能验收。"

人力资源外包

人力资源外包（Human Resources Outsourcing，HRO），是一种管理策略，其核心在于将组织内部人力资源管理的部分职能委托给外部专业机构执行。通过外包非战略性职能，组织能够优化资源配置，提升运营效率，并借助外部机构的专业化能力实现职能的高效运作。这种策略不仅有助于降低管理成本，还能使组织更专注于核心业务与战略性人力资源管理活动，从而增强整体竞争力。在实践层面，人力资源外包通常涵盖招聘、薪酬管理、培训开发等非核心职能，以实现组织管理效能的提升。

> 对于IT部门，人力资源外包主要指由企事业单位通过与人力资源服务供应商签署合同，由供应商按要求提供专业人员常驻在指定地点或项目现场，以提供相应支持和服务的一种服务模式。
>
> 外包方式适合追求定制化解决方案，并有能力精细管理项目的用户；而传统软件开发项目则更适合偏好标准化产品，希望简化沟通流程的客户。

"你的担心不无道理。这也是我们为什么不直接找个人力资源公司，招批程序员搞开发。"王云飞强调，"我们现在刚开始搞软件开发，万事开头难。一是希望咱们公司能够支持几个高手，其他实施人员可以招聘，但是速度要快；二是希望遇到棘手的问题，咱们公司能够派人支援下，哪怕是远程技术指导，也好过瞎摸索；三是遇到上级检查、项目攻坚等重大保障任务，希望能够临时抽些人现场支持。此外，我们现行管理制度也不支持我们聘请一帮人搞开发，所以还请咱们公司多多支持！我想，如果这条路走得通，对公司后续发展也会大有裨益。"

向澄内心矛盾，看来这事儿有点烫手。今天不但没能争取到让步，一激动还答应了王主任，只能回公司后再去汇报协调了。

6.2 软件研发中心

向澄离开后，王云飞把当前情况通过微信发给了李教授。

等到深夜王云飞回家时，恰好收到了李子乘的回复，他逐一点开语音。

"云飞，我出差回来，刚下飞机。这两天我参加了一场关于未来软件研发智能化的研讨会，收获良多，还想着找机会和你聊聊呢。"

"你发消息说遇到点问题，不妨详细讲讲你的疑问，我看看能不能帮上忙。"

"你方便的话，直接给我打电话。"

第 6 章　速度是基本要求

王云飞轻手轻脚地走到阳台，拨通了李子乘的电话。

"李老师，我正打算组建一支由供应商支持、由中心直管的技术团队。我希望新团队的职责从挂号系统开发起步，在今后还要能做到持续优化，甚至能推动整个医院软件服务升级。但在技术路线和团队构成的起步选择上，我有些拿不定主意。"

李子乘短暂思考后回复道："我还在打车，想到哪就说到哪哈。首先在技术路线上，建议尽量采用开源技术路线，充分应用开源技术成果。前后端框架、数据库等都尽量选常用的开源软件，哪个用得多就用哪个。这样容易招到相应的技术人员，还能随着技术发展不断更新。"

王云飞打开备忘录，记录关键要点。

"其次，在团队建设（图 6-1）上，不建议大而全。先根据初期需求，能够开展工作就行。建议先找几个前端、后端开发人员，最好前端还懂一些用户界面设计（User Interface Design，UI 设计），同时让信息中心骨干参与开发工作。待项目步入正轨，再逐步引入产品经理、UI 设计师、测试工程师等专业角色，这有助于初期成本控制，同时确保资源集中于核心技术的打磨。另外，云飞，初创团队的成员素质也非常重要。我可以找业界的朋友要来一些具体的招聘要求，供你参考。"

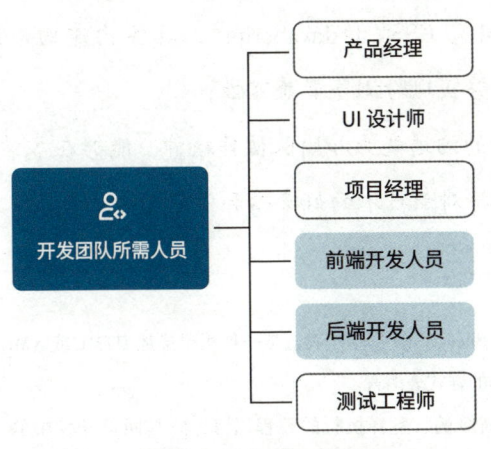

图 6-1　开发团队构成

"最后，建议一开始就要明确保密要求。虽然系统代码说不上涉密，但最好不要泄露出去。建议一开始就要做好研发管控，通过组建局域网、封堵端口等方式，避免代码被随意拷贝。严格要求开发人员及时将代码上传到集中管理的仓库，统一做好各种开发成果的版本管理工作。这一块我可以让一个还没毕业的师弟联系你，可以参考下现在课题组用的一些开源工具。"

透过声音，王云飞判断李子乘应该是打上车了，连忙回应道："李老师，您的建议太及时了，我再消化消化。您出差舟车劳顿，在车上先休息会儿吧。"

"云飞，有难题随时联系。你也早点休息。"

挂断电话后，王云飞感觉轻松不少。

次日上午，李子乘通过微信发来了一些人员要求。

前端工程师人员要求

1. 计算机相关专业毕业，具备至少3年的医疗健康行业背景，实战经验丰富；

2. 精通Vue、React框架，熟悉其生态，能够快速迭代，适应医疗系统不断变化的需求；

3. 精通HTML、CSS[1]和JavaScript[2]，具备构建响应式、高性能网页界面的能力，能够实现跨浏览器兼容性；

4. 具备良好的沟通能力和团队协作精神，能够在多学科团队中发挥积极作用，同时保持对新技术的好奇心和学习动力。

---

[1] CSS：Cascading Style Sheets，层叠样式表，是一种用于描述HTML或XML（包括如SVG、XHTML等XML分支）文档外观的样式表语言。

[2] JavaScript：是一种高级的、解释执行的编程语言，它是网页开发中的三大核心技术之一，与HTML和CSS并列。JavaScript使得网页能够实现复杂的交互性和动态功能。

第 6 章　速度是基本要求

后端工程师人员要求

1. 计算机相关专业毕业，具有 5 年以上 Java 开发经验；

2. 对 Spring Boot 框架有深入理解，熟悉微服务架构，能够处理复杂的业务逻辑和大规模的数据管理；

3. 掌握数据库设计和优化，包括 SQL 和 NoSQL 数据库[①]（如 MySQL、MongoDB），能够处理高并发场景下的数据存储和检索问题；

4. 具有良好的代码编写习惯，遵循软件工程的最佳实践，包括单元测试、代码审查和持续集成 / 持续部署；

5. 具备出色的解决问题能力，能够在压力下保持冷静，分析并解决复杂的系统问题，同时能够有效地与团队成员沟通解决方案。

　　王云飞细细咀嚼着李子乘发来的参考内容，心中渐渐明朗。他将这些招聘要求转发给向澄，附言道："向经理，这是我委托业界专家对于拟组建团队成员的招聘要求。请你根据这些要求，尽快提供备选人员。另外，办公场地的租赁也要同步推进。时间紧迫，我们必须确保团队在最短时间内凝聚成形。"

　　向澄秒回消息："收到，王主任，我们立刻安排，尽快解决人员和场地问题，一定不负您的信任。"

　　向澄坐在办公桌前，眉头紧锁，当前每一笔开支都需要在放大镜下被审视。她将人员需求转发给公司的人力部门，自己优先解决办公场地问题。

　　向澄起初将视线投向医院周边的居民区，那里租金相对低廉，虽然环境可能略显简陋，但在特殊时期，实用与节约才是王道。

　　当听到备选的场地位于居民区内时，王云飞与向澄进行了一番讨论。权

---

① SQL 数据库，如 MySQL，是基于结构化查询语言的关系型数据库，擅长处理结构化数据和复杂的事务操作，确保数据的一致性和完整性。NoSQL 数据库，如 MongoDB，是一种非关系型数据库，它提供了更灵活的数据模型，适用于处理大规模的非结构化数据，强调高可扩展性和性能。两者各有优势，常根据应用场景的不同而选择使用。

衡利弊后，王云飞还是倾向于找一个宽敞明亮的办公楼作为开发场地。

向澄委托中介开始新一轮的房源搜集。受疫情影响，医院附近的办公楼租售市场供过于求。他们比较顺利地挑选到一个200平方米的场地，距离医院步行仅800米，内部装修完备，年付租金也还能接受。

王云飞表示满意。向澄也行事果决，迅速敲定了租赁协议。紧接着，搬迁的各项准备工作立即展开。他们没有过多地进行装修，只是添置了一些必要的办公桌椅等设备。

整个筹备过程有条不紊，王云飞站在新场地门前，内心涌动着期待与憧憬。

向澄走近询问道："王主任，场地问题基本解决了，还差一块门牌没确定。您觉得我们应该挂个怎样的标识？"

王云飞早有考虑："就挂一个'软件研发中心'吧。场地有了，向经理，团队组建问题抓点紧。"

向澄连忙应下。

在走回办公室的路上，邢振来电说了一个好消息："主任，我在仓库刚刚盘点完，留下足够数量的备件后，大约有30台云桌面盒子和配套的服务器、网络设备可以用。不过，我们目前所有的云桌面用户授权已经用完了。如果要用这批设备，我们需要从供应商那里获得新的授权。"

"没问题，我来沟通。你把供应商的联系方式发给我。"

云桌面

云桌面相当于一台存在于云端的个人电脑，所有数据均存储于云端服务器，而云桌面盒子则充当了连接云端与使用者之间的桥梁。只需有网络覆盖的地方，医护人员便能通过任意一台云桌面盒子，无缝接入属于自己的"云端工作站"。一旦设备出现故障或需要维护，信息中心的技术人员仅需一通电话，即可远程登录，无需亲临现场，大幅提升了运维效率与响应速度。

第 6 章　速度是基本要求

王云飞拨通云桌面供应商客户经理王仕扬的电话后，开门见山："王经理，你好，我是四方大学附属医院信息中心的王云飞。有件事需要贵公司协助。"

"王主任，您好！有什么能帮到您的？"

"眼下我们的一个项目需要扩充人员队伍，有些云桌面的需求，现有的授权数量已不够用。希望贵公司能够提供支持，帮助我们解决 30 个用户所需的授权问题。"

"主任，您请放心，这个问题我来处理。我尽快为您申请 30 个试用授权，确保您的项目顺利进行。"

"我们估计得要试用两年，没问题吧？"王云飞快速盘算了下，只能等到签维保合同时顺带买点授权。

王仕扬心中明白，这是与新主任的首次沟通，他借势说道："主任，没问题，我去申请一下，只是一次试用授权最多 6 个月，中间需要更新几次。等我申请完授权，能否登门拜访您，汇报一下我们的新产品？"

王云飞眼看问题解决了，便爽快答应下来。

周四午后，向澄来找王云飞沟通开发团队组建的事宜："王主任，我们公司有 4 位资深技术人员，很是契合您的人员要求。他们都是软件开发'老兵'，我把他们放在名单最前面了。按照您定的标准，我们一共选了 20 名候选人，只等您安排后续面试。"

王云飞接过名单翻看了一下，眉头微蹙。他想到李教授此前的提醒：合作的供应商一定会想方设法推一些其他团队不想要的人，选人时一定要多看实际动手能力。

"向经理，你先把这些候选员工的简历发给陆立，我们尽快安排面试，时间暂定在本周日。最终是否留用，还要看他们的实际能力。如果通过了面试，但后续工作不适应，我们也会退回公司。另外，薪资需要根据工作情况重新商讨。"

"王主任，感谢您的支持。我这就回公司整理候选人的简历。"

当晚，王云飞和官剑、陆立共同商定了驻场人员考核流程（图 6-2），并交代他们拟定了一套笔试题。整个考核流程采取先笔试后面谈、最后实践考核的形式，力求通过一周的时间，全面评判每位应聘者的真实水平。

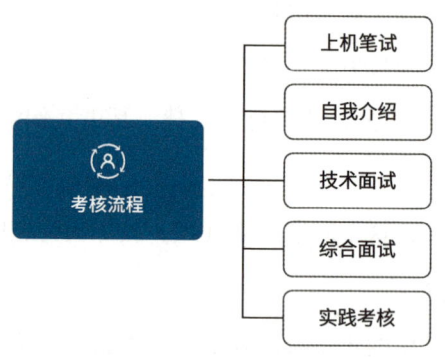

图 6-2　考核流程

繁忙的人员考核在周日傍晚七点画上了句号。王云飞和其他人逐一复盘每位应聘者的表现，最终同意 6 位候选人通过考核。

王云飞拨通电话："向经理，今天辛苦你了。我们最终挑选了 6 位加入软件工厂团队。稍后陆立会把名单发给你。对于这 6 位同事，烦请通知他们，尽快完成手头工作的交接，争取本周内到软件工厂参加为期一周的实践考核。实践考核主要是独立完成一个小任务，判断实际动手能力。"

6.3 "上菜"仅需三个月

夜色渐浓，城市的喧嚣渐渐被抚平。邱竹打来电话时，王云飞正在和冯凯商讨着下一步工作安排。他接起电话回应道："我得和冯主任商量下软件研发模式，你们先睡吧。"

王云飞和冯凯坦言，现状让他感到一丝焦虑。"距离招标结束已经过了一段时间，虽然项目已经有了团队雏形，但还没有实质性的研发推进。如果当初选择传统模式，这个时间点是不是已经开始开发软件了？"

第 6 章 速度是基本要求

冯凯笑了笑："也没有那么快。传统模式下，厂商现在可能在大张旗鼓地调研需求，但建设交付效果你是知道的，后面还有得磨呢。"

冯凯走后，王云飞通过微信询问李教授是否方便，得到肯定答复后，随即拨通了电话。

"云飞，又在加班？遇到什么难题了吗？"

"李老师，确实有几处问题，需要听听您的意见。"王云飞带着歉意解释道，"我们从供应商原团队筛选了 6 名技术实力不错的人员，2 个前端加 4 个后端。新团队最近会正式运转起来，不过，我对互联网挂号系统的开发周期没有十足把握。时间紧张，没有试错空间，我担心草率行事会适得其反。"

思考片刻之后，李子乘开口道："团队的磨合需要时间，无论是沟通协作、技术对接，还是管理流程，都可能遇到意料之外的挑战。不过，现在团队规模并不大，而且你还可以调配信息中心的骨干提供支持，所以，对你来说当前的管理难度并不大。"

"鉴于你们目前的团队规模，考虑到人员稳定、技术路线以及项目推进的实际情况，我的判断是，大约三个月，你们便能交付第一版系统。"

"只需要三个月？"王云飞惊诧。

"需求分析与设计环节大约需要半个月，前后端开发和单元测试 50 天，集成测试 15 天，部署与上线 1 周，这么算下来大概得 3 个月。"

王云飞一边听着李子乘的规划，一边记录进度预估表（表 6-1）。

表 6-1　互联网挂号系统进度预估表

开发阶段	开始日期	结束日期
需求分析与设计	$T+0$	$T+15$
前端与后端开发	$T+16$	$T+65$
系统集成与测试	$T+66$	$T+80$
系统部署与上线	$T+81$	$T+87$
第一版系统交付	$T+88$	—

"李老师，您确定这么短的时间能够完成这些工作吗？根据我之前的调研，如果采用传统的开发模式，委托供应商完成同样的任务，得要半年左右的时间。如果团队能在3个月内达成目标，那无疑是将时间和成本大大缩减。"

"开辟出一条更为自主的路径，这不正是你推动软件工厂模式想要达到的效果吗？按照我的经验来看，实际操作过程中不会像计划中那样一帆风顺。你们还在摸索阶段，其间一定会遇到各种各样的问题，但你要记得，主动权掌握在你们手中，锚定这个时间线作为目标，优化管理方式，灵活调配资源，我相信你们可以做到。"

夜色虽深，李子乘的建议宛若破晓晨光，让王云飞的心境愈发明亮。他深吸一口气，继续敲击键盘，着手规划下一步的行动方案。

两天后，软件工厂的会议室里，新团队初次集结。

王云飞用清晰有力的声音开场："大家早上好！从今天起，我们的软件工厂正式运行，第一个项目——互联网挂号系统，希望大家团结一心，为软件工厂打响头炮。"

"经过规划与论证，我们已制定了初步的软件开发文件。我们的目标是在接下来的三个月内，建立起一套高效便捷的互联网挂号系统。这不仅是一场技术上的挑战，更是对我们探索新型研发模式的一次考验。作为起步阶段的核心成员，大家驻场考核将采用干中考、考中干的方式。希望大家积极克服各种困难，同时我也会尽最大努力提供支持！"

软件开发文件[16]

与特定软件实体开发有关的资料库，其内容一般包括有关需求分析、设计和实现的考虑、原理和约束条件；开发方内部的测试资料；进度和状态资料。

随后，王云飞逐一介绍信息中心协调来的几位骨干。

"冯凯，是医院信息中心的副主任，他将把控我们整个项目的规划与执行。"

"邢振，是中心综合科的科长，大家在绩效评估、流程对接等相关事宜上，都可以直接与他沟通。"

"官剑，我们中心的技术领头人，平时爱钻研一些技术难题，大家今后可以与他多多讨论交流。"

"陆立，是中心的运维工程师，他也曾在互联网大厂的开发部门工作过，热衷跟踪行业前沿技术动态，今后会重点关注如何通过引入新技术来推动项目提质增效。"

王云飞语气中满是激励："此次互联网挂号系统项目，我会和大家一起冲锋，咱们争取保质、保量、保时效地完成任务。我坚信，只要我们心往一处想、劲往一处使，就没有克服不了的挑战。我们现在的人员构成虽然比较简单，但相应的，沟通起来会比较高效，如果有任何疑虑，我们共同探讨，绝不让悬而未决的疑问耽搁项目进度。"

会议室里一片安静，众人都感受到了一份沉甸甸的责任与期待。

以冯凯为首的信息中心老员工，内心也有些许忐忑，这同样是他们的挑战。开会前，从医院赶往软件工厂的路上，陆立向官剑表达了自己的担忧："我们现在跳出医院信息中心，与新团队能不能磨合得好，也是未知数。"

官剑安慰他放宽心："相信王主任的眼光和能力。通过最近两个多月与主任的磨合相处，我能感受到新主任是一个务实靠谱，有想法且有执行力的人，咱们就先听好他的指挥，脚踏实地干吧。"

新加入的几位技术人员此刻心情也颇为复杂。面对这项为期3个月的任务，根据他们的经验，加班会成为工作的常态。

王云飞接起一通电话，应答了两句，叫上冯凯走出会议室，宣布大家先休息一下。剩下几人一边和陆立官剑有一搭没一搭地闲聊几句，同时在新组建的微信群里抱怨起来。

"其实我也早有心理准备,加入这个项目组的工作量不会轻松,但3个月搞一个这么大的项目,我看悬啊。"

"压力山大。"

"医院过来支援的几个人,也不知道好不好相处,感觉一个个过来是当管理层、做指挥的。那个技术大牛,看起来不太好沟通的样子。"

"对啊,他们不还得以医院本身的工作为主吗?未必会亲自参与执行,估计实际工作还得我们几个来完成。"

"不过,按照王主任说的,这份工作还算比较稳定,也算是幸运了。我一个前同事,整个项目组被裁了,还在到处找工作。"

王云飞和冯凯返回会议室,会议继续。轮到新入职的几位技术人员逐一进行自我介绍。

其中,后端工程师林谦工作年限最久,代表其他新成员首先表达了加入这一重要项目的荣幸和激动,同时也坦诚地分享了面对紧迫时间排期的压力。

王云飞安抚道:"按照传统模式,三个月的开发时长的确轻松,但本次大家都心无旁骛,只专注于这一件事,相信速度会有提升。"

会议后半程,成员们对《基于"两限"模式的互联网挂号系统开发方案》展开了讨论。王云飞适时地把控着讨论的节奏,过程中他敏锐地察觉到,尽管几位新人的态度积极,但他们眉宇间的细微表情以及几次欲言又止的样子,透露出他们内心的疑虑。

会后,他嘱咐邢振安排一次聚餐,让大家尽快"破冰"。

项目启动的号角正式吹响后,团队在磨合中前行。在王云飞的带领和鼓舞下,软件工厂团队的初创8名技术人员充满了干劲。软件工厂灯光长明,键盘的敲击声、会议室里的讨论声交织,共同奏响了团队合作的奋斗交响曲。

为了确保团队的动力,王云飞在工作上亲力亲为,常常参与讨论。他的身影频繁往返于医院与软件工厂之间,两处奔波的辛劳被成员们看在眼里,记在心上。同时,他也在日常细节中不吝付出,夜宵、加餐也是常事。月末的绩效考核，王云飞也协调向澄给这 6 位"生力军"拉满。加班虽已成为日常，但每个人的心中都燃烧着热情。

另外，从信息中心协调派出的官剑、陆立，基本上从原来的工作中脱身，全力以赴推进互联网挂号项目。这些努力，不仅让当前的小团队凝聚力空前高涨，也让王云飞看到了软件工厂未来的核心力量。

然而，并非一切都在向着好的方向发展。

324 办公室的门被敲开后，冯凯的声音带着些许急促："王主任，有两件棘手的事情需要向您汇报。首先，远方集团派来的驻场人员武易，迟迟没有交出原挂号系统的文档资料，不是请病假，就是要回公司开会，催他就是说在处理，这影响了现在软件工厂研发团队的工作进展。"

"另外，运维科的同事们反映，由于陆立和官剑被抽调去支持软件工厂的工作，他们原先的任务被分摊出去了。这导致近期其他同事的加班次数也增加了。再加上樊博在私下里煽动大家的不满情绪，搞得中心内部出现了一些怨言，认为陆立他俩因为和您关系较好，而去享清福了。"

王云飞紧皱眉头："冯主任，依你看，有什么建议？"

"武易表现出的消极态度，原因不难猜测。他们对于失去互联网挂号系统这一项目有所不快，现在试图通过这种方式来表达他们的不满，给我们制造麻烦。"

王云飞清楚这是一个触及双方合作根基的问题，看着冯凯欲言又止的表情，他说道："你继续说。"

"王主任，您之前并没有与远方集团有过合作接触。我的建议是，可以尝试从更高层面寻求解决方案。之前听武易提过，他们集团的李总和晏院长是大学校友，或许可以通过这条线来……"

王云飞心中有数："你说得对，我们时间紧迫，不能卡在这种细枝末节的问题上。我一会去找院长，这种小动作就得'快刀斩乱麻'，不能惯着他们。至于你刚提到的内部抱怨问题，等我处理完远方集团的事，单独和运维科开个会。"

冯凯离开后，王云飞随即起身前往院长办公室。

王云飞轻叩门，待到"请进"的声音响起，推门走入并向晏九嶷致意。落座后，他直奔主题："院长，今天过来，是关于互联网挂号系统的一件事需要麻烦您。这个项目前期进展顺利，但眼下遇到了一个障碍。我想要拜托您出面，给远方集团的李总打个招呼。"随后，他描述了对方技术人员在合作中的不配合情况，以及对项目进度造成的负面影响。

晏九嶷二话不说拿起手机，在简单的寒暄后，直接说明了来意："李总，我们医院与贵集团多年来合作愉快。不过，最近遇到了一个小插曲，贵司的技术人员武易在工作配合上有些拖延，影响了整个团队的进度。信息中心主任已经将此事反映给我了。这虽是小事一桩，但还是希望能尽快解决。"

电话另一端的李总显然对事态升级到院长亲自沟通感到意外，连忙表态并承诺立即处理："感谢晏院的提醒，您放心，我会给您一个满意的答复。"透过电话公放听到这番保证，王云飞稍稍松了口气。

答谢了院长后，王云飞顺道汇报了互联网挂号系统开发的顺利进展和预期节点。看着晏院长面容舒展，王云飞底气十足地回到信息中心，第一时间将好消息告知了冯凯。

在处理内部团队士气问题上，王云飞同样雷厉风行。他先和冯凯达成了共识，运维科同事确实承担着新增的工作压力，需要得到适当的补偿和关怀。为此，王云飞安排了一次与运维团队的座谈会，倾听他们的诉求，并探讨可能的解决方案，包括增加临时人手、优化工作流程以及协调绩效考核，确保每位勤恳工作的同事都能得到应有的认可和回报，不让默默付出的老实人吃亏。

在王云飞的斡旋下，难题暂时化解。软件工厂团队的工作进程重新加速，随着项目稳步推进，互联网挂号系统逐渐从蓝图变为现实。

转眼，日历翻过了一个多月。

第 6 章 速度是基本要求

医院行政楼的大会议室里,王云飞站在众人面前,驾轻就熟地汇报着目前的工作成果。当前开发工作进展过半,系统基本框架已经搭建完毕,初步形态已然成型。汇报结束,王云飞看到晏院长与毛书记欣慰的表情,知道这次挂号系统的进展得到了认可,同时自己筹谋已久的软件工厂模式也赢得了肯定。

毛无夷称赞道:"云飞,你们团队的表现非常出色,行动迅速。不过,是不是还能更上一层楼,争取做到又快又好。现有的功能设计还比较基础,我理解时间确实比较紧张,后续的工作中我建议你们可以多听取一线科室的声音,特别是那些每日与患者面对面的门诊部门,将我们的系统推进得更加完善,更贴近实际需求。"

王云飞连连保证,书记交代的任务一定会完成。

次日,他和冯凯与陆立分别拜访各科室。然而,现实的复杂性远超预期。神经内科主任的疲惫推诿、耳鼻喉科主任的实用主义态度、妇产科主任的保守观点,无一不在提醒着王云飞,一线科室的需求多样且深刻,远非一蹴而就可以落实。

"信息化的事,你们信息中心自己决定吧,我们这边实在太忙了,暂时没有多余的精力配合你们。"

"你们看看别的医院是怎么做的,我们现在想不到太多太具体的要求,好用就行。"

"我觉得原来的挂号系统就挺好,不明白你们为什么总要升级,每次升级都或多或少影响到我们正常的工作秩序。"面对碰壁,王云飞反而被激发出了更强烈的决心,他提出了一个新思路:"我们不妨从患者的角度出发,深入了解他们的具体需求。毕竟,系统最终的服务对象是他们,他们的满意程度才是衡量我们工作成效的标尺。"

随后,他安排邢振等人在门诊大厅实地调研了两天,拉着病患对当前版本的功能设计进行反馈。

白驹过隙，三个月的约定期限将至。互联网挂号系统的初版在团队开足马力的努力下，终于破茧成蝶。

官剑向王云飞汇报："王主任，我们准备好给大家端上软件工厂的'第一道菜'了！"

陆立难掩激动："'上菜'仅需三个月，咱们也算是如期交卷了！"

两天后，王云飞颇具信心地向院领导展示全新的互联网挂号系统："院长、书记，现在这套系统支持用户在线预约，相比之前，操作流程更加简化，效率显著提升。最令人振奋的是，我们实现了完全自主可控，不再需要依赖任何第三方平台。"

毛无夷抛出了疑问："云飞，你们是否考虑到系统在实际运行中可能遇到的挑战？我也见过不少系统，起初设计得亮眼，但没能经受住实际运行过程中的考验。"

王云飞早有准备："毛书记，您放心，我们深入研究了以往挂号系统的经验教训，针对潜在的问题进行了针对性优化。当然，我们明白，真正的检验在于实践，我们会持续迭代完善。"

晏九嶷流露出赞赏的表情："你们计划从哪个科室开始试行新系统？"

"皮肤科是首选试点，"王云飞应答如流，"他们科室的挂号需求量大，适合检验系统效能。另外，皮肤科章直主任对新系统也十分期待和支持，前期给我们提供了不少意见。在皮肤科试点成功后，我们将稳步推广至全院其他科室。"

晏九嶷望向王云飞笃定的表情，回应了一个肯定的微笑："皮肤科的确是理想起点，让我们共同期待成果。若一切进展顺利，务必加速在全院范围内应用。"

"感谢院长和书记的支持，我们一定全力以赴，确保系统顺利部署。"

汇报结束后，王云飞立刻着手系统部署的各项事宜。软件工厂的第一步已经迈出，接下来还将面临更多挑战。

第 6 章　速度是基本要求

> **系统部署**
>
> 系统部署是把互联网挂号系统安装到实际运行的互联网生产环境中，让它能够正常为用户提供互联网挂号服务。

他鼓励团队保持势头："菜上桌后，要好吃才算一场好宴席。"

6.4　部署是场马拉松

深夜，医院信息中心弥漫着紧张的气氛。

团队成员们围坐在各自的工作站前，键盘敲击声此起彼伏，屏幕上脚本输出如瀑布般飞速滚动。

陆立揉了揉疲惫的双眼，眉头紧锁，对身旁的官剑说道："到底是什么原因啊？这个接口怎么总是故障？我们明明已经反复检查了。"

官剑无奈地摇头，同时手指在键盘上舞动如飞："别提了，与互联网挂号系统对接的其他系统，有十几个供应商，几乎每个都有不同的问题，太难招架了。"

王云飞走过来，拍了拍陆立的肩膀，说道："大家辛苦了，部署是场马拉松，咱们就快到终点了。今晚再加把劲，我们一定要把这些问题解决掉。"

从软件工厂过来驻场的林谦，习惯自己埋头做事。今天也耐不住烦躁的情绪，抬起熬红了的双眼看向王云飞："主任，这几天以来，我们天天工作到凌晨，但部署过程中遇到的问题还是没完没了。关键是白天改好的代码，晚上才能验证，时间全浪费了。"

"生产系统部署暂时还没有好的办法。我知道大家最近承受的压力很大，不过就差临门一脚了，坚持就是胜利，先解决好第一版部署问题。"王云飞心想，这种部署模式一定要改过来，要自动化，要加速。

尽管很疲惫，但团队成员确实不甘心止步于此，大家都迫切希望快速将互联网挂号系统部署上去，毕竟三个月的努力不能白费。

然而，相似的情节在反复上演，解决一个问题往往又冒出新问题。连续一周的部署工作均以失败告终，众人仿佛陷入了一个无尽循环。这对团队氛围造成了严重打击，找到王云飞的抱怨声也越来越多。

工程师任天乐之前在工作中有些部署经验，却也被这次的任务难倒了："主任，我要崩溃了。我没想过，部署一个挂号系统竟会牵涉如此多复杂的系统对接。而且现在其他供应商也不配合，排查问题推三阻四，也不愿意加班，这严重影响了我们的部署进度。"

面对团队的挫败感，王云飞语气中充满了决心："我们低估了医院信息系统集成的复杂性，但现在我们需要冷静分析，找出症结所在，逐一击破。我会先找向澄，让志诚科技派出技术支撑团队来协助解决问题，另外，需要对接的系统供应商那边，我也去亲自沟通，确保他们全力配合我们的工作。"

系统对接

系统对接是给两个原本独立的软件系统牵线搭桥，让它们能够顺畅地交流信息。例如，互联网挂号系统需要与老挂号系统和银联支付系统进行对接，否则就无法获取医生信息和支付挂号费。

王云飞的鼓舞和保证，虽然在表面上起到了稳定军心的作用，但并没有完全抚平部分团队成员心底的负面情绪。长时间的高强度工作，加之连续失败的打击，叠加了对问题解决的不确定感，让部分员工开始怀疑自己的能力，甚至对项目的前景产生了动摇。

与此同时，医院行政楼里，赵助理刚刚和孔静珊汇报完工作，正打算离开就被叫住了："小赵，信息中心系统开发最近进展你知道吗？"

赵助理带着几分疑惑询问："信息中心？他们不是一直在搞互联网挂号系

统项目吗？经费资料还是我审核的。听说挺受院长和书记支持的，有什么变数吗？"

孔静珊轻轻摇头："项目前景当然是好的，但实际情况很棘手。前阵子，院长还说互联网挂号系统即将启动试运行，但我却听说部署起来问题不少。据说他们已经连续一周多没日没夜地加班，但还是没有部署好。这要是放在专业的软件供应商身上，恐怕早就解决了。我怕他们搞什么软件工厂新模式，会闹出笑话。"

赵助理耸了耸肩："想起来了，当初王主任还专程来找过您，争取多批些经费。"

孔静珊轻哼一声："一旦他们项目失败，我们就得多一笔烂账。他们办事不力，到头来牵连我们。早知今日，当初就该坚决反对那所谓的'两限'政策，让他老老实实找个靠谱供应商直接采购系统。"

赵助理离开后，孔静珊还是有些意难平，拨通了王云飞的号码。

电话接通后，孔静珊毫不避讳："王主任，我不和你绕弯子了。最近，我从多个渠道得知，互联网挂号系统的部署工作似乎遇到不小的问题。这不仅关乎技术层面，更影响着医院的运营发展。当初，我顶着压力签字同意'两限'模式，如果项目失败，这不是你一个人可以承担得了的责任。"

"孔总，确实，我们在部署过程中遇到了一些没有预料到的问题，但请您相信，我们正在尽全力解决。"

"王主任，我不是要质疑你们团队的专业能力，但口头上的承诺可一文不值。"

"孔总，请您放心，我们深知这个项目的重要性和紧迫性。团队已经几乎不眠不休了，我也在积极想办法，一定不会辜负大家对这个项目的期待。"

挂断电话，王云飞的眉头紧锁，他召集来几位核心骨干。"刚才接到医院孔总的电话，她在催促我们的进度，形势比我们想象的还要严峻，这一仗我们必须打赢。"

气氛变得沉重，但王云飞并未就此停歇："但请记住，这正是我们证明自身价值的时刻。如果'两限'模式被中途叫停，我们前面的所有努力都白费了。为了赢得其他部门的信任，现在开始，我们没有退路，只有前进。"

深夜，王云飞独坐于办公室内，面前那杯早已失去温度的咖啡，如同他此刻的心情，冰冷而沉重。

"主任，您还没回去？"官剑轻轻叩响半掩的门，小心翼翼地探进头来。

王云飞缓缓抬起头，脸上的疲惫掩盖不住："请进，坐。这个项目部署比我预想的要复杂太多。本想找李教授请教，但眼下都是非常具体的技术细节问题，李老师也帮不了太多。这几天，也辛苦大家了。今晚有什么进展吗？"

"还没有。但不得不说，以前这些工作都交给有经验的供应商处理，现在轮到我们亲自动手，才发现其中的艰辛与复杂远超想象。这是我们缺乏实战经验的直接体现。"

王云飞苦笑一声："没错，我原本以为，只要有足够的资源支持，招兵买马，自然万事俱备。现在才真切体会到，理想与现实之间确实存在不小的鸿沟。不过，前方的路还很长，你作为团队的带头人，可不能泄气，咱们关关难过关关过。"

次日一早，王云飞如约出现在晏九嶷的办公室内。

"云飞，我听说了你和团队近来分秒必争，很是辛苦。但互联网挂号系统对我们医院的发展至关重要。之前听说开发已经完成，测试情况也不错，怎么到现在还不能投入使用呢？你们卡在哪个环节了？现在有什么解决办法？预计什么时候可以完成？"

王云飞语气中透露出决心："院长，我们在部署环节遇到了一些问题，主要原因在于需要集成对接的系统很多、情况很复杂，有一些难以预料的问题。目前我们已经总结出了一些共性问题并找到了解决方法，前些日子配合不够积极的老供应商，也基本沟通完成了。我保证很快会取得突破。"

晏院长的一声叹息让王云飞更加警觉起来："云飞，你要知道，这个系统

第 6 章　速度是基本要求

是提升效率、开源节流的关键，每一个环节都刻不容缓。"

王云飞感觉自己没有给院长一个令他信服的回应，愁眉不展地回到信息中心，却不能将这层压力向下传递，只得打起精神鼓励团队成员们加足马力开快车。

终于，又经过了一周多的攻坚，互联网挂号系统终于部署完成，迎来了上线试用的时刻。那一刻，信息中心内爆发出热烈欢呼，陆立激动地与每个人用力拥抱，共同庆祝这来之不易的成功。

王云飞站在边上，心中涌动着一股暖流，所有的艰辛与付出，在这一刻都化作了甘甜的果实。

上线试用

系统上线试用，就是新系统在全面推广前经历的一个小范围使用测试阶段。简单来说，就是先让一小部分用户使用，这样能及时发现并解决潜在的问题。

喜讯如春风般迅速传播，晏院长和毛书记得知消息后，第一时间对王云飞的团队表示了高度肯定。

"对于医院而言，这个系统的上线标志着我们向智能化、高效化医疗服务迈出了坚实的一步，开启了新的篇章！"

当王云飞先后接听完两位院领导的祝贺电话后，长久以来悬在心头的大石终于落地。他仿佛卸下了千斤重负，整个人瘫坐在办公椅上。

"各位辛苦了，我们的努力没有白费！大家不仅攻克了技术难关，还顶住了来自各方的压力。但这并不意味着我们可以放松，前方还有更多挑战。不过现在，让我们先庆祝这一刻的胜利。大家今天下午回去休息休息，晚上我请吃饭。"

午后的阳光和煦，王云飞没有提前离开，独自享受着这份来之不易的放松。

冯凯敲开门，轻快地走了进来。

"王主任，阶段性的胜利来之不易。不过我觉得还得重新审视现在的部署流程，如果部署次次像这样艰难，那也感受不到软件工厂的速度优势了。"

"你说得对，咱们不能再走老路，必须找到更高效的部署方法。"

工作札记6

软件工厂初期技术选型与成本控制

软件工厂的技术路线以开源技术为核心，通过复用成熟的开源成果降低开发成本与试错风险，同时保持技术自主性。团队建设初期遵循"最小可行团队"原则，聚焦核心需求快速启动，避免过度扩张导致的资源分散。初期重点将有限资源集中于关键能力构建，并通过云桌面实现开发环境统一管控，既保障代码安全（物理隔离+云端存储），又提升协作效率（远程维护与跨地域接入），形成"轻资产、高可控"的技术管理框架。

研发风险预判与应对机制

项目初期即建立了严格的研发管控体系，通过局域网隔离、端口封禁等技术手段防范代码泄露风险，树立了对知识产权保护的超前意识。但在实际部署阶段，因缺乏实战经验，仍暴露出系统集成复杂度被低估的问题：异构系统对接涉及多方供应商协同，技术接口标准不统一、第三方配合度低等问题导致部署进程反复受阻。这反映了信息化建设的典型痛点——技术方案的理论可行性与实际落地间存在巨大鸿沟，需在实操中持续优化供应商管理机制与应急预案。

团队能力建设方法论思考

团队技术人员选拔采用"笔试+面谈+实践"的三阶段评估方式，通过代码实操、架构设计等实战考核精准识别技术适配度，规避简历注水风险。项目初次部署工作的困境倒逼团队建立问题归因机制：通过技术骨干驻场支持、高层直接介入供应商协调、建立共性故障知识库等手段,将被动救火转化为系统性经验积累,这也正印证了IT行业"三分靠技术、七分靠管理"的特性,为后续复杂系统集成储备了可复用的协作模式与风险清单。

第 7 章
软件工厂无仿真不立

——问渠那得清如许？为有源头活水来。（朱熹《观书有感》）

7.1 "高仿"是一件困难的事

互联网挂号系统一经上线，便在医院内引起了不小的热议，各个科室都在密切关注皮肤科的试运行情况。系统稳定运行了小一周，皮肤科主任章直大步流星地来到了信息中心，径直找到了 324 办公室。

"王主任，新挂号系统确实给我们的工作带来了便利，这两天的就诊秩序改善了不少，大家不用挤在一起候诊，到时间来就行，就诊人数还有所增加。不过，我还有一些新想法，希望能让它更加完善。"章直截了当地道出了来意。

"章主任，您尽管说，我们的目标就是让系统更好地为大家服务。"

章直随即打开手机，展示着互联网挂号系统的界面："王主任，你看，比如说如果系统能具备自动推送复诊提醒的功能，这样就能提前规划日程。之前，我也曾对旧的挂号系统提出过类似的建议，但最终没有实现，久而久之，需求就被搁置了。"

不等王云飞回应，章直从备忘录中翻出整理好的需求列表，通过微信发

第 7 章 软件工厂无仿真不立

送给了王云飞。"我已经收集了我们科室医护所期待的功能需求，列了个清单，王主任你们可以看看，评估一下这些功能的可行性。"

王云飞感觉章直人如其名，直率而强势。他粗略浏览了需求清单："章主任，这些功能基于业务一线的视角而来，非常有参考价值，我们一定会认真考虑和取舍，争取尽快将其融入系统。"

得到满意的答复后，章直满面春风地离开了。随后，王云飞叫上几位骨干，传达了皮肤科对试用系统的好评，并展示了章直提出的下一步建议。

官剑扫了一眼王云飞发到微信群里的内容："王主任，这些功能需求问题不大。比如清单上的第一、三、四项功能，在开发上应该不会过于复杂。但是，我们目前在部署环节确实面临挑战，上次部署互联网挂号系统的初版用了两周时间，即便是少量新增功能，也需要重新部署，我担心类似的情况再次出现。"

王云飞眉头微皱："我明白，部署效率是亟待解决的关键。你们先专注于开发，至于部署这个难题，我来想办法。"

王云飞回到办公室，给李子乘教授发去微信。不多时，教授的电话打了过来。

"云飞，你们在部署新系统时遇到了一些麻烦吗？"

"是的，李老师，医院的IT环境异常复杂，系统之间相互依赖。为了保证日常运营，我们只能在晚上进行部署操作，这导致效率非常低，各方的配合也比较难协调。上次部署互联网挂号系统的初版就花了两周时间，严重拖慢了我们的进度。"

李子乘沉默片刻后给出了建议："云飞，要想给部署工作提速，我建议你们可以建立一个与生产环境基本一致的仿真环境。这样可以在不影响实际医疗服务的情况下进行测试和部署。你稍等，我的课件里有一张类似的参考图，我一会儿通过微信发给你。此外，可以考虑引入成熟的开源技术，这不仅能加快开发速度，还能降低长期的维护成本。"

一两分钟后，李子乘发来了一张示意图（图7-1）。

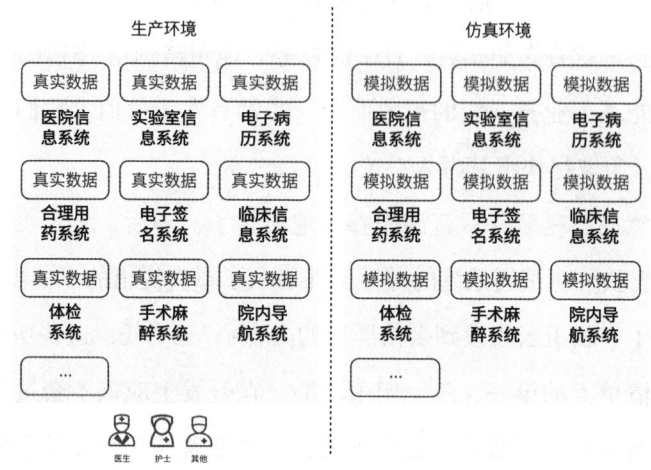

图7-1 仿真环境示意图

王云飞盯着屏幕左右扫视："老师，我明白您的意思了。我马上行动，和团队研究下仿真环境的构建，并探索开源技术的适用性。"

软件研发环境

● 生产环境：这是软件系统实际运行的场所，例如医院中的互联网挂号系统、电子病历系统。

● 仿真环境：一个与生产环境基本相同的系统，主要用于测试和实验。它有助于克服在生产环境中部署的限制问题。仿真环境不需要1∶1重新构建各类系统，但是需要模拟出相应系统接口。

挂断电话后，王云飞把冯凯等人叫到了小会议室。

"我刚和李教授交流了一下，他建议我们构建一个与生产环境相匹配的仿真环境，这能够让我们在不打扰日常运营的情况下，推进部署流程。"

陆立露出赞同的表情。冯凯则提出了很现实的考量："构建仿真环境确实是理想的方式，但面临着技术和资金的限制，'高仿'是一件困难的事啊。"

"嗯，这是个问题。不过，我们也不需要做到完全一致，很多系统可以直

第 7 章 软件工厂无仿真不立

接按最小化部署方式先跑起来。如果涉及硬件比较复杂的系统，可以写一个模拟器，模拟真实系统反馈。当然哪怕再简单的仿真环境，还是需要一定投入的，我去与院长沟通争取。毕竟，这是我们项目持续发展的关键。"

怀着几分忐忑，王云飞敲响了晏九嶷办公室的门。

"院长，我想跟您谈谈互联网挂号系统部署的优化计划。"王云飞直入主题。

"云飞，听说新系统的试用反馈不错。你说，今天来找我，有什么新情况？"

看着晏院长情绪颇佳，王云飞多了几分底气："院长，我们现在面临的挑战在于，医院的 IT 环境错综复杂，为了确保白天医疗服务的不间断，我们的部署工作只能选择在非常规工作时间进行。但这导致了部署效率严重受限，给团队带来了很大的压力。"

"我咨询了四方大学的李子乘教授，他是我的导师。"王云飞继续说道，"他建议我们创建仿真环境来解决前面提到的问题。所以我今天来找您，是想申请一笔经费来支撑我们搞这个建设。"

"具体的技术方案我不懂，但这个思路听起来不错，既能提高效率，又能控制风险。我当然支持你们通过新技术来提质增效。但你也知道，疫情对我们医院财务的冲击，如果要特批一笔额外的项目经费，这不是我一个人能拍板的，得在会上讨论决议。"

王云飞理解了院长的潜台词："院长，我明白了。您支持我们开干就行。我会先尝试尽最大努力利用现有资源，避免不必要的开支。"

"好。你可以考虑从中心的年度运营支出里调整这笔预算，如果有任何问题，可以和孔总沟通。"

王云飞站起身，充满感激地说："感谢院长的理解支持。"

回到信息中心，王云飞宣布："院长同意我们启动仿真环境的建设，但由于医院资金申请有些困难，我们还是得利用现有资源来开展这项工作。对于仿真环境，冯凯你来牵头落实，我建议可以利用现有的闲置硬件设备来构建，至于软件部分，我会尝试与供应商协商，看是否能获得临时授权或试用版。邢振，你看我们中心日常运维的年度预算里，能否挤出一部分资金来支持这项工作？"

邢振表示随后会去调研预算调配的流程。

冯凯提出了人员配置的意见："官剑这段时间正带着几个人在全力开发新功能，如果再从中抽调人力，系统迭代的进度可能会受到影响。我们得调几个人来填补缺口。"

"嗯，是时候扩充队伍了。"王云飞回应道，"我尽快协调人员，你们专心于开发和部署优化工作。"

有了之前的经验，王云飞立即联系向澄，明确了这次所需人员的技能要求和岗位职责。

向澄的动作很快，三天后就组织了一拨候选人参加面试，经过紧凑的筛选和面试，最终5位新成员加入软件工厂团队。

王云飞组织了一场简短的欢迎仪式，新员工们略显紧张，逐个向大家简单介绍自己。王云飞环视着围坐一圈的团队成员，算上冯凯等人，软件工厂团队的人数已经超过了15人，颇具雏形。

王云飞快速切换到工作节奏："鉴于官剑等人目前有开发任务在身，新来的同事们将分别由冯主任和陆立先带领工作。我根据大家的技术背景和项目经验，先简要分了下工。冯主任这边将增加三名新成员，主要开展仿真环境的建设；陆立带领两名新成员，专注于引入开源技术。"

几天后，王云飞约上几位骨干对齐项目进展。

冯凯率先发言："我们这几天对生产环境进行了初步梳理，发现其中涉及的系统居然超过了100个，这给仿真环境的搭建带来了很大的挑战。好消息是，我已经联系了近20家供应商，大多数都愿意配合，为我们部署仿真环境提供支持。这其实是一件双赢的事，能为他们减少现场维护的成本。"

第 7 章 软件工厂无仿真不立

"但是,也有个别不太愿意配合,比如电子病历系统的销售经理刘奕,他以公司政策不允许为由直接拒绝了。"

王云飞边做记录边问道:"仿真环境的搭建工作进展如何?"

"基础硬件条件已经准备妥当,我们多方筹措了 30 多台服务器和网络设备。不过,技术上还是遇到了不小的挑战。一些老旧系统的技术架构已经过时,而且缺乏文档资料,要在仿真环境里复现它们,难度很大。"

"此外,像医疗影像系统这样的特制系统,功能独特,配置复杂,一旦脱离原有的运行环境,就会出现诸多问题,解决起来比较棘手。"

王云飞表示理解:"这个确实难,看来只能开发一个模拟程序。但数据要尽量仿真,能够通过接口提供一些看起来真实的数据。好在现在开发的系统还不需要和医疗影像系统对接,这个工作还不急。"

冯凯继续说道:"确实如此。但我还是担心仿真环境无法百分百复刻生产环境,对我们后续的测试和优化工作可能会产生一定影响。"

王云飞思考片刻:"对于那些不愿配合的供应商,我会再去谈谈,争取达成共识。我提议,现阶段我们优先聚焦于那些与互联网挂号系统密切相关的系统,尤其是那些影响最大的关键系统,比如用户管理系统、支付系统、诊疗系统、电子病历系统等。"

官剑随即接过话题,向王云飞递上一份计划,介绍起了互联网挂号系统的开发进展。"我们已经制定了开发计划,预计在两周内完成新增功能的编码和初步测试。不过,部署时间点仍然取决于仿真环境的搭建进度,这是一个变量。"

《四方大学附属医院互联网挂号系统新增功能开发计划》

一、新增功能概览

(一)自动推送复诊提醒

1. 实现基于患者历史就诊记录的智能复诊提醒。
2. 系统将根据医生建议的复诊时间自动发送提醒给患者。

3. 支持多种通知渠道，包括短信和 App 推送等。

（二）查看患者过往挂号记录

1. 医护人员、患者和授权的家属可以访问个人账户中的挂号历史。

2. 提供按时间排序的挂号列表，便于查看和管理。

（三）智能分诊导医服务

1. 根据患者描述的症状，推荐合适的科室和医生。

2. 提供初步病情评估，减少非必要的等待时间。

（四）健康档案同步与更新

1. 与医院电子病历系统无缝对接，实时更新患者健康档案。

2. 支持患者手动添加非医院来源的健康信息。

二、开发计划

1. 需求分析与设计：2 天。

2. 功能开发与测试：14 天。

3. 部署上线与优化：待定。

"官剑，你们的计划节奏安排得不错。关于部署时间的待定问题，刚刚冯主任提到的几个卡点，我们一起想想办法、使使力，得确保开发和部署两个环节能顺利衔接。"

官剑汇报完，王云飞注意到陆立似乎有些出神："陆立？轮到你了，你来讲讲开源技术引入的进展。"

陆立猛地回过神来："不好意思，昨天熬得有点晚。开源技术方面，我们目前也已经有了初步进展。我这里整理了一些建议，大家先看看。"

《四方大学附属医院信息中心关于采用开源技术的建议》

1. 开发模式：前端编码和后台开发必须遵循《公共开发规范》。

2. 架构模式：采用 B/S 系统架构，前后端分离的开发模式，使用 RESTful 风格的接口进行交互。

> 3.前端技术栈：网页构建标记语言采用 HTML、文件样式表示语言采用 CSS3、脚本开发语言采用 JavaScript、前端开发框架采用 Vue3、前端组件框架采用 Ant Design。
>
> 4.后端技术栈：后台 Web 应用编程语言采用 Java，项目管理工具采用 Maven，应用开发框架采用 Spring Boot，数据持久层框架采用 MyBatisPlus，接口文档管理工具采用 Swagger2，数据库类型选用 MariaDB[①]。
>
> 5.部署工具：容器工具选用 Docker，容器编排工具使用 K8s。

"除了这些建议，我还留意到一个潜在风险。在我们之前的开发过程中，可能过于注重功能的快速实现，而在代码标准和规范方面有所忽视。这往往会增加后期维护的难度，甚至影响团队间的协作效率。鉴于此，我建议我们引入一套统一的开发规范，以增强代码的可读性和可维护性，同时促进团队协作。"

> **开发规范**
>
> 开发规范是软件开发过程中的指导原则和标准，用于确保代码的一致性、可读性和可维护性。它涵盖了一系列的实践和规则，旨在帮助开发团队高效协作。

---

① B/S 系统架构（Browser/Server 架构）是一种基于浏览器和服务器交互的应用模式，用户通过浏览器访问服务器上的资源，简化了客户端的维护工作。RESTful 风格指的是一种软件架构风格，它定义了一组约束和原则，用于创建轻量级、可维护和可扩展的 Web 服务。Ant Design 是一套企业级的 UI 设计语言和 React 组件库，旨在提供一致的设计体验和高效的开发工作流。Web（网络）应用是基于 Web 技术构建的应用程序，通过网络浏览器访问和使用。Java 是一种广泛使用的编程语言，以其跨平台和面向对象的特性而闻名。Maven 是一个项目管理和构建自动化工具，主要用于 Java 项目，它帮助开发者管理项目构建、文档、报告、依赖等。MyBatisPlus 是 MyBatis 的增强工具，提供了丰富的 CRUD 操作、条件构造器、分页插件、性能分析插件等功能，使得开发者可以更加便捷地进行数据库操作，简化开发、提高效率。Swagger2 是一个规范和完整的框架，用于生成、描述、调用和可视化 RESTful 风格的 Web 服务。MariaDB 是一个由社区开发的、与 MySQL 兼容的关系型数据库管理系统，它是 MySQL 的一个分支，提供了更多的特性选项和存储引擎。

王云飞专注地听着："开发规范和标准对于项目的可持续性至关重要。那你有没有具体的计划或想法？"

陆立做足了准备，比出一个 OK 的手势："我研究了几个业界公认的优秀开源项目，发现它们之所以能获得广泛的认可和成功，很大程度上归功于它们遵循了一套完善且严谨的开发流程和代码规范。"

为了使团队成员更好地理解他的思路，陆立连接上投影仪，用幻灯片展示了初步的开发规范草案。他开始条理清晰地解读。

《四方大学附属医院互联网挂号系统开发规范（草案）》

版本：1.0

一、代码编写规范

（一）命名约定

1. 变量、函数、类名应具有描述性，避免使用缩写。

2. 使用驼峰命名法或下划线分隔。

（二）注释与文档

1. 重要逻辑和复杂算法必须配有清晰的注释。

2. 函数/方法应该有文档字符串，说明参数、返回值和异常。

（三）代码格式

1. 统一代码风格，使用如 Prettier 或 ESLint 等工具进行代码格式化[1]。

2. 限制行长度，通常不超过 80 个字符。

……

二、版本控制

（一）使用 Git 进行版本控制

---

[1] Prettier 是一个代码格式化工具，它支持多种语言并能够自动格式化代码以符合一致的风格。ESLint 是一个静态代码分析工具，可用于识别和报告 JavaScript 代码中的潜在错误、编码规范问题（如变量命名、代码结构、最佳实践等），其核心功能是代码质量检测，通常与 Prettier 配合使用，前者负责逻辑规范检查，后者负责代码格式统一。

1. 所有代码提交都必须附带明确的提交信息。

2. 使用分支策略，例如 Git Flow[①]。

(二) 代码审查

1. 所有代码更改需经过至少一位同行审查。

2. 审查关注点包括代码质量、安全性和功能实现。

……

三、测试规范

(一) 单元测试

1. 为每个功能模块编写单元测试，核心代码覆盖率达到 100%，非核心代码覆盖率达到 80% 以上。

2. 使用如 JUnit、Mocha 等测试框架[②]。

(二) 集成测试

1. 测试不同模块之间的交互。

2. 请确保 API 接口正确无误。

……

王云飞总结道："非常好，陆立，没有规矩不成方圆。接下来，你继续细化开发规范，后续我们再组织一次全员培训，确保每位成员都能准确理解并熟练掌握。"

陆立精神为之一振："好的，主任。给我们 5 天时间准备。"

王云飞打开手机，在日历中记录下这一项待办事项。"到时我也来听听。"

---

① Git Flow 是一种 Git 分支管理策略，旨在通过定义清晰的分支结构和工作流程，简化团队协作和项目管理。

② JUnit 是一个广泛使用的 Java 编程语言的单元测试框架。它允许开发者编写可重复执行的测试用例，以验证代码的各个单元（如方法或类）是否按预期工作。Mocha 是一个功能丰富的 JavaScript 测试框架，运行在 Node.js 环境中。

散会后，王云飞单独留下冯凯，商讨供应商配合度不高的解决方案。

接下来几天，王云飞或是搬出院领导与供应商高层管理者直接沟通，或是拿出合同条款强势要求，或是寻找替代方案、沟通补偿机制，总算基本扫清障碍。最后仍有个别供应商因为时间久远、人员调整等原因难以配合，冯凯带着几位员工从零开始构建仿真环境。不负众望，两周后，与互联网挂号系统紧密相关的高仿真环境终于被搭建完成。

与此同时，官剑率领的开发团队圆满完成了新功能的编码与测试；陆立带领两位新员工初步实现了开源技术的本地化部署，并在此基础上初步确立了一套全面的开发规范。大家终于可以轻松地说道，齐心协力让"高仿"不再是一件困难的事情。

7.2　十倍部署速度

随着系统开发、高仿真环境构建和开源技术融合三大关键任务的顺利完成，互联网挂号系统的第二次的部署工作，已然厉兵秣马，蓄势待发。

到了约定的部署日。

王云飞反复询问是否准备妥当。

官剑语气中透露出坚定："王主任，您放心。互联网挂号系统在仿真环境中的表现与生产环境几乎无异。任天乐这段时间也为部署工作准备了不少新策略，我们有信心，这一次的部署将顺利进行。"

听到官剑笃定的保证，现场气氛高涨，大家心中都憋着一股劲，渴望洗刷初次部署的阴霾，用实际行动证明团队的实力。

夜幕低垂，王云飞与官剑带领的部署小组在八点抵达医院数据中心，紧张而有序地进行着最后的准备工作。机房内，团队成员们的身影与闪烁的屏幕构成了一幅忙碌的画面。

第 7 章 软件工厂无仿真不立

王云飞看了看手表，时间逼近预定的部署时刻："我们必须严格按照部署计划行事，确保每个步骤都精准无误。官剑和陆立，你们两人将负责具体的部署操作。项目组的其他成员，在部署完成后，要立即展开全面测试，一旦发现任何异常，务必第一时间上报。"

官剑简单地说了声"好"，手上的操作却没有停下。

陆立紧接着表态："主任，您放心，我们一定严格按照部署计划执行，确保万无一失。"

> **部署计划**
>
> 部署计划是在软件开发过程中，将代码从开发环境迁移到生产环境的一系列详细步骤和策略，确保软件顺利发布并交付给用户。

八点半，部署工作准时开始。

时间悄然流逝，随着官剑的再次汇报，不到两个小时，部署工作已全部圆满结束。"主任，所有的部署任务已经顺利完成，过程比我们预想的还要顺畅，没有任何突发状况。"

王云飞露出满意的笑容，称赞大家的高效率。随即掏出手机亲自体验了新系统的使用，从挂号到新功能的每一个环节，一切运转正常。

王云飞长舒一口气，迅速通过微信向晏院长发去了喜报，简练地分享了这个令人振奋的消息。

"晏院长，您好！刚刚完成的系统升级部署非常顺利，所有新功能均成功上线，目前系统运行稳定，未接到任何异常报告。这次部署的顺利实施，多亏了院长及院领导的鼎力支持。"

院长的回复迅速而鼓舞人心："恭喜你们！能在短时间内取得这样的成果，说明你们团队的能力有了显著提升。保持这股干劲，在后续的工作中再创佳绩。"

完成所有收尾工作后，王云飞与部署小组成员围坐一桌，在欢声笑语中分享着这次"十倍部署速度"的喜悦。王云飞举起杯子，向团队成员们致以感谢："各位，今晚的聚会不仅是为了庆祝部署的顺利，更是为了感谢大家的辛勤付出。没有你们，就没有今天的成功。"

团队成员们纷纷响应。官剑笑道："主任，这次部署的顺利得益于我们团队的默契合作，特别是冯主任牵头的仿真环境搭建，为测试和部署提供了坚实的基础。我敬冯主任一杯。"

"来来来，大家一起。"在难得的轻松氛围中，团队成员们举杯共饮。

聚会结束前，王云飞私下嘱咐冯凯，虽然第二天是休息日，但作为系统再次部署后的第一个试运行日，还是要做好值班安排，确保任何突发情况都能迅速应对。

次日，在医院信息中心，冯凯、官剑和林谦依然坚守岗位。幸运的是，一切运行正常，王云飞终于得以安心地度过一个悠闲的周末。

周一上午，晏九巍院长和毛无夷书记一同步入综合楼。他们的到来，瞬间让整个信息中心的气氛热闹起来。

院长和书记步伐稳健，面带微笑。王云飞领着两位领导走进大厅，其他几位团队成员站在入口处，以热烈的掌声欢迎他们的到来。

简要参观了一圈信息中心后，晏九巍清了清嗓子，声音中带着明显的喜悦："各位同仁，今天我们在这里聚集，是为了庆祝一项里程碑式的成就。就在上周，信息中心的团队以惊人的效率完成了互联网挂号系统的升级部署，不仅大幅缩短了部署时间，更实现了稳定运行，为医院的信息化建设开创了新局面。"

毛无夷书记的语气中同样充满了赞许："你们树起了信息化该有的样子！我们为有这样一支高效、专业的团队而感到自豪。你们的成功，不仅是技术上的突破，更是对医院未来发展模式的一次深刻探索。你们的付出，我们都看在眼里，记在心上。"

王云飞代表团队回应道："感谢院长和书记的肯定，这些进步离不开每一

第 7 章 软件工厂无仿真不立

位团队成员的共同努力,也离不开医院领导的大力支持。我们将以此为契机,继续深化医院信息化改革,为患者提供更加便捷、高效的医疗服务。"

院长和书记的鼓励,给了王云飞及其团队莫大的鼓舞,成员们心中涌起一股暖流。

然而,在人群的外围,信息中心里没有参与互联网挂号系统项目的其他员工显得有些格格不入。樊博小声向身旁的人抱怨:"院长和书记的表扬似乎与我们无关,但我们还得花时间来这里当观众,真是没劲。"

院长和书记离开后,王云飞站在众人面前,声音中充满力量:"刚才院长和书记的肯定,是对我们工作的认可,也是对我们团队的厚望。我们不能辜负他们的期望,更不能让自己的努力白费。"

陆立代表大家发言:"主任,您放心,我们会保持这份干劲,把项目做得更好,让互联网挂号系统成为医院信息化的一大亮点。"

等人群散开,樊博缩在一角的工位上,不屑地跟其他人嘀咕:"真是给点阳光就灿烂,我看不能高兴得太早。系统好不好用、稳不稳定,不是一两天就能看出来的。我就等着看热闹,我敢说,赶鸭子上架搞出来的系统,到后面肯定会有麻烦,咱们走着瞧。"

7.3 "给黄牛建了个系统"

这天,皮肤科主任章直来到综合楼三楼,敲了敲 324 办公室虚掩着的门,没等王云飞回应,便推门而入。

"王主任,我这次来,是要给你们点赞的。"章直毫不掩饰他的赞赏,闪身坐到了王云飞对面。"你们那个互联网挂号系统,真是帮了我们科室的大忙。那些原先供应商解决不了的问题,你们半个多月就全部搞定了。这效率,佩服!"

王云飞起身倒了杯水放在桌前,笑着回应:"能得到章主任和皮肤科的认可,就是我们团队最好的回报。"

章直说话掷地有声:"系统运行得挺好,但我这边还有个提议。现在我们皮肤科只放了一半的普通号,来门诊现场排队挂号的人还是不少,尤其在抢专家号时,疫情期间这样聚集,实在让人头疼,我们管理起来也麻烦。如果能把大部分的号,尤其是专家号,都放到互联网上,那可就方便多了。"

王云飞认真倾听,提出了自己的看法:"这也在我们中心的规划中,不过,章主任,我们也得兼顾系统的稳定性和患者的实际需求。我建议,可以先尝试开放一小部分专家号到系统上,观察一段时间的效果,并收集患者的反馈,然后再决定是否全面开放。这个方案您看是否可行?"

"王主任,你说得对,稳妥为上。我们就按照你说的来,先小范围试点,看看效果如何。"章直挑了挑眉,有自己的坚持,"不过依我看,还是至少先开放一半吧。晚点我让人把开放试点的专家名单发给你们。如果效果好,我希望全面推广。"

"好。我们尽快迭代系统,争取早日上线一半的专家号。另外,我们也在考虑加大宣传力度,让更多患者知晓并使用医院的互联网挂号系统,也希望皮肤科多多支持。"

章直嘴角上扬,起身准备离开:"行,王主任。有问题记得随时找我,不用和我见外哈。"

章直来也匆匆,去也匆匆。王云飞随即叫上几位骨干在小会议室集合。

"各位,刚刚皮肤科的章直主任来访,他对我们的互联网挂号系统给予了高度评价,同时也提出了一个重要建议。他代表皮肤科希望我们能开放更多挂号资源,特别是专家号,以便减轻现场排队的压力,减少疫情期间的聚集风险。"

团队成员们聚精会神,不时拿笔记录。王云飞继续说道:"我建议先将一半的专家号资源放到互联网挂号系统上,观察运行情况并收集患者反馈,然

第 7 章 软件工厂无仿真不立

后再决定是否全面推广。同时，我们必须加大宣传力度，让更多患者了解并习惯使用我们的系统。"

冯凯提出了一个实际的建议："在宣传方面，我们可以利用医院的公众号和官方网站，发布相关文章，详细介绍互联网挂号的流程和优势，吸引更多患者使用。虽然这只是皮肤科的试点，但我们的目标是全面推广，提前做好宣传工作也无妨。"

陆立接着说道："对，我们还可以制作一些易于理解的操作指南，甚至可以制作视频教程，方便用户学习使用。"

邢振也提出了一个建议："我们还可以考虑与医院的志愿者团队合作，他们在患者服务方面经验丰富，可以帮助指导患者使用互联网挂号系统，特别是对老年人群体。"

王云飞有一种"一顺则百顺"的轻快感，对大家的提议表示赞赏："都是非常好的想法，我们要全方位覆盖，确保患者能够轻松获取信息。这样，冯主任，你负责与章直沟通，获取专家名单。官剑，你带着软件工厂团队的人将其整合到互联网挂号系统中。陆立，你与邢振合作，准备宣传材料，由邢振负责在医院内外进行推广。"

前期的努力和磨合为团队打下了坚实的基础，流程的日益娴熟让眼下的调整和优化显得游刃有余。当王云飞宣布增加放号量及各自的工作分配时，几位成员都是一副从容的表情，仿佛这只是一次常规操作。

接下来几天，团队成员们各司其职，有条不紊地推进着任务。整个团队像一台精密运转的机器，再次部署完成后，一切正如王云飞所预期的那样尽在掌握。

不料，好梦易醒。

互联网挂号系统上线皮肤科专家号功能没两天，原本旨在缓解现场挂号压力的举措，却意外引发了一系列问题。

用户投诉电话不断，系统中放出的专家号几乎在瞬间就被抢光。更让人头疼的是，医院现场和线上平台开始出现了黄牛倒号的现象。

王云飞和几位骨干围坐在会议室，每个人的脸上都写满了疑惑与不安。

官剑详细解释着问题的根源："我查了一下，黄牛应该是通过脚本批量抢专家号。这表明我们的系统中存在漏洞。"

"修复这个问题并不简单，我们需要定位是哪里的代码出现了漏洞，同时还要增强系统的抗攻击能力，防止黄牛利用机器人批量抢号。"

脚本

　　脚本是一套自动化的指令清单。以互联网挂号系统为例，脚本就像是一个电脑版的"抢号机器人"，它能自动执行挂号流程，模拟用户在互联网挂号系统中快速抢专家号的操作。

正当团队成员们紧锣密鼓地讨论解决方案时，王云飞接到了章直的电话。

章直愤怒地说道："王主任，我们皮肤科的专家号，病人根本挂不上，反而黄牛手里一堆，你们赶紧看看怎么处理？"

"章主任，我们正在开会加紧定位问题。您放心，我们一定尽快解决。"

"我怎么放得下心。"章直毫不留情，"黄牛在网上公然兜售专家号，影响太恶劣了。甚至有人说你们是给黄牛建了个系统吗？以前他们至少还得雇人排队，现在好了，足不出户就能抢号。"

眼见安抚不成，王云飞坦诚地说了自己的想法："这是我们考虑不周，前期为了加速项目推进，在某些环节上可能牺牲了安全把控，导致功能上线后暴露出缺陷。在系统还没开放专家号时，黄牛们或许没有注意到其中的价值，这也让我们有所松懈。但现在，他们看到了牟利的机会，就开始利用系统漏洞大肆谋取私利。"

缺陷[17]65

　　硬件设备或部件中的缺陷，例如短路或断线。此定义最初由容错系统使用。在计算机程序中，指不正确的步骤、过程或数据定义。

第 7 章　软件工厂无仿真不立

> 在通常用法中，术语"差错（error）"和"隐错（bug）"表示相同含义，指软件中存在的错误或问题，这些缺陷可能会导致系统不能正常工作，或者被非法利用。
>
> 在互联网挂号系统中黄牛正是利用了系统的安全缺陷，从而比别人更快速地挂号。

"多说无益，你就给我们皮肤科一个交代，现在要怎么处理？"

"章主任，我打开免提，让团队里的工程师给您详细解释一下修复这个问题所需要的时间。"

官剑立刻解释道："章主任，经过我们的评估，修复、测试和重新部署的整个过程至少需要一周时间。"

"这么久？！"

"首先，我们需要定位具体是哪段代码出了问题，这需要时间进行代码审查。其次，为了防止类似问题再次发生，我们必须对系统进行加固，增强安全防护，这包括但不限于提升服务器容量，优化数据库查询效率以及部署防火墙等。最后，任何修改都必须经过严格测试，确保不会影响到系统其他部分的正常运行。"

听完官剑的解释，王云飞心头一沉："为什么需要这么久？"

官剑耐心解释道："两位主任，修复漏洞只是冰山一角，修复后的全面回归测试才是重中之重。这意味着我们必须重新检测系统内的每一个环节，确保每一个功能的正常运行。"

> **回归测试** [18]469-492
>
> 回归测试是在软件修改后进行的测试，旨在确保改动没有引入新的错误或破坏现有的功能。

王云飞眉头紧锁："我明白了，这意味着我们需要重新走一遍完整的测试流程。"

官剑轻叹一声：“是的，我们必须确保修复工作不会引发新的问题。否则即便解决了这次的黄牛问题，如果出现更严重的后果，反倒得不偿失。”

深吸一口气，王云飞清楚这是一个棘手的局面，既要确保测试的完整性，又要应对问题的紧迫性。他做出了决定：“我建议，尚未放出的专家号先暂时搁置，待问题彻底解决后再重新上线。章主任，你们看这么处理是否可行？”

章直意识到问题的彻底解决需要时间，态度也稍微缓和下来。

王云飞对他的理解表示感谢，同时再次叮嘱官剑：“抓紧时间定位和修复问题，同时要保证此类事件不会再次发生。”

团队成员们闻令而动，官剑迅速带领开发团队投入到紧张的修复工作中。

这边软件工厂团队在紧锣密鼓地排查问题，樊博听说了前因后果，一副看好戏的模样。对他而言，这一切仿佛是在验证他的预言，他用胳膊碰了碰旁边的人，说道：“咱们打个赌，如果他们在一周内能搞定黄牛问题，我请吃饭。”

接下来的一周，软件工厂成了不夜城，所有人都在与时间赛跑。一方面，团队紧急修补了系统中的漏洞，完善了身份验证机制，增强了系统的安全性；另一方面，他们加强了对挂号行为的监控，限制了同一 IP 地址的挂号频率，以防止黄牛利用技术手段垄断专家号资源。

在共同努力下，官剑等人提前一天完成了系统的重新部署并上线。出于谨慎考虑，这次先从四分之一的专家号开始投放。连续几天，黄牛抢号的现象得到了有效遏制，就诊秩序也恢复正常。

事后，王云飞和几位骨干复盘了这次事故。

冯凯反思道：“过去，我们过于追求软件工厂的速度优势，将几乎所有注意力都集中在功能开发与性能优化上，力求每一行代码都能发挥最大效能，每一项功能都能带给用户最佳体验。这次的黄牛事件提醒我们，在今后的工作中必须加强对系统安全性和外部环境变化的考量，这是目前我们在信息化建设中的一大盲点。”

第 7 章 软件工厂无仿真不立

王云飞点了点头:"我原本坚信'事在人为',不过现在看来,成功并非仅仅依靠我们自身的努力就能达成,外界因素的干扰同样不可小觑。"

他遇到李子乘时也聊起这事,李教授会心一笑:"云飞,你想得没错。信息化建设如同航行在波涛汹涌的大海中,既要依靠船员的技艺与勇气,也要警惕风浪与暗礁的威胁。你不能只会埋头做事,还要学会广开视野。信息化建设是一场持久战,你要做好和黄牛持续斗争的准备。"

王云飞后来和官剑提起教授的提醒,官剑表面应和:"主任我明白,不过您放宽心,咱们的系统这几天很稳定,黄牛这事应该已经翻篇了。"

工作札记 7

仿真环境构建的挑战与应对策略

构建与生产环境高度一致的仿真环境是加速测试和部署的关键,其核心在于模拟真实系统接口并解决技术遗留问题。仿真环境的构建可以通过接口模拟与数据仿真复现生产环境,降低测试风险,避免直接影响真实业务。而针对老旧系统(技术债、文档缺失),可采用轻量化模拟策略(如虚拟接口、仿真数据生成)替代完全复现。实施过程中,要优先聚焦核心业务链路(如关键模块的对接),逐步扩展覆盖范围,平衡效率与复杂度。

代码规范与开发流程的体系化建设

前期快速开发导致代码规范缺失,需通过统一命名规则、强制注释文档及自动化工具提升可维护性。版本控制与代码审查(质量/安全双维度)是协作基石,通过规范提交信息与同行评审机制,降低后期维护风险。此过程强调从"功能优先"转向"质量与安全并重",避免技术债务累积影响系统迭代。

系统安全与高并发场景的防御优化

漏洞处理追求闭环管理,建立漏洞定位—修复—回归测试—监控的完整链路,强化高并发场景下的抗压能力(如限流、熔断)。安全设计要注意前置化考虑，在架构设计阶段嵌入防御机制（如身份验证、防自动化脚本攻击），避免功能开发与安全补丁的割裂。信息化建设需兼顾功能迭代与安全演进，要有"开发—测试—攻防"多维联动的持久战思维。此外，还需动态适应外部环境变化（如攻击模式演变），避免"功能优先"的单维思维，需统筹技术实施、安全防御与业务连续性，以系统性框架应对复杂挑战。

第8章
软件工厂车间互联

——心气常顺，百病自遁。(蔡清《密箴》)

8.1 工厂是怎样运行的

事与愿违。

王云飞坐在办公桌前，不安地看着客服中心转发来的患者投诉——安分了几天的黄牛，在线上专家号恢复到开放一半后，又死灰复燃，不少黄牛号又在市面上流转。

正思索时，陆立急切地敲门进来："王主任，今天刚放出的专家号秒没，这情况看着不太合理，似乎黄牛的手段又升级了。主任，您看我们怎么处理？"

王云飞深叹了一口气："你先通知官剑把专家号预约功能暂时关闭，把日志数据导出来，再叫上几位骨干到会议室。我们马上开个会，商量下对策。"

会议室里热烈讨论后，王云飞发言："大家都清楚，我们的挂号系统又一次遭受黄牛的攻击。刚刚大家一起分析日志，也找到了问题，估计一周时间可以修复。大家有没有想过，为什么我们刚修复好的漏洞，黄牛却能迅速找到新的突破口？"

陆立打破尴尬局面："我认为问题可能在于开发流程。我们修复漏洞并重新部署的周期过长，而且各环节衔接不够紧密，这让黄牛有了可乘之机。对他们而言，只要找到一个漏洞，就能持续利用一段时间，这种收益很有诱惑力。"

官剑点头附和道："的确如此。修复漏洞需要和黄牛赛跑。毕竟防护需要全面考虑问题，而攻击只要找到一个突破点。"

负责测试修复缺陷的黎顺也加入讨论："我在测试过程中也遇到了类似的问题。由于与开发团队的沟通不够顺畅，有些问题不能及时得到反馈和解决，这也延长了整个修复周期。"他先前有一定测试工作经验，在这段团队的摸索期也成为测试环节的"定海神针"。

陆立继续补充："还有，为了反黄牛增加的验证码功能，本来是一个简单的操作，但在实际操作中，却在设计选型环节来来回回折腾了好久，浪费了大量时间。"

王云飞的思路逐渐明朗："要从根本上解决黄牛问题，必须对现有的开发流程进行深度优化，持续提速。如果我们能够大幅缩短从开发到部署的时间，应该就可以有效地遏制黄牛的嚣张气焰。"

官剑随即回应："理论上讲，如果我们的响应速度足够快，黄牛就算有再多手段也会受到限制。但关键是，我们必须大幅度提高效率才能占据主动。如果只是将周期从一周缩短到四五天，恐怕还是很难应对黄牛的快速行动。"

王云飞点头称赞道："那么，大家有没有什么好的建议？如何才能让我们的开发流程更加高效，缩短从开发到部署的时间？"

大家七嘴八舌地讨论了好一会，但未能形成确切的方案。王云飞站起身："这样吧，大家先继续自由讨论，我去打个电话。"

早在会议开始前，王云飞就已通过微信联系了李子乘教授。刚刚收到回复，王云飞便趁此机会离席。

回到324办公室，他迅速拨通了李子乘的电话，简要说明了当前黄牛带

第 8 章　软件工厂车间互联

来的挑战，以及对调整开发流程的初步想法。

片刻后，李教授缓缓开口，提出了一条看似不直接相关，却充满深意的问题："云飞，你知道你们现在的'软件工厂'是如何运行的吗？"

王云飞愣了一下，回答说："不就是先分工，然后每个人负责自己的部分，最终确保系统能顺利上线吗？"

察觉到王云飞似乎没有完全理解他的提问意图，李子乘换了个角度，温和地继续问道："那我再问得具体些，你对我们目前的开发流程了解透彻吗？如果让你描述一个功能从构思到上线的整个过程，你能清楚地说出来吗？"

王云飞自信满满地回答："当然可以，我们一般是先从需求分析做起，明确功能的目标，接着进入系统设计阶段，规划实现的具体路径。之后是编码阶段，把设计方案变成实际的代码。然后进行全面测试，确保功能和性能都符合标准。最后，通过测试的功能会被部署到生产环境中，供用户使用。整个过程我们团队会强调小周期的迭代，以快速响应需求变化。"

"你所说的流程是正确的，但你也应该意识到其中存在优化的空间。换句话说，你刚才描述的流程适用于任何软件开发，但对于你们互联网挂号系统的具体情况，你有清晰的认识吗？不同环节要耗时多久？不同开发人员的效率差异大不大？眼下该从哪里提速？在你心中有没有一幅明确的流程图？"

李子乘这一连串的问题让王云飞一时语塞。

听到电话那端的沉默，李子乘继续说道："云飞，你也知道现在团队要靠速度来对抗黄牛。我建议你们采用看板方法，使开发流程可视化。"

看板方法

看板方法是一种源自精益生产的敏捷项目管理方法，广泛应用于软件工程领域，旨在通过可视化工作流程、限制在制品数量以及持续改进来提高团队效率和交付质量。通常分为多个列（如"待办""进行中""已完成"）。

205

王云飞仍然抱有担忧："李老师，我明白可视化的价值，但与黄牛的斗争刻不容缓，引入看板的方法是否可以放到这之后再说？"

李子乘耐心解释道："看板的形式多种多样，既可以是简单的纸质卡片，也可以是电子系统，关键在于流程的透明化。看板的最大效用在于让每个任务的状态一目了然，便于识别流程中的瓶颈所在，从而帮助你们更好地管理工作流，加快任务从启动到完成的进程。考虑到你们目前的情况，我建议先从简单入手。比如找一块白板，就从这次修复工作开始，由骨干成员共同绘制开发流程图，并清晰地标明每个人手中的任务，严格按照看板规则执行。待情况稳定下来，再逐步将其系统化，从而实现长期的效益。"

"明白了，谢谢李老师。我立刻组织骨干梳理流程。"

王云飞返回会议室，问道："大家讨论得怎么样？有什么好点子吗？"

官剑神色轻松了些："一个好消息是，刘超群刚刚给我发消息，按照日志信息已经定位到了需要修复的代码模块，正在讨论解决方案。"

王云飞岔开话题："超群排查的速度蛮给力的，看起来又招到一个得力干将啊。"

官剑点点头："嗯，前段时间跟着冯主任一块搞仿真环境建设，挺有想法、有干劲的小伙子。"

陆立把话题拉回正题，表情依旧有些丧气："我们刚刚讨论了一会，暂时没想到太好的主意。实在不行，我们还是'兵来将挡，水来土掩'，发现一个问题，修复一个问题。多集中些人力来支持，先渡过眼下的难关。"

"这不是长远之计，总是处于救火状态只会让大家疲惫不堪。何况咱们这个系统以后是要在全院推开使用的，到时候黄牛只会更加疯狂。我这里倒有个提议，或许能帮我们走出困境。"看到其他几人屏息以待，王云飞继续说道，"我刚刚咨询了李教授，他建议我们可以用'看板'的方法。他说这能显著优化工作流程，提升速度。大家之前有接触过这种方法吗？"

林谦观察周围无人说话，犹豫之后开了口："王主任，我对看板有点了解。通过看板，我们可以将整个开发流程可视化，比如将需求分析、设计、编码、测试、部署等步骤清晰展示出来。这种方法确实有助于提高透明度和响应速度。不过，我记得看板通常需要一套系统来支持，我们现在有时间和资源去实施吗？"

"没错，李教授就是这个意思。但我们不必一口吃个胖子，系统建设可以暂时搁置。我们可以从最基本的方式开始，比如使用会议室的白板作为临时看板（图 8-1），用便签纸记录下各项任务，然后贴在代表不同流程阶段的位置。每当任务有进展，便签也随之移动，这样我们就能直观地看到哪些环节存在瓶颈，需要重点优化。"

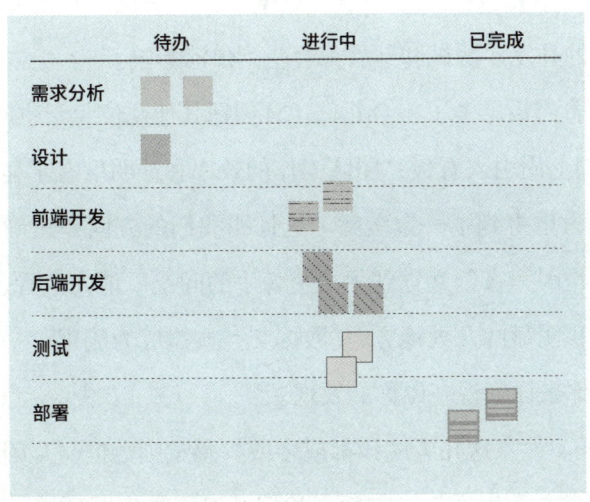

图 8-1　看板示意图

说着，王云飞走向会议室的白板，开始动手列出一系列步骤。成员们并无其他好主意，抱着试一试的心态参与进来。

接下来几天，团队保持着紧张有序的工作节奏，那块白板成为了 bug 处理进度的风向标。便签随着工作的进展不断调整位置，构成了一幅动态的工作全景图。

引入看板后，团队工作流程变得更加透明，问题解决的速度也随之加快。

处理漏洞的效率有所提高，进一步压缩了黄牛活动的空间。

不过，这份平静并未持续太久。官剑注意到一个愈发明显的问题：在开发流程的不同阶段都出现了便签堆积的情况。查看内容，这些便签大都与数据交互相关。

这天，王云飞刚走进综合楼，官剑迎了上来："主任，您最近有留意过我们的看板吗？我有个问题想和您聊聊。"

"是不是便签堆积的问题？我发现这两天便签越来越多了。"

"是的，我发现贴便签的速度比撤下来的速度要快得多，"官剑边分析，边领着王云飞走向会议室，"并且，问题不仅在于便签数量越积越多，更麻烦的是它们几乎集中在数据交互环节。数据交互是后续工作的基石，如果这一步受阻，后面的开发、测试和部署都会受到停滞影响。"

王云飞盯着白板思考了一会儿，让官剑把其他几位骨干也叫进会议室。

"自从我们上周引入看板，团队工作的效率和透明度有了显著提升，应对黄牛问题的压力也得到了一定缓解。这证明我们的方向是正确的。今天临时召集大家来，是因为官剑察觉到了一个棘手的问题。请大家看这里。"他指向看板上便签堆积明显的几处地方，"数据交互显然成为流程中一个亟待解决的瓶颈，官剑，你来详细说一说你的发现。"

"好的主任。大家这几天应该都或多或少感觉到数据交互问题成了一个卡点。主要有两个方面表现。一方面，我们开发网是内网环境，挂号系统虽然接入了互联网，但根据安全防护要求，部署运维工作不能远程开展，每次更新软件都需要刻盘来中心部署，需要开发人员来回跑，很影响效率；另一方面，我们开发的互联网挂号系统需要和5个内部系统互通，内部系统部署在医院内网，两边接口对接都是使用的定制程序，经常因数据包格式变化，需要升级对接程序，花费了大量时间。如果开发、生产在同一个网络，更新就要快很多，但按照防护要求我们不能这样做。另外，前期为了快速上线互联网挂号系统，我们只在医院内网和互联网之间加了防火墙，隔离强度不够。"

其他团队成员纷纷点头，陆立补充道："确实，有时候光盘操作不当导致损坏，需要重新刻录，这会造成很多时间上的浪费。"

王云飞问道："对于这个问题，大家有没有什么好的建议？"

林谦有些经验："我们可以考虑使用专门的跨网跨域数据交互工具来解决跨网跨域的数据交互问题。我记得市面上有成熟的产品，专门针对这类需求，不过可能需要额外的硬件支持。"

跨网跨域数据交互

跨网跨域数据交互指在不同网络或不同安全域之间进行数据传输与共享的过程，通常涉及数据格式转换、协议适配、安全认证和加密等技术，以确保数据的完整性、可用性和安全性。其核心挑战在于解决网络隔离、协议差异和安全风险等问题。在面向医院的软件开发中，跨网跨域数据交互不仅体现在医院内部系统与外部平台（如医保系统、区域医疗平台）的数据交换中，还贯穿于软件开发的全生命周期（如开发环境与生产环境的交互、跨团队协作与数据共享）。

王云飞眼神一亮："这是一个可行的方向，如果能有效解决当前的瓶颈，所需的额外支持我来想办法。林谦，你对这类工具了解吗？能推荐推荐吗？"

"实际上，我以前的工作环境中，这类问题都是由其他同事处理的，我没有深入研究过具体工具。不过，我可以去做些调研。"

"行。林谦，你牵头对跨网跨域数据交互的问题进行调研。我们需要盘点整个开发部署运维过程中，所有可能涉及数据交互的环节，评估现有工作方式的效率，以及考察市面上的解决方案。时间紧迫，我想要在明天有个初步的结论。"

"没问题，主任，明天一定给您答复。"

林谦迅速行动，召集了几位负责不同开发环节的同事进行讨论。他自己负责调研市场上现有的跨网跨域交互工具，而其他成员则梳理各自环节的数据交互需求及耗时情况。

在整合所有反馈后，林谦仔细审查了系统的关键节点，并根据调研结果评估了各节点的预期交互时间与实际耗时。对比数据让他惊讶地发现，那些看似不起眼的步骤实际上对整体效率有着重大影响。

第二天一早，林谦带着整理好的报告，向王云飞汇报："主任，这数据太惊人了。我本以为数据交互只是开发流程中一个不起眼的环节，没想到如果将其加以优化，效率提升可以如此显著。"

王云飞接过报告，一页页翻看起来。他特别留意到效率对比的部分，语气中带着一丝惊愕："确实如此。"

"根据初步调研的结果，应该是这样，毕竟我们纯靠人工的耗时数据摆在这里。当然，具体的产品效果还需与厂商进一步确认，我判断总体趋势肯定是正向的。"林谦回应道。

王云飞继续追问："那这些数据交互环节，我们是否可以统一使用一款工具来解决？这直接关系到我们的预算安排。"

林谦解释道："就我目前的了解，大多数情况下，一款通用的工具应该足以覆盖所有环节。不过，具体适用性及细节配置，还得和厂商再沟通。"

王云飞点头表示理解："看来，我们的方向是正确的。下一步，你先联络几家供应商具体了解情况。后续采购流程我让官剑来支援你，务必找到性价比最高的解决方案。而且有了这份翔实的数据支持，我相信申请预算会很有希望。"

8.2　遇水架桥

官剑找到林谦，询问关于厂商调研的情况："数据交互工具厂商的调研结果怎么样？你更倾向于选择哪一家？"

第 8 章　软件工厂车间互联

林谦翻开一个 Excel 表格，说道："经过对比分析，我认为数据桥联公司的产品在综合性价比上表现突出。"

"首先，他们的交互效率比同类产品高出约 30%；其次，他们提供包括完善售后支持的服务；最后，他们支持多种标准化的数据交互方式。"

官剑认真听取了林谦的分析："表格也发我一份。听起来，数据桥联确实是不错的选择。不过，我还得进一步了解他们的产品兼容性和扩展性。"

当天下午，官剑亲自进行了补充调研。销售代表详细解答了官剑的所有疑问，还主动提供了几份客户案例。官剑对他们的专业态度和积极回应印象深刻，在与王云飞汇报时也不吝夸赞："王主任，经过综合评估，我们倾向于选择数据桥联。他们的数据交互工具效率不错，主要是厂商的态度非常好。根据初步估算，采用他们的产品，我们有望将部署交互时间缩短一半以上。"

王云飞翻阅着官剑递过来的对比报告，颇为满意："数据桥联的解决方案确实很有吸引力。官剑，我对你和林谦的判断很有信心，你把控节奏，我们这次按紧急采购程序来推进吧，有问题问邢振。"

接下来几天，官剑和林谦密切合作，与厂商展开了深入谈判。他们不仅争取到了更加优惠的采购条件，还邀请了数据桥联的技术团队进行现场演示，演示效果获得了一致好评。

另一头，王云飞忙着筹措经费。在去院长办公室之前，他特意先去了趟会议室，将镜头对准了那块贴满便签的白板。他按下快门，心中默默合计，这张照片将成为说服院长的关键。

院长办公室里，王云飞首先递交了一份调研报告。

"晏院长，我来向您汇报挂号系统黄牛问题的处理进展。总的来说，我们的故障处理提速很多，黄牛近期安分了不少，不过隔三岔五还有'反扑'。我们总结，还是要把堵漏洞的速度提升。但是，由于医院的高标准安全监管要求，跨网跨域数据交互成为一个无法避免的瓶颈。"

晏九巍面露不解："云飞，跨网跨域数据交互是什么意思？为何会成为我们的难题？"

王云飞递上手机，给晏九嶷看了看照片："院长，您看照片里的白板，这些便签扎堆的地方，就是我说的工作流程卡点，它们都是在不同网络环境间进行数据交互的记录。由于安全政策，我们现在大部分通过刻录光盘的方式来交互数据，导致效率大幅降低，成为开发进程中的主要障碍。"

王云飞尽量用一些非专业术语来给院长做解释："经过调研和分析，我们认为需要引入专业的数据交互工具，用来解决不同网络、网域之间的数据交互问题。这些工具能起到'遇水架桥'的作用，加速数据的安全合规受控流转。"

晏九嶷看着照片，说道："云飞，实践出真知，我相信你们的专业判断。"

"感谢院长支持！不过，如果走常规的采购招标流程，耗时很久，最后中标的也还不一定是我们最有意向的厂商。所以为了不耽误时间，这次采购我们打算采用单一来源的紧急采购程序①，这还需要院领导们的同意。有您的支持，我们推行起来会更顺利些。"

"行，我支持。你们按照规定去准备材料吧，这周的院务会上再讨论审议一下。在此之前，你记得去找孔总汇报一下。"

王云飞心里的石头总算落了地。晏九嶷的认可如同一剂强心针，他更有底气地赶往财务处。

还是相似的套路，先给孔静珊看照片，讲述跨网跨域数据交互的必要性，以及数据桥联公司产品的优势。接着又从收益角度试图打动她。

"孔总，我明白这是年度预算之外的开支，我们又得做预算调整，但请相信，这笔投资将带来长期的收益。它不仅能够解决当前的开发瓶颈，还将为未来的信息系统建设打下坚实的基础。从成本上来看，根据我们的计算，引

---

① 单一来源的紧急采购程序：一种特殊的采购方式，通常在紧急情况下使用，允许直接从单一供应商采购，而不经过常规的招标流程。

第 8 章　软件工厂车间互联

入数据交互工具后，预计每年可以节省大约 10% 的开发时间。"

获准后，王云飞让邢振接手紧急采购程序的流程推进工作。邢振很快完成了紧急采购程序。

紧接着，数据交互工具的部署紧锣密鼓地展开。官剑的确对新技术有着近乎痴迷的热情。他全程监督，从布线、安装到调试，每一个环节都亲力亲为，确保万无一失。在接下来的几天里，团队与厂商技术人员连轴转地工作，软硬件设施逐一到位。

随着数据交互工具的部署工作如火如荼地展开，王云飞也组织安排了一些工具使用的宣贯培训，中心内部的关注与议论也日益增多。

有人好奇，也有人向官剑表达了担忧："以前我们使用手工刻盘，是为了确保数据安全，你现在这个新工具，能保证万无一失吗？"

官剑耐心解释道："我们经过了详尽的调研和评估，这款工具在保证数据交互效率的同时，也充分考虑了安全性。请放心，我们不会轻易冒险。"

一些负面议论传到了审计处处长沈初的耳中。

沈初在院务会前碰到王云飞："王主任，你们中心最近的动静确实不小。"

王云飞苦笑道："是有些忙乱，但都是为了尽快解决问题。不过，很快就能恢复正常。"

"我知道你们是为了提速，但有些人担心，你这样做会不会牺牲安全性，到时候速度上去了，安全下来了，这代价可不小。"

王云飞面不改色地说道："沈处长，我们是按照正规流程操作的。请您放心。"

随着一段时间的应用，团队成员深切体会到了效率的飞升。原本很多需要刻录光盘的工作，现在只需轻点鼠标即可完成。即便是没有参与到互联网挂号系统项目的信息中心成员，也在日常工作中提速不少（图 8-2）。

跨网跨域的数据交互瓶颈得以解决，基本能够将开发部署周期压缩至 2~3 天。王云飞发现，患者的投诉逐渐减少，尤其是关于黄牛的投诉明显下降。

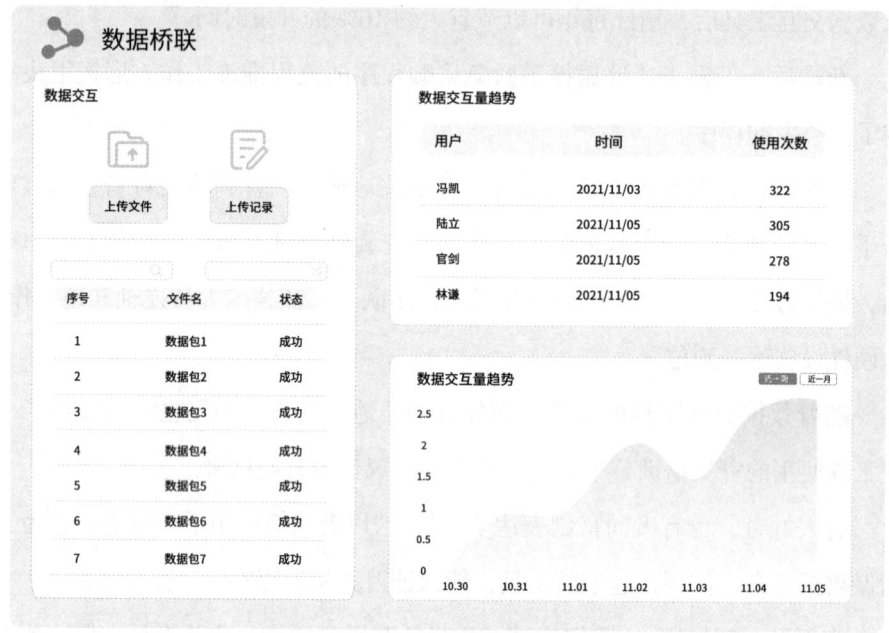

图 8-2 数据交互工具页面示意图

一日午休时,他与官剑聊起了这一变化:"现在黄牛问题是不是已经基本解决了?从客服中心给我的反馈来看,相关投诉越来越少。"

官剑这次谨慎了不少:"彻底根除还为时尚早,但相比之前,确有显著改善。有些黄牛可能还在挣扎,陆陆续续用一些刁钻的方法来抢号。我们发现一个,堵死一个,按照现在的开发部署速度,迟早能把他们全部'劝退'。"

8.3 高速公路通车

研发例会上,邢振分享了跨网数据交互工具带来的改变:"咱们中心以后采购光盘的经费可以省下一笔可观的开支了。"

陆立也分享了自己的感受:"现在,我可以设置自动同步,无需人工干预,数据就可以在不同网络之间无缝交互。"

第 8 章 软件工厂车间互联

其他人也点点头，但他话锋一转："既然跨网跨域数据交互的问题解决了，我这两天就在思考，是否能够在此基础上更进一步，优化我们的开发流程。"

大家的注意力被陆立的观点吸引。

陆立继续阐述："既然我们已解决了数据交互的瓶颈，为何不借这个契机，进一步优化开发链路，减少重复劳动，提升整体效率？事实上，数据交互工具之所以能成功，正是因为它取代了手动配置和人工处理，解决了耗时与效率低下的问题。我想，如果我们在跨网跨域的基础上，引入半自动化发布机制，将一些纯手工任务转变为半自动模式，不仅能显著提升开发速度，还可以减少人为失误。"

官剑对这个提议的态度相对冷静："陆立，你的想法是好的，但实际操作起来难度不小。手动操作的任务很多，如何确定哪些适合转变？全部优化，工作量太大，我们的时间和精力还是得聚焦在互联网挂号系统的后续功能开发上。"

林谦则表现出了浓厚的兴趣："我认为，这还挺值得探索的。比如，我们需要确保半自动化发布不会影响到现有的生产环境，还要考虑到不同网络环境下的兼容性问题。至于怎么把握这个任务的范围，我提议可以先做一个试点，这样速度也快，即使出现问题也能及时补救。"

王云飞眼神肯定："DevOps 的特点之一就是自动化。我觉得陆立的提议和林谦的补充很不错，就由你们俩牵头，先试着探索一下半自动化发布机制的可行性。但是不能影响咱们的主线工作，主要开发任务还是由官剑继续抓紧往前推。"

会议结束后，林谦和陆立两人单独讨论。林谦心中已有想法："我想到了一个不错的切入点，这次尝试还是围绕数据交互相关的环节来做文章，怎么样？"

不待陆立回应，林谦继续阐述："之前参与了数据交互环节统计的同事们对相关流程比较熟悉，他们应该是推动这项试点的最佳人选。我们听听他们对优化流程有哪些看法。"

陆立扬起嘴角，表示赞同。

临时组建的半自动化发布机制专项小组迅速投入到紧张而有序的工作中。他们花费数日，对数据交互相关的流程进行了细致的梳理。

讨论中，林谦的思绪相当活跃："比如我们可以从数据准备阶段入手。患者信息、医生排班、挂号详情、支付记录和诊疗历史，虽然来源各异，但都需要经过一定的处理。我们可以先提取出处理流程中的共性，编写通用脚本来自动化这部分工作，这样可以节省大量人力。"

"虽然我们已经在使用数据交互工具，但仍有不少环节需要人工确认后再手动触发交互。既然我们知道要交互的具体内容，为何不提高自动化水平，让系统自动完成校验并在确认无误后自动启动数据传输呢？"林谦充满信心地说，"这其实不难实现，只需要几行代码就能搞定。"

陆立被林谦的想法启发，补充道："数据校验也可以尝试自动化。我们可以为不同类型的数据设定相应的校验规则，无论是患者信息还是排班表，都能依据预设条件自动流转。而且，在数据交互完成后，我们还可以用自动化脚本将信息同步到相关的系统中，比如把支付信息直接发送给财务和对账系统，这样可以进一步提升工作效率。"

接着，陆立还提出了新的想法："我一直在思考，数据交互工具虽然解决了数据交互的难题，但在部署层面，仍需人工干预，比如环境配置、应用安装和版本更新。或许我们可以设计一个简易平台，类似于数据桥联，专门用于简化部署流程，自动同步部署信息到不同网络域。当然，为避免重大失误，我们仍然保留人工配置的选项，给半自动化发布机制兜个底。"

讨论的余温尚未散去，专项小组的成员们认领好分配的任务，立即开始行动。

林谦负责数据交互的自动化改造，他迅速编写了能够自动触发数据校验与交互的脚本。刘超群专注于数据校验的自动化设计，针对不同数据类型制定了详细的校验规则，确保每次交互前数据都能得到全面且精准的审核。陆立的视野更为宏观，他致力于构建一个简易的部署管理平台，简化系统数据的同步流程。

团队成员们紧密协作，从数据准备到交互，再到最终发布，每一步都融入了自动化处理，形成了一个连贯的半自动化发布链条。经过多次测试与优化，这套半自动化发布机制最终达到预期效果，并成功上线。经过试验，从开发代码提交到新代码部署交付，最快能从原来的 4 小时压减到 20 分钟。

王云飞在运维大厅查看新的部署模式，肯定了大家的付出："我们打通了部署链路，可以说是修好了一条由开发编码到部署交付之间的高速公路。今天，这条高速公路通车后，后续的小迭代小更新就不用凑零为整，随时可以发布了。"

随着半自动化发布机制的稳定运行，互联网挂号系统开发部署工作前所未有的顺畅，软件工厂团队的效率再度提升。更为可喜的是，那些黄牛也逐渐黔驴技穷，从团队的视野中消失了。

8.4 突发考验

冬夜的寒风呼啸，医院财务处里灯火通明。随着年终将近，科室上下正夜以继日地奋战，力求完成年度财务报告的编制。

会计徐红眉头紧锁，她再三核对，最终确认互联网挂号系统的资金数据与医院内部对账系统之间存在严重的同步偏差。这意味着，如果不及时纠正，财务团队将面临几乎无法完成的任务——人工核对超过四万笔的缴费与退费记录。这不仅工作量巨大，而且时间紧迫，极易出错。意识到事态的严重性，徐红迅速将这一情况上报至孔静珊。孔静珊闻讯，抄起电话打给王云飞。

"王主任，情况紧急！互联网挂号系统与财务对账系统的数据出现严重不符，这直接影响到我们财务报告的编制工作。你们要尽快查明具体原因，否则数万条数据的手动比对肯定是一场灾难。"

王云飞赶忙保证："孔总，我明白这事的严重性，我立刻调动一切可用资源，全力解决这一问题。"

孔静珊没有丝毫犹豫："别开空头支票。我需要一个明确的时间安排。五天，这是我能接受的极限。"

王云飞虽心中忐忑，却深知责任重大，只得硬着头皮应下："好的，孔总。五天之内，我保证问题得到妥善解决。"

王云飞迅速召集骨干回来加班。眼见王云飞表情凝重，成员间的气氛也紧张起来。

"财务处反馈遇到了数据同步的问题，互联网挂号系统的收费、退费记录与对账系统的数据存在不一致。这直接威胁到医院财务报告的编制，也影响到我们互联网挂号系统的声誉。"

王云飞语气坚决："时间紧迫，孔总只给了我们五天时间彻底排查。最近我们对开发流程的优化，此刻正是发挥效用的时候。"

官剑又一次被赋予重任。他没有片刻迟疑，迅速指挥团队成员投入战斗。林谦作为后端开发的主力，依照经验判断问题可能源于数据接口的异常。

经过一系列排查，林谦发现了问题的根源："的确是两个系统间的接口存在缺陷，导致数据交互受阻。但这不仅仅是配置的疏漏，我们需要重写接口程序，确保数据的实时同步和无缝对接。"

官剑当机立断，分配任务。

"陆立，与财务处保持密切联系，了解他们的具体问题和情况。"

"林谦，你负责编写新的接口代码，务必精准无误。"

"其他人全力协助，确保测试环节万无一失。在测试的同时，还要人工走查新编写的代码，尽量减少潜在问题。"

第 8 章　软件工厂车间互联

> **走查**
>
> 走查是一种非正式的软件审查技术，通常用于评估和改进代码、设计文档或其他软件产品。在走查过程中，作者或开发者向一组同事或利益相关者展示他们的工作成果，而参与者则提出问题、提供反馈和建议。

随后几天，大家连续奋战，进行排查、调试、重构和测试。

孔静珊的电话如同战时的号角，每天早中晚准时响起，询问进度。尽管她内心焦急，但在得知问题已被定位且修复工作正在进行后，她的焦虑也有所缓解。

经过近四天的昼夜奋战，官剑带来了好消息："主任，修复完成，我们正准备上线，财务处可以准备接收最新数据了。"

王云飞如释重负："太好了，总算能给孔总一个交代了。"

当财务处再次打开系统时，所有数据都已自动同步，那些困扰他们的 4 万多条记录，如今清晰无误地呈现在眼前。

孔静珊终于舒展眉头："没想到王云飞他们竟然提前交卷了！"她随即拨通了王云飞的号码："王主任，你们任务提前完成，真是不错。你知道的，我很少夸人，这次多亏你们了。"

"这是我们分内的事，孔总，毕竟我们也有责任确保系统稳定运行。"

孔总在电话里没有提起一件往事。那还是旧挂号系统上线时，运行了大半年后出现了数据错乱，公司排查了近 1 个月才解决问题。孔静珊不得已带了一帮会计和收费员加班加点，熬了 4 个通宵才完成财务报告的编制。

下班时，孔静珊在电梯里遇到了晏九巍，两人闲聊起来。她提起了信息中心的出色表现，言语中一改往日的犀利，表扬他们经受住了突发故障的考验。这一消息如同春风，迅速在医院内部传开。信息中心的高效与专业成了近两天大家茶余饭后的谈资，无论是在忙碌的临床一线还是严谨的管理层，都难得地为信息中心点赞。

接连几天沉浸在成就感中，王云飞逐渐冷静下来，开始细细回味这次任务的每一个细节。

他独坐在 324 办公室内，将心中反复琢磨的问题敲在文档中，准备下次会上再一起探讨。

"团队的开发效率显著提升，验证了从左到右的开发链路已经打通，勉强可以算得上及格了。但如何将这 60 分的成绩提升到 80 分？"

"与之前调研的互联网企业相比，当前我们的部署速度仍有不小的差距。尚未挖掘的潜力是什么？要怎么挖掘？"

王云飞在脑海中反复推敲着每一个环节。

恰巧，陆立和官剑敲门进来汇报工作。聊完后，王云飞顺势将心中的忧虑和盘托出，他提议组织一场骨干间的复盘会议，共同探讨如何进一步优化流程。

陆立听罢，心中泛起涟漪。他很认同王云飞的观点，回到工位后，开始细细回顾现有的开发流程，试图从中寻觅一丝丝可以精进的空间。一番思索后，他发现自己一时难以找到明显的突破口。

官剑的反应则有所不同。他神情轻松，转头看着紧皱眉头的陆立，镇定地说道："我们团队现在的开发速度已经提升不少，盲目追求更快的速度可能会牺牲质量。依我看，对于医院的需求，目前的效率水平已经足够。保持现状，确保系统的稳定性和安全性，比追求极致的速度更重要。"

次日的会上，王云飞单刀直入："各位，大家敢打硬仗、能扛事，近期打通了开发与部署的两端，各项部署交付工作像是高速公路通车一般顺畅。但是，我最近也在反思，尽管我们速度比以前有了大幅提升，但我们与那些运用 DevOps 理念的顶尖企业相比，还有很大差距。所以，今天我邀请大家来，就是要一起探讨，如何让我们在这条'高速公路'上跑得更快。大家有没有什么想法？"

这个议题显然超出了大家的预期，一时间无人开口。

第 8 章 软件工厂车间互联

陆立与官剑交换了一个眼神，前者欲言又止，纠结地答道："主任，我暂时还没有头绪。"官剑亦是如此，简单地附和了一句："我也没有好的思路，我觉得保持住现在的速度已很不容易，而且能够满足大部分需求。"

王云飞试图打破僵局："大家一起回忆一下，从项目启动到结束的每一刻。思考一下，有哪些地方我们可以做得更好，哪怕是细微之处。"

在讨论中，大家一致认为，现有开发环节的团队效率虽已不错，但一定是有提升空间。然而，具体如何操作，却让大家再次陷入了沉思。

王云飞的目光不经意地落在了那块熟悉的看板上。自流程改革以来，这块看板一直是团队协作的核心，记录着项目的每一步进展。灵感闪现："或许，我们还可以从看板中找到新的突破口。"

王云飞站起身，走到看板前："清理掉数据交互的卡点后，测试环节的便签看起来相对密集。而且，这里有一些已完成的任务便签，竟还停留在'待办'区域。看起来，这些天大家没有再认真维护我们的看板。这点我要提醒大家，在之后的执行过程中，我们还是要坚持好的做法。"

他停顿了一下，继续说道："但这也反映出，随着任务量的增加，现有简易看板的局限性开始显现。我们还是要构建一个更专业的可视化流程管理系统，不过这也不是一朝一夕能完成的。既然大家今天都在，不如我们先来补补课，将所有现存任务和即将开启的任务用看板做一次全面梳理。"

冯凯点头道："没错，现在互联网挂号系统不断迭代，随之而来的是开发任务量的激增。任务优先级的确定与任务间的相互关联性是今后不得不面对的问题。大家先将所有任务罗列出来，然后逐一讨论，确保每项任务的排序都经过集体审议，达成共识后再将其置于看板之上。"

随后，大家围绕着看板，试图为任务排序，但很快，关于任务优先级的分歧开始出现。最终，在王云飞和冯凯的介入与调解下，看板上的任务顺序才得以确定。重新排列后的看板上，测试环节的便签数量显得尤为突出。

"很好，现在我们一眼就能看出问题所在。"王云飞侧头转向其他成员，

"那么，对于测试环节的优化，大家有什么建议？"

官剑十分笃定："现在大家基本都是身兼数职，哪里需要哪里搬。如果要优化测试，最直接的办法就是扩充团队，招聘专职的测试人员。"

其他几人交换着会心的眼神，显然，他们都对官剑的提议表示认同。

林谦接过官剑的话："在我加入软件工厂团队之前，我主要专注于后端开发，对测试工作涉猎不多。但现在，我深刻体会到，有些测试用例的设计确实超出了我的专业范围。或许，将这些专业领域的工作交给真正的专家来完成，才是最优解。"

测试用例

测试用例是软件测试中的基本单位，它是一组条件或变量，测试者根据这些条件来确定一个应用、软件系统或其一部分是否正常工作。一个测试用例通常包括测试的输入、执行条件、测试步骤、预期结果和实际结果。

王云飞点头会意："看来，你们的想法非常一致。招聘专职测试人员的提议，我会认真考虑。不耽误大家的工作，今天就先到这里吧。"

他不忘补充一句："当然，除了招聘新人，我们也不能忽视现有团队的潜力。请大家回去后，继续关注测试环节的问题。如果有任何改进的建议或想法，随时向我反馈。再强调一次，在可视化流程管理系统建成前，咱们的看板传统还得坚持下去。"

会后，王云飞和冯凯交流道："看样子，确实需要专职的测试人员。高速公路通车后，如何尽快开上高速公路就很重要了。"

工作札记 8

看板方法论与流程可视化

看板的核心价值在于通过任务状态透明化实现流程优化，其形式不拘泥于工具载体，关键在于建立可视化的工作流映射。通过技术人员协作绘制开发流程图并标注任务状态，可快速识别瓶颈（如测试环节积压），推动任务高效流转。初期建议采用物理看板（如白板）降低实施门槛，逐步向系统化工具演进，形成可持续的流程管理体系。

跨网跨域数据交互的系统性解决方案

跨网环境隔离导致的部署效率低下问题，采用专用跨网数据交互工具可突破网络限制，同时满足安全合规要求。通过替代人工刻盘部署与定制接口程序，该方案不仅解决了数据包格式频繁变更引发的效率损耗，更重构了开发—生产环境链路，为后续自动化升级创造了基础设施条件。

半自动化发布与部署链路强化

受跨网交互任务的启发，通过通用脚本实现数据处理标准化（如患者信息/排班表校验）、自动触发数据传输及跨系统同步（如财务系统对接），针对部署环节，构建轻量化平台优化环境配置与版本更新的同步，同时保留人工干预兜底机制，平衡效率与风险控制。

持续改进的思路

从解决数据交互卡点到优化开发链路的过程，是一条"发现问题—工具化—半自动化—平台化"的渐进式改进路径。通过看板暴露的测试环节瓶颈，挖掘出需要通过专职测试角色与可视化流程管理系统的长期建设需求，形成"工具赋能流程、数据驱动决策、自动化释放人力"的良性循环，为从基础能力向成熟体系演进提供方法论支撑。

第 9 章
优化测试打破瓶颈

——善治病者，必医其受病之处；善救弊者，必塞其起弊之源。（欧阳修《准诏言事上书》）

9.1 测试很重要

元旦节后，奥密克戎变种毒株的突袭，让原本逐渐恢复常态的医院再度陷入紧张之中。招聘测试人员的事宜因突发状况而被搁置，王云飞也暂时无暇顾及此事。

如今，老百姓的健康意识显著增强，哪怕是最轻微的症状也会引起高度警惕。作为防疫前线的发热门诊，又一次承受着前所未有的重压。

为了避免患者聚集，互联网挂号系统已经在更多科室中推广，发热门诊更是第二批就用上了挂号系统。只是谁也没有料到，正因为这次疫情波动，互联网挂号系统悄然迎来了一场大考。

根据前期测试结果，即使用户数量翻番，互联网挂号系统的承载能力也是足够的。然而，在一个平静的周二，门诊大厅原本滚动显示挂号信息的屏幕突然停止工作，还弹出了"查询超时"告警。紧接着，医护电脑查不到新的挂号数据，候诊人员手机也刷新不出页面来，不满情绪瞬间蔓延，抱怨声、质问声交织成一片。

第 9 章 优化测试打破瓶颈

"这是怎么回事？我昨晚就预约好了，现在人到现场却告诉我看不了了？"

"你们医院是怎么管理的？这种关键时刻掉链子！"

"这什么破系统，现在手机上也查不到挂号信息了。"

故障消息很快从运维大厅反馈到王云飞这里，他派陆立去现场查看情况，其他人由官剑带领排查后台问题。

官剑凭借丰富的经验，迅速判断出系统在高并发压力下出现了 bug。他当机立断，将人员分为两组：一组负责收集系统日志、监控数据库性能以及追踪用户行为；另一组则专注于审查最近的系统变更记录，寻找可能引发故障的原因。同时，官剑让林谦立即重启系统服务，并加上限流措施，以减轻系统的额外负载。

在官剑的带领下，故障发生二十五分钟后，互联网挂号系统暂时恢复正常运行。

通过对日志数据的初步分析，应该是负载变大引发的故障。为了防止再次发生故障，官剑并没有取消限流措施，而是带领团队对收集的数据进行细致分析。但这次的 bug 隐藏得比较深，四五个小时过去了，仍然没有找到问题所在。

官剑无奈，只能向王云飞汇报："主任，今天故障发生时，系统负载确实较往日有 50% 的提升。但我们分析日志，一直没有找到具体问题。考虑到限流后系统能够正常运行，我们初步判断是负载增大引发的故障。但我们之前在开发环境进行过多轮压力测试，当前这点负载完全没问题。"

王云飞回答："我同意咱们的判断，应该是负载引发的问题。这样，现在也快下班了，赶紧在挂号系统里发布运维通知。晚上 9 点开始，对生产系统做一次压力测试，你们抓紧时间准备下。记得下班先去吃晚饭，万一测出问题，还有一场硬仗。"

上一次生产系统压力测试还是在系统正式上线前。系统上线后，就没有对生产系统进行过压力测试了。为了保护生产数据安全，官剑等人开始对生产数据进行全量备份，同时将开发环境中的压力测试工具和测试脚本通过跨网数据交互工具导入了生产环境。

晚上9点，官剑等人开始压力测试后，很快就发现了问题。当并发数上升后，主要接口响应速度明显下降。特别是当负载达到白天故障时的负载量时，平均接口响应延时超过了1分钟。

问题找到了，但答案还不清楚。负责开发环境的刘超群等人更是丈二和尚摸不着头脑。同样的资源数量，同样的测试工具，同样的数据规模，同样的测试脚本，为什么在开发环境没问题，在生产环境却差这么多。

官剑等人一头雾水，打电话摇来了陆立和所有能来的开发人员，大家你一言我一语讨论了起来。临近午夜，陆立才发现测试结果不一致的问题根源是测试数据仿真度不够。原来，前期在开发环境测试时，测试数据由不同模块开发人员分头准备，数据库中的数据基本上没有什么外键关联信息，单独测试每个接口都能得到较好的结果。而生产环境的真实数据却大不相同，几乎所有数据都是相互关联的，数据库表索引也要比开发环境多得多，接口读写效率明显偏低。

找到问题后，官剑等人很快在开发环境复现了故障。这就好办了，可以专心去找代码中的bug了。考虑到已经半夜，大家商量决定明天继续。

第二天一早，官剑将压力测试后有问题的接口列了一个清单，分别交给不同开发人员进行优化。随后，他和陆立一道，去找王云飞汇报了故障处置情况。汇报结束后，他们又投入到紧张的编码和修复工作中。

终于，在熬夜的测试中，他们成功通过了最后一个关键测试用例。较为平稳地上线了修复后的系统，基本上解决了这次危机。然而，因为连续加班熬夜、免疫力下降，有几名开发人员出现了感冒症状，只能居家休养。

王云飞等人暂时松了一口气，但他发现这几天即使到了晚上，办公室内依然灯火通明，大家似乎还未从高强度的工作节奏中脱身。

第 9 章 优化测试打破瓶颈

"林谦，还在忙什么呢？你处理发热门诊挂号系统已经连续加班了好几天，现在早点下班休息吧。"

林谦略显疲惫地解释道："主任，其实手头的工作原本还能应付，但由于前几天全力投入解决系统故障，之前安排的常规任务都被耽搁下来。不仅是我，其他同事们也差不多是这种情况。"

王云飞心中了然，他召集了几位技术骨干，详细了解了当前的情况，发现任务积压已经很严重了。

为尽快恢复正常的工作节奏，王云飞首先对所有受到影响的任务进行了评估，依据紧急程度制定了优先级排序，并稍微放宽了时间要求。随后，团队重新调配资源，并进行了合理的分工调整。

随着春节假期的临近，一些日夜萦绕心头的紧迫事务，如今逐一收尾或是完成节点性任务，王云飞终于有了一些喘息的时间。他的面前摆放着一份详尽的表格，记录着各项开发任务的时间线。他的目光在各个日期与进度之间来回移动，思绪也跟随时间的轨迹跳跃，最终停留在了几个关键的时间节点上。

王云飞陷入思索："为什么人员请假对进度的影响差别如此悬殊？即便请假天数相近，怎么有些人的缺席会造成这么大影响？难道是因为他们负责的任务特别复杂，还是说他们的专业技能无可替代？这其中必然有原因。"

这时，敲门声打断了王云飞的思绪。陆立手里拿着一份审批单走了进来。

"你来得正是时候，"王云飞签完字后说，"你去叫一下官剑，我和你们俩探讨一下。"

等到两位落座对面，王云飞直入主题："这次找两位来，是想讨论一下我的一个疑问。同样是因病请假，为什么只有负责测试环节的同事离岗会引发连锁反应，导致项目停滞？"

官剑回应道："回想起来，那时我们确实一门心思扑在解决问题上，没太留意到不同分工的影响。王主任你这一说，的确存在这样的现象。当时，我曾紧急调派人手填补空缺，但进度依然缓慢，让人感到很头疼。现在看来，问题的根源在于测试环节的滞后。"

陆立也附和道："确实如此，最近一次部署，本来预计在下班前完成，却因为测试环节的延迟，一直拖到了深夜。"

王云飞总结道："看来，测试环节的问题不仅影响了自身的进度，还波及了后续流程，形成了连锁反应。"

官剑突然插话补充道："对了，上次调整被延误的常规任务时，我发现负责测试的同事的确承担了更多压力。"

他进一步解释道："那些专注于开发的同事，往往能迅速完成代码处理工作，但当任务流转到兼任测试的人员手中时，他们常常应接不暇，手头任务越积越多。"

"这么一说，我想起来当时还有人因为这个事发生过争执。"陆立绘声绘色地描述起了当时的情景，"开发人员说他已经完成了自己的工作，而测试人员则抱怨测出的问题太简单，认为开发如果复查一遍代码，根本不会出现这种情况。但那位开发辩称自己手上还有很多其他任务，没有时间自我测试，既然有兼职的测试人员，就应该由他们来负责这部分工作。他还指责测试人员效率低下，延误了好几次解决问题的时机。"

王云飞："测试环节确实是牵一发而动全身的关键点，影响着整个开发流程的顺畅。回想我们上次对看板的分析，也是差不多的结论。测试环节的'卡脖子'问题，必须尽快解决。我们之前提出的解决方案是扩充团队，但除了招兵买马，你们还有没有其他更贴近实际的建议？"

官剑率先回应："如果想从根本上解决问题，专业化的人才确实是不可或缺的。"

陆立深以为然："是的，这个态度在一线技术人员中是普遍认同的。我们现在的供应商团队人力构成以开发为主，大多数也不太擅长测试。"

王云飞转向官剑说道："官剑，你整理一份简要的报告，讲一讲上次挂号系统故障处置时测试的作用。本周例会前完成。"

临出门前，王云飞补充嘱咐道："记住，报告中要重点突出'测试很重要'。"

9.2 测试复盘会

一周一次的项目例会上，几位技术骨干依次汇报了工作进度。

随着最后一人例行汇报结束，王云飞简短交代了下一步工作安排。成员们都自然而然地合上记录本，习惯性地认为会议已接近尾声。

然而，王云飞却示意大家稍等："各位，在散会之前，我想利用这个机会，与大家讨论一些测试方面的想法。"

大家将目光重新聚焦于前方。随着王云飞轻点鼠标，屏幕上呈现出一份互联网挂号系统故障处理的复盘报告。

×月×日互联网挂号系统故障处置复盘报告

官剑

一、事件概述

互联网挂号系统发热门诊就诊人数激增，系统负载增加了50%，导致各主要接口响应明显变慢，系统不能正常服务。接到故障报告后，通过限制访问流量、重启系统等方式进行了应急处置。后续通过优化接口代码，提升了系统整体性能。

二、原因分析

（一）实现逻辑不合理

1. 系统在设计之初未能充分预见高并发场景下的负载压力，未能有效利用分布式缓存，未优化数据库操作，部分关键接口编码质量不高、响应时间较长。

2.关键服务缺乏负载均衡[①]机制，无法有效分散用户请求，导致大部分业务运行在一台服务器上，出现了过载。

（二）压力测试不充分

1.在系统上线前，虽然进行了压力测试，但测试数据仿真度不足，未能反映实际数据情况。

2.压力测试主要针对单个接口进行测试，未对多个关联接口同时进行压力测试，未能有效模拟用户真实行为。

三、处置过程

（一）应急重启

第一时间重启挂号系统所有服务，恢复了正常运行状态。同时，按照访问流量限制应急预案进行了流量限制，通过增加用户查询间隔、暂停退号再次发布等措施，降低了系统访问负载。事后来看，限流一定程度上影响了用户体验，但如果不部署流量限制措施，系统重启后很快将再次崩溃。

（二）压力测试

当天晚上对生产系统进行了压力测试，结果发现系统并未达到预定负载能力。然而，之前开发环境压力测试结果却比生产环境测试结果好80%。经过仔细分析对比，在排除环境配置、资源数量、数据规模、测试方法等差异后，发现开发环境测试数据和真实数据存在较大差别。开发环境测试数据是随机生成的，数据之间关联性不足，导致同样的压力测试在开发环境表现较好。

（三）应急修复

对所有未通过压力测试的接口进行性能优化，发现并解决了多个影响性能的编码问题。在优化接口性能后，发布了新版系统，运行至今，未

[①] 负载均衡：指将用户请求分散到多个服务器上，避免单个服务器过载，从而提高系统的稳定性和性能。

再因负载能力不足引发新的故障。

四、总结建议

（一）测试专业性强

目前团队没有专职测试人员，压力测试等工作由后端开发人员兼职完成。由于专业能力不足，开展测试时很难考虑周全。挂号系统在每次大版本更新时都进行过压力测试，结果较为理想。但由于开发环境压力测试使用的数据与真实数据存在较大差异，导致压力测试结果无法准确反映系统真实负载能力。这反映出当前测试专业程度不足，难以满足后续开发需求。

（二）需要加强单元测试

后端开发人员写完接口后，并未仔细进行代码走查和单元测试，导致接口实现编码质量不高。本次故障处置发现部分开发人员不能正确使用锁机制、复杂查询和索引，SQL优化空间较大。此外，前端开发人员对各类终端的适用性测试不够，经常出现页面显示故障需要解决。

（三）需要引进测试人员

建议引进测试领域的技术大拿。一方面，通过培训提升开发人员的单元测试能力，切实发挥单元测试的作用；另一方面，建立更合理的系统测试机制，提升发现问题的能力水平。

王云飞放下鼠标："虽然我们成功解决了挂号系统故障，但在过程中，一系列问题也浮出水面，其中测试环节的不足尤为突出。官剑写了一个很好的复盘报告，下面请他给大家讲一讲。"

官剑接过无线键鼠，开始报告。会议室中，有人面露尴尬，低头不语，而个别人则唰地一下脸红起来。

官剑讲解完后，王云飞笑着说："今天，我们不是来谈论责任的，每位同事的表现都值得肯定。正是因为大家的共同努力，我们才能顺利渡过难关。

测试可以说是软件系统上高速公路之前的最后车辆检查，如果没有专业测试，系统也就跑不稳跑不好。我们确实很需要提升测试能力，突破这个开发流程中的瓶颈。现在，请大家回顾在处理故障时遇到的所有与测试相关的问题，以及平时和测试有关的问题。无论是技术层面，还是人员管理方面，只要是有问题的地方，都请大胆提出来。"

黎顺，作为挂号系统扩展至发热门诊试点的测试负责人，首先开口，他的声音略显紧张："王主任，我必须承认，我们在测试覆盖率和压力测试方面做得远远不够。我们没能预见到准备测试数据的重要性，这是我们的疏忽。"

刘超群，招聘时定岗为后端开发，在这次危机处理中因为人手不够，被临时拉来支援测试工作。他补充道："确实，开发时的并发量大幅高于实际峰值，这让我们都放松了警惕，没有想到开发环境测试的并发数参考意义不大。在解决问题的过程中我因病请假，回来后得知我的临时缺席让大家连续加班，实在麻烦大家了。只是，本身我就是被临时拉来支援测试工作，再找人接替就很为难，这反映出我们在岗位 AB 角设置上的不足。"

"超群，你不用自责。"王云飞连忙解释，"我们主要是想通过复盘讨论，来探索建立更完善的应急机制。"

刘超群继续补充道："我认为沟通机制也存在缺陷。在测试阶段发现的一些小问题，我们认为不重要，没有及时上报，结果这些小问题在正式运行中演变成了大麻烦。"

开发工程师金佳伟正是临时接手刘超群工作的人，他开口道："测试流程也有优化空间。比如，测试用例的编写和审批周期过长，导致一些潜在问题未能及时发现。当我接手超群的测试用例时，发现它们还未得到审批，而审批后又发现用例存在不足，需要我重新理解他的思路再去做补充。"

林谦立即附和："没错，测试的速度确实太慢了，这也影响我们开发的工作。"

第 9 章 优化测试打破瓶颈

黎顺反驳道："但实际上，我们目前都是手动编写测试用例，功能也需要逐个测试，这种情况下进度是无法催出来的。而且，测试用例的更新速度跟不上需求的变更，有时我们还在测试已经被废弃的功能。"

他继续补充道："一开始，我们负责测试的几人还试图通过加班来解决，但问题越积越多，只能延期。如果测试人力充足，或许能赶上进度。但其他人只知道催促加快进度，认为是测试环节拖累了整体进度。然而，在这个过程中，开发人员也没有主动检查代码质量，把锅都甩给了我们。"

金佳伟回忆起测试中发现的不属于本次任务的问题："在测试过程中，我不仅发现了当前需要修复的故障，还发现了其他未被察觉的问题。我把这些问题反馈给了陆立，但由于当时情况紧急，陆立也没能找到相应的问题负责人，最后还是他自己花了很长时间才解决这些遗留问题。"

陆立随即补充道："是的，有些开发人员在修复 bug 后，改动的代码缺乏条理，没有同步修改代码注释，导致后面的人看不懂。"

林谦的语气不太友好："你这情况还算好的了，至少测试告诉你需要解决什么。有时候，测试反馈给我的问题描述不清，作为开发人员，我无法准确复现，这严重影响了修复效率。"

眼看又要激起抱怨，王云飞赶忙把话题拉回正轨："在重新调整积压的任务时，分担了较多测试工作的人员任务延误情况较为严重。这说明不只是遇到突发事故时，测试会成为一个卡点，即便是在常规工作中，测试的效率也亟待优化。更重要的是，今天我们要探讨出下一步的解决方案。"

王云飞看了眼邻座正在做记录的官剑："官剑，针对这些问题，你觉得我们该如何优化测试流程呢？"

官剑的声音略带无奈："大家提到的问题太多，这说明测试不应仅在开发完成后进行，而应融入整个流程，开展持续测试，或许能有效预防问题。就像超群刚刚说的那种遗留问题，或许就能被扼杀在摇篮里。"

"持续测试，你说得没错！"王云飞提前做了功课，他在会前向李子乘请

233

教。李教授赶在上课前，提纲挈领地建议王云飞去了解测试类型，还提及了自动化测试与持续测试。

王云飞随即抛出问题："我了解了几种测试类型，如单元测试、集成测试、验收测试、回归测试等，它们与持续测试该如何对应？按类型划分，能不能构建出更完善的测试流程？"

黎顺接过问题回答道："主任，单元测试在早期发现并修复问题，集成测试确保模块间的兼容性，验收测试保证产品质量，回归测试验证变更后的稳定性。这些都是持续测试的核心组成部分。"

他继续说道："要实现这一切，自动化测试是关键。我们目前依赖人工测试，效率低，易出错。自动化测试能避免这些问题，提高测试覆盖率，减少人为失误，确保测试的准确性和一致性。"

王云飞深感黎顺的见解独到："非常好，我们确实需要考虑进行自动化测试的转型。这将是优化测试流程的重要一步。"

官剑顺势说道："咱们得找专业的人来干专业的事，毕竟我们是真的缺专攻测试的高手。"

王云飞脸色略显尴尬，自己前段时间确实疏漏了这个问题："邢振，你会后留下来，我们俩推进一下测试人才引进的事情。"

黎顺瞅准时机说道："既然说到自动化测试，那配套的测试工具也得跟上。没有好工具，自动化测试就是空谈。"

陆立也插进来一句："虽然要加强测试工作，但我们写代码时，自己的代码自己心里要有数。写完代码后，自己先测试一下，别觉得测试就是测试人员的事情。这样能给测试团队减轻点压力，也能避免开发测试相互对立反而拉长周期。"

王云飞总结道："今天的讨论很有效果，大家坦诚地提出问题，也探讨出了初步的解决方向。接下来，我和官剑会把这些意见整理成具体计划。感谢大家，散会。"

第 9 章 优化测试打破瓶颈

9.3 双管齐下

会议结束后,王云飞和邢振讨论了测试人员引进问题,决定让邢振抓紧联系志诚科技派出测试人员。考虑到志诚科技现有测试人员之前都见过,能力水平并不能满足未来发展需要,王云飞决定请志诚科技发布招聘广告,面向全社会招聘。

快下班时,王云飞给李教授打电话说了下当前测试工作的困局,以及自己对于引入测试人员和自动化工具的初步想法。李子乘给予了肯定,并表示愿意抽时间与团队成员们深入探讨,共同制定一套切实可行的执行方案。

挂断电话后,王云飞分别邀请了官剑、陆立和黎顺,约定好当天晚上七点半,一起去拜访李子乘,共同探讨落实持续测试的细节。

四人心怀期待地敲开办公室的门,李子乘早已备好热茶。

陆立第一次来,好奇地张望,发现桌上摆放着一摞打印的论文。落座后,李子乘将论文分发给大家:"我看到这篇文章时,觉得观点很有启发性,里面提到的内容也正是你们团队现阶段需要的。一会儿我具体给你们介绍。"陆立发现这是一篇英文论文,但附上了中文翻译版,标题为《DevOps 视角下的持续测试设计与实现》。

李子乘首先询问了团队在测试优化方面遇到的具体问题。

王云飞率先开口,谈及了团队在测试人员配置上的分歧。他表示,自己和冯凯从成本效益的角度出发,倾向于控制测试团队的规模,避免过多的人力成本支出。

但陆立、官剑和黎顺从实际操作层面出发,一致认为足够的测试人员对于确保项目进度和质量的重要性。

"李老师，您怎么看？"

李子乘轻轻抿了一口茶："在 DevOps 文化下，测试与开发的融合愈发紧密，专业测试人员的角色不可或缺。开发人员不能将所有测试工作都丢给测试人员，好像测试人员就是专门兜底的一样。如果是做一款大型的专业软件，那肯定是有专门的测试人员负责测试。但在咱们中心，主要开发业务软件。业务软件规模比较小，最好是开发的同时，就做好测试工作，让开发人员对自己的代码质量负责。但还是需要引入测试人员，主要来做一些系统测试、回归测试等全局性的测试工作，同时让他们专职推动自动化测试，能够显著提升测试效率和软件质量。"

"从长期来看，适度地投资于测试团队实际上是一种成本节约。通过引入自动化测试，可以大幅度减少人工测试的时间和成本。同时，专业的测试人员能够发现更深层次的问题，避免后期高昂的修复费用。"

"考虑到你们团队的实际情况，我建议找两位测试人员就够了，其中一位专注于功能测试，另一位主要负责自动化测试。"

王云飞内心快速估算了整个项目的支出情况，说道："2个人完全可以接受。不过，引进专业测试人员还需要一定的时间，这段时间我们可以同步准备些什么呢？"

"在招到人之前，可以从易于实施并且能立即见效的方面入手。比如引进一些工具，优化一些测试相关的流程。这些工作现在就能开展，等有专业的团队了也是如此。"

官剑提出了疑惑："李教授，我有一个没想通的问题，关于测试覆盖率与测试速度之间的矛盾。持续测试的初衷在于敏捷响应，迅速定位问题，但测试覆盖率的提升似乎与速度背道而驰。用例的增加无疑加重了测试负担，如何在二者间找到平衡点呢？"

李子乘微微一笑："官剑，你真是人如其名，提的问题确实关键。这算是测试领域的一大核心挑战。理想状态是，我们希望测试能够全面覆盖，不留死角，同时又能快速反馈，及时修正。但这看似矛盾的目标，其实是可以通过策略调整与技术创新，达到平衡的。"

"你们看我特意打印出来的论文。第三页我高亮标注的这段，刚好回应了你的这个顾虑。"

李子乘对照着论文内容继续解释道："首要原则是明确测试优先级。并非所有测试用例都同等重要，需要区分核心功能与边缘场景。我建议你们集中火力，确保关键路径的测试覆盖率，避免资源过度分散。"

"其次，自动化测试是加速的关键。引入自动化测试工具，不仅能够显著提升测试速度，还能减少人为误差，提高测试质量。特别是在回归测试和性能测试等重复性高的领域，自动化的优势尤为突出。"

"再者，智能测试技术的应用也非常重要。借助 AI 与机器学习技术，可以智能识别测试用例的执行顺序，预测潜在的故障点，动态调整测试策略，实现资源的最优分配。不过，这一阶段比较高阶，所需的人力、财力和技术基础可能是你们团队暂时难以达到的，但可以将其作为一个长远目标来努力。"

王云飞边听李子乘阐述，边在论文空白处做笔记。"李老师说得太好了。在测试人员进来之前我们不能光是等待，对现有流程的优化，要放到任何时候都能适用。是不是我们可以先从梳理测试工作的优先级开始，逐步提高测试的覆盖率。"

"没错，我看你们一点就通。"

"时间不早了。李老师，今天我们就不多打扰您了。"

离开李子乘的办公室时，夜色已深。在返回的路上，四人简短交流后决定双管齐下：一方面紧锣密鼓地展开人才引进工作，找到专业测试人才；另一方面，着手优化现有的测试流程，以提升测试效率。

9.4 拿捏约束点

转眼间，春节的喜庆氛围弥漫开来，医院信息中心与软件工厂团队也暂时进入了"休假模式"。

春节过后，正是求职应聘高峰期，在黎顺和官剑的筛选把关下，医院信息中心很快招到了符合期待的测试人员。

王云飞和冯凯商议后，确定黎顺为软件工厂测试团队的负责人。王云飞还专门找到黎顺，要求他尽快推动测试自动化，逐步移交手头工作。

在王云飞的鼓励下，黎顺带领测试团队对现有测试用例进行了全面体检，剔除冗余，强化覆盖，确保每一个可能的异常都在测试网中无所遁形。借鉴过往经验，他们重新定义了测试用例的编写规范，并通过邮件发送给了王云飞等人。

测试用例模板示例

测试用例编号：TC001

测试用例名称：用户登录功能测试

前置条件：系统已启动，用户已注册

测试步骤：

1. 打开登录页面

2. 输入有效的用户名和密码

3. 点击登录按钮

预期结果：系统成功登录并跳转到首页

实际结果：（测试执行时填写）

编制人：负责编写测试用例的人员姓名

第 9 章 优化测试打破瓶颈

> 编制时间：编写测试用例的时间
>
> 备注：（测试执行时填写）

王云飞收到邮件后，立即组织陆立等人讨论，认为黎顺他们的模板把关键信息写得比较清楚，可以在开发团队中推行。要求开发人员完成一个模块或一个单元开发后，都应当进行自测，以提升代码质量。

接下来，王云飞、冯凯等人带着黎顺他们开始构建自动化测试框架。然而，自动化测试并未如预期般顺利，找了好几款开源工具，都没能达到预定目标。好在新招聘的两位专业测试人员都实力不俗，特别是杨尹，她凭借丰富的经验和敏锐的洞察力，选定了一款还算可以的自动化测试工具，开始按照团队特点进行二次开发。

正当自动化测试工作取得进展时，测试团队与开发团队之间积累的矛盾爆发了。杨尹手中的任务卡在了一个棘手的节点上，她向黎顺求助，最后发现是开发人员金佳伟急于求成，绕过了自测流程，直接将半成品的任务丢给了测试团队。

黎顺按捺不住自己的情绪，直接找到开发组长林谦"贴脸开大"："自测环节对于确保代码质量的重要性我已经提过多次了。没有自测结果的任务，只会埋下隐患。开发团队不能觉得有测试兜底就敷衍了事，还请开发团队按照既定的流程行事，确保每个步骤都能得到充分的检验。"

面对测试团队的要求，开发人员有些不耐烦，他们坚持此前的观点："测试的活就该测试干，既然团队已经招聘了专门的测试人员，为什么测试的工作还要我们来分担？"

眼看开发与测试之间的业务矛盾就要上升到私人恩怨，王云飞赶紧组织陆立、官剑、测试人员和开发人员一起开协调会。大家围坐在桌前，王云飞先发言："这段时间听说开发和测试之间发生了一些不愉快。我前期了解了一下，主要是开发人员觉得有测试团队了，就应该专心搞开发，代码交给测试团队去测；测试团队觉得开发人员应该要完成单元测试和模块测试，不能自己都不检查一下就直接丢给测试。这两种观点其实都有一定道理。过年前，我和陆立、官剑和黎顺一起去找李教授讨论过测试的问题。大家觉得李教授的观点还是比较中肯的。陆立，你还记得当时李教授是怎么说的吗？"

"当然记得。"陆立上次听了李教授关于测试的看法后深受启发，他先是简要地复述了李教授的要点，然后补充道，"我们主要做业务系统开发，讲究的就是短平快，让需求能够以最快的速度落实到生产系统中。所以，测试工作的重点是系统测试和测试自动化。开发人员不仅要会写代码，还要懂测试，通过测试来保障开发质量。"

王云飞非常认可陆立关于测试的看法，随后他问道："黎顺，关于测试工作，你有什么需要补充的吗？"

"我还真有。"黎顺咧嘴一笑，在大屏幕上投出了一张测试工作流程图（图9-1），"我原来参与开发，最近才转型测试。经过一段时间摸索，想向王主任和各位同事汇报下我个人对测试工作的看法。"

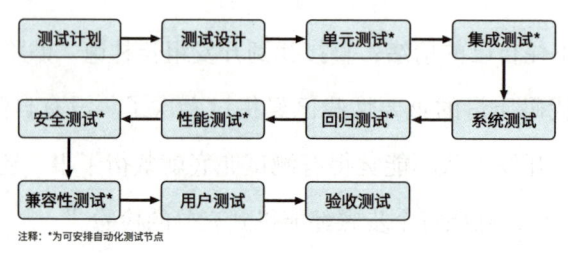

图 9-1 测试工作流程图

王云飞点头认可后，黎顺走到屏幕前："大家可以看看大屏幕上的测试工作流程图，这张图上标注了自动化测试的介入点。咱们现在很多测试工作，后续都可以自动化。如果测试组需要提供全盘测试服务，那现在人数远远不够。如果测试组能够推进测试自动化，那么大家开发效率都能够大幅提升。当然，人在自动测试中的作用和地位不可替代，期待大家的支持，能够一起推进持续测试，保障交付质量。"

第 ⑨ 章 优化测试打破瓶颈

随后，黎顺详细阐述了测试在不同开发阶段的角色与责任。

"首先，让我们回到项目的起点——需求分析阶段。在这个阶段，测试团队将与开发和业务团队紧密合作，基于用户故事和需求说明书，构建详细的测试蓝图。我们的目标是确保所有功能、性能、安全要点以及用户体验的细节都被涵盖，每一个元素都是整体成功的关键。"

"进入设计与编码阶段时，开发人员不仅是代码的创造者，也是首批测试人员。在编写代码的同时，请务必进行单元测试，编写单元测试用例，确保每个模块都能正确无误地工作。自动化的单元测试就像生产线上的质检员，每次代码提交后都会自动运行，确保代码质量。此外，静态代码分析①工具也能在此阶段发挥作用。"

"在集成阶段，各位可以将它想象成一场交响乐演出。开发人员首先进行初步的集成测试，就像乐队的预演，确保各个部分能协同工作。随后，我们测试团队再进行深入的集成测试，如同指挥家的最终检查。"

"到了正式的测试阶段，将由我们团队执行端到端的测试，模拟真实用户场景。同时，我们会利用自动化工具进行性能和负载测试，确保系统在高并发情况下依然表现优异。"

"最后，在部署与生产阶段，将会由用户参与到 A/B 测试，他们的反馈会帮助我们评估新功能和界面设计的实际效果。"

> **A/B 测试**
>
> A/B 测试（A/B Testing，也称为分割测试或桶测试）是一种实验方法，用于比较两个或多个版本的某个变量，以确定哪个版本对于所测试的目标最有效。

"总之，在整个软件开发生命周期中，利用自动化测试工具频繁执行测

---

① 静态代码分析：是一种在不执行代码的情况下分析源代码的方法，用于检测代码中的潜在错误、安全漏洞和代码质量问题。它通常在编码阶段使用，帮助开发者在早期发现并修复问题。

试，确保每次代码更改时都能快速验证软件的质量和性能。"

黎顺介绍完测试相关内容后，王云飞说："说得不错！优秀的开发人员不仅要精通编码，更要懂得测试。开发人员通过单元测试等操作能够提升整体测试工作的效率，也能更大程度避免后续的返工，实际上也是为自己的开发工作省时省力。"

黎顺接着补充道："集成测试并非一次性的任务，开发人员的初步测试虽能快速发现基础问题，但后续的深入测试仍需我们共同完成，确保系统的每一个模块都经过了严格检验。在编写功能代码之前，先编写测试代码，这是一种鼓励主动思考与代码优化的方法。虽然我们不做强制要求，但也鼓励大家参考这种模式，不断实现自我提升。"

黎顺又打开了测试操作的SOP（标准操作程序）文档："依据这份文档的操作指南，开发人员可以更快上手测试工作。如果大家有任何问题，也可以随时与测试组成员沟通。我们会持续更新这份SOP，并在会议后将共享链接发送给大家。"

王云飞竖起大拇指："黎顺，你们的工作做得很扎实！咱们开发人员看一看，有什么问题现在都可以问。"

林谦带头感谢测试组的付出，看到这份翔实明确的SOP文档，其他开发组成员也松了一口气。有几位开发人员针对文档内容提出了一些问题，测试人员一一应答，并记录下后续待补充的要点。在讨论沟通中，开发人员和测试人员之间的隔阂逐渐消融。

随着自动化测试平台上线，持续测试理念开始内化于心，整个开发周期也被进一步压缩。测试这一约束点终于被测试团队拿捏了。

工作札记9

测试专业化与流程重构的必要性

软件工厂初期测试工作的核心矛盾在于专业能力不足与流程碎片化。

开发人员兼职测试导致压力测试数据与生产环境脱节、覆盖场景片面化，暴露出测试环节缺乏系统性设计。需通过引入专职测试人员重构测试体系：一方面需构建专业化测试体系，另一方面由测试专家主导自动化工具选型与测试用例设计，推动测试环境与生产环境的数据一致性校准。同时需强化测试优先级管理，聚焦核心功能路径的覆盖率，避免资源分散。

单元测试与开发责任的效能关联

代码质量问题的根源在于单元测试缺失与开发测试意识薄弱。后端接口未实施严格代码走查，导致锁机制误用、SQL性能低下；前端多终端兼容性测试不足，引发界面显示异常。需通过技术培训强化开发者的质量责任意识，推动单元测试成为编码的必要环节，后续可考虑结合测试驱动开发理念，鼓励"先写测试后编码"的实践，从源头减少低级错误。这要求开发者对自身代码质量负责，将测试从"兜底手段"转变为"设计约束"，从源头减少技术债务积累。

开发人员对单元测试及代码走查的重视不足，导致接口实现缺陷频发，集中体现在锁机制误用、SQL低效及索引优化不足等问题。需通过技术培训强化开发者的质量责任意识，推动单元测试成为编码的必要环节，从源头减少低级错误。前端开发需加强多终端兼容性测试，避免因适配问题引发用户体验故障。

自动化测试的强效赋能

自动化测试是提升效率的核心手段，尤其在回归测试、性能测试等高重复场景中可显著降低人工成本与误差。需建立分层自动化测试框架，覆盖单元、接口及UI层级，并与DevOps流程集成以实现持续测试。长远可探索AI驱动的智能测试技术，通过动态优化测试策略提升资源利用率。集成测试需分阶段深化，开发人员负责基础问题排查，测试团队主导复杂场景验证，形成多层级质量防线。

测试团队的长期价值

引入专业测试人员不仅可填补系统性测试能力缺口，还能通过培训提升开发团队的测试素养，形成"质量共建"文化。专职测试团队应聚焦自动化平台建设、复杂场景覆盖及测试策略设计，而开发人员需对自身代码质量负责，避免过度依赖测试兜底。从成本效益看，前期对测试团队与自动化的投入将减少后期缺陷修复成本，实现开发周期的整体压缩与质量风险的主动防控。同时，自动化测试的规模效应将使边际成本趋近于零，而将测试左移的策略能大幅压缩缺陷修复周期。这种"精准测试"思维要求团队在质量、效率与成本间探索动态平衡点。

第10章
给产线提提速

——有匪君子，如切如磋，如琢如磨。(《诗经·国风·卫风·淇奥》)

10.1 煲电话粥

持续测试的顺利推进为软件工厂团队带来了一段放松、稳定、高效的"黄金发展期"。成员间形成了更强的协作默契，工作节奏也相对舒适。

利用一个周末，王云飞终于协调好了休息时间，一家人来到了邻市的古镇水乡，弥补了女儿中考前未能实现的愿望。

古镇水乡宛如一幅细腻的水墨画卷，临水而建的宅邸错落有致，水道两旁，古柳垂丝，青砖黛瓦，秩序井然。这里的居民似乎更懂得享受生活的每一刻，或在河边漫步，或坐在石凳上闲谈，被这一氛围环绕，王云飞感受到一种久违的平和宁静。

然而，在古镇里没逛多久，冯凯打来了电话："主任，互联网挂号系统出了故障。今天我们接到好几起就诊人员投诉，说是付款失败、不能完成挂号操作。组织官剑、陆立他们初步排查了，但还没有找到问题。"

王云飞眉头打结。他告诉冯凯自己不在本市，暂时无法赶到医院，授权冯凯全权处理问题。挂断电话后，邱竹问道："没什么要紧的事情吧，需要赶回去吗？"

王云飞苦笑着说："应该没问题。就是有个系统出了些 bug，暂时还没找到问题。"

两个小时后，正当王云飞觉得应该找到问题时，电话再次响起。

冯凯说道："主任，我们一起讨论了下，估计问题比想象中的要更严重。这个付款失败似乎是概率事件，陆陆续续有人付款失败，大约1%到2%的用户会受到影响。我们都比较担心，如果找不到问题，周一挂号量上来后，可能问题会变得很严重。您知道，周一恰好有领导来医院调研，万一碰上就麻烦了。"

"有没有可能是昨晚升级的版本有问题？"王云飞问道，"冯主任，你看是不是可以回滚到之前的版本。"

冯凯答道："我们讨论了这个问题，都认为是昨晚升级的新版本有问题。但这次新版本有些功能点都是业务科室急需的功能，而且拓展支付渠道也是院务会上明确的任务。如果实在没办法，就只能在周日晚上回滚老版本。关键是支付这项功能我们还没有办法在开发环境进行测试，现在回滚的话，完全不能复现问题，也就没办法修复了。"

"确实如此，只能赶紧排查问题。技术上你是大拿，还得辛苦你和陆立、官剑他们周末加加班，看能不能找到问题。"王云飞犹豫了一下，"我还是不赶回去了，好不容易一家人出来一趟，我怕邱竹他们有意见哈。辛苦你了！"

"主任您客气了。您确实也应该放松放松，我看您来中心后，就没有休过几天假。您放心，我们一定尽全力。"

"感谢！有任何情况，请随时电话联系。"王云飞挂断电话，快步赶上妻子和女儿。

随后游玩中，邱竹笑道："我们要不还是回去算了，看你魂不守舍，隔几分钟就看看手机。"

"不回！"王云飞苦笑了一下，"我回去也起不到什么作用……"

第 10 章　给产线提提速

当天直到晚上9点，王云飞还是没有接到任何电话。回到酒店后，他实在忍不住，拨通了冯凯的电话。

冯凯恰巧结束讨论："主任，我们刚刚讨论完，问题找到了。"

"哦，太好了，是什么问题？"王云飞边问边向阳台走去，晚间的风还是有些冷。

根据冯凯的讲述，故障源头可以追溯到两周前。根据业务科室和就诊人员反馈，计划对挂号系统的核心功能模块进行一次升级，安排刘超群负责挂号功能的改进，安排金佳伟拓展新的支付渠道。

升级过程中，两人各自在自己的开发分支上进行修改。他们都默认这两个模块并行不悖，埋头在自己的任务中，几乎没怎么交流。刘超群为了提升挂号系统的响应速度，对数据处理逻辑进行了优化，引入新的缓存机制，并采用前向兼容的方式修改了部分接口。不巧的是，金佳伟恰好也顺手优化了其中一个接口的实现方式。

临近周五发布新版本时，刘超群工作进展较快，上午就完成了单元测试和提交。下午金佳伟又提交了新修改后的代码，覆盖了刘超群的部分修改内容。最后，测试组进行了系统回归测试，测试通过后，周五晚上10点30分左右发布了新版本。没想到周六一早就接到了用户投诉。

发现问题后，冯凯电话"摇"了官剑、陆立和所有涉及周五版本更新的人员。首先，他们一起分析了支付接口调用日志，发现支付失败和支付渠道、支付金额没什么关系，更像是一种概率性支付失败。随后，他们开始排查修改过的功能模块，但从现有日志上却实在看不出什么问题，大家百思不得其解。最后，还是冯凯拍板，采用了最笨的方式——代码走查，将人员分为两个小组，分别由陆立和官剑带领，走查挂号管理和支付管理两个功能模块。

结果代码走查也不顺利，看了3个多小时代码，还是没有发现任何问题。

王云飞听到这里，打断了冯凯："代码走查看的是哪里的代码？是不是金佳伟、刘超群电脑上的代码？"

247

"确实如此。"冯凯不由得有些佩服,"黎顺也发现了这个问题。分别看金佳伟、刘超群电脑上的代码,都没有什么问题。但 bug 存在,那么出问题的肯定是发布的代码。于是大家又将合并后的代码下载到本地,重新开始代码走查。"

"这次应该发现问题了。"王云飞笑着说。

"是的。"冯凯继续描述后续事情的发展。因为第一遍走查,大家对代码有些熟悉了,陆立他们很快就发现了一个修改过的接口,参数数量还是和原来的一样。仔细一对比,发现确实是刘超群修改的代码,又被再次修改了。

接下来问题就更容易定位了。大致原因是,刘超群修改了一个接口,在原有基础上增加了一个接口参数。原来调用接口的地方可以继续使用原来的调用方式,不需要做任何修改。但在某些新情况下,需要使用新的参数调用该接口,而且新的调用语句是运行时动态拼接的。这导致编译时没有发现错误,运行时大部分情况下也没有出现错误。然而,在使用时根据数据缓存情况,如果触发了新的参数调用,就会出现支付失败的情况。

"这个问题很好修复。"王云飞接话道,"关键是怎样才能避免再次出现这种类型的问题。"

"是的,我已经安排刘超群修复 bug,随后黎顺他们还会进行测试。"冯凯回答,"如果顺利,今天晚上 12 点前能够发布修复后的版本。但怎样避免此类问题,还需要再讨论下。"

"今天已经很晚了,你和大家都很辛苦。改进的事情,等周一上班大家再一起商量吧。辛苦辛苦!明天周末好好休息。"随后王云飞放下酸胀的胳膊,走回了房间。

邱竹看着电视,都快睡着了。看到王云飞进来,笑道:"哟,还煲了一个电话粥哈。"

王云飞笑笑,没有说话。很久以前,他刚和邱竹交往时,两人经常煲电话粥,一个月 1000 条的短信套餐都不够用。

然而,冯凯等人的修复工作并没有想象中的顺利,中间出现了好几个小问题。但得益于自动化测试和部署的高速公路，凌晨两点左右，修复后的版本终于发布了。所有加班的人都掏出手机，反复进行挂号退款操作了四五次，都再没有发现问题。

周日上午 9 点，王云飞打电话咨询值班人员，得知没有收到新的投诉，他才终于松了一口气。

10.2 持续集成

周一一大早，王云飞迈着轻快的步子来到办公室，提前准备周末故障处置复盘会。

本次故障处置涉及人员陆续来到会议室。金佳伟来得比较早，守在咖啡机前，来来回回给大家现磨咖啡。

"咖啡好香啊。"王云飞走了进来，"大家都到齐了吧？今天叫上几位，是打算一起复盘一下本次故障处置，看看能不能找到根子上的问题，避免以后再发生同样的故障。"

简短地对故障处置过程复盘后，王云飞引导大家开始讨论："这次故障处置，辛苦大家加班加点、团结协作，快速解决了问题，没有造成较大的影响。表面上看是金佳伟修改了接口代码，没有通知刘超群。但我感觉，深层次上应该是咱们的开发流程有比较严重的问题。金佳伟顺手优化接口实现代码，本意是好的，值得肯定，你不要有什么顾虑。更何况今天一早给大家磨了这么香的咖啡。哈哈。下面我们讨论一下，以后怎么避免发生类似的问题？"

陆立首先发言："我们现在每个人开发的代码，自己都会做好测试之后再提交合并，代码质量较以往有了比较大的提升。但在集成和测试环节，往往需要消耗大家比较多的精力。一方面，大家在开发过程中没有有效地沟通，基本就是各干各的。到了代码合并时，经常会出现冲突，比如说接口定义不一致等。有次原计划 1 天完成的集成工作，遇到了各种预料外的问题，实际搞了 3 天；另一方面，开发人员做单元测试时，主要利用本地代码，没有及时从版本管理服务器[①]上获取最新的版本，导致本地能够跑通的代码，提交合并后就出现问题。许多隐藏的 bug 直到集成阶段才显现出来，每次调试和修复都耗费了大量的时间和精力。"

林谦接着说道："对。还有就是一个人写完的代码，另一个人后面又基于老版本做了修改，这次故障就是这个原因。我也补充一点，集成阶段的问题不仅仅是代码冲突。有时候，即便代码本身没有问题，但在不同的环境中运行时，也会出现意料之外的情况。比如，有的功能在本地测试时一切正常，一旦部署到服务器上，就会出现各种奇怪的问题。这让我花了不少时间去调试，有时候不得不重写部分代码。"

随着讨论的进行，大家你一言我一语，纷纷说起了集成环节出现的矛盾问题。

当大家吐槽得差不多的时候，王云飞叹了口气："看来，集成环节确实存在管理上的问题。有什么办法能够解决这些问题，或者减少它们带来的影响呢？"

陆立提出了自己的想法："既然说到了集成问题，大家还记得 DevOps 里反复提及的'持续集成'吗？也许是个不错的选择。"

"确实不错，你具体说说。"王云飞示意陆立继续。

陆立进一步解释道："持续集成（图 10-1）是一种软件开发实践，它要求团队成员经常性地将代码变更合并到主分支中，通常每天至少进行一次。借助自动化构建和测试，我们能够尽早地发现并修正问题，这不仅提高了软件的质量，还加速了整个开发流程。"

[①] 版本管理服务器：是一种用于存储和管理代码版本的系统，常见的版本管理工具包括 Git、SVN 等。版本管理服务器帮助团队协作开发，跟踪代码变更，并确保代码的一致性和可追溯性。

第 10 章 给产线提提速

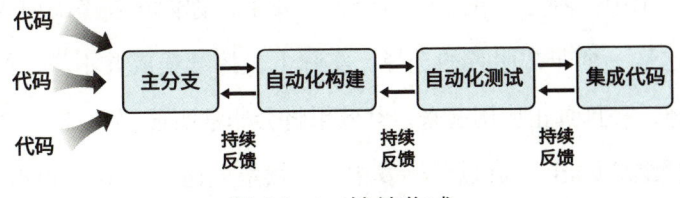

图 10-1 持续集成

其他人一筹莫展之际，陆立的提议带来了一些希望。不过还是有反对的声音出现："但是，如果我们没有充分准备就引入持续集成，可能会打乱现有的工作节奏。我们得花费额外的时间来设置和维护持续集成的基础设施。更不用说，如果配置不当或缺乏有效的监控机制，持续集成反而可能增加系统的复杂性，降低代码的质量，这肯定会占用我们的开发时间。本来就是追着截止时限在工作，我们得考虑下实际情况。"

"如果我们做得正确，持续集成实际上可以节省时间。通过早期发现问题，我们可以避免在后期花费更多的时间和资源来解决。"官剑作为团队里最早被软件工厂模式打动的人，自然是坚定的支持派，"另外，我认为持续集成也可以帮助更好地追踪项目进度。通过持续集成的反馈，我们可以更准确地预测项目的完成时间。"

"但是，如果我们没有做好准备，持续集成可能会带来不必要的负担。例如，如果自动化测试不够完善，它可能会产生大量的假阳性结果，这反而会让团队成员失去信心。"

"这恰恰说明我们需要建立更加完善的测试体系。持续集成需要与自动化测试紧密结合，这样我们才能确保每次构建都是可靠的。"

利用争论中的片刻停顿，王云飞给李子乘发去了微信。得知教授此刻有空，并且愿意通过视频会议的形式加入讨论后，王云飞随即打断了争吵。"各位，大家这样各执一词也不是办法。我刚刚联系了李教授，或许他的意见可以帮助我们找到一个共识。"

视频很快接通。李子乘出现在屏幕上，微笑着向大家问好："很高兴能参与到这次讨论中。刚才云飞已经简要告诉我了，你们正在考虑引入持续集成的机制。这是一个非常明智的选择。实际上，持续集成并不像你们想象的那样难以实施，一旦真正应用起来，其效果将会非常明显。"

李教授继续说道："在软件开发中，持续集成通过早期检测问题并及时解决，显著提高了软件的交付速度。我们不仅可以在代码层面上建立这样的机制，还可以将其扩展到项目的其他方面，比如需求分析、设计阶段以及进度跟踪等。通过建立一套完整的自动化流程，系统会自动检测代码变更，并执行编译、测试和集成。一旦发现问题，系统就能立即通知相关责任人。这样，你们就可以从每次小规模的、渐进式的集成入手，而不是等到最后关头一次性解决所有累积的问题。"

看着反对派有些偃旗息鼓，王云飞顺势问道："李老师，那我们应该如何开始呢？"

"首先，你们需要确定持续集成的目标。是要提高代码质量、减少 bug，还是要加快部署速度？确定了目标之后，就可以选择合适的工具和框架。例如，Jenkins 就是一款可以支持持续集成的工具，可以根据你们的需求进行配置。"

"不过，在实施持续集成之前，你们还得建立一套完善的测试体系。自动化测试是持续集成的重要组成部分，它可以帮助你们在每次提交代码后快速检测出问题。此外，你们还需要设定一定的规则，比如单元测试覆盖率等标准。"

黎顺没有放过这次表现的机会："李教授，持续测试工作我们团队已经取得了一定成果，您放心，后续会不断完善，一定为持续集成打好基础。"

之前持保留意见的几位同事也不再坚持，王云飞眼见时机成熟，一口喝完了杯子里的咖啡："既然如此，我们就按照李教授的建议来实施。千里之行，始于足下，我们可以先从小范围做起，先在某个模块上试试持续集成的效果，后期再考虑逐步推广。"

在会议结束前，王云飞指定由陆立和任天乐配合一同推进持续集成工作。他们两人选择后续挂号系统功能优化作为试点，并与黎顺一起制定更详细的测试计划，与刘超群优化了代码审查机制。陆立还要求所有开发人员以小批量、渐进式的方式频繁提交代码更改至主分支，比如每日多次提交，以此来有效减少代码冲突和集成问题。

对陆立和任天乐的一些想法和举措，王云飞也"开绿灯"助力。随着时间的推移，团队成员逐渐习惯了持续集成的工作模式，也养成了随时通过版本管理服务器获取最新代码的习惯，集成耗时大幅缩短。

10.3 两张 CD 待播放

持续集成的顺利实施明显缩短了开发周期、提升了开发质量，团队士气也随之高涨。

不过，王云飞明白持续集成只是 DevOps 的其中一环，持续交付和持续部署同样是提升软件工厂生产线效率的关键技术。

> **持续交付与持续部署**[7]112
>
> - 持续交付（Continuous Delivery，CD）是持续集成的延伸，它强调通过自动化构建、测试和发布流程，确保软件在任何时候都可以安全地发布到生产环境。这种方法要求开发团队保持代码库的稳定性和高质量，以便能够快速响应需求和市场变化。
>
> - 持续部署（Continuous Deployment，CD）是持续交付的延伸，它进一步将自动化流程扩展到生产环境的部署。在持续部署中，每次代码更改在通过所有自动化测试和验证后，都会自动部署到生产环境，从而确保用户始终使用最新版本的软件。

王云飞看着书本上持续交付与持续部署的英文简写都是CD。有那么一瞬间，思绪飘回上学时用过的CD随身听。现在这两张新的CD唱片，能够在软件工厂这个CD机中成功播放吗？

回顾以往推行持续测试、持续集成的过程，每次都是"bug驱动"。当大家忍无可忍的时候，才推行新的模式。这次要不要主动推广持续交付和持续部署呢？

王云飞笑着摇摇头，自言自语道："要肯定是要的。玉不琢，不成器。人不学，不知义。还是要仔细打磨打磨，通过持续测试、持续集成、持续交付、持续部署，给软件工厂生产线持续提提速。"

经过反复琢磨，王云飞提前找到李教授，准备借着一次内部培训的机会，让老师陪自己演一出"双簧"。

王云飞在微信群宣布，本周的工作例会调整为技能培训，他邀请了李教授前来给大家讲一次课，分享软件工程的前沿热点。不用开会，等于不用汇报工作，众人都乐得清闲，对于李教授的报告自然十分欢迎。

同时，王云飞和李教授多次商量后，选定了培训主题。李子乘拟制了主题报告提纲，名为《持续交付与持续部署：优化软件开发流程的"多巴胺"》。

持续交付与持续部署：优化软件开发流程的"多巴胺"

一、引言

（一）当前软件开发面临的挑战

（二）持续交付与持续部署的概念

二、持续交付

（一）定义与重要性

持续交付要求软件项目能够频繁地发布新版本，且每个版本都可随时部署至生产环境。这有助于减少错误积累，降低发布风险，并能更快响应用户需求变化。

（二）关键组件

版本控制、自动化构建与测试等。

（三）实现持续交付的最佳实践

采用敏捷开发方法；建立代码审查制度；维护一套完整的自动化测试套件。

三、持续部署

（一）定义与优势

持续部署通过自动化流程将代码更改快速、安全地从代码仓库直接部署到生产环境，无需人工干预。这能够显著加快软件交付速度，减少人为错误，提高软件质量，并增强团队协作和工作效率。

（二）自动化部署流程的设计

设计一个端到端的自动化部署流水线，从代码提交到生产环境部署的每一步都应自动化。

（三）部署策略

1. 蓝绿部署：同时运行两个相同的应用环境，将新版本部署到空闲环境中，通过路由切换完成部署。

2. 滚动更新：逐步替换服务实例，新旧版本共存一段时间，逐步过渡。

四、持续集成与持续交付/部署的关系

（一）CI/CD 流水线

持续集成是指频繁地将代码合并到共享存储库中，并自动构建和测试。CI/CD 流水线将这些过程整合在一起，形成一个完整的自动化流程。

（二）如何构建高效的 CI/CD 流水线

选择合适的 CI/CD 平台，配置合理的流水线脚本，确保快速反馈循环。

（三）CI/CD 工具链介绍

如何通过开源的工具链，帮助团队快速搭建 CI/CD 流水线。

五、实施案例分析

（一）成功案例研究

展示成功的 CI/CD 实践案例。

（二）典型问题与解决方案

讨论实施过程中可能遇到的问题，比如测试覆盖率不足、依赖管理复杂等，并提出解决策略。

（三）经验教训总结

六、具体建议

（一）团队现状分析

（二）针对性改进措施

（三）推荐工具和技术栈

七、结论

（一）持续交付与持续部署的价值

总结持续交付与持续部署带来的价值，如提升软件质量、加快产品上市速度等。

（二）长期收益展望

展望未来实施 CI/CD 带来的长远效益。

（三）推广计划与下一步行动

制定具体的推广计划，包括培训、试点项目等。

八、问答环节

王云飞读完报告提纲，心中满是期待。

给李子乘回电致谢时，他感激地说道："李老师，这份报告太牛了，不仅是精彩的技术分享，更是可以直接拿来指导我们团队工作的宝典。"

第10章 给产线提提速

到了培训当天,王云飞就像回到了大学教室,听着李教授娓娓道来,风趣幽默又不失技术性,现场几乎没有人分心走神。

李教授指着大屏幕说:"简单来说,今天我要分享的主题是如何在实现自动化的道路上,为大家的工作注入一剂'多巴胺'。持续交付是指确保软件可以随时、安全、可靠地发布到生产环境,这意味着团队需要在开发过程中保持高度的自动化和可测试性,以便能够迅速应对变化。而持续部署则更进一步,要求团队在代码通过自动化测试之后,能够自动地完成打包,并自动部署到生产环境。大家看屏幕上这张图(图10-2)可以更好地理解这个过程。"

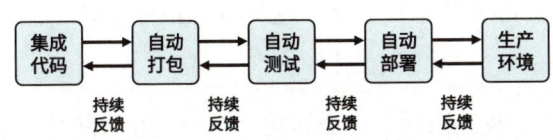

图10-2 持续部署

"在这个过程中,我们可以采用最小可行产品和最小可行能力交付的开发策略。这就如同我们先制作一个虽简单却能满足基本需求的产品版本,让它快速进入使用阶段,收集反馈,然后再逐步迭代完善。"

> **最小可行产品与最小可行能力交付**[19]
>
> - 最小可行产品:是指在最短的时间内,以最少的资源快速构建出一个能够满足用户需求的版本。其核心是通过了解基础用户需求,分析有效的功能,在最终发布之前获得早期用户的反馈并进行迭代优化。
> - 最小可行能力交付:是一种基于最小可行产品理念的开发策略,主要是通过快速构建和迭代一个满足用户需求的版本,以验证用户的接受程度,从而在投入大量时间和资源之前降低试错成本。

在报告中,李子乘从基本概念入手,结合具体的实例和软件工厂团队的实际经验,生动地阐述了持续交付与持续部署的价值所在。他还分享了一系列实用的建议，涵盖了可维护脚本的设计方法、高效自动化测试的编写技巧以及环境变量和密钥的安全管理策略等。

大家笔记做得飞快，纷纷举起手机拍照记录，不愿遗漏一个技术细节。惹得李教授两次提醒："不用拍照，会后我会将PPT发给大家。"

王云飞注意到，这段时间分别侧重负责运维的张齐和负责部署的任天乐表现得格外兴奋，他明白这颗变革的种子已然播撒成功。

问答环节，张齐格外积极，半是提问，半是抱怨，难得抓住了一个机会，将自己工作中的困难一股脑倾泻出来。"不知道大家感觉到没有，我们现在团队中开发人员和运维人员之间存在明显的隔阂。开发人员专注于编写代码，而运维人员则负责部署和维护系统。这种分工虽然清晰，但往往会导致一些不必要的延误。"

"比如，前阵子我们遇到了一个问题。在开发互联网挂号系统的医保实时结算模块时，由于项目初期时间紧迫，开发人员认为只需要支持本地常见的几种医保类型就可以先进行开发。然而，在部署阶段，我们才知道根据医院的要求，需要系统能够支持全国范围内的各种医保类型。由于这个需求变化并未在早期的需求评审会上被充分讨论并记录下来，导致运维人员在准备部署环境时发现现有模块无法满足实际需求，最终造成了医保实时结算功能的正式上线延期。"

"齐哥，李教授提到的持续集成和持续部署的理念，我觉得可以很好地帮助我们解决这个问题。"任天乐指着屏幕上的关键词，"如果我们能够建立起一个高效的CI/CD流水线，让开发和运维的工作更加紧密地结合在一起，那么就能够大大减少这类延误的发生。"

张齐和任天乐的发言为大家打了个头阵。接下来几人的发言都围绕着部署工作的困境展开。

"哎，我们几个主要负责运维的人，就像是手动操作机器的老工匠，每次部署新代码或者更新功能，都得小心翼翼、一步一动地操作。这活儿不仅繁琐，还特别容易出错，一不小心就可能引发系统崩溃或者服务中断。"

"有时候的部署周期长得让人无法接受，每次都要等开发团队完成所有功能，测试团队测完一轮又一轮，最后才轮到我们运维来部署。这样一来，不仅效率低下，一旦遇到不顺利的情况，还容易让团队之间产生摩擦和误解。"

"由于部署过程不透明，一旦出现问题，很难快速定位和解决。我们得花大量时间去排查原因，有时候甚至得熬夜加班。"

平时大家总会自嘲，作为一个IT行业"民工"，日日夜夜地工作也是默认状态了。只是今天连续几位同事把困境掰开了抱怨，激起了大家的共鸣。

任天乐再次发言："咱们团队在刚组建时，第一次部署工作花了两周，后续通过一些手段实现了提速。但现在我们的系统体量越来越大，之前的一些策略有些力不从心。我就在想，一个复杂庞大的系统，还能不能尝试在午休期间，甚至是医护人员的工作时间，做到开发完一个功能就上线部署一个功能？这样能尽量不影响医护人员和患者的正常使用，我们也不至于总是陷入加班。"

话音刚落，就有人提出了反对意见："这种方式不行，且不说我们现在的部署动辄都要几个小时，怎么可能压缩到午休呢？何况像急诊科和重症监护室是24小时不间断运转，如果不能做到百分百成功，肯定会引起他们的不满。"

面对骑虎难下的困境，王云飞望向李教授，希望能从他那里获得一些启示。

李子乘应付自如地开口："任工的想法非常好。持续交付与持续部署的理念，正是为了应对这类问题而诞生的。不过，要解决这个问题，我们需要采取一些特别的策略。"

"我推荐的第一个策略是自动化部署。利用持续部署工具，来自动化整个部署流程。这样即使在工作时间也能快速安全地完成部署。自动化部署不仅可以减少人为错误，还能大大提高效率。一旦新功能开发完成并通过所有测试，系统就会自动部署到生产环境。这意味着你们可以在不影响正常业务的情况下进行更新。"

"类似的逻辑，你们还可以考虑实施'暗部署'的方法，就是你们可以将新功能部署到生产环境中，但并不立即将其暴露给最终用户。可以先进行内部测试，确保一切正常之后，再逐步开放给一部分用户。这种方式可以在不影响现有用户的同时，确保新功能的质量。"

暗部署 [7]34[20]218-219

暗部署（Dark Launch），也被称为暗启动，是一种在用户无感知的状态下将新功能的初始版本预先部署至生产环境的策略。该策略通过引入功能开关机制，使新功能在后台逻辑或算法层面逐步启用，同时避免对用户界面或常规操作流程造成显著影响。在此过程中，开发者能够收集真实用户的行为数据，从而对新功能的性能、稳定性及用户体验进行评估与优化。暗部署的优势在于，它能在最小化用户干扰的前提下，实现对功能的线上验证与迭代，降低正式发布后的潜在风险。

"第二个策略是对于大规模的更新而言，你们可以采用分阶段的方式进行部署。"李子乘停顿了一下，"这两点建议结合起来使用，可以大大降低部署过程中的风险，并且能够让团队更加高效地管理软件的发布周期。"

"不过无论采取怎样的部署方式，在这里我要提醒你们，还需要加强监控和自动化回滚机制。要保证一旦出现紧急情况就自动触发回滚操作，恢复到之前的稳定状态。这将大大降低突发事件的风险。"

"最后，大家在工作中还需要与业务部门进行密切沟通，了解他们的需求和担忧，共同制定一个合理的部署策略。比如，可以和急诊科、重症监护室的医护人员协商，确定一个最合适的部署时间窗口，尽量避开高峰期。对于这种运转比较特殊的科室，只有特事特办才是最稳妥的方式。"

李教授培训结束后，会议室响起了热烈的掌声。尤其是那些之前对部署流程有所抱怨的同事,他们的鼓掌格外卖力。

王云飞也未曾想到,仅仅是一次培训和答疑,竟能使团队如此迅速地统一思想,接纳持续交付与持续部署的理念。他打心底里佩服李教授扎实的专业知识,并在心中暗自庆幸,这次终于不用等到矛盾爆发后再处理了。

掌声平息后,王云飞总结道:"非常感谢李老师的分享,您的建议对我们团队来说非常宝贵。我相信,根据您提供的指导思路,我们一定能够改进现有的开发流程。"

接着,他补充说道:"今天,大家都坦率表达了在部署环节遇到的困难,这表明我们都渴望改变现状,以实现更顺畅、更高效的协作。因此,我提议,下一阶段我们就按照李老师给出的建议继续优化从左到右的开发链路。咱们小步快跑,先从大家最棘手的部署着手。张齐和天乐,你们俩来牵头推进这项工作,其他人配合。"

"好,我一定努力!"任天乐大声回答。

10.4　轻舟已过万重山

任天乐和张齐斗志昂扬,摩拳擦掌,带领小团队迅速建立了一套高效的持续部署流程。从代码提交到生产环境部署的整个自动化流水线,都更加丝滑顺畅。

紧接着,王云飞在向院领导汇报后,决定全面推广互联网挂号系统,覆盖全院各科室,接管所有挂号相关功能。

互联网挂号系统项目自启动以来,经历了不少波折,这让所有参与的成员心中憋着一股劲,希望能为软件工厂争一口气,证明团队的实力。

王云飞、冯凯等人也非常紧张。互联网挂号系统立项以来,一路磕磕绊绊。全面推广使用是衡量项目成功与否的重要指标。从经费支出来看,当前项目还剩了不少钱,还能继续维持软件工厂团队好几个月,采购效益较高。从前期试用情况来看,总体还算顺利,新系统得到广大用户认可,也在不知不觉中集成了越来越多的功能,对接了越来越多的生产系统,发挥了越来越重要的作用。可以说,互联网挂号系统已经成为医院的核心系统。但只有系统全面推广,才能算得上画了一个完美的句号。

现在,所有团队成员都在加班加点开展全面试用准备,部署环境准备、业务数据准备、软件版本更新等工作都在有条不紊地进行。

很快,系统推广前的最后一次全系统全功能测试如期开展。王云飞来到现场,密切关注着新版本的测试表现。

王云飞注意到站在一旁的冯凯好几次不自觉地皱起了眉头,于是问道:"冯主任,是不是对新系统全面推广不放心?"

"主任,我在想我们能不能稍微推迟上线时间,再进行一次全流程的验证?毕竟这次系统全面推开,怕出现不可预见的问题。"

王云飞陷入沉默,他明白冯凯的担忧并非空穴来风。但此时各项准备工作已接近就绪,连医院宣传科都准备好了推送文章。

箭在弦上,不得不发。王云飞安慰冯凯,同时也安慰自己:"应该没问题。还是要相信我们的团队。再说即使发现小问题,现在团队的处置能力也应该能够应对。还是按原计划推广吧。"

晚上八点整,新系统准时上线。

系统上线两小时后,一切运行平稳,宣传科准备的宣传稿件也如期发布。王云飞和团队一直监控到深夜,其间并未发现异常。然而,即便回到家后,他依然无法安心入睡,第二天一早就赶回了医院。

随着使用系统的用户越来越多,系统表现仍然一如既往地稳定,各项系统指标均在正常范围内。王云飞悬着的心终于放下来了。

临近中午,散在各科室保障的软件开发团队成员陆续回到了信息中心三楼大会议室,简要地向等候的王云飞报告了各科室试用情况。

第10章 给产线提提速

等到人快到齐时，王云飞接到了晏院长的电话，晏九嶷询问了推广情况，对王云飞他们表示了祝贺。

虽然只有寥寥数语，王云飞还是感受到了莫大的鼓舞，马上向大家转达了晏院长的祝贺。没想到短暂的沉默后，大家突然鼓掌欢呼起来。看看每个人脸上洋溢的喜悦，王云飞感受到了前所未有的成就感。

互联网挂号系统一炮打响，新的需求接踵而来。王云飞俨然成为了医院的红人，各科室主任经常打来电话，希望信息中心能够帮忙开发一些特色功能。

初期王云飞还能够有求必应，但很快各项新需求就排满了软件工厂的日程表，王云飞不得不收紧了口风。

忙中也有出错，其间好几次新功能上线后，出现了故障。好在陆立、官剑等人非常给力，很快就解决了问题。并且在复盘总结后，针对"麻雀虽小、五脏俱全"的特色模块开发部署运维特点，王云飞还带着团队实践了蓝绿部署和金丝雀发布，进一步降低了整个项目的运行风险。

> **蓝绿部署** [7]106[20]215-216
>
> 蓝绿部署是一种高效的软件部署策略，旨在减少停机时间和部署风险。它通过同时运行两个独立的生产环境——"蓝色环境"和"绿色环境"来实现平滑过渡。在部署过程中，新版本的应用程序（绿色环境）被部署并测试，同时老版本（蓝色环境）继续处理用户请求。一旦新版本验证无误，流量将逐渐从老版本切换到新版本，最终实现完全迁移。这种策略确保了应用始终在线，减少了用户影响，并允许在必要时快速回滚到老版本。蓝绿部署适用于对停机时间敏感且能够承受额外成本以快速响应变化的场景。

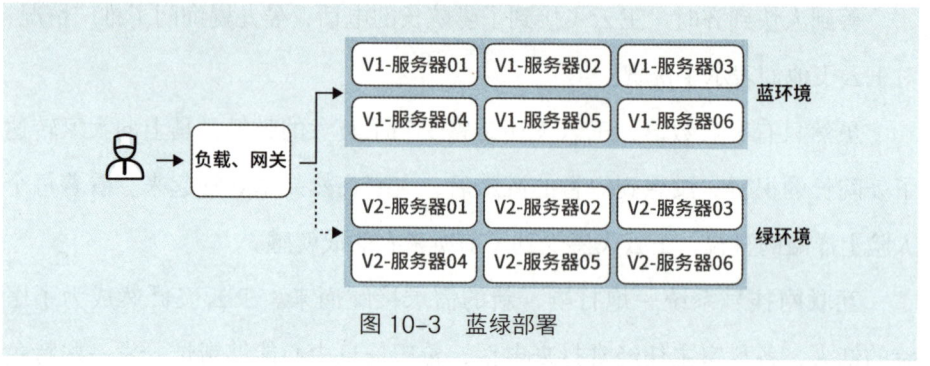

图 10-3 蓝绿部署

金丝雀发布 [7]108[20]217-218

金丝雀发布又称为灰度发布，是一种逐步推出新版本应用程序到生产环境的策略。其核心在于先让一小部分用户或流量使用新版本，以快速检测新版本与旧版本之间是否存在兼容性问题、性能问题或其他潜在问题。如果新版本运行稳定，没有问题，则逐步扩大新版本的覆盖范围，直至完全替换旧版本。这种方式能够最大限度地减少新版本发布对整体系统的影响，确保系统的稳定性和用户体验。同时，金丝雀发布也提供了灵活的策略自定义能力，可以按照流量或具体内容进行灰度测试，使得新版本的推出更加可控和安全。

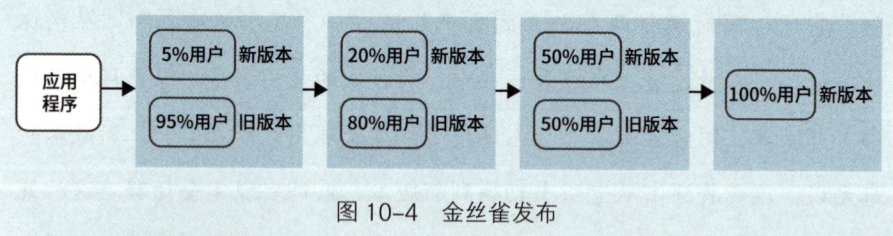

图 10-4 金丝雀发布

互联网挂号系统顺利推广后，王云飞单独来到了李教授办公室。师生俩一边品茶，一边聊起了整个项目实施过程。李教授帮忙总结道："你们这是用一个项目，进行了一次高价值的优秀的软件工厂实践。从最开始坚持自主研发，到构建仿真环境，到打通开发、构建、集成、部署、运维环节，最后到 CI/CD，完整地构建了 DevOps 的持续交付循环。而且你们做的工作和互联网公司不同，需要克服各种高监管环境约束，比如严格的变更管理流程、测试环境的隔离与数据脱敏等，现在相关实践成果，很有研究价值和指导意义。回顾整个过程，你是不是感慨万千？"

"两岸猿声啼不住，轻舟已过万重山。"

两人抚掌大笑。

工作札记 10

持续集成的核心价值与实践路径

持续集成（CI）通过高频代码合并与自动化构建/测试体系，实现缺陷的早期拦截与修复。其实施需明确目标（质量提升或部署加速），并依托工具链构建代码提交触发编译、测试、集成的自动化流水线。核心前置条件在于完善测试体系（单元测试覆盖率标准）与团队协作规范，将集成风险分解至日常迭代中，避免后期大规模集成冲突，从机制层面提升开发能效与进度可视性。

持续交付与持续部署的协同演进

持续交付在 CI 基础上延伸，通过自动化验证确保代码始终处于可发布状态，形成"随时交付"的能力储备；持续部署进一步实现生产环境发布的自动化闭环，需结合暗部署、分阶段部署等策略平衡风险与效率。两者的核心依赖高度自动化的构建、测试与发布流程，需结合最小可行产品与最小可行能力交付策略，通过快速迭代验证用户需求，降低试错成本，同时确保功能逐步完善。

自动化部署与风险控制策略

自动化部署可减少人为错误并提升效率，但其成功需结合暗部署、分阶段部署等策略以平衡风险与迭代速度。暗部署允许新功能在生产环境隐藏测试，分阶段部署则逐步扩大用户范围。同时，监控与自动化回滚机制是核心保障，确保异常时快速恢复至稳定状态。蓝绿部署与金丝雀发布进一步降低风险，前者通过并行环境切换减少停机影响，后者以渐进式流量分配验证新版本可靠性。

业务与技术协同的部署策略设计

技术部署需嵌入业务场景，通过跨部门协作制定时间窗口（如避开医疗高峰时段）、优先级规则（如急诊科系统特事特办）。这种协同要求技术团队理解业务连续性需求，将部署动作转化为业务价值交付节点，而非单纯的技术操作。同时，通过工具链透明化（如部署看板）建立双向信任，使技术风险可控性与业务稳定性诉求达成动态平衡，实现技术敏捷性与业务可靠性的双重提升。

提升篇

第11章
持续运维不断"链"

——万物并作,吾以观复。(老子《道德经》)

11.1 开发666、运维007

王云飞看着自己的体检报告,有几处指标格外惹眼。一年来瘦了近10斤,血压偏高,腰椎退行性病变,这些都是长期过劳的后果。

他放下报告,揉了揉手腕,虽然身体劳累,但最近心情不错,因为他一直以来的宏大规划——软件工厂,已颇具样貌,一个"从左到右"的完整开发链路已经被打通。

信息中心和志诚科技的合作进入尾声,这段时间,互联网挂号系统的功能日益完善,用户体验也得到了显著提升。系统提前上线后,一直运行稳定,用户反馈也是好评颇多。

不过,软件工厂并未止步于此。信息中心进一步对医院窗口挂号系统进行了优化升级,同时打通了多个相关系统和设备,确保新系统与自动挂号机等一系列系统设备的无缝对接。这样一来,整个医院的线上挂号流程变得更加便捷,各科室对此频频点赞。

转眼来到医院一年一度的五四表彰大会现场,王云飞端坐在礼堂前排,身着正装，神采奕奕。

由于互联网挂号系统的出色完成，以及对现场窗口挂号系统和自助挂号机的优化升级，信息中心荣获医院本年度的"五四红旗团支部"称号。陆立，作为信息中心的一员干将，被推选为"优秀青年标兵"。

这一刻，信息中心完成了从昔日"吊车尾"到口碑逆袭的华丽转身。毛无夷在大会上的发言也点名表扬了信息中心。

会后，王云飞被毛无夷请到了办公室。"云飞，信息中心过去一年成绩斐然。荣誉是对你们单位过去一年成绩的肯定，更是对你的褒扬，干得不错！当然，将来你们也要承担更多责任，得继续保持这份拼劲和干劲，不断前进啊。"

王云飞连忙表态："书记您放心，信息中心一定会守住这份荣誉和认可，力争更上一层楼。医院有任何新的需要，我们信息中心一定会挑大梁、打头阵。"

"云飞，挂号系统的开发和升级效益明显。卫健委正在抓《国务院办公厅关于促进"互联网+医疗健康"发展的意见》落实，我们医院报上去的线上挂号系统得到了各级领导的好评。院党委正打算将业务进一步'上网'。近期会给你们安排'互联网医院'建设任务，这可比挂号系统的体量要大得多，你们要做好准备。"

王云飞嘴角有些压不住。近期，他正和冯凯筹划着互联网挂号系统合同到期后的下一步工作计划。他们打算先从运维业务中挤出一笔钱，维持软件工厂最小化运转，毕竟一个团队建起来不容易。

"毛书记，请您放心！我们已经基本掌握了完整的软件开发流程，'两限'合作模式也积累了不少成功经验。如果能有新的任务，正好可以继续优化现有软件研发模式，争取取得更好的建设效益！"

几天后的院务会上，晏院长官宣了这一重大计划。"建设'互联网医院'，是希望将更多的医疗服务搬上互联网平台，以便利医患，扩大医院的社会影响力。这一决定，也标志着医院将全面拥抱数字化转型，进一步提升医疗服务的可及性和效率！这件事，我们还是计划交给信息中心来负责。"

众人的目光不约而同地转向了王云飞。

王云飞有备而来："感谢医院对信息中心的信赖，我们十分荣幸，也清楚自己担子不轻。这一年里，大家都看到了信息技术在医疗服务上的巨大潜力，特别是疫情之后，大家更重视健康了，互联网医疗的好处也显而易见。我查了查，有统计数据显示，去年全国医疗信息化核心软件的市场规模有三百多亿，未来几年预计每年还能增长近20%。我们中心有信心，一定能赶上这波浪潮，把'互联网医院'打造成医院的新名片。"

王云飞的发言既有决心态度，也有数据支撑。与一年前所面临的诸多质疑不同，这一次受领任务赢得了热烈的掌声。

正式接手"互联网医院"项目后，王云飞和几位骨干马不停蹄地开始了新供应商的采购招标。这一次，凭借之前的成功经验和信息中心的口碑形象，招标过程异常顺利。

医云科技，一家技术实力雄厚的供应商，脱颖而出。志诚科技也来参加了投标，但没有中标。授权代表向澄内心感觉新项目有点像鸡肋，食之无味、弃之可惜。没有中标唯一的麻烦是需要找其他项目安置参加互联网挂号系统项目的研发人员。

还没等向澄头疼，王云飞就已经悄悄地"帮"她解决了人员问题。通过陆立、官剑等人私下和研发人员沟通，所有开发骨干和大部分开发人员都愿意从志诚科技离职。在双方协商后，医云科技也非常欢迎留用原来的开发人员。这样就为新的"互联网医院"项目组打造了稳定的基本盘。

"老伙计们"卖力工作，"新生力量"也快速壮大。在医云科技的大力支持下，一个月左右，软件工厂开发人员数量扩充到了30余人。

得益于"从左到右"的开发链路已经较为成熟，"互联网医院"的一系列基本开发需求迅速实现。不到两个月，软件工厂团队就开发并上线了包括患者服务平台、医生操作端系统、远程诊疗系统在内的多个子系统。

患者服务平台为患者提供了一站式的便捷服务入口，从在线预约挂号、电子病历查看，到在线咨询、在线支付，一应俱全；医生操作端系统则为医生提供了高效的工作环境，支持在线接诊、病历书写、处方管理、患者管理等核心功能；远程诊疗系统实现了线上图文对话功能，有效搭建了患者与医生之间的沟通桥梁。

然而，由于短时间内的高强度开发，互联网医院系统的稳定性问题逐渐暴露，其在可靠性上的表现远不及先前的互联网挂号系统。

此时，疫情防控进入了"科学精准、动态清零"的全方位综合防控阶段，公众对线上诊疗方式的依赖程度增加，"互联网医院"项目承载着越来越多的期望。然而，系统的频繁故障和性能瓶颈给用户带来了诸多不便。

软件工厂团队也因此承受了巨大压力，时常在忙乱中进行紧急运维。服务器负载过高、数据库响应时间延长、前端页面加载缓慢、用户连接失败……这些问题，大都需要软件运维人员加班加点解决。张齐对林谦感叹道："你们开发组的链路倒是 666 了，我们运维这边最近可是 007 连轴转的节奏了。"

夜以继日的加班让运维人员疲惫不堪。了解到他们的困境，王云飞当即决定让信息中心部分外勤员工临时支援"互联网医院"项目的运维工作。他们匆匆接受简短的培训，就被派往"前线"。有人私下抱怨："一份工资，打两份工，搁谁谁受得了啊。"

运维工作基本有序后，王云飞回到学校找李教授求助。

"李老师，'互联网医院'项目的开发工作量太大。开发人员目前研制的系统稳定性还不足，这给后续的运维工作带来了很大压力，运维人员几乎是 24 小时待命。您看有什么好办法吗？"

"云飞，弓满易折，弦紧易断，整个团队的压力不应全部落在运维团队身上。DevOps 不仅强调开发速度，还要求稳定可靠。现在的关键是，要学会找到速度和可靠之间的平衡。此前你专注于如何打通开发链路，却将后者搁置了。你还记得 DevOps 里的持续运维理念吗？它是你当前该把握住的武器。"

"持续运维？我们要具体怎么操作呢？"

"这个模式跟传统的运维不一样，它需要开发团队和运维团队紧密合作。持续运维可以理解为，运维活动应该像开发和测试一样，成为软件生命周期中持续进行的一部分，而不是孤立或者分阶段的任务。"

"首先，你们要从项目一开始就考虑到运维的需求和挑战。其次，要鼓励快速迭代、小步快跑，这样可以更快地发现问题、修复问题。持续运维还强调利用数据和反馈进行不断改进，这会帮助你们提高系统的稳定性和用户体验。"

夜色渐深，王云飞边听边记录，收获了不少新想法。回到家后，他在书房继续整理思路，时针又转过了 12 点，邱竹关心道："看看自己的年龄，不要熬得太晚了。"

"没关系，今天能睡个好觉。晚上我去找了李老师，求得一个'锦囊'，以后 007 不会是常态了。"

11.2　打通任督二脉

次日一早，王云飞直奔行政大楼，参加"互联网医院"项目的需求评审会。

现阶段，互联网医院系统在开发进度上还算顺利，不少业务部门也雄心勃勃地提出需求，但这给软件工厂团队带来了不小的挑战。有些需求看似合理，但实则可望而不可及。要不就是以现有技术难以达到预期效果，再不就是在成本和时间框架内难以实现。

这种理想与现实之间的差距，往往导致需求评审会成为剑拔弩张的博弈现场。

轮到各业务部门提需求时，皮肤科主任章直抢着第一个发言："我们科想要在互联网医院系统中加一个视频通话功能。我觉得这功能挺常见的。视频通话对患者来说是个大好事，不仅能更直观地展示病症，还能提高诊疗的沟通效率。尤其我们皮肤科在诊断过程中，很多时候需要眼见为实。我想，其他科室一定也有这样的需求。"

王云飞面露难色："章主任，视频通话确实能提升远程诊疗的体验。但是，也得考虑现实情况，这其中涉及数据加密传输、高流量实时通信等技术，对医院基础设施有很高的要求。这需要很大的前期投入，而且后期的升级和维护工作也是我们现阶段难以实现的。"

章直脸色一沉："我不懂你说的什么加密和高流量难题，但是，不能因为觉得有困难就不做了啊？"

王云飞试图缓和气氛："章主任，我解释一下，信息中心当前可投入的资源有限，必须优先考虑那些能够迅速部署且成本效益高的功能。目前系统具备的图文沟通功能虽然较初级，但可以保证基本使用需求。视频通话功能虽然先进，但从成本和资源角度看，它的优先级可稍往后排，待时机成熟再开发。"

章直不愿罢休："优先级？那我们科室的需求就随你的意愿而搁置吗？更何况，这不仅仅是优先级的问题，更关乎对患者的责任。如果我们仅凭图片进行诊断，一旦出现问题，你们信息中心会承担责任吗？"

"章主任，我理解您的初衷是为了患者，但我们必须面对现实情况。我们中心目前也面临诸多限制，只能在现有资源条件下，尽力实现最大效益。"

章直双手抱胸，闭口不言。对话陷入僵局，为推进议程，王云飞提出了一个缓兵之计："章主任，不耽误大家时间，请您和皮肤科的同事明天来信息中心，我召集工程师，咱们一起商讨，看能否协调出一个双方都能接受的方案。比如，是否可以通过第三方会议系统来实现您想要的功能。"

章直勉强同意。

第 11 章 持续运维不断"链"

第二天，在综合楼三楼的小会议室里，王云飞与章直再次会面。王云飞提前请教了李子乘，李教授建议采用风险评估和可用性设计的策略来劝说章直。

风险评估 [6]85[18]362, 364-365

在持续运维中，需求阶段的风险评估是一项前瞻性活动，旨在识别可能影响软件开发、部署及运维的潜在问题。在这个阶段，团队需评估需求的可行性、技术挑战、合规要求及安全考量，从而确保后续的设计、开发与运维工作能够建立在一个稳固的基础上。通过早期识别风险，团队可以及时调整需求或规划风险缓解措施，避免后期高昂的修正成本，保证项目的顺利推进，同时维护系统的稳定性和安全性。风险评估通常包括风险识别、风险分析、风险评价以及风险应对等多个环节。

可用性设计 [6]102

可用性指的是一个组件或一种服务在特定时间点或时间段内，能够正常发挥其预定功能的能力。在持续运维的框架下，需求阶段的可用性设计意味着从项目初始就将系统稳定性和可靠性纳入考量。这包括定义系统在各种条件下的预期表现，确保服务即使在故障或高负载情况下仍能提供不间断的用户体验。

来到信息中心的主场，章直态度平和了些："我们皮肤科希望增加视频通话功能，这样医生可以更直观地观察患者的皮肤状况，这对诊断至关重要。同时，这一功能也能提升患者的就诊体验，让远程诊疗更加人性化和高效。"

陆立早有准备："章主任，要实现您的需求，我们需要先对几个关键问题进行评估：视频流交互的带宽要求、数据加密标准、服务器负载能力以及可能出现的网络延迟问题。此外，还需要考虑这些技术实现与现有系统架构的兼容性。基于现有条件，我初步判断，推行这一功能不太现实。"

章直打断他："陆工，你说的这些专业名词我听不太懂。但我明白你的意思，就是这个需求不好实现，这点你们主任昨天也说了。不过，作为医生，我的出发点始终是患者的需求，至于技术如何实现，这应该是你们专业团队去解决的问题。"

陆立调整策略，按照王云飞会前的指示，向章直解释在当前系统中增加视频通话功能可能带来的技术风险。

"章主任，不是我们推脱，实在是没有金刚钻、不揽瓷器活。以现有的资源来看，如果贸然开发视频通话功能，很可能会打乱正常的开发节奏，耽误其他更基础、更紧急的功能推进。如果因此影响了整体工作进度，院长和书记追究起责任来，我们确实难以交代。更重要的是，即使勉强上线，以我们中心目前的基础设施条件，很可能会频繁出现卡顿、掉线等问题，不仅影响诊疗效果，还会降低用户体验，甚至损害患者对医院的信任，进而影响医院声誉。这样的局面，想必大家都不愿意看到。"

章直一时语塞。王云飞顺势给陆立使眼色，让他介绍目前团队能够提供的替代方案。陆立的一番专业术语让章直听得云里雾里，但他大致明白了结论：视频通话功能风险高、成本高，建议先优化图文沟通功能，后期再逐步升级为短视频功能。

章直看了眼时间，露出无奈的表情："好，我投降。如果能让患者发送拍摄好的视频片段，也能在一定程度上解决我们的需求。不过，我的态度没有改变——实时的视频通话仍然是我的终极目标。"

几番拉扯后，章直最终接受了目前的解决方案，但提出患者可以上传30秒以内的视频片段作为折中方案。在后续的项目推进会上，王云飞复盘时总结道："这次与皮肤科的交流提醒我们，运维工作不仅是在开发完成后才介入，甚至在需求阶段就可以提前运用一些'运维'思维。我认为，开发和运维应该朝着无缝衔接的闭环方向发展，通过持续运维打通DevOps流程的'任督二脉'，从而实现更高效、更稳定的系统交付和运营。"

11.3 没有一行代码是无辜的

这天，王云飞刚走到软件工厂的门口，就听到林谦和张齐争执的声音。

"这次故障明明是因为服务器负载过高，你们运维团队的监控系统为什么没有及时预警？"林谦声音略显激动。

张齐脸色微红，语气同样强硬："你们的系统在高峰期处理能力不足，这才是根本原因！"

林谦不屑道："我们的系统在测试环境下表现很好，要我看，问题是出在配置上。你们运维团队在部署时，某些关键参数的设置是不是与测试环境不一致？"

张齐的声音又提高了几分："我们是按照标准流程部署的，但发现系统在高并发情况下资源消耗异常高，这超出了我们的预期。"

王云飞立刻上前调停纷争。

类似的情节最近屡次上演。还没等王云飞解决两个团队间的分歧，医院的体检报告查询系统又出现了问题。虽然这与"互联网医院"的新项目关系不大，但接连不断的投诉和故障报告让王云飞不得不抽身出来，督促系统的修复工作。

六七月份，正是不少毕业生入职体检的高峰期，报告的及时性成为用户关注的焦点。王云飞压力山大，系统故障可能引发连锁反应，导致医院陷入负面舆情。

樊博临时被拉来支援故障处理，他和一个供应商人员处理了一整天都没找到原因。他少见地垂头丧气："我们现在排查故障也太麻烦了。要我说，故障出现时，简直没有一行代码是无辜的。"

起初，体检中心护士长只是隔一段时间给信息中心打来电话，但随着时

277

间推移，这些询问逐渐演变成了抱怨和责备。最终，体检中心主任的催促电话直接打到了王云飞的手机上，王云飞勉强安抚住她。可半天后，樊博那头还是没传来好消息。

王云飞当机立断，从原本专注于"互联网医院"项目的软件工厂团队中，抽调出官剑和张齐来协助解决这一问题。与樊博及原供应商员工了解基本情况后，官剑和张齐将各种可能原因逐一列出：应用程序内存溢出、数据库连接数不足、系统负载均衡失效、网络链路不稳定。每条线索都指向不同的技术领域，这增加了排查难度。

经过彻夜摸排，他们深入系统的各个角落，试图找到问题症结。最终，数据库索引设计存在不合理性，以及前端请求处理逻辑中的一个小漏洞浮出水面。这两个看似不起眼的问题，却共同导致了系统的故障。

事后，官剑向王云飞汇报："现在系统越来越复杂，光靠等着问题找上门来再解决，真心跟不上这节奏了。每次故障发生，依赖相应的技术人员去排查，可生产环境那么复杂，问题藏哪儿了都不好找。有时候在生产环境碰到的问题，开发环境里愣是复现不了，排查起来更是难上加难。"

王云飞点头赞同："说的是啊，咱们系统上线越来越多，老是等着用户喊疼了再去一个个查，大家都累得够呛。我们需要采取更加积极主动的策略，来应对这些越来越棘手的问题，最好能够防患于未然。"

生产环境问题难复现的问题

在软件开发工作中，生产环境的问题在开发环境中难以复现。开发环境通常是开发者用来编写和测试软件的地方，其配置、数据、使用模式等都与生产环境有所不同。生产环境则是软件实际运行的环境，承载着真实用户的使用和数据。由于这些差异，一些在生产环境中出现的问题，如性能瓶颈、资源竞争、特定用户行为触发的错误等，可能在开发环境中无法被复现。

问题具体原因如下。

一、环境差异

1. 基础设施：开发环境通常使用较低规格的硬件和网络配置，而生产环境则部署在高性能、高可用的服务器上。

2. 软件配置：操作系统、数据库、中间件等软件的版本和配置在生产环境中可能与开发环境不同，从而导致行为差异。

3. 外部依赖：生产环境可能依赖外部服务（如API、第三方库等），这些服务在开发环境中可能不可用或行为不同。

二、数据差异

1. 数据量：生产环境中处理的数据量通常远大于开发环境，这可能导致性能问题和数据一致性问题。

2. 数据类型和分布：生产环境中的数据类型和分布可能与开发环境不同，这会影响算法的有效性和系统的稳定性。

3. 数据质量：生产环境中的数据可能包含更多的异常值和噪声，这对系统的健壮性提出了更高的要求。

三、并发性和负载差异

1. 并发请求：生产环境需要处理大量的并发请求（同一时间内系统处理的多个请求），而开发环境通常模拟的并发量较低。

2. 负载压力：生产环境在高峰时段可能面临巨大的负载压力，这对系统的扩展性和稳定性提出了挑战。

3. 资源竞争：在高并发和负载下，生产环境中的资源竞争（如中央处理器（Central Processing Unit，CPU）、内存、输入/输出（Input/Output，I/O）等）可能导致性能瓶颈。

四、版本控制

1. 代码版本：生产环境中运行的代码版本可能与开发环境不一致，

尤其是在存在多个分支和频繁代码提交的情况下。

2. 配置版本：生产环境的配置文件（如数据库连接、日志级别等）可能与开发环境不同，导致行为差异。

3. 依赖版本：生产环境中调用的外部库、接口的版本，可能与开发环境中使用的不一致，这也会引起行为上的差异。

下班后，王云飞驱车前往李子乘教授的办公室。

"李老师，最近我遇到了一个新问题，生产环境中的一些故障在开发环境中很难复现，这给我们排查故障带来了很大困扰。不知道您有什么好的建议？比如最近体检报告查询系统出的问题，我协调了好几个人才勉强解决。我担心在后续'互联网医院'项目中也会遇到类似情况。"

"云飞，你提到的这个问题通常是因为生产环境和开发环境之间存在差异，比如硬件配置、网络环境，甚至是操作系统版本的不同。持续运维的理念在这里仍能发挥作用。"

"具体而言，你们要让开发环境与生产环境尽可能保持一致。可以创建一个隔离的、可复制的环境，这样在开发环境中复现生产环境的问题会更容易。"

"由于生产环境中有很多因素是无法完全模拟的，所以还需要建立一套全面的监控体系。不仅要监控应用程序的运行状态，还要监控基础设施的健康状况，比如 CPU 使用率、内存占用、磁盘 I/O 等。这样，一旦生产环境中出现问题，你们可以根据监控数据快速定位问题所在。"

王云飞若有所思地说："我明白，监控体系确实很重要，我们中心原来有一些部署，近期这方面有些松懈了。"

李子乘继续补充道："日志分析也很重要。你们需要收集详细的日志信息，包括应用程序日志、系统日志以及网络日志。另外，要定期进行性能测试和压力测试，这能帮助你们提前发现潜在的性能瓶颈，避免在生产环境中出现不可预料的问题。"

"简而言之，持续运维的反馈循环应当贯穿于软件工厂全链路，当前的困境表明各环节都还没有考虑到持续运维手段的介入。"

王云飞收获颇丰："李老师，您刚刚提到的一些手段，其实我们中心都有些基础，只是安排得比较零散，不成体系。我明白您的意思了，软件工厂团队应该全面拥抱持续运维的理念，让运维成为一种习惯，而不只是事后补救的手段。"

11.4　日志记录是系统的体检报告

接下来，王云飞按照李教授的建议，大力推行持续运维的策略。他让团队成员升级了生产环境、调整了日志记录级别，并考虑加大监控体系的建设投入。

然而，这一举措实施后不久，医院的部分系统出现了性能下降的迹象：互联网医院系统的 CPU 使用率飙升，请求处理出现积压；自助挂号机在高峰时段响应缓慢；电子病历系统的数据偶尔出现延迟。王云飞刚从上一个麻烦中抽身，又不得不面对接连不断的棘手情形，这样的连轴转让他愁眉不展。

经过连续数日的系统异常排查，团队终于揭开了问题的真正面纱——过于详尽的日志记录成为了系统性能的隐形杀手。

"系统默认的日志记录级别设置得过高，几乎每一行代码的执行都被详尽无遗地记录下来，这在开发阶段或许有助于调试，但在生产环境中却成为了系统性能的累赘。"

王云飞眉头紧锁："我再去找一趟李教授。"

"李老师，这个日志记录还真是个难题，少了不行，多了也不行。最近，包括互联网医院系统在内的几个系统都遇到了性能瓶颈，初步排查发现是日志管理不当。日志记录太详细，而且单一的大文件结构降低了读写效率。但日志对于排查故障又是必不可少的，现在故障频发，这个'烫手山芋'该怎么处理呢？"

"云飞，日志记录确实是系统运维的基石，但如果管理不当确实会成为负担。你们可以采用一种更为智能的日志聚合策略。"

日志聚合[21]

日志聚合策略是一种重要的系统管理和监控技术，其核心在于将分散于不同节点、服务器或应用程序中的日志数据收集并统一存储到一个中心位置，以便进行集中化的管理和深度分析。这一策略的实施旨在提供一个全面、统一的系统视图，能极大便利监控、调试以及问题排查等运维工作。

日志聚合的原理主要包括日志的收集、传输、存储和分析四个关键环节。首先，通过专门的日志收集器，从各个日志源实时捕获日志数据。随后，这些数据被安全、高效地传输到日志聚合中心。在中心，日志数据被有序地存储起来，以便后续的分析和查询。最终，通过强大的日志分析工具，用户可以直观地洞察系统的运行状态，快速定位并解决潜在问题。

日志聚合策略的优势在于显著提升了系统的可维护性和稳定性，使得问题的发现和解决变得更加迅速和准确。同时，它还为用户提供了一个全面的系统运行状态视图，有助于深入理解系统的行为模式。然而，日志聚合也面临一些挑战，如海量日志数据的实时处理、存储和查询，以及日志数据的安全性和隐私保护等。此外，不同日志源之间的格式和协议差异也可能增加日志聚合的复杂性。尽管如此，日志聚合策略仍然是现代系统管理和监控中不可或缺的一部分。

李子乘站起身，走到白板前边写边说："首先，日志记录级别应该根据实际需求调整，避免不必要的详细记录。比如，将日常运行的日志级别设定为 INFO、WARNING 或 ERROR，只在真正需要的时候才开启 DEBUG 级别的日志。"

> **INFO**
>
> INFO 级别的日志用于记录一般的信息性消息，表明系统正在按预期正常工作。
>
> **WARNING**
>
> WARNING 级别的日志用于标识一些潜在的问题或非错误条件，这些问题虽然不会立即引发系统崩溃，但可能会影响系统的正常运行或性能。
>
> **ERROR**
>
> ERROR 级别的日志用于记录系统运行中发生的错误或异常情况，这些错误可能导致系统功能失效或无法正常工作，需要及时关注和处理。
>
> **DEBUG**
>
> DEBUG 级别的日志提供了系统内部状态的详尽信息，有助于开发者在开发和调试阶段定位问题。这类日志通常包含变量值、方法调用链路、中间结果、条件判断等详细信息，能够全面反映代码的执行路径和状态变化。

"其次，日志文件应当定期归档，旧的日志可以压缩存档，新的日志则写入新的文件，这样可以避免单个文件过大，提高读写效率。同时，可以借助如 Logstash[①] 这样的开源工具，将来自不同源的日志集中到一个平台上，便于统一管理和实时监控。"

"此外，考虑到日志的安全性和隐私保护，在记录日志时要进行适当的脱敏处理，确保敏感信息如个人身份数据、密码等不被明文记录。导出后的日志还可以进一步转换格式或过滤，以便使用各种分析工具进行深入分析，同

---

① Logstash：是一个开源的服务器端数据处理管道，主要用于数据的收集、转换和传输。

时方便团队成员之间的协作和分享。"

王云飞听得聚精会神："李老师，这意味着我们需要重新设计日志管理系统吗？"

"是这样的。这是一项系统工程，一旦完成，不仅能显著提升系统性能，还能增强数据安全，为未来的系统维护和扩展打下坚实基础。"李子乘用马克笔圈住了几个关键词，"日志虽小，却能反映系统的健康状况，但过度记录则会成为负担。所以，日志管理不仅仅是技术问题，更是策略选择。你们需要在资源消耗与信息价值之间找到平衡。"

返回团队后，王云飞迅速组织人手，着手构建一个更加强大、灵活的日志管理系统。

首先，冯凯牵头重新评估了日志级别的设置，过滤掉无关紧要的调试信息，只保留警告和错误级别的日志。

其次，优化日志存储策略成为了重中之重。官剑引入了周期性归档机制，将历史日志迁移到低成本的冷存储中，既节省了主存储空间，又保证了数据的长期保存。同时，陆立负责实施了分布式存储方案，分散了单一节点的存储压力，提高了日志数据的读取速度和系统的整体稳定性，降低了单点故障的风险。

在日志记录机制上，张齐引入了异步日志记录方式，将日志的生成与业务流程分离，避免了日志写入操作阻塞业务执行，允许日志数据在后台进行批量处理和传输，进一步降低了对网络带宽和 I/O 资源的消耗。

这些策略的实施并非一蹴而就，几位骨干经历了多轮的讨论、测试和迭代才共同完成。当新策略正式上线后，日志数据的存储空间需求大幅减少，同时日志处理的吞吐量实现了显著提升。此外，日志查询速度也得到了明显改善。更重要的是，得益于日志数据的快速可访问性以及完善的备份机制，系统故障的平均恢复时间大幅缩短。

王云飞看着屏幕上稳健运行的日志数据流，终于放下心来。经历了这次"日志风暴"事件后，他和冯凯不禁感慨道："日志不仅是系统运行的见证者，更像是系统的体检报告。但怎么把这份报告写得明白，这里面的学问可不小。"

11.5 寻得一剂后悔良药

日志问题的妥善解决提高了故障排查的效率，王云飞特意挑了个周末请李教授一家吃饭。

等待上菜的间隙，他们又聊起了工作。

"云飞，你们做得很好。但持续运维之路应当是永无止境的，不要满足于眼前的平稳。"

"李老师，那您觉得我们在运维中，还可以怎么查漏补缺呢？"

"我对医院的具体运作细节了解不多，但你们现在肯定不是完备状态。我举个例子，数据资源对医院来说非常重要，保护这些数据可不能有一点点马虎。现在互联网医院系统还在发展中，不是很稳定，我就想问，你们在数据备份上有没有做好万全的准备？"

王云飞有些汗颜。"老师，实不相瞒，我在一年多前刚进信息中心时，曾引入一些半自动化的手段进行数据备份，不过最近确实没太关注这方面。"

"你要把这个事情放在心上，即便在日志管理上取得了阶段性胜利，数据备份与恢复机制的完善同样迫在眉睫。"李子乘语重心长地说道，"在医疗领域，没有真正的后悔药，但是做好数据备份与恢复，可以算得上是IT领域的一剂'后悔良药'了。"

王云飞组织了一次研讨会，决定对整个信息中心的数据备份策略进行全面审查和升级。

张齐在检查现有备份系统的过程中，发现了一些问题，互联网医院系统的完整备份竟然停留在一个月前。

王云飞果断下令："一周以内，建立一套可靠的数据备份与恢复机制。要做到每日增量备份,每周完整备份。"

他单独嘱咐张齐:"我们需要一个专人,负责定期审查备份策略和容灾计划的有效性。这个人需要有责任心,有预见性,能够确保我们的数据万全。从你们运维组里派出一个人吧。"

数据备份与恢复机制 [6]118, 154

数据备份与恢复机制是现代信息技术基础设施中的核心组件,旨在保障数据的安全性、完整性和业务的连续性。这一机制通过定期或按需创建数据的副本,并将它们存储在与主数据源不同的位置,从而为应对数据丢失或系统故障提供了一道防线。

数据备份可以按照多种策略执行,每种策略都有其特定的目的和应用场景。

1. 完全备份是最直接的方法,它将整个数据集完整地复制到备份介质上,确保了数据的全面性,但需要较大的存储空间和较长的备份时间。

2. 增量备份仅复制自上次备份以来发生更改的数据。

3. 差分备份记录自上次全量备份后所有的变动。

数据恢复机制是备份策略的另一面,它定义了在数据丢失或系统故障时如何从备份中恢复数据的过程。恢复通常从评估数据损失的范围开始,接着选择最接近事件发生前的备份点进行恢复,以最大限度地减少数据丢失。恢复操作可能包括数据验证、磁盘格式化、网络配置调整等步骤,最终将数据从备份介质迁移回生产环境。为了确保恢复的可靠性和效率,定期的恢复演练至关重要,这有助于识别潜在的问题并优化恢复流程。

此外,数据备份与恢复机制还应考虑数据的加密和完整性检查,以防止未经授权的访问和数据篡改。同时,采用多地点存储策略,如异地备份,可以进一步提高数据的抗灾能力,确保即使在自然灾害或大规模区域停电的情况下,关键业务数据也能得到保护。

第 11 章 持续运维不断"链"

接下来，在王云飞的带领下，信息中心建立了一套全新的数据保护体系。每日的增量备份，确保了最新数据的安全；每周的完整备份，为系统恢复提供了坚实的保障；团队还完善了备份机制，通过实时写入本地多套物理存储的解决方案，进一步增强了数据保护。

不久后，一场罕见的持续性暴雨肆虐着城市，医院上空雷声隆隆。

电闪雷鸣中，医院所在区域遭遇了极端不稳定的电力供应状况。尽管医院已经安装了不间断电源（Uninterruptible Power Supply，UPS），以保障紧急情况下的电力供给，并为切换到备用发电机争取足够的时间，然而这次异常剧烈的电流波动仍然超出了所有防护措施的预期，甚至影响到了 UPS 本身的稳定性。信息中心核心机房内的警报声划破了深夜的寂静，服务器集群中的主数据库服务器因突然断电，部分关键数据无法访问，系统也无法正常启动。

医院中依赖信息化支撑的业务几乎陷入瘫痪。

"紧急通知所有相关人员，立即行动！"张齐等运维人员闻令而动，一番紧张操作后，成功将数据库服务和备份数据迁移到备用服务器上，确保了医院信息系统的连续运行。随着最后一串数据平稳归位，系统发出清脆的确认音，王云飞在一旁长舒了一口气。系统重启后，每一比特的信息都恢复如初，医院的数字化医疗流程也重回正轨。

在确认所有业务恢复正常后，张齐立即着手对主服务器进行深入的故障排查和修复，同时利用备用存储上的数据对主数据库进行同步更新，彻底消除了数据丢失的风险。

当周的院务会上，晏九嶷表扬了王云飞的团队："软件工厂团队的表现证明了未雨绸缪的价值。他们守护的不仅仅是数据，更是无数患者的生命和希望。正如云飞所说，持续运维不仅是一项技术实践，更是一份沉甸甸的责任与承诺。我呼吁全院同仁向他们看齐，对待各自的工作，持之以恒、始终如一，做到持续优化、持续投入、持续不断'链'！"

工作札记 11

持续运维的核心理念与实施框架

持续运维是 DevOps 体系下平衡开发速度与系统稳定性的核心方法论，强调运维活动需贯穿软件全生命周期而非阶段化执行。其关键在于早期介入运维需求设计（如生产环境特性预判）、小步快跑式迭代（加速问题暴露与修复闭环）、数据驱动的反馈优化（通过指标监控提升系统韧性）。开发与运维团队的深度协作构成实施基础，需建立跨职能的自动化监控体系与故障响应机制，使运维成为持续价值交付流程的有机组成部分而非兜底措施。

日志管理的智能化策略

生产环境问题难以复现的痛点揭示了日志体系的技术债，需实施多维度优化：通过动态日志级别控制降低性能损耗，采用异步记录机制解耦业务与日志处理，构建中心化聚合平台（如 Logstash）实现多源日志统一分析。存储层面需结合冷热分层、分布式架构提升可用性，同步加强日志脱敏与访问控制以符合安全合规要求。这种重构需在信息价值密度与系统开销间建立量化评估模型，避免过度日志导致的资源黑洞。

数据备份与容灾的工程化设计原则

数据备份恢复机制采用全量/增量/差分组合策略实现优化，通过异地多活存储规避单点风险，配套自动化验证机制确保备份可恢复性，注意将备份策略与业务连续性需求对齐，并设立专职岗位进行数据备份的有效性保障。数据加密与完整性校验需贯穿备份生命周期，使备份工作从被动保障进化为主动风险管控。

运维能力的持续进化思考

持续运维的本质是通过技术杠杆将运维压力转化为可量化的改进指标。建立监控—告警—自愈的自动化链路（如异常阈值触发自动回滚），结合 A/B 测试验证策略有效性，可逐步增强系统韧性。长期来看，需要培养"运维左移"文化，推动开发人员在生产可观测性（如埋点设计）、资源利用率等维度承担更多责任，最终实现从"救火式运维"到"预防性运维"的范式升级，为高频部署提供底层安全保障。

第 12 章
持续监控把问题扼杀在摇篮里

——凡事预则立，不预则废。(《礼记·中庸》)

12.1 故障退！退！退！

"又出故障了，我得去趟医院。"

休息日，王云飞匆匆从家中赶至医院，早先一步到达的成员已在争分夺秒地处理系统问题。在等待定位原因的间隙里，他向李子乘简要描述了团队目前面临着系统故障依旧频发的困境。

不久，他收到语音回复。"云飞，我觉得还是得加强监控才行。虽然你们已经有了一定的监控基础，但在故障追踪这块还是差点儿火候，这就是监控没做到全方位覆盖的结果。你们团队可以在关键节点多安排些监控'哨兵'，搭建一个集中的监控平台。只有系统和运行环境中具备充分的监控信息，才能真正搞清楚故障到底是怎么发生的。"

王云飞把这条长语音反复听了两三遍，然后回复说："李老师，监控的全面性确实太重要了，它可不仅仅是盯着一个应用那么简单。我们怎么才能做到监控无死角呢？"

李教授直接一通电话打了过来："云飞啊，全面监控那可是要对整个IT

生态都了如指掌。你们需要监控的，不光是那些跑在上面的应用，还有底下那些支撑它们的基础设施，像服务器、存储设备、网络设备之类的。它们当中的任何一环出现故障，都可能导致整个服务中断。"

"说到底，持续监控才是发现和解决问题的王道。简单来说，就是要建立一个从硬件到软件全覆盖的监控网络，确保每个小细节都在我们的掌控之中。就像你们现在搞的DevOps，从流程的开始到结束，每个环节都得有监控的身影（图12-1）。"

DevOps 各环节的持续监控 [7]18-19[22]

一、计划阶段：需求分析与风险评估

监控需求变更的频率和范围，以及风险评估的准确性。

虽然这一阶段的直接监控活动较少，但可以通过项目管理工具跟踪需求变更和风险评估过程。

二、开发阶段：代码质量监控

使用代码质量工具监控代码的复杂度、覆盖率和潜在错误等。

三、构建阶段：依赖项与供应链安全监控

监控使用的第三方库和依赖项，确保其未包含已知漏洞，并实施软件成分分析。

四、测试阶段：性能测试、功能测试、安全测试等

五、发布&交付阶段：发布流程监控

监控发布流程的执行情况，包括发布时间、发布成功率等指标，确保发布过程的顺利进行。

六、部署阶段：配置与基础设施的安全监控

确保部署环境严格遵循最佳安全实践，实时监控云基础设施和容器配置，防止因服务或权限设置不当而暴露风险。

七、运维阶段：应用性能监控、基础设施监控、日志监控、安全监控等

八、反馈阶段：安全态势感知

综合分析来自各个监控点的数据，提供整体安全状况的可视化展示，支持安全策略的调整与优化。

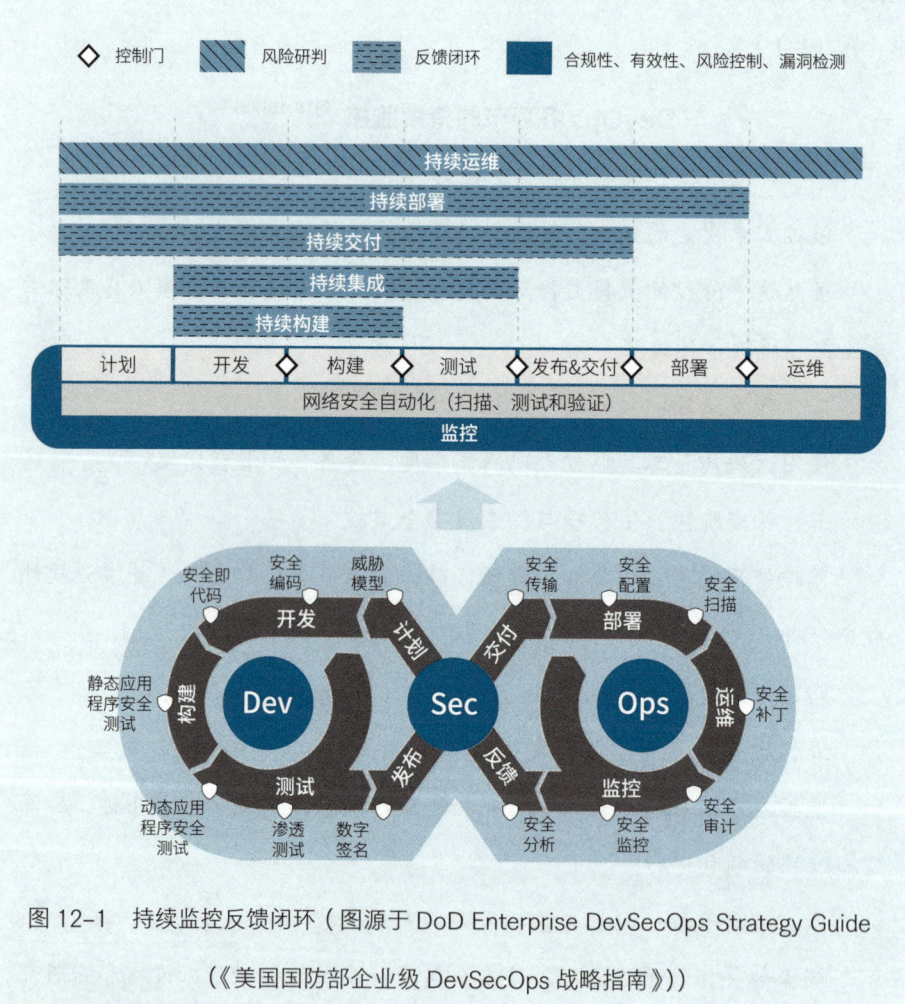

图 12-1　持续监控反馈闭环（图源于 DoD Enterprise DevSecOps Strategy Guide（《美国国防部企业级 DevSecOps 战略指南》））

听完李子乘关于 DevOps 各个环节中监控如何发挥作用的描述，王云飞连声道谢："接下来，我们中心的目标就是要全力打造一个无死角、全覆盖的监

控网络。"

王云飞在周一组织了一场骨干会议，并邀请了李子乘教授，共同探讨如何构建全面的监控体系。他态度坚定："不能再让故障问题像无头苍蝇一样困扰我们。李老师建议我们建立一套覆盖所有潜在故障点的监控体系。今天大家就好好聊聊，现在的监控体系哪里不足，接下来要监控什么、范围多大，还有资源怎么分配，比如成员如何分工、监控工具和软件如何配置。大家畅所欲言。"

陆立率先发言："我双手同意，早该采取全覆盖的监控策略了，无论是基础设施还是业务流程，都应该置于严密的监控之下。"

官剑则显得有些顾虑："全覆盖的想法很理想，但操作层面很难实现。首先，过度监控会增加负担，影响系统正常运行；其次，经费、人力以及业务部门的配合度都有可能是障碍。"

几番争论后，王云飞一锤定音："实现监控全覆盖的路还长着呢，咱们一步步来，先把第一步走好，再慢慢扩大监控的范围。"

随后，张齐和林谦也产生了分歧。一个主张基础设施监控得放在第一位，另一个则坚持业务应用监控才是关键。两人争得面红耳赤，谁也不让谁。王云飞见状，赶紧把目光投向了李教授："大家先停一下，听听李老师怎么说。"

李子乘开口道："其实啊，你们俩的目标是一致的，都是想让系统稳当地运行。我建议可以采取分级监控，对关键基础设施进行高密度监控，对业务流程进行针对性监控。"

他接着解释："具体而言，你们可以优先保障基础设施的稳定，比如服务器、存储设备、网络设施等，这是系统运行的基石。在业务流程上，可以根据临床服务的紧急程度和重要性，设定不同的监控覆盖，合理分配资源，避免盲目扩张。"

几经讨论，团队形成了初步的分级监控方案，计划在全院范围内扩大持续监控的范围。

王云飞的下一个目标是取得业务部门的配合。在院务会上，他向各业务部门详述了革新性的监控策略。

"各位同事,为预防系统性能下降等问题,信息中心拟实施全天候主动监控机制,以实现对系统运行健康状态的实时监测与预警。"

"为实现这一目标,需要各部门配合提供必要的系统访问权限,确保监控工具能够及时采集数据;同时也需要大家在系统安装、配置及后期维护过程中给予充分的支持。"

持续监控的范围(目的是形成集中式、多层次的安全监控)[7]127-129[23]

一、不同的监控对象

1. 物理环境监控:主要针对机房、数据中心等物理环境的监控。包括温湿度监控、漏水监测、烟雾报警、门禁管理等,以预防火灾、水灾等意外事件的发生。

2. 网络环境监控:包括网络流量的实时监控、网络攻击的检测与防御、DDoS(Distributed Denial of Service,分布式拒绝服务)攻击的防护、入侵检测与防御等。

3. 系统环境监控:主要关注服务器、操作系统、数据库等系统环境的稳定性和安全性。包括系统性能的实时监控、资源使用情况的统计与分析、漏洞扫描与修复、弱密码检测等。

4. 应用环境监控:针对 Web 应用程序、移动应用程序等应用环境的监控。包括应用程序的性能监控、错误日志分析、用户行为分析、安全漏洞扫描等。

二、不同的监控层次

1. 基础设施层监控:包括网络设备、服务器硬件、存储设备等基础设施的监控。主要关注设备的运行状态、性能指标和故障预警等。

2. 操作系统层监控:针对服务器操作系统的监控,包括系统资源使用情况、进程管理、用户权限控制等。

第 12 章　持续监控把问题扼杀在摇篮里

> 3. 应用层监控：针对具体应用程序的监控，包括应用程序的性能、可用性、错误日志等。
>
> 4. 业务层监控：从业务角度出发，对业务流程、交易数据、用户行为等进行监控和分析，以评估业务运行状况和用户满意度。

法务部主任郑益显得尤为抵触："王主任，我理解您的出发点，但这个计划是否充分考虑了数据隐私与合规性的问题？过度细致的监控可能并非明智之举。"

"郑主任，您放心，我们在设计监控方案时，特别强化了数据加密与访问权限的管控。仅允许查阅特定信息，且所有记录均遵循法定规范。"

"但这还远远不够。"郑益态度强硬，"监控的范围和深度需要重新审视，有些监控可能触及敏感信息，比如医生的诊疗决策。这种做法不仅会有法律风险，也可能引发医患之间的信任危机。这点你怎么考虑？"

财务代表保持了一贯的话术："王主任，持续监控势必将抬升运营成本。当前，我们已对现有系统维护投入了不少资金支持，再追加监控设备与维护开销，对医院来说将是重负。这笔额外支出，您打算怎么申请？"

"关于成本，我承认这是一笔不小的开支，但如果考虑到持续监控能显著减少紧急故障和停机时间，长远来看，这将节省更多成本。我们可以先从关键系统开始尝试，逐步扩大，这样既能控制初期成本，又能验证监控的有效性。这笔经费我们计划从信息中心年度预算里来调整支出。"

王云飞整理了一下思路："我们中心会进一步细化提案，到时再邀请大家深入讨论这个问题。"

返回信息中心后，王云飞组织几位骨干夯实监控体系的设计方案。几天后，更为具体可行的方案在团队内部敲定，王云飞决定对几个主要业务部门逐个击破。他亲力亲为，走访了好几个科室，费尽唇舌，终于如愿。

回到办公室，王云飞叫来了官剑和张齐。"这几个业务部门我打好了招呼，但要实现持续监控，让故障'知难而退'，你们俩还得再多费些心力。"

官剑和张齐两人联手，细致规划了监控指标目录，明确了各部门的职责与联动机制，确保监控体系覆盖所有关键业务流程，同时避免给系统带来额外压力。此外，他们还制定了一份灵活的工作计划，包括轮值加班、技能互授，以及与业务部门的协作时间表，确保监控系统的高效部署。

经过数周的努力，升级后的监控体系初具雏形。从硬件设备的运行状态，到软件应用的性能指标，再到网络安全的实时监控，软件工厂团队在各环节都增设了一定量的监控点（表12-1）。同时，王云飞还让团队对持续监控结果进行了初步的可视化（图12-2）。

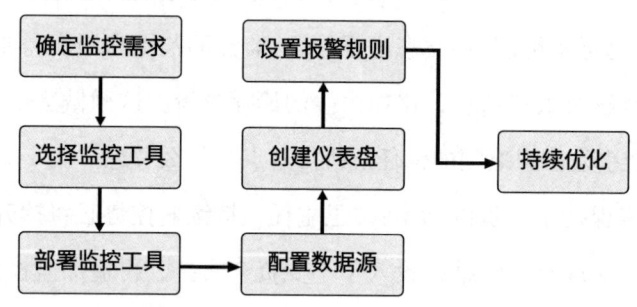

图12-2 持续监控的可视化步骤

表12-1 持续监控的性能指标关注点

不同层次	性能指标	说明
基础设施层监控	温度指标	实时监测服务器内部各组件（如CPU、主板、硬盘等）的工作温度，确保它们在安全范围内运行
	电力指标	用于监控服务器的电源输入、输出电压和电流，确保电力供应的稳定性和可靠性
	硬盘健康状态	通过监测硬盘的SMART参数（如读写错误率、重新分配扇区计数等），及时评估硬盘的健康状况
	磁盘I/O	存储设备的读写性能，影响数据访问速度
	网络带宽	网络设备的吞吐量，确保数据传输效率和质量
	故障预警	通过异常检测算法预测潜在故障，提前采取措施

续表

不同层次	性能指标	说明
操作系统层监控	CPU 使用率	设备计算能力利用率，避免过载
	内存使用率	设备内存资源利用情况，预防内存泄漏或不足
	进程管理	监控进程运行状态，确保关键进程正常运行
	用户权限控制	监控用户权限变更，防止未授权访问
	系统日志	分析系统日志，发现潜在的安全问题或性能瓶颈
应用层监控	响应时间	应用程序处理请求的速度，影响用户体验
	吞吐量	应用程序在单位时间内能处理的请求数量
	错误率	应用程序处理请求时出现的错误比例，评估稳定性
	可用性	应用程序在规定时间内正常提供服务的能力
	依赖关系监控	监控应用程序所依赖的其他服务或组件的健康状况
业务层监控	业务流程监控	监控业务流程的执行情况，确保业务逻辑正确执行，如就诊流程效率、处方流转效率、床位管理、检查检验流程等
	用户行为分析	分析用户行为数据，优化用户体验和提升用户满意度，如系统登录活跃度、功能使用分布、用户反馈等
	业务指标 KPI（Key Performance Indicators，关键绩效指标）	监控关键业务指标，评估业务表现如患者满意度、医疗服务效率等

12.2 杀出"新手村"

这天，王云飞手指滑动鼠标，眼神快速浏览着一份故障报告，这成了他近期的工作日常。

虽然故障定位的速度有了不小提升，从几天缩短到当日甚至数小时内解决，业务部门的不满声音有所减弱，但故障频发的态势并未见好转，团队依然忙碌于处理故障。

王云飞让张齐组织运维团队开会，了解最近故障处理的具体情况，以及业务部门对监控部署效果的反馈。然而，王云飞临时被医院通知参加其他会议，无法到场。没有直接领导在场，这场会议成了团队成员们宣泄积压已久情绪的出口。

"我们不是已经部署了监控设施吗？但这些故障问题还是一波接一波，好像永远处理不完。唉，这日子什么时候是个头啊。"

"就是，这多线程工作快把人逼疯了。"

"不止这样，咱们的工作内容也越来越杂了。一会儿得写代码，一会儿又得去解释问题，有时候还得协调项目进度，三头六臂也不够用啊。"

"有些业务部门的人员认为，只要有了监控系统，所有问题都能迎刃而解。"

"这事儿我也遇到过。上次处理数据库性能问题的时候，有个财务助理居然说，'既然你们的监控系统能发现问题，为什么就不能自动修复呢'。"

"没错！业务部门对监控系统的期望值太高了，他们认为只要有了监控，一切问题都能立马解决，但实际上，监控只能揭开问题的冰山一角。"

"而且，业务部门似乎认为，一旦定位到故障问题，修复故障对于我们来说应该是轻而易举的。他们不了解，很多故障背后有着复杂的系统架构和逻辑，修复过程哪有那么容易啊。"

张齐在一旁认真地听取众人的反馈，并整理成会议纪要，给王云飞发去了邮件。

【会议纪要】监控部署效果反馈总结

尊敬的王主任：

运维团队组织了一次业务讨论会，以下是会议中的几点反馈。

一、监控部署效果有限

虽然监控设施的部署有助于快速响应故障,但团队成员普遍认为,目前监控系统在预测和预防故障方面的能力还比较有限,未能显著减少计划外系统中断和应急维护事件的发生频次,对提升系统稳定性和降低工作负荷的长期效果尚待观察。

二、多线程工作压力加剧

团队成员反映,尽管监控设施的部署有助于快速定位问题,但项目变更多,导致技术人员在多个任务间频繁切换,承受了极大的工作压力。在场多数人表示,这种高强度的多线程工作模式已经影响到了个人的工作效率和生活质量。

三、角色界定模糊化

技术人员在处理故障时,经常需要扮演多重角色,从开发到客服,再到项目管理。身份的频繁转换导致工作重心分散,不仅增加了工作复杂度,也影响了专业技能的发挥和工作质量的保证。

四、业务部门认知偏差

部分业务人员对监控系统的作用和局限性存在误解,认为监控系统应当具备自动修复功能,未能充分认识到人为干预、系统优化和维护的重要性。此外,他们倾向于低估故障修复的复杂性,期待故障一经定位即可迅速解决,忽略了故障背后的系统架构和逻辑复杂度。

五、工作与生活界限模糊

由于计划外应急维护事件的不可预测性,团队成员经常需要在非工作时间响应紧急故障,导致工作与个人生活的界限变得模糊,影响了团队成员的工作动力。

敬请主任审阅以上会议纪要,并期待您的宝贵意见。

张齐

与此同时，王云飞在医院里刚结束会议，急诊科主任萧璐将他拦下。

"王主任，耽误您几分钟，有个情况还是想当面问问。"

"萧主任，您请说。"

"最近，我们科室还是时不时遇到系统故障情况，尽管信息中心在努力，但似乎总是慢了半拍。我们的诉求很简单，就是要稳定。尤其我们前段时间还配合你们完成了监控基础设施的部署，但我没感受到明显的效果，科室内最近常有抱怨。"

"萧主任，我们也在竭力完善监控和响应机制，但技术升级是一个渐进过程，受制于资源、成本和复杂性等因素，不可能一蹴而就。而且据我了解，急诊科因为不间断运转，能够部署的监控基础设施也相对有限。"

"王主任，我们急诊科是讲效率的科室，你们的办事速度太慢了。"

王云飞试图解释："萧主任，构建一个完善的监控体系需要时间，既要兼顾技术可行性和推进过程中的安全稳定，又要平衡各个科室的需求。之前的院务会上，我们好不容易争取到各个业务部门对于监控部署的配合，如果业务部门不支持，我们很难开展工作。"

萧璐的神情略微缓和："王主任，只要能有实质性的改善，故障次数切实减少，后续我们会进一步配合你们的工作。"

王云飞回到办公室，看了张齐发来的会议纪要，摇了摇头："监控还真是一门不简单的学问。"看了看时间，他给李子乘发了消息，约好再次当面请教。

见面后，王云飞急切地开口："李老师，尽管团队在努力升级，但持续监控系统的效果似乎总是达不到其他科室的高期望。"

"监控，确实比较复杂，它是一项技术，更是一种策略。云飞，你是否了解持续监控的不同等级？"

王云飞摇了摇头。李子乘随即说道："依我看，持续监控可以分为四个等级：初始、完备、成熟、改进。每个等级都有其特定的标准和要求，而你们

第 12 章 持续监控把问题扼杀在摇篮里

中心要做的就是逐步向更高等级迈进。"

> **持续监控的等级** [24]
>
> 1. 初始阶段的监控：监控活动通常是零散的、非结构化的，可能依赖手动检查和个别工具。监控可能集中在少数关键系统上，缺乏统一的策略和流程。
>
> 2. 完备阶段的监控：监控已覆盖大部分关键系统和应用程序，具备了基本的性能监控能力。监控策略和流程初步形成，但可能尚未完全融入日常运维中。
>
> 3. 成熟阶段的监控：监控系统高度集成，不仅覆盖所有系统，还深入到业务流程层面，能够提供实时性能指标、趋势分析和预测性洞察。自动化和智能化水平显著提升，包括自动故障排查和响应。
>
> 4. 改进阶段的监控：在成熟阶段的基础上，本阶段专注于持续改进和创新，利用高级分析和 AI 技术优化监控策略，实现自我学习和自我优化的监控系统。

"李老师，您评估一下，我们医院现在处于哪个阶段呢？"

"你们目前刚杀出'新手村'，应该处于完备阶段。虽然当前的监控体系能够加速故障定位，捕捉到一些问题，但在准确性、及时性和有效性上仍有很大的提升空间。"

王云飞苦笑着说："好吧，至少现在有了清晰的方向。"

12.3 找到"显眼包"

刚入职软件工厂团队不久的周觅，在工作中表现出了异乎寻常的好奇心和求知欲。他平常积极向前辈们讨教经验，闲下来时也会独自看着监控面板。

当他的目光在数据流中穿梭时,仿佛与周围环境完全隔离。冯凯开玩笑说他像一个初代版本的陆立,年轻、锐气、有一股要溢出的冲劲。

一个风平浪静的周五,临近下班,王云飞从行政楼开完会回来,看到综合楼外几个信息中心员工聚在一起闲聊。走进运维大厅,里面的其他人也是一副准备迎接周末的轻松模样。只有周觅,很是珍惜最近可以来医院驻场办公的机会,继续盯着屏幕上的实时监控数据。

下班后,只有周觅一人还坐在屏幕前。他留意到医院的数据库查询请求在过去的一小时内呈现出异常的激增趋势,他嘀咕着:"系统是不是有过载风险?"

没有犹豫,周觅先将情况简要总结,给组长张齐发去了微信。几分钟后,没见回复,他给张齐拨去电话,连打几次才接通。通话中能隐约听到孩子们的欢笑声,张齐说他正陪孩子过生日,自己没有收到业务部门的任何变更通知。

他接着补充道:"我估计是暂时性的用户访问高峰导致的数据量激增。你那边先别急,这种情况以前也遇到过。"他让周觅持续监控数据波动,并宽慰他无需过分担忧,言语间透露出周觅经验不足,小题大做了。

挂断电话后,周觅看着查询请求还在不断飙升,越发觉得这次情况不对劲,肯定不是简单的用户访问增加引起的。

从楼外看到王云飞的办公室还亮着灯,周觅上楼敲开324办公室的门,火急火燎地说了下目前的情况。

"王主任,我觉得系统现在的压力太大了,我们得采取一些措施才行。"

王云飞联系了官剑,让他在半小时内集结几人回到医院,对当前数据量异常增长进行排查,防患于未然。

官剑初步了解情况后,推测道:"是不是哪个科室在捣鼓大规模的数据导出,或者是新上的系统在做性能测试,把查询量给顶上去了?"

但随着深入分析,这些假设被一一排除。

第12章 持续监控把问题扼杀在摇篮里

"这看起来不像是正常的业务操作。"官剑挠了挠头,"这些查询请求的 IP 地址五花八门,而且请求模式异常,速度很快,还一连串儿地发,就盯着那么几个特定的数据表,不停地访问。"

为了进一步追踪源头,他启用了日志分析工具和网络安全监测系统,对异常流量进行了细致的追踪和分析。经过一个多小时的紧张工作,终于定位出一个隐藏在众多正常访问中的爬虫[①]程序。

官剑向王云飞解释道:"这个爬虫程序被精心设计过,能够自动规避我们设置的安全防护措施,比如验证码、访问频率限制等,因此才能在短时间内制造如此大量的查询请求。"

了解清楚后,王云飞授意他们加速处理:"不能让违规的爬虫行为影响用户使用和系统安全。"

随后,官剑协调人手阻断爬虫程序的连接,对受影响的数据库进行了访问限制。同时,周觅通过官方渠道向有关部门报告了这一网络安全事件,并请求协助调查,追踪爬虫程序的来源。

在几人的高效应对下,系统状况逐渐趋于稳定,监控的各项指标也恢复了正常水平,避免了一次潜在的服务中断风险。

王云飞在一旁感慨道:"多亏了周觅这次足够细心和果断,才没有酿成大错。虽然问题已妥善解决,没有造成实质性影响,但背后暴露出的隐患我们不能轻视。"

第二天,张齐了解来龙去脉后,倒吸一口冷气。随后,他将没有紧急运维任务的人员都分配到了监控看板前,要求他们常态化监控数据指标,随时报告异常。

"组长,我们怎么可能时刻保持高度警惕啊?更何况有些情况也不是肉眼

[①] 爬虫:Web Crawler,网络爬虫,是一种自动从互联网上抓取数据的程序或脚本。它模拟用户在浏览器中的行为,向目标网站发送请求,获取网页内容,并根据设定的规则提取和存储所需的数据。

能够轻易辨识的。"

张齐坚持让大家先这么执行。几位组员分别盯着看板，但一段时间下来，都进入了疲惫不堪的状态。

两天后，周觅趁着与王云飞同步爬虫事件溯源进展的机会，向他提起张齐制定的补救措施。

王云飞摇了摇头："人力是有限的，但数据是无限的，你们组长这种方法治标不治本啊。"

周觅灵光一闪："既然人力有懈怠和疏漏的时候，那我们有办法引入自动化的技术来解决这一问题吗？"

"想法不错，哈哈，小伙子脑子挺灵光。"

事后，王云飞和李子乘交流起这次有惊无险的事件，教授向他介绍了"海因里希法则"。

海因里希法则[25]

海因里希法则指出，在一个生产或作业环境中，每一起严重的事故背后，通常有29起轻微事故，以及300起无伤害的未遂事故。这个比例可能根据不同行业和环境有所变化，但核心思想是强调事故的先兆性和频发性。

这个理论强调了两点：

- 事故并非孤立发生的事件，而是有一系列征兆和未遂事件作为前兆。
- 通过有效识别和干预这些先兆事件，可以预防更严重的事故发生。

王云飞称赞"海因里希法则"对团队很有警示意义，他还顺势把张齐的被动补救措施和周觅的想法告诉了李教授。

李教授建议道："理想情况下，系统数据出现任何异常迹象，监控系统就应该发出警报，让技术人员能立刻介入处理，把潜在故障消灭在萌芽状态。

这种主动出击的方式比被动应对要高效得多。"

王云飞有些茫然:"我们该从哪里入手呢？"

李子乘胸有成竹地说道:"云飞，通过优化监控策略，可以有效预判并规避风险。比如，在持续监控中增加使用监控报警规则，来及时提醒开发运维人员紧急进行扩容处理，就可以避免此次超负载危机。"

监控报警 [26]9-10

监控报警是信息技术和系统管理中至关重要的一个环节，它涉及对关键系统、网络、应用或设备的实时监视，并在检测到异常或潜在问题时自动发出警报。这一过程的核心目的是确保系统的稳定运行，预防故障发生，以及在问题初现端倪时即能迅速响应，从而最小化对业务运营的影响。

监控报警机制通常建立在预设的阈值和规则之上。这些规则可能基于性能指标（如CPU使用率、内存占用、响应时间等）、安全事件（如入侵检测、异常登录尝试）或业务逻辑（如订单处理失败率）。一旦监控工具收集到的数据超出或未达到这些预设条件，系统就会触发报警。

报警方式多种多样，包括发送电子邮件、短信通知、在监控仪表盘上显示警告，甚至自动调用预设的修复脚本。有效的监控报警系统不仅要求准确度高，还需要具备及时性和可配置性，以便适应不同的监控需求和响应策略。

持续监控中的监控报警是维护系统稳定性和安全性的基石，它使得运维团队能够主动识别并处理潜在问题，确保业务连续性，同时优化系统性能，提升用户体验。随着技术的发展，现代监控报警解决方案还融入了人工智能和机器学习技术，以进一步提升报警的准确性和效率。

监控报警的事态黑/白名单

● 黑名单：定义不应触发报警的特定条件或事件，如已知的低风险事件或定期维护期间的预期变化。

● 白名单：指定必须触发报警的高优先级事件，确保关键问题不会被遗漏。

李子乘继续补充道："面对访问峰值这类比较直观的挑战情况，设定恰当的监控阈值就能奏效。但是，还有一些异常情况可能会隐藏在海量数据中，不易察觉。需要你们引入更高阶的异常检测技术，通过对历史数据的学习，让系统学会区分正常与非正常的微妙差异。"

异常检测

异常检测专注于实时识别和分析系统、网络、应用或设备中的异常行为或模式。其核心目标是及时发现潜在的问题或故障，以便在它们对业务运营造成严重影响之前采取相应的解决措施。

异常检测通常基于对历史数据的深入分析和学习，以建立正常的行为模式或基线。随后，系统会持续收集实时数据，并将其与基线进行比较。当实时数据显著偏离基线时，就可能表明存在某种异常，这时系统会触发报警。

异常检测机制需要高度精确和敏感，以避免误报和漏报。为了实现这一目标，它会利用多种算法和技术，如机器学习、统计分析、时间序列分析等。这些技术能够帮助系统更好地理解数据的正常波动和异常波动之间的差异。

"想象一下，如果系统日志里某种特定错误信息突然增多，即使访问量没变，这也可能是硬件故障的征兆。再比如，某个API接口响应变慢，但还没达到预设的阈值，这可能意味着系统资源正在被悄悄消耗。这些情况都需要监控系统能够智能分析，并提前预警。"

王云飞听得入神。"李老师，您提到的异常检测听起来非常先进，但是要实现这样的效果，我们需要怎样的技术手段？"

第12章 持续监控把问题扼杀在摇篮里

"首先,你们要去收集大量的系统日志和性能数据,作为训练模型的依据。然后,可以采用机器学习算法,比如基于密度的异常点检测方法,或者是基于深度学习的自动编码器,来构建异常检测模型。当然,这背后还需要强大的计算能力和数据处理能力做支撑。"

回到医院后,王云飞先是与信息中心数据科科长宋森捷商讨如何设计数据采集方案,确保能够全面覆盖系统的关键指标;接着,他又找了几位负责数据分析的工程师,讨论如何利用大数据平台进行数据预处理和模型训练;此外,他还特地组织了几次研讨会,邀请医疗领域信息安全团队和医云科技的技术团队,听取他们对系统异常检测的意见。

王主任要在信息中心内部进一步优化监控部署,引入监控报警、异常检测等技术的消息很快在团队内传开。

张齐认为应该优先强化实时报警和故障定位功能。"快速响应是防止小问题演变成大灾难的关键。只有当我们能够第一时间发现并定位问题,才能有效控制事态的发展。"

陆立认为预测性维护更为重要,特别是在预防系统性故障方面。"虽然实时响应非常重要,但如果我们能够更好地利用数据分析和预测性维护,就能在问题发生前将其扼制在摇篮中。这不仅能减少紧急情况的发生,还能长期降低运维成本。"

冯凯的发言说服了意见相左的两方:"资源有限,我们不可能一下子做好所有事。我建议根据当前系统状况、业务需求的紧迫性、故障历史数据和成本效益来确定优先级。我们要保证系统的基本稳定性,尤其是那些高风险的业务模块。构建稳固的实时响应机制后,再逐步增加数据分析和预测性维护上的投入。"

王云飞将团队分成两组:一组由陆立带队,负责优化实时报警和故障定位功能,确保系统能第一时间捕捉并传达异常信号;另一组则抽调宋森捷暂时加入"互联网医院"项目组,与官剑一起带领团队构建数据分析模型,通过历史数据挖掘潜在故障模式，提高预测准确性。

陆立带领的团队夜以继日，改进了监控系统的底层架构，引入了更高效的数据传输协议，确保实时报警的准确性和及时性。经过一系列测试，系统展现了良好的响应速度，能在出现波动后迅速捕捉并定位问题。

与此同时，宋森捷带领的小组利用机器学习算法，对过去的故障案例进行了深度分析，构建了一个能自主评估系统健康状况的预测模型。由于时间仓促，这个模型仅能识别一些已知的故障模式，在精准性上还有很大的提升空间。王云飞对短时间内能够取得这样的进展已经十分满意。

经过数月的努力，王云飞向院领导展示了全新的监控预警系统。发言最后，他保证道："应用了升级后的持续监控系统，找到系统故障这一'显眼包'会更加容易！"

言毕，现场响起了热烈的掌声。

12.4　别把鸡蛋放在一个篮子里

不过掌声之中，仍然内藏偏见与反调。樊博和几个私下关系好的同事吹起了耳旁风："半场开香槟，等着看好戏吧。"

运行初期，系统状态很是不错。这天一早，医生们登录系统开始日常查房记录，电子病历系统的监控平台上各项指标逐渐上升。突然，监控系统注意到一组异常数据：短短几分钟内，系统访问量激增，响应时间也开始变慢，提示潜在风险正在逼近。几乎同时，运维团队收到警报信息。

周觅迅速调出监控面板的详细数据，在众多信息中找到了问题所在——查询模块在高并发下出现了瓶颈。运维人员马上制定应急方案：一方面，通过调整查询算法，优化了数据检索的逻辑，减少了不必要的计算开销；另一方面，他们增设了负载均衡器，将请求智能分配至多台服务器，有效分散了压力，提升了系统的响应能力。

优化措施迅速实施，电子病历系统随即恢复正常。一线医生们只在一开始感受到系统略有卡顿，查房还没结束，系统便已恢复流畅。

但樊博的预言在几天后开始变为现实。

新推出的持续监控系统运行到第二周，开始陆续出现问题。一系列错报、误报频繁打乱正常的工作节奏。多次"狼来了"的警报，逐渐消磨了团队的信心。

樊博直言："我看团队花费大量精力去应对那些根本莫须有的问题，属实是浪费资源。还不如之前靠人力用看板查查日志来得直接有效。"

冯凯也提醒道："王主任，如果不能解决误报问题，高频的问题排查不仅会影响研发人员的工作精力，还可能影响医院的整体运营。"

王云飞交代张齐带领运维团队对监控系统进行彻底审查。接下来几天，张齐和几位技术骨干深入研究了监控算法，分析了每次误报的原因。最终，他们发现问题是监控规则设置过于严格，对系统的小波动反应过度，加上一些阈值设定不合理，导致正常的数据变化也被误认为异常。

团队随即调整了监控策略，优化了报警规则，提高了系统的容错能力，以减少不必要的警报。

监控阈值[26]62-63

监控阈值是预设的警戒线或临界点，用于界定系统性能指标的正常范围与异常范围。当监控到的实际指标数据超过或低于这些预设的阈值时，系统会触发警报，通知管理员或自动化工具采取相应的措施，以防止潜在的问题演变为严重的故障。

设置合理的监控阈值是确保系统稳定运行的关键：

- 阈值设置过高可能导致系统已经处于不健康状态却未能及时发出警报，而过低的阈值则可能引发频繁的误报，浪费资源并干扰正常的运维工作。

- 因此，确定监控阈值需要综合考虑系统的历史性能数据、业务需求、服务级别协议以及行业最佳实践。

- 此外，随着系统负载、业务量的变化以及技术进步，监控阈值也应定期评估和调整，以保持其有效性和适应性。

动态调整警报阈值：

- 自动化监控系统应能根据历史数据动态调整阈值，以适应业务量变化或季节性波动。

- 机器学习模型：基于时间序列分析预测正常行为范围，并自动调节阈值。

- 自适应阈值算法：如基于滑动窗口的统计方法，根据最近的数据动态计算标准差或四分位距。

优化后的持续监控体系误报情况有所减少，但漏报情况仍时有发生。当前的监控报警和异常检测策略尚无法精准预报每一次故障问题的发生。

此前成功预防故障的电子病历系统在一个夜间突然出现异常，部分患者的就诊记录无法正常读取。然而，信息中心的监控系统却没有及时发出警报，导致问题过了几个小时才被发现。

第二天一早，住院部的孟主任就打来电话质问："这是怎么回事？我们医院不是投入了很多资金和人力来搞这个监控系统吗？你们现在却告诉我它失灵了？！"

"孟主任，监控系统没坏，只是这次的问题很隐蔽，警报阈值没能捕捉到这种异常。这是一个非常规的情况，我们需要调整和优化监控规则。"

"非常规？那是不是说，只要问题够隐蔽，我们的监控系统就失效了？"

王云飞叹了口气："孟主任，监控系统能检测大多数已知异常，但不是万能的。我们设定的警报基于历史数据和常见问题，对于首次出现或罕见的故障，需要时间去识别和调整。而且，资源有限，我们无法做到全覆盖无死角监控。"

"好吧，我理解，但你们得想办法解决，昨晚这种情况不能成为常态。"

接下来，软件工厂团队重新评估了报警阈值，深入研究了监控报警的统计学原理，增加了对系统日志的深度分析，并尝试优化机器学习算法，以增强对异常行为的预测能力。

监控报警的统计学原理

监控报警的统计学原理是保障系统稳定运行的重要基石，它通过量化分析系统性能指标，及时发现并响应潜在风险。以下将从几种常见情况介绍监控报警的统计学原理。

1. 单指标监控与阈值设定

在单指标监控中，统计学原理主要体现在阈值的设定上。基于历史监控数据，通过计算平均值、标准差等统计特征，可以设定合理的上下阈值。例如，对于CPU使用率这一指标，可以取历史数据的平均值加上若干倍标准差作为上限阈值。当实时监控数据超过这一阈值时，系统将触发报警，提示管理员注意可能存在的过载风险。这种方法简单直观，适用于大多数单指标监控场景。

2. 多指标综合分析与异常检测

对于多指标监控系统，统计学原理的应用更为复杂。多指标间往往存在复杂的关联性，单一指标的异常可能并不足以说明系统整体状态。因此，需要采用更为高级的分析方法，如聚类分析、主成分分析等，来提取多指标间的共同特征，并构建综合监控模型。当多个指标同时偏离正常范围，或指标间的关联关系被打破时，系统应能准确识别并报警。这种方法能够更全面、准确地反映系统状态，提高监控报警的准确性和有效性。

3. 时间序列分析与趋势预测

时间序列分析通过对系统性能指标的时间序列数据进行分析，可以揭示其内在的变化规律和趋势。基于这些规律和趋势，可以构建预测模型，对未来一段时间内的性能指标进行预测。当实时监控数据与预测值出现较大偏差时，系统应能发出预警，提示管理员注意可能的风险。时间序列分析不仅适用于周期性变化的指标，如网络流量、用户访问量等，还可以结合季节性因素、突发事件等外部因素进行综合分析，提高预测的准确性。

4. 分位数监控与灵敏度调整

分位数监控对于延时、响应时间等关键性能指标比较常用，使用 p95[①]、p99 等分位数进行监控比单纯使用平均值更为灵敏和有效。因为高百分位数能够捕捉到少数极端情况对系统性能的影响，从而提前发现潜在问题。此外，根据业务需求和系统特点调整分位数的选择也是提高监控报警灵敏度和准确性的重要手段。

然而，百密总有一疏。

这天，中心突然接到了一通紧急电话。医生在尝试写入患者病历时，系统提示无法操作，但查询功能却正常。经过初步检查，陆立发现数据库在多主模式下，数据同步失效，尽管用户还可以读取数据，但是任何试图更新或插入新记录的操作都会被锁定，进而影响到整个医院的工作流程。

陆立迅速组织团队成员分头排查问题。然而，更糟的是在排查过程中，他发现还存在监控缺失的情况，这让他们无法迅速定位到问题根源。

经过远超预期的三个小时艰苦排查，陆立才找到了问题的症结所在——有一台虚拟机忘记配置监控自启动，当数据同步因中继日志缺失而出现问题时，没有及时发出警报，导致问题进一步扩大化。

[①] p95：第 95 百分位数，表示有 95% 的数据小于或等于该值。同理 p99 分位数。

第12章 持续监控把问题扼杀在摇篮里

> **监控自启动**
>
> 监控自启动是指监控系统在计算机或网络设备开机时，无须人工干预，能够自动启动并运行其监控程序的功能。这一特性确保了监控系统能够持续、不间断地对目标设备进行监控，及时发现并记录任何异常或安全事件，从而有效保障系统的安全性和稳定性。实现监控自启动，通常需要在系统的启动项或任务计划中添加相应的监控程序，并配置为随系统启动而自动运行。

陆立等人立即着手修复问题，先重置从库复制状态并重新配置指向主库的同步点，然后启动从库复制并检查同步状态是否正常，并且重新配置了虚拟机的监控自启动功能。此外，他们重新审视并优化了现有的监控策略，引入了更加智能的预警机制，以提高故障响应速度。

进一步追溯原因后，陆立向王云飞汇报："这次问题的根源是最近那次大规模的系统升级。忙乱之中，我们不小心忽略了一台虚拟机的监控自启动配置。它是医院数据库多主模式下的一个节点，数据库之间的实时性、一致性，全靠它来保障。如果我们当初能再仔细检查一下，也许就能避免这场危机了。"

面对这一意外，王云飞感慨道："看起来，我们对监控系统的理解和配置还不够完善。"他集结骨干，发起了一场关于监控策略、服务配置及自动化脚本的研讨。会上，王云飞指示张齐重新规划监控服务的启动流程，确保关键服务在系统重启时能自动激活，并严格按顺序启动。

王云飞总结道："现实很骨感，最近监控实际运行效果的问题和挑战层出不穷。让我们明白了持续监控并非万能，我们不能完全依赖它，就像不能把鸡蛋放在一个篮子里，要认识到监控也有自身的局限和盲点。在追求技术的道路上，我曾忽略了一点——技术终究是为人服务的。即便监控工具再先进，如果没有匹配的人力和完善的策略与之配合，也只是空中楼阁。真正的'持续监控',不仅是技术的堆砌,更是人与机器的协作。"

工作札记 12

持续监控的实施挑战

在实践层面推进持续监控面临五大矛盾:监控系统预测能力不足导致计划外工作负载、多线程任务切换加剧团队压力、技术角色泛化影响专业深度、业务部门对监控预期不匹配(高估自动化能力/低估修复难度),以及运维响应导致的工休界限模糊。需通过流程规范化、自动化升级与跨部门培训机制逐步化解。

DevOps 全流程监控体系

DevOps 全生命周期监控覆盖计划、开发、构建、测试、发布、部署、运维及反馈等环节。计划阶段通过项目管理工具跟踪需求变更与风险评估,开发阶段聚焦代码复杂度与安全扫描,构建阶段强调供应链安全,测试阶段整合多维度验证,发布阶段量化流程成功率,部署阶段严控基础设施配置,运维阶段实现应用性能与安全态势的立体监控,反馈阶段通过全局数据分析驱动安全策略优化,形成闭环管理。

持续监控的多层次覆盖

全面立体的监控体系从物理环境(温湿度/门禁)、网络环境(流量/攻击检测)、系统环境(资源/漏洞)到应用环境(性能/日志)分层构建,纵向贯穿基础设施层(硬件状态)、操作系统层(资源/权限)、应用层(可用性/错误)及业务层(用户行为),形成集中式、多维度监控网络,确保技术栈与业务目标的深度对齐。

监控能力的阶段性演进

监控能力发展分为四阶段:初始阶段(零散工具/手动为主)、完备阶段(策略雏形/基础覆盖)、成熟阶段(实时洞察/自动化响应)及改进阶段（AI 驱动 / 自优化）。其演进路径体现从被动响应到主动预测的转型升级，最终通过机器学习与自适应算法实现阈值动态调整与故障预判，降低人工干预成本。

监控报警的核心机制

基于阈值规则与黑白名单策略，报警系统通过多通道（邮件 / 脚本）触发告警，平衡误报与漏报风险。黑名单过滤低优先级事件（如维护期波动），白名单强制捕获关键异常，结合机器学习优化基线模型，实现从简单阈值告警到智能异常检测的升级，提升告警准确性与响应效率。

第13章
变更管理斩断"混乱根源"

——物无不变,变无不通。(欧阳修《明用》)

13.1 溜进来的变更

经过多轮改进,持续监控的效果趋于稳定。服务器硬盘满载、异常流量等问题都能及时解决,开发和运维团队的合作更加紧密。尽管任务不断,但反复折腾的情况明显减少。

然而,在三十余人的团队中,仍有人工作态度不够端正。

隋毅加入团队后,凭借互联网企业的工作经验和不错的学历背景,王云飞对他寄予厚望。试用期过后,隋毅参与的工作逐渐增多,问题也随之显现。他习惯凭经验行事,不总是遵循流程。幸好这些问题未涉及核心任务,没有造成重大事故,但已让团队成员感到不安。

王云飞得知情况后,表示新人需要犯错的机会,通过提醒和正面引导可以逐步改进。

这天,隋毅来到医院。王云飞安排驻场办公的周觅把他带到办公室。周觅带着隋毅在运维大厅转了一圈,刚巧被陆立临时叫了出去。

隋毅表示:"你去忙吧,我自己随便看看。用下你桌上这台云桌面。"周

第 13 章 变更管理斩断"混乱根源"

觅点点头,跟随陆立离开。

隋毅打开电脑,很快发现在线处方管理功能的统计指标存在异常,当天上午医生开具的处方总数为零。他立即查询系统日志,确定是时区设置的问题。尝试联系组长林谦未果后,决定自己动手解决问题。

"几句代码的事,走流程太麻烦了,还得找人审批。大家本来就很忙。高效一点,何乐而不为?"隋毅自言自语道,开始修改代码。

此时,王云飞经过办公区域,看见隋毅一个人忙碌着。"隋毅,刚过来就在忙了?"

"王主任,我看到我之前参与的项目数据有些问题,需要调整一下。"

"做事稳一点,遇到不清楚的情况多问问陆立、林谦他们。"王云飞提醒道,随后离开。

隋毅继续修改代码,不久便解决了问题。

此时,林谦给他回电话,询问是否有紧急情况。隋毅说道:"林哥,刚才我发现处方量的数据显示有问题,我查了一下,原来有个地方的语句写错了。我修改了一下,现在数据已经恢复正常了。"

林谦问道:"你申请变更流程了吗?"

"林哥,就是一个很小的调整,我觉得比较简单,就直接动手修改了。你放心,处方量显示错误的问题已经解决了。"林谦没再多说,挂断了电话。

没过多久,运维大厅的报修电话就响起了。

"喂,您好,信息中心,请问有什么可以帮您?"

"你好,这里是耳鼻喉科。互联网医院系统无法查看历史处方记录了?上午还是正常的,现在只能看到今天刚开具的处方,之前的历史记录都是空白。"

"好的,我们马上着手解决。"

隋毅接到消息后,脸色骤变。"完了,不会真的出问题了吧?"

陆立和周觅开完会回来后,见隋毅紧张地敲着键盘,便询问发生了什么。

317

隋毅避重就轻地说了下情况。

陆立在一旁听完,惊呼道:"什么?!!你自己调了代码?现在历史数据没了?你操作前备份了吗?"

隋毅摇了摇头。

陆立掏出手机,给王云飞打电话汇报情况。

王云飞问道:"现在有什么解决办法吗?"

陆立思考了片刻,立刻有了初步的解决思路。他先尝试使用数据恢复工具查找最近备份的时间点,等更熟悉该功能模块的林谦赶到后再处理。

所幸这场事故从发生到处理完成没超过一小时,在陆立和林谦的共同努力下,没有扩大事故范围,一度丢失的数据也被找了回来。

第二天,王云飞一大早赶到软件工厂,将陆立、林谦、周觅和隋毅叫进会议室,想详细了解事件的前因后果。隋毅非常紧张,生怕王云飞把自己开除。

王云飞表情严肃:"相信大家都知道昨天的事情,一个'溜进来的变更'让我们措手不及。今天召集大家,是想重申变更管理的重要性。相关成员挨个说下具体情况吧。"

林谦首先开口:"这次系统故障,根源在于隋毅没有遵循变更流程,跳过了申请和审批环节。这种擅自修改代码的行为引发了潜在风险,严重违反了操作流程规范。"

隋毅委屈地说:"我当时看到系统数据异常,想尽快解决,避免给患者和医生带来不便。"

王云飞说:"隋毅,我知道你想快速解决问题,但变更管理流程是确保系统稳定和安全的前提。即使情况紧急,也必须遵循流程。之前没有和你强调变更流程的重要性吗?"

隋毅低下头,沉默不语。

王云飞拿起了手边的《变更管理流程》和《变更请求表单(模板)》:"从

第 13 章 变更管理斩断"混乱根源"

今天起,所有的变更都必须严格按照流程执行,绝不能因为追求速度而忽视规则。"

会后,王云飞单独找隋毅谈话:"我相信你是有能力的,但也希望你能理解团队协作的重要性。未来遇到任何问题,先沟通再行动。"

隋毅点头,明白了这次教训的意义。

13.2 变更进了迷宫

隋毅因为自己的贸然行事付出了代价,被扣除了当月的绩效。这件事情也给软件工厂团队的其他技术人员敲响了警钟。

这天,王云飞开完院务会,刚走进综合楼,就听到运维大厅里接打电话的声音不断。

"药品管理系统无法正常获取药物库存数据,是吗?好的,我记下来了,我们立刻排查,第一时间给您答复。"

"明白了,您的意思是药品管理系统上出现了一些乱码。您稍等,我们正在处理,恢复后立刻回复您。"

王云飞听了个大概,是药品管理系统出了问题。

几通故障报修电话后,王云飞询问最近是否有人动过这个系统,大家都摇了摇头。

樊博拨通了药品管理系统供应商的电话:"秦经理,您好!我是四方大学附属医院信息中心的樊博。今天我们的系统出了一些问题,药品管理系统无法正常获取药物库存数据,显示的数值也有误。你们后台有没有做调整?"

等了十几秒,樊博应了几声"嗯"后挂断电话,转身对大家说:"供应商说他们没做任何操作,其他医院也没反馈类似的问题。他们会派人过来帮忙检查。我建议先排查一下,看是不是其他系统的变更影响了药品管理系统。"

樊博转头看向王云飞，问道："主任，是不是软件工厂那边做了什么变更？"

王云飞摇了摇头："前两天隋毅刚给大家敲了警钟，应该不会这么快又有人冒险吧。"但为了保险起见，他还是决定去软件工厂看看，确认一下情况。

王云飞开车前往软件工厂，同时打电话给官剑。

"医院的药品管理系统出现了故障，数值显示不正常。互联网医院系统项目有没有进行过可能影响药品管理系统的操作？"

"王主任，据我所知没有。"官剑回应道，"我马上让大家排查一下日志，看是否有异常的访问记录或者其他线索。"

王云飞赶到后，直接去了官剑的工位。

"主任，我们查看了近期所有日志和变更申请清单，确实没有对药品管理系统进行任何操作。"官剑汇报道。

王云飞提醒道："药品管理系统是今天一早开始收到异常反馈的，根据这个时间点，你们有什么排查思路吗？我怀疑还是有变更操作把我们带进了'迷宫'里。"

官剑解释："昨晚有一项数据同步逻辑的变更，服务于'互联网医院'项目。我们再仔细检查一下是否影响到了药品管理系统。"

王云飞皱着眉头问道："那这项任务是谁执行的？"

官剑查看记录后回答："是隋毅。"

听到这个名字，王云飞叹了口气："隋毅最近的状态确实不太好，你去确认下是不是他的操作产生了连锁反应。"

官剑检查后发现了一些潜在问题，包括数据同步逻辑中的瑕疵，这些问题在特定条件下会影响药品管理系统的数据准确性。"我们找到了问题的根源。隋毅在执行数据同步任务时，忽略了字符集格式，导致药品管理系统的数据显示乱码。"

隋毅为自己辩解："对不起，这是我的疏漏。但一开始我没主动提起，因为我觉得'互联网医院'项目和药品管理系统无关。"

他继续补充道："我们最近在优化互联网挂号系统的一些功能。虽然在设计时考虑了与其他系统的兼容性，但可能因为系统间的交互复杂，还是出现了未能预见的影响。"

王云飞问隋毅："近期的优化调整具体做了哪些工作？"

隋毅回答："为了提升用户体验和优化系统性能，我们改进了患者信息模块，增加了自定义字段，优化了搜索和筛选功能，调整了数据格式，并对数据传输接口进行了部分优化，还加强了数据加密机制。"

王云飞追问："你优化功能之前做过全面的变更评估没有？"

隋毅微微一愣："变更评估？这和之前说的变更管理流程有什么区别？"

"当然有区别。一般变更是较小改动，而这次涉及的功能复杂、影响面广，理论上你应该提前通知更多人。"

项目变更分类 [6]565

重大变更：是指软件系统在架构、功能、性能等方面发生重大调整，可能影响多个系统组件或整个系统的稳定性。此类变更风险较大，需进行详细计划和审批流程。

重要变更：是指对软件某个功能模块进行改动的变更，这种类型的变更风险较小，但仍需进行测试和审批。

一般变更：是指日常维护和小规模的功能调整，对系统影响较小，通常风险较低，可以简化审批流程。

隋毅不解："这么复杂？我是按照变更流程来做的。之前也没有规定要对这种变更做评估，也没有具体的分级标准。"

王云飞指示："抓紧和林谦讨论一下互联网挂号系统和药品管理系统之间的关联影响，尽快拿出解决方案，恢复业务部门的正常运营。同时，在处理完这次事故后，进一步优化变更管理流程，明确变更分类与评估的标准。"

官剑认领任务，主导了事故处理的分工安排，故障很快得到解决。

王云飞仍有顾虑。他与冯凯沟通，认为变更管理制度需要完善，特别是缺乏细粒度评估，导致了这次连锁反应。一年前制定的变更管理流程已不适应当前需求，需要随着团队一起"升级打怪"。

由于近期要准备一个学术研讨会，王云飞将变更管理的升级工作交由冯凯负责。

13.3 版本迷雾

飞机缓缓降落在目的地机场，王云飞此行是为了参加李子乘教授邀请的学术研讨会，主题是软件的敏捷开发和持续运维。教授建议他通过这次会议开阔视野，吸取更多学界和业内经验，为软件工厂团队带来新的启示。

飞机一落地，王云飞打开手机，屏幕上立刻弹出一系列未接来电和微信消息提醒。他迅速查看，发现来自医院不同同事的多个未接电话，其中孔静珊打了五六次。

他点开微信，一条条留言映入眼帘。最显眼的是孔静珊发来的一连串质问。

"王主任，互联网医院系统的部分支付记录无法准确关联到挂号信息，导致财务处工作量大增，忙不过来。"

"王主任，你在哪里？我去找你。"

"[对方已取消]"

"赶快回电！"

冯凯也发来消息："王主任，互联网医院系统的部分支付记录有问题，现在我正在组织人手查找问题。"

王云飞倒吸一口凉气，立即给冯凯打去了电话。

第 13 章 变更管理斩断"混乱根源"

冯凯的声音略显焦急:"王主任,根据财务处反馈,部分患者的支付记录没有与挂号信息对应,导致混乱,我们正在排查支付系统的日志。"

"好的,你继续跟进,我回复一下孔总。"

王云飞挂断电话后,拨通了孔静珊的电话:"孔总,刚在乘机,情况我已掌握,冯凯正在组织人手解决问题,保证不拖到明天。"

软件工厂内,林谦眉头紧锁:"我们已经检查了支付系统的日志文件,但是由于版本号没有更新,无法确定当前运行的是哪个版本的代码。这给问题的定位带来了很大的困难。"

冯凯一脸难以置信:"版本号不一致?!"

林谦解释道:"当时更新支付模块时间紧迫,大家熬了几个通宵,可能有人忘记了变更版本号。"

冯凯接着问:"那现在好处理吗?主任交代今天内必须彻底解决这个问题。"

林谦说道:"版本号不一致的影响深远,可能导致兼容性问题。不同版本的模块由于接口定义、数据格式差异,无法正常协同工作。"

"那你看现在有什么好的解决思路吗?比如考虑做一次回滚操作,回到之前一个相对稳定的版本,至少可以暂时规避当前的问题。"冯凯问。

林谦摇了摇头:"回滚操作也不好进行了。没有准确的版本号作为参照,不知道该回到哪一个确切的状态。万一回滚错了版本,反而会引发更多新问题。"

"我们需要找到其他线索,看看是否可以从日志文件中获取更多信息。同时,我们还可以结合用户反馈的数据,看看是否能够找到问题发生的节点,在这个基础上再尝试回滚操作。"林谦建议道。

冯凯向王云飞汇报情况。王云飞说:"等下我们开个视频会议。"

视频会议上,王云飞问道:"现在大家有什么想法吗?"

林谦表示:"我在查看关键的代码注释和日志记录时,发现了几条支付请求失败的记录，可以通过这些记录结合用户反馈的数据，尝试还原问题场景。"

冯凯补充道："客服中心收到了一些用户关于支付问题的投诉，并提供了具体信息，包括支付时间和金额。"

林谦接过信息，开始比对日志文件。"我找到了一些规律，根据用户反馈和日志记录，可以推断故障点出现的大致时段。"

王云飞追问道："那下一步怎么做？"

林谦回答："我们需要进一步缩小问题范围，找到具体的原因。同时，还要看官剑对代码库检查的情况。"

王云飞说："那好，大家按照各自发现的问题着手解决，有情况随时联系我。"

接下来的几个小时，林谦和官剑仔细地分析了日志文件和代码注释，最终定位到一个具体时间点对支付模块进行了更新。但由于版本号没有更新，导致后续难以追踪支付模块的变更。

林谦指挥道："我们需要回滚到之前的版本，然后重新部署。"

冯凯松了一口气："太好了，辛苦大家了。这次事件给了我们一个深刻教训，必须加强对版本控制的管理，确保每次版本变更都经过严格的测试。"

冯凯拿起手机，向王云飞汇报进展。听完冯凯的叙述，王云飞感慨道："一个版本号的问题就能把整个团队带进'迷雾'中，看来变更管理真的有太多细节要考虑。冯主任你多费费心。另外，孔总那边你也回复一下。"

13.4　一路绿灯

挂断电话后，王云飞踏入研讨会的会场。

他趁着会议开场前，思考此前变更管理工作中的细节。有人轻轻拍了拍

第13章 变更管理斩断"混乱根源"

他的肩膀，他转过头，发现李子乘站在身后。

"李老师，我还打算会议结束后再联系您呢。"王云飞转过头笑着说道。

"听说今年的议题非常丰富，涵盖了多个前沿领域，你可以多多学习一下别人的新思路。"李子乘说。

研讨会结束后，两人一起用餐。王云飞向李子乘倾诉了团队在变更管理流程上遇到的挑战，包括系统更新过程中版本号管理的疏漏和跨部门沟通的问题。

李子乘点头说道："现在系统数量激增，变更内容和频率也随之增多，变更管理模式需要与时俱进。你们在持续集成、持续交付、持续部署以及自动化测试上的成绩，都是DevOps理念的应用。我认为你们可以在优化变更管理流程上也参考这一理念。"

王云飞从手机中翻出一张变更管理流程图。"李老师，这是我们之前的变更管理流程图，您看还有哪些需要调整？"

李子乘看了看图片，说："变更管理流程是软件工厂的神经中枢，确保生产的顺畅和产品质量。你们的流程还需要补充几个关键环节。"

"一切始于变更申请，这一点你应该很清楚。"

"接下来是变更分类。可以根据变更的类型、影响范围和紧急程度进行分类，每类变更都有特定的处理流程和审批权限。你提到之前内部已经划分了重大变更、重要变更和一般变更，这个划分没问题，关键是定义要清晰。"

"接下来是变更评估。在这一环节中，需对变更的可行性、成本效益及潜在风险进行全面评估，详细分析变更对现有系统、用户和工作流程的影响，确保不会引发更大的问题。需要注意的是，评估工作必须深入细致，不能流于形式。"

"紧接着是变更审批。变更计划提交给相关部门审批，确保符合政策和标准。可以设置一个变更审批小组，审议变更的必要性和可行性。"

"审批通过后，进入变更规划与准备阶段。根据变更计划准备所需的资源，包括人力资源和技术支持。"

"之后的持续集成、持续部署就像是工厂中的自动化生产线,测试与验证环节就像是工厂中的质量检验过程,这些都是必不可少的。"

"此外,版本控制特别重要。通过记录每次变更的版本信息,可以追踪变更的历史记录。这次的事情上,你们因为缺少了这一环而摔了跟头。"

"前面环节顺利完成后,变更实施、验证与确认以及后续的监控与反馈也就水到渠成。回滚机制也要作为兜底方案时刻准备着。"

"我还要提醒一句,不要忽略变更关闭与文档环节。记录变更的整个过程,并关闭变更单,这对后期处理突发情况很有帮助。"

"最后的回顾与审计。回顾变更的整个过程,并进行审计,确保过程合规且质量达标。"

李子乘总结道:"整个变更管理流程(图13-1)就像一座精密工厂的生产线,每个环节都至关重要,缺一不可。"

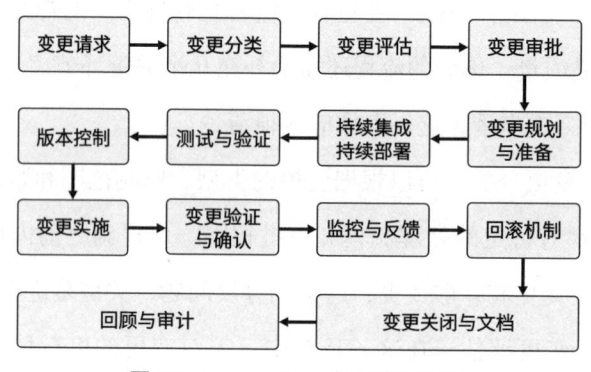

图 13-1 DevOps 变更管理流程

"李老师,您的梳理太清晰了,确实比我们之前的流程严谨得多。"王云飞感慨。

"云飞,你要让大家明白,变更管理不是枯燥的流程和规则,而是贯穿于日常工作的一种思维方式。"李子乘提醒道。

两天的研讨会结束后,王云飞回到医院着手优化变更管理流程。由于前期负面事件的教训,加上调整的内容是在现有基础上的系统性完善,软件工厂成员们的执行力大幅提升，此次变更管理斩断"混乱根源"进展顺利，执行起来"一路绿灯"。

工作札记 13

变更分级管控体系

项目变更依据影响范围与风险等级划分为重大、重要、一般三级管控机制。重大变更涉及架构级调整或全局性影响，需多层级审批与全链路验证；重要变更聚焦模块级功能迭代，强调局部测试与风险评估；一般变更针对低风险日常维护与小调整，可简化流程但保留基线控制。分级机制旨在明确定义边界，避免模糊性导致流程失控，确保每类变更匹配对应的风险评估与控制机制。

端到端流程闭环设计

变更管理流程构建从申请、评估到关闭、审计的完整生命周期。核心环节包括变更可行性评估（成本/影响分析）、审批、资源规划、持续集成/部署（CI/CD）、自动化测试与验证、版本基线管理及回滚预案设计。流程强调各环节的强耦合性及风险兜底，如回滚机制作为兜底方案，需预置应急路径以应对变更失败场景。同时，变更文档化（记录过程与结果）和定期审计（验证合规性与质量）是闭环管理的关键，为后续优化与问题复盘提供依据。

组织协同与认知挑战

实践痛点集中于三方面：评估环节的形式化倾向导致隐性风险遗漏，紧急变更的流程规避引发技术债务积累，文档更新滞后削弱审计效力。团队需强化"变更即风险"的认知，通过流程固化与工具赋能减少人为疏漏，最终实现从被动响应到主动防控的转变。后续工作需通过变更评审会指导跨部门协作、自动化工具链强制卡点、知识库版本联动等机制，推动流程从合规执行向深度治理演进。

第14章
万物皆可"Code"

——物有本末，事有终始，知其先后，则近道矣。《礼记·大学》

14.1 "找代码比写代码还费劲"

近期变更管理收效明显，王云飞趁此东风，安排软件工厂对互联网医院系统中的处方管理功能进行了升级。

刚开完院务会回到办公室，王云飞在日历上做着待办标记，发现已经连续一周没有出现较大的故障反馈，颇为满意。

"咚咚咚"，陆立敲门后快步走进。"主任，互联网医院系统的处方管理模块有些问题。不过在您刚刚开会时已经解决了，我来向您汇报下情况。"

时间倒回到一个半小时前。

耳鼻喉科医生蒋丰驰正为一位线上复诊的鼻炎患者制定治疗方案。当输入完患者的基本资料并点击"生成处方"时，界面变得迟钝，鼠标定格在原地。几分钟后，屏幕上弹出错误提示："生成失败，请重试"。蒋丰驰重复操作几次，都以失败告终。

同一时间，皮肤科主治医师何舒云在给一位慢性病患者调整治疗方案时，发现历史诊疗方案页面无法打开，难以判断患者的真实用药情况，影响了诊疗决策。

医院药房内，药剂师丁思思在处理来自互联网医院系统的处方订单时，发现打印处方单功能无法正常使用。为了确保药品发放的准确性，她只能反复与开处方的医生电话沟通，核实细节。

听完陆立的转述，并确认问题已经得到解决后，王云飞决定叫上负责该功能优化的工程师汪宇航聊一聊。

王云飞直截了当地问："宇航，你是处方管理功能优化的负责人，说说这种混乱的具体原因。"

汪宇航解释道："王主任，经过排查，问题可能是因为近期合并的一段代码引起的。这段代码在合并时未经过严格的审查，导致隐藏的逻辑错误在生产环境中被放大。我们已经重新调整了这段代码。"

王云飞皱眉道："只是因为合并了一段代码？怎么会造成如此严重的情况？据我了解，故障问题五花八门，这可不算小事故。"

汪宇航将目光转向新来的开发李遇。李遇紧张地说："主任，这段代码是我负责合并的。我当时想在代码库里找现成的模块，但找了半天都没有找到，就根据需求写了段新代码，并直接把它合进了主分支。现在想想，我当时太冒失了，没考虑到后果。"

林谦也插话道："主任，随着这个系统体量变大，现在的 GitLab[①] 代码库像迷宫一般，充满了无数的分支。每次找代码都要耗费很多时间，甚至找代码比写代码还费劲，确实影响工作进度。"

"开发人员很容易陷入'代码泥沼'，必须投入大量额外的时间和精力来理解和整理现有代码库，也需要重新理清逻辑，这种情况在大型项目中更加常见。互联网医院系统已经初具规模，代码量较大，确实需要认真对待。"林

---

① GitLab：是一个用于仓库管理系统的开源项目，使用 Git 作为代码管理工具，并在此基础上搭建起来的 Web 服务。GitLab 代码库是 GitLab 平台上的一个核心组件，用于存储、管理和版本控制项目的源代码。

谦补充道。

王云飞点头道："这个问题拖不得，你们现在有没有切实可行的解决办法？"

在场的几人面面相觑，一时无言。王云飞也不强求："没关系，大家都在摸索中前进，之前几个独立的小系统还能应付自如，现在面对这种牵一发而动全身的大系统，对大家来说确实是一个挑战。我会再想想办法。"

王云飞解散了讨论，让李遇继续排查潜在隐患，并要求汪宇航提交一份故障复盘报告。

回到办公室后，王云飞拨通了李子乘的电话，简明扼要地讲述了GitLab代码库混乱的情况。

"李老师，您有什么建议吗？"

李子乘很快给出了思路："首先，暂停所有非关键任务的代码提交，直到梳理完现有的分支。其次，组织临时小组优先合并已完成并经过测试的特性分支至主干①，删除这些分支，减少混乱。接下来，明确代码审查的工具和流程，确保每段即将合并到主分支的代码都经过至少一位同事的审核。"

"李老师，还是您有经验。我先按照这个思路行动，之前提到的一些手段，比如代码审核，因为种种原因没有落实。这次一定要趁热打铁，让这些策略落地生根。"

等汪宇航提交了复盘报告后，王云飞把陆立、林谦、汪宇航和李遇四个人组成了一个临时的代码管理小组。他们分工明确：整理现有代码分支，清理掉不必要的分支，研究并引入更高效的代码审查工具，建立代码协同审查机制。

几个人目标一致，各自忙活开了。尤其是汪宇航和李遇，因为之前在工

---

① 主干：在版本控制系统中，主干是指主要的代码分支，通常用于集成和发布稳定的代码版本。

作上出了差错，都憋着一股劲儿想要弥补，所以两人特别卖力，主动加班加点，提前完成了王云飞布置的任务。

几天后，王云飞再次召集小组成员，听取进展汇报。李遇报告说，他们已经清理了大部分不必要的分支，并引入了新的代码审查工具，团队的工作效率有了明显提升。林谦补充道，新的审查机制也已实施，每段关键代码都经过严格审核。

王云飞点头赞许："很好，继续保持。这次事件给我们上了宝贵的一课，提醒我们要不断优化流程，确保系统稳定运行。"

14.2 配置流浪记

正当汪宇航和李遇还沉浸在完成任务的喜悦中时，一波未平一波又起。一名患有多种疾病的患者选择线上复诊，不同科室的医生依据其最新病情调整了治疗方案，并通过互联网医院系统提交了处方。系统未发出任何警示，处方随即被批准并发送给患者。

患者遵照医嘱服用了药物后病情恶化，紧急入院救治。事后调查发现，多个处方中的药物存在不良相互作用，而互联网医院系统的处方管理模块未能检测到这一风险，导致了此次医疗事故。这一失误震惊了整个医院，令全院上下对互联网医院系统的信任大打折扣。

了解事件始末后，晏九嶷将王云飞叫到办公室。

"云飞，自你担任信息中心主任以来，给医院信息化建设带来了不小的进步，我对你一直十分看好。不过，最近接二连三出现的系统故障，尤其是这次用药冲突的重大失误，不得不让我重新审视你们的工作成果。系统做得再快再好也只是加分项，但底层逻辑出现致命失误，恐怕连'入场券'都会丢掉。"

王云飞说道:"院长,您说得没错,此次事件反映了我们的工作疏漏和管理体系中的薄弱环节,我们一定抓紧解决。"

王云飞疾步走出行政大楼,边走边联系官剑:"辛苦你通知处方管理功能相关的技术人员,半小时后软件工厂会议室开会,我现在从医院赶过去。"

20分钟后,会议室的门陆续被推开,王云飞早已稳坐其中。汪宇航姗姗来迟,最后一个落座。

王云飞直奔主题:"近期,我们互联网医院系统中的处方管理功能出现了一些问题,尤其是这一次的药物相互作用事件,造成的影响太恶劣了。我想要具体了解,究竟是什么原因?"

汪宇航略带歉意地说:"主任,我刚刚晚到了一会,就是在紧急排查问题的根源。"

"那现在有什么发现?"

汪宇航坦诚回答:"我在查找关键配置项时遇到了困难,感觉这些配置项在四处'流浪',加大了问题定位的难度。原本想找其他人咨询情况,但我们团队目前并没有配置经理的角色,之前的开发同事也已离职,无法提供帮助。"

林谦点头表示理解:"确实如此,宇航描述的情况很常见。有些关键配置直接写死在代码里,不仔细查找很难发现。"

王云飞更关心问题的解决:"现在的解决思路是什么?"

汪宇航摇了摇头:"逐一排查代码是最原始的方法,但工作量不小,短时间内很难找到,需要增加人手。"

林谦顺势提出:"主任,现在互联网医院系统的功能不断增加,老功能也在持续优化,开发团队负荷很大,人手严重不足。"

王云飞回应道:"软件工厂的人力紧张,这是我们都清楚的情况,我会和冯主任再想想办法。大家集思广益,寻找切实可行的方案。逐一排查效率太低了,有没有其他思路?"

第14章 万物皆可"Code"

官剑提出了一个想法："我们能不能通过配置项跟踪机制追溯配置项的历史版本记录？很多时候，问题的根源可能早就埋下，只是在显现时才察觉。如果我们能够重建它的修改历史，分析每次变动的原因，或许能找到被忽略的细节。"

他继续说道："更重要的是，通过对比历史版本，我们不仅能定位问题的来源，还能评估各版本间的差异，预防未来类似问题的发生。"

王云飞点头："官剑的提议不错，大家没有意见的话，我们先这么尝试下。不能纸上谈兵，大家回到工位上边处理问题边讨论。"

14.3 您的配置评审在无人区

其他人离开会议室后，王云飞和冯凯讨论了扩大团队规模的想法。经过商议，两人达成一致，决定为团队增添几名新成员。

走出会议室，王云飞将目光落在了汪宇航的工位上。几个人围在这里，汪宇航正在尝试追溯历史版本记录。王云飞刚走近，发现汪宇航突然停下了手上的操作。

"这好麻烦。"汪宇航低声说道，"怎么大家都随心所欲的？"

王云飞询问具体情况。汪宇航解释说，在仔细对比了多个版本的配置项后，发现一些配置项的命名和描述在不同的版本中发生了变化，这给识别和对比带来了很大麻烦。

"有些配置项被命名为相似的名字，但功能却完全不同。另一些则完全没有描述，让人无从下手。每次使用配置项就像'开盲盒'一样。"

官剑提议："我们首先应该简化配置项的命名规则，并制定一套统一的命名规范。目前时间紧张，可以先建立一个临时对照表，列出所有配置项在不同版本中的命名和描述变化。这个任务就交给宇航你来处理吧。"

王云飞皱眉问道:"连最基本的配置项命名都乱七八糟,当时没有进行配置评审①吗?"

见大家沉默,王云飞心中有了答案。"配置评审能够检查配置项的一致性、完整性和正确性。如果忽略了这一环节,势必会给后续的开发和维护埋下隐患。现在的情况就是最直观的例子。大家要记得这次教训。"

汪宇航补充道:"其实我在工作中还碰到一种情况,因为没有进行配置评审,一些未经充分测试的配置项直接进入了生产环境,引发了失控情况。"

"有一次,本来只是想小幅调整配置项,目的是优化系统性能,结果却引发了一系列连锁反应。这些配置项本应与系统相互配合,但这么一调整,反而造成了系统的不稳定。"

林谦在一旁感慨道:"我原以为,配置项识别不会造成多么严重的影响,没想到暴露出这么多的隐患。"

官剑点头回应:"确实如此。目前我们的配置管理跟不上节奏,暴露了不少问题。例如,配置信息更新缓慢,规则复杂,新同事难以快速适应。这些问题仅是冰山一角,如果不解决,肯定会影响项目的推进。"

王云飞坚定地说道:"趁此机会,我们要重点关注配置项管理,特别是要避免配置评审陷入'无人区'的情况再次发生。"

稍作思考后,王云飞继续布置任务:"官剑,你负责牵头制定配置项的命名规范和评审流程。汪宇航,你继续完成配置项对照表的整理工作。林谦,你协助他们,确保新流程尽快落地。我会和冯主任商量,尽快增加人手,减轻大家的负担。"

---

① 配置评审:对配置项进行检查,确保其一致性、完整性和正确性,避免潜在问题。

第 14 章　万物皆可"Code"

14.4 "三库"可遨游

王云飞回到办公室，思考着配置管理后续的具体落实方案。

正沉思时，研究生师兄打来了电话，提醒他下周一是导师李子乘的生日，几位师门伙伴计划在周末为老师庆生。王云飞欣然应允，表示自己近期工作上也有几个棘手问题，刚好能与老师及其他同门一起探讨。

周末，王云飞驱车前往城市郊区的一家私家小院。当他走进室内时，看到李子乘正坐在沙发上，和几位同学正聊得火热。

看到王云飞进来，李子乘指了指身旁的空位，微笑着招呼他坐下。

打了一圈招呼后，李子乘关切地问道："云飞，最近还忙吗？上次提到的代码库管理问题，现在情况怎么样了？"

王云飞回应道："谢谢老师关心。代码库的问题解决了。不过最近确实有点忙，也遇到了一些棘手的情况。"

"具体是什么问题？"李子乘追问。

王云飞简要讲述了近期遇到的疑难杂症。听完后，李子乘闭目凝思片刻，随即说道："如果没有一个清晰的配置项管理机制，会导致配置混乱、版本冲突、变更追踪困难等问题，严重影响项目进展。"

王云飞点头道："是的，老师，那我该怎么获得这个清晰的配置项管理机制呢？"

李子乘解释道："当遇到混乱时，你们需要停下来，评估当前的情况，找出问题所在。配置管理库就是用来记录这些配置项的，它告诉我们哪些配置项是稳定的，哪些是正在开发的，哪些已经被废弃。配置管理库中的开发库、受控库和产品库分别对应着配置项的不同生命周期阶段。"

"开发库中的配置项可以自由地被创建和修改。一旦经过初步验证，配置项会被移至受控库，进行更严格的测试和审核。最终，当配置项成熟并准备好发布时，它们会被正式移至产品库。"

> **配置管理库**[6]555
>
> 定义：一个专门用于存储和控制软件项目中所有配置项的中心化数据库或系统。它涵盖了从源代码、构建脚本、环境变量到依赖库版本的所有配置数据，确保了软件开发、测试、部署各阶段的一致性和可追踪性。
>
> 分类（图 14-1）：
>
> 1. 开发库：软件开发初期的存储库，开发人员在这里创建和修改源代码、文档及其他项目资产。
>
> 2. 受控库：当开发库中的某个版本被认为足够稳定，可以进入进一步的测试或集成阶段时，该版本会被转移到受控库中。
>
> 3. 产品库：产品库包含了已经经过完整测试和验证，准备好发布给用户的最终软件版本。这里的代码和资源被视为"冻结"的，即不再进行修改，除非有必要的修复或更新。

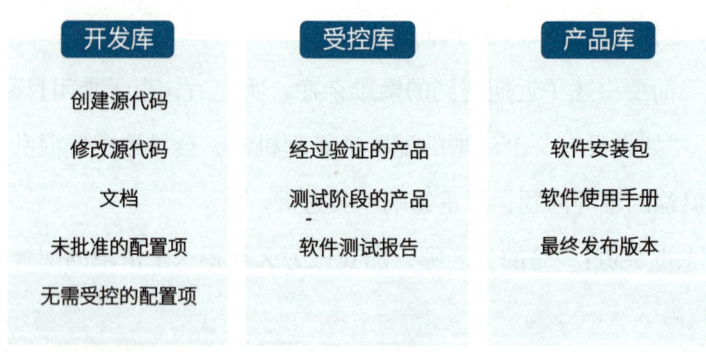

图 14-1　配置管理库

王云飞点头表示理解。李子乘继续说道："通过这样的体系，你们可以清晰地追踪配置项的变化，确保配置项的稳定性和安全性。配置管理库能帮助你们规划未来的路径，以最小的成本达到目标。"

"李老师，如果要将您所介绍的这些想法付诸实践，工作量会不会很大？"王云飞问。

李子乘回答："嗯，工作量不小，但可以通过引入配置管理工具来解决这个问题。"

> **配置管理工具**[6]253[18]440
>
> 配置管理工具在软件开发和 IT 运维中是至关重要的组成部分，可以被定义为一组集成的工具和过程，用于管理软件组件的版本、变更、构建和团队协作，以系统地控制和跟踪软件项目的各个方面，包括但不限于源代码、配置文件、文档、构建脚本和依赖库，可支持对可交付成果的多个版本的控制，从而确保软件开发和维护的一致性和可追溯性。这些工具提供了一个统一的平台，高效地管理软件开发的整个生命周期，从初始开发到测试、部署乃至维护。

"比如，Terraform① 这样的 IaC 工具，能够让你用代码描述基础设施。当你更新了代码，Terraform 会自动比较当前状态与期望状态，执行变更，确保实际环境与代码描述相匹配。"

"此外，这些工具还能与配置管理库紧密集成，每当配置发生变更时，都会被记录下来。这样一来，配置管理库就不再是一个静态的快照，而是一个动态的、实时更新的数据库，能够反映配置的真实状态。"

王云飞兴奋地表示："李老师，这'三库'简直是能带着软件工厂'起飞遨游'的法宝。"

周一一早，王云飞召集了几位骨干，分享了李教授的建议。他阐述了配置管理库的重要性、原理及优势，以及配置管理工具如何助力。

汪宇航认领了任务，和李遇等人商议并制定了一个详细的行动计划。首

---

① Terraform：一种开源的基础设施即代码（IaC）工具，它允许用户通过声明式配置文件（通常使用 HCL 或 JSON 格式）来定义、管理云和本地资源。

先，他们评估了现有配置管理流程中的瓶颈，识别哪些环节可以引入新技术来优化。其次，团队进行了技术调研，挑选了适合自身需求的配置管理工具，并安排了一系列培训课程。接下来，他们启动了一个试点项目，将新工具应用到一个小规模环境中，收集反馈并调整策略。同时，王云飞还要求医云科技为团队招聘了一名配置经理。

在接下来的一个月里，软件工厂投入到配置管理方案的测试、调整和完善之中。虽然面临工具兼容性、团队沟通协调等问题，但随着开发库、受控库、产品库这"三库"的实施，团队切实感受到了变化。软件工厂的配置管理流程变得更加顺畅，项目交付的速度也提升了近25%。更重要的是，王云飞见证了团队的成长，明显感到软件工厂变得更加高效和精进。

工作札记 14

代码库治理与分支管理策略

随着系统建设规模的扩大，多分支代码库的管理复杂度显著上升，开发效率受限于"代码泥沼"现象，表现为代码定位困难、逻辑梳理成本高。解决方案需聚焦于分支治理：通过冻结非关键提交、合并已验证特性分支至主干、建立强制代码审查机制，降低分支冗余度。这种策略可以减少维护负担，强化主干稳定性，为持续集成奠定基础，尤其适用于"互联网医院"等大型项目。

构建分层配置管理体系

配置项的分散管理导致问题定位困难，暴露出配置管理角色缺失与流程漏洞。通过建立三层级配置管理库（开发库、受控库、产品库），形成从开发到发布的配置状态变更链路，实现配置项全生命周期管控。其中，开发库支持动态迭代，受控库锁定稳定版本，产品库实现发布态冻结。

第 14 章 万物皆可 "Code"

基础设施代码化与动态状态管理

通过配置管理工具与开发工具链的深度集成（如 GitLab 分支策略与 Terraform 的联动），将基础设施配置代码化，与 CI/CD 管道深度集成，确保从代码提交到生产部署的配置一致性。这种机制实现了"代码定义—实际环境"的双向同步，将传统静态的配置快照转变为动态的实时状态数据库，使每次变更都成为可追溯、可验证的状态迁移。

第 15 章
坚守 QA 阵地

——事前加慎，事后不悔。（申居郧《西岩赘语》）

15.1　质量标准无处不在

在王云飞忙于解决配置管理问题的日子里，冯凯和邢振帮他分担了不少压力。纷至沓来的开发需求，让冯凯几乎有应付不完的评审会。近期的几次院务会，则是由邢振代为出席，中心的工作没少被挑毛病，他每次都是满脸疲惫地归来。

当邢振又一次"低气压"地返回综合楼时，冯凯询问道："今天的会议有什么情况？"

"儿科主任带头批评我们的互联网医院系统不够好用，接着就是一波接一波的抱怨。"

"具体抱怨了哪些问题呢？"

"有时系统连接不稳定，医生要登录几次才行，而且有不少患者也反映过这个问题。此外，操作界面的反馈有时也比较迟缓，影响了医生们的诊疗效率。"

邢振合上笔记本，接着说道："这些问题都算不严重，平时运维组处理问题也挺及时的。我还以为互联网医院系统风评很好呢。"

冯凯叹了叹气："业务部门的反馈是得重视，有时候对我们工作评价至关重要的就是那最后的 5%，行百里者半九十，如果我们不在细节上下足功夫，之前的努力就会大打折扣。"

他继续补充道："今天会上提到的几个不足，也不难修正。连接不稳定的问题可以扩充服务器节点数，或者优化网络架构。至于操作界面反馈迟缓，也许我们可以简化界面设计，减少不必要的加载项，提高响应速度。"

邢振点了点头："冯主任，我觉得还需要制定一个详细的质量提升计划，不仅要解决被提出的显性问题，更要未雨绸缪。"

从冯凯办公室出来后，邢振给王云飞打去电话，简要汇报了会议内容。

"王主任，目前互联网系统的质量似乎没有达到院领导和各科室的预期标准。一些操作不便或小的系统故障，都影响了用户的使用体验。我刚和冯主任交流了一下，我们一致认为，不仅要解决眼前的问题，更重要的是要找出质量问题频发的原因，从根本上解决。"

消化完这一串负面反馈，王云飞立即在组长事务群里发布了一条开会通知：

【重要会议通知】

时间：今天 16:30

地点：软件工厂会议室

议题：

分析近期用户反馈中提及的互联网医院系统使用问题

讨论并制定解决方案

确定后续优化计划及责任分配

参会人员：各组长

收到通知后，邢振和冯凯一起赶到软件工厂，王云飞让邢振介绍一下院务会上反映的问题。

"各位同事，我转达一下医院领导和科室负责人对近期互联网医院系统的反馈。大家的共识是，系统质量还有待提高。"

随后，他详述了几个系统存在的问题，以及冯凯对这些问题的处理意见。

听完后，大家纷纷议论起来。

王云飞注意到大家对反馈的态度不尽相同，总结道："对于这些负面评价，有人可能觉得只是小问题，改改就行了。也有人可能会感到沮丧，认为之前的努力因为一些不足而被全盘否定。不妨换个角度看待问题，把每一条批评当作我们提升工作质量的机会。大家结合自己在工作过程中所遇到的问题，说说想法。"

官剑开口："根据反馈来看，这些问题可能是用户需求与实际开发之间存在差异导致的。有时，科室觉得他们所需的功能尚未实现，就会对我们产生不满。"

林谦点头如捣蒜："我们在开发过程中按照需求文档执行，但最终产品却与用户期待有差距。"

他犹豫了一下，继续说道："不过，这并不完全是开发人员的责任。有时候需求文档表述不清、内容不完整，再加上需求本身会不断变化，这些都会造成不符合用户期待的情况。"

"设计阶段也容易遇到瓶颈。比如刚刚提到的显示界面操作性不佳，就是个典型例子，说明我们的设计与实际使用之间可能存在脱节。在设计时，我们往往侧重于功能的完备性和逻辑的严密性，不过现在看来，这种由内而外的设计视角有时会忽略一个核心事实——设计的最终目的是服务于用户。"

"还有，基础设施的配置也得跟上日益增长的建设需求。"

王云飞迅速地整理着成员们提出的各种观点，这些讨论就像一块块拼图，最终汇聚成一个核心问题——如何在软件开发的每一个环节中确保系统的质量。

王云飞收起思绪："大家刚才的分析让我受到启发。我一直在思考，如果我们能将质量意识融入开发流程的每一个环节中，从最初的构思到最终的部署，乃至后续的迭代升级，是否能够改善这一局面？"

第15章 坚守QA阵地

讨论声中，陆立提高音量："我们软件工厂发展到现在，是该进入重视质量的阶段了。我们可以通过建立一套详细的质量标准来覆盖开发流程中的各个阶段，从而实现真正的质量保证。这样一来，每位成员在执行其职责时都有明确的指导方针可以参照。在我之前工作的公司，我们就实行过类似的规范。我可以联系之前的同事，搜集一些相关的参考资料。"

王云飞果断决策："如果我们能做到质量标准无处不在，就会为整个开发过程的质量提供坚实的保障，避免工作偏离。还是一贯的思路，我们分工合作，分别编制适用于各流程的开发规范。现在，我分配一下任务。"

"冯主任，你负责牵头制定《项目建设管理规范》，官剑协助你完成。林谦来负责《ER图[①]设计规范》，确保数据库设计满足业务需求并便于后续开发与维护。《软件测试规范》《前端页面设计规范》分别交给黎顺和金佳伟，林谦你会后转告他们俩。陆立，你负责《后端开发规范》，得包括数据处理、服务架构及API设计等方面，这个任务也比较重，可以找刘超群和你一块。"

王云飞边说边在白板上画出了示意图（图15-1），鼓励道："这些管理规范实际上是对我们以往工作的体系化和标准化总结，也是我们坚守QA阵地的第一步。"

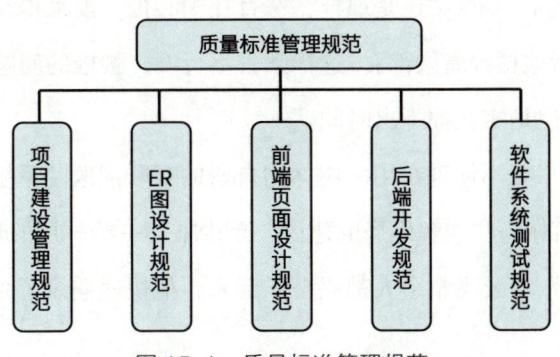

图15-1　质量标准管理规范

---

① ER图：指实体–关系图，是用于数据库设计的图形表示法，它展示了数据库中实体（如表）之间的关系。ER图帮助开发者和数据库管理员理解数据模型的结构和逻辑。

常规工作之余，相关责任人加班加点，共同编制出了一套全面细致的质量标准。会后，孙妙倩等其他成员主动提出参与协助，最终成型的标准覆盖了需求分析、设计、编码和测试等诸多环节，明确了各项工作的具体要求，确保每个阶段的产出均符合高标准。

经过充分的准备和宣传培训，这套质量标准被正式引入日常开发流程中试运行。不久，其成效便开始显现。系统中的小毛病明显减少，运行更加稳定可靠，院务会上对系统稳定性和易用性的肯定也变多了。

15.2 All in QA[①]

这段时间，王云飞一直忙于双线处理配置管理和质量标准制定工作，常常加班。今天，他再次晚归，临近十点才回到家中。

之前，他在体检中被诊断出腰椎有退行性变化，经过一段时间的药物治疗及康复训练，症状有所缓解。然而，最近腰部疼痛再度加剧。

邱竹关切地问道："今天腰还痛吗？复查结果怎么样？"

王云飞苦笑了一下："还是那样，一直在中心忙，没来得及去复查。"

邱竹轻轻帮他揉捏着腰部："这样下去不行啊，腰椎的问题可不能拖。"

"我知道，但是实在抽不出时间。"

邱竹建议："要不你现在用一用你们自研的互联网医院系统？你线上咨询一下医生，先给你一些缓解疼痛的建议，至少推荐一些外用的膏药。"

"好提议！"王云飞整个人都兴奋了起来，他快速登录了系统，进入在线问诊界面。

点击"开始问诊"。起初，一切都很顺利。王云飞描述了自己近期的症

[①] All in 指全力以赴、全押，All in QA 指全面投入或专注于质量保证的态度或策略。

状。然而还没等到医生的回复，聊天界面却突然闪退，这让他很是困惑。接连试了两次，还是类似的情况。

他拨通了官剑的电话："官剑，我刚刚使用了互联网医院系统，但遇到了卡顿和聊天界面闪退的情况。今晚对系统做了什么吗？"

"主任，没有做升级或变更。我刚好还没走，监控看板的数据乍一看也都正常，我具体来查查。"

"我也回去一趟。"

抵达软件工厂时，官剑已经把林谦等人叫了回来，几个人正在紧锣密鼓地排查问题。

"按理来说，现在不是用户并发高峰期，服务器负载压力不会很大。"官剑分析道，"我们应该从其他方面着手查找问题。"

经过一番排查，他们发现是一个第三方插件被意外引入，消耗了大量CPU资源，导致系统性能下降。

在紧急禁用了有问题的插件并优化了系统配置后，王云飞再次尝试使用互联网医院系统，响应速度已经恢复了正常。

这次小波折处理得还算顺利，其他人抓紧收尾准备下班，王云飞却独坐一旁紧皱着眉头。他让官剑和林谦先别离开："我们已经制定了各种规范标准，但即便有了这些规范，像今晚这种情况还是时有发生，说明质量问题还是没有彻底解决。你们俩有什么想法？"

官剑回复："在实际工作过程中，规范的执行往往受到多方面因素的影响。比如，当项目进度紧张时，一些团队成员可能会因为压力而忽略规范的遵循。坦白来说，现有的规范更多是一张皮，缺少监管，只能约束到一部分人。"

林谦补充道："主任，虽然有标准，但实际情况要更复杂一些。如果不能按时完成开发计划，技术人员的绩效将会受到影响，所以有时候他们在质量和进度之间的选择天平就会偏向后者。"

官剑追加道："除了项目进度和系统质量之间的权衡问题，大家的工作积极性也会影响到工作质量。比如，有些人偶尔会迟到，不过时间比较短，考虑到大家经常需要加班，就睁一只眼闭一只眼了。另外，大家不再像我们刚组建团队时那样对攻克难题充满热情，这可能与缺乏有效的激励机制有关。"

王云飞听完官剑的话，缓缓点了点头："你说得对，团队里确实存在这些问题。不得不承认，我最近在医院和软件工厂之间来回奔波，忙着两头兼顾，可能真的疏忽了团队成员的具体工作状态。"

就在这时，他猛地抬起头，眼神中闪过一丝灵感。他拿出手机，翻找出相关资料，将一篇关于某科技公司如何成功实施全员参与质量管理流程的报告发给了官剑和林谦。

他解释道："你们看看这家科技公司是怎么做的，他们要求每位员工都参与到产品与服务的全生命周期质量管理中，不断推动流程的改进和优化。如果我们能够动员全体员工积极参与到质量管理的每一个环节，让每个人都成为质量控制的守护者，是不是整个系统的质量就能得到全面保障与显著提升？"

官剑点了点头："我也觉得是时候做出调整了，只是怎么才能动员全员呢？想要大家 All in QA，只依靠现在的几份规章制度可推动不了。"

王云飞颇有底气地说道："既然大家现在盯着绩效评价体系来完成工作，那我们首先就从它入手，将质量保证纳入个人和团队的考核标准中。通过设定可量化的目标和指标，如代码审查次数、缺陷密度[①]、用户满意度等，激励团队成员主动提高工作质量。"

林谦提议道："我们还得开展一些关于质量文化、质量体系、质量管理的培训，帮助大家树立正确的质量观念，认识到质量保证是一个贯穿产品生命周期的持续过程，与每个人、每行代码都息息相关。"

---

① 缺陷密度：指在软件中每单位代码或功能模块中发现的缺陷数量，用于衡量软件的质量。

第 15 章　坚守 QA 阵地

刚说完，林谦没忍住打了个哈欠。王云飞看了一眼时间，已经到了凌晨。他暂时中止了讨论，告知大家先回去休息，等上班后再进一步细化讨论 All in QA 的细节。

15.3　QA 的 Q&A

第二天，王云飞组织了骨干研讨会，将 All in QA 的想法介绍了一遍。

轮到陆立发表意见时，他开口道："大家有没有觉得，All in QA 背后是否还潜藏着更深层次的问题？我们没有专业的 QA 人员，有些事情不太容易解决。"

他继续补充："根据以往的经验，在项目管理和执行过程中，许多问题和缺陷通常会在项目后期才浮现。这时，这些问题已不只是简单错误，而是彼此交织成了一张复杂的关系网，修复工作也变得比较复杂。如果没有专业的质量管理人员来监督，我们现在仅凭主观判断去设想质量控制的各种解决方案，未必能够立即见效。"

"还有一个重要的问题是反馈循环的延迟。缺乏专业 QA 人员的快速反馈，开发团队无法及时获取有关软件质量的重要信息，这会导致问题修复的时间周期被延长。同时，开发人员可能对代码有认同感，难以客观评估，导致缺陷被忽视。"

"因此，我觉得 All in QA 到头来可能会带来'不识庐山真面目，只缘身在此山中'的误判，我建议成立一个 QA 专项组，让专业的人做专业把关。"

邢振持有不同的立场："成立专业的 QA 团队听起来是万全之策，可是人从哪里来呢？从现有的开发运维团队里抽调还是新招聘？前者会稀释我们现有的人员建设力量，后者又会增加我们的支出。'互联网医院'项目的经费执行率有些超标，我们现阶段还是省着点好。"

陆立没有让步："邢科，您说得在理，只是我们现在的原班人马，QA 就这么直接摊在每个人的头上，怕是说来简单，但执行起来又是另一回事。"

谁也说服不了谁，王云飞当场向李子乘求助。"李老师，关于当前工作的质量保证问题，我们团队现在有点分歧，想听听您的意见。这边还有几位骨干，都是您的老熟人。"

征得同意后，王云飞打开了免提。他详细讲述了自己对于 All in QA 的思考以及当前成员间的不同考量，最后把疑问抛给了李子乘。

李教授思考了一会，答复道："全员参与的质量保证理念确实非常先进。然而，陆立的顾虑也是合理的，实际操作中确实会面临许多具体的细节挑战。"

他进一步建议："为了应对这些挑战，我认为你们可以设立专门的 QA 岗位，但不宜多，并且考虑建立一个跨部门的 QA 团队。这个团队应该包括具有丰富经验的开发人员、测试工程师以及产品经理。这个团队不仅负责代码审查和测试工作，还应该参与需求分析和设计评审，从源头控制质量问题。你们的目标应该是将 QA 的责任赋予所有人，理想情况下，质量保证应当'隐形'于日常工作中。"

王云飞连忙向李子乘道谢。他总结道："关于 QA 专员可以考虑扩充一到两人，但 QA 实现的主体还是我们现有的团队的所有人，要将 QA 融入整个生产流程中去，我会安排几位骨干作为兼任的'QA 专家'，通过引入工具来做全员 QA 的把关人。"

All in QA 的策略推行一段时间后，成果显著。软件缺陷率大幅下降，用户反馈的 bug 数量减少了近 40%；系统稳定性和可靠性得到显著提升，系统故障时间缩短了 60% 以上；同时，软件开发周期缩短，新版本发布速度加快了 25%。

晏九嶷在院务会上给予了赞扬："今天我要特别表扬信息中心。他们在信息化建设质量管理上取得了明显的进步，他们运用合理的激励机制、明确的职责分工，以及高效的技术工具来支持整个质量管理流程。在这里，我希望其他部门能够学习王云飞团队的经验，提升工作质效。"

质量管理是各个部门都十分关注的重点议题，会议结束后，多位不同部门的主任特意留下，向王云飞请教经验。一时间，王云飞再次成为全院焦点。

15.4 "用户就是上帝"

不过，王云飞没有被这些关注和吹捧冲昏头脑。

这得益于李子乘的提醒——"质量管理不是一蹴而就的，要有滴水穿石，久久为功的心理准备。"王云飞对团队提出要求，要以"用户就是上帝"的态度，将他们的直观感受和反馈作为改进软件的宝贵财富。

内部商讨后，王云飞安排开发团队在互联网医院系统内开辟了一个用户反馈专区，鼓励用户提出意见。

起初，用户反馈专区非常热闹，无论是功能设计上的小瑕疵，还是用户体验上的不满意，都被一一记录。然而，面对大量反馈，现有的服务流程显得力不从心，技术人员难以高效处理这些问题。

连一向任劳任怨的官剑都抱怨道："用户提出意见只需要一两分钟，而我们软件工厂解决问题需要经过评估、排期、具体优化等一系列流程，我们的链路再通畅也应付不过来。"

试运行了一段时间后，原本用于收集用户反馈的专区，渐渐变了味，演变成了一个负面清单，甚至引起了医院领导的关注。

王云飞召集了几位骨干集中力量解决问题。"大家都知道，最近我们收到了很多用户反馈，但我们的处理效率比较低。我想听听大家的意见。"

冯凯一语中的："我认为，首要问题是缺乏一个明确的优先级分配机制。

有的同事看到反馈就想着立刻着手解决，这种做法表面上看是积极主动的，但实际上却缺乏全局观，真正重要的问题有时会被忽视。"

陆立补充道："此外，我们的技术人员处理问题的方式五花八门，缺乏一套标准化的初步调查和诊断流程。这就导致我们在判断和解决问题的时候效率不高。"

张齐从用户视角提出意见："还有一个问题是，我们没有向用户及时通报进展的环节。用户在提交反馈后往往陷入漫长的等待，无法及时了解问题的处理情况。这种信息的不透明性降低了用户的满意度。"

大家轮番表态后，王云飞总结道："看来，我们现在的问题在于，从反馈信息的收集，到问题优先级的划分和处理效率，甚至包括与用户的沟通透明度，这些环节都有改进的空间。"

他接着说："总的来说，在处理用户反馈这一关键环节上，我们还没有建立起一个高效的机制。用户的反馈本应成为推动系统不断迭代升级的重要力量，但由于流程机制上的不完善，它们的价值没有得到充分发挥，反而成为了近期工作的负担。大家有没有好的改进建议？"

眼见时机成熟，官剑自信地开口："我看到一篇文章，发进群了，它介绍了一所大学如何成功运用 ITIL 框架来构建高效的 IT 服务体系。我觉得我们可以参考这种方法，来优化我们自身的 IT 服务管理流程。"

ITIL

ITIL（Information Technology Infrastructure Library，信息技术基础架构库）是一个专注于 IT 服务管理的最佳实践框架，它提供了从服务战略、服务设计、服务过渡、服务运营到持续服务改进五个阶段的系统化方法，帮助组织优化 IT 服务流程，提高服务质量和效率。

大家陆续拿出手机，浏览起文章。王云飞期待地说道："你给大家详细介绍一下。"

官剑解释道:"ITIL 是一套国际公认的服务管理最佳实践框架,它提供了完整的流程、方法和工具,可以帮助组织提高服务效率、降低运营成本,并提升客户满意度。针对我们现在面临的问题,我认为可以从以下几点入手(图 15-2)。"

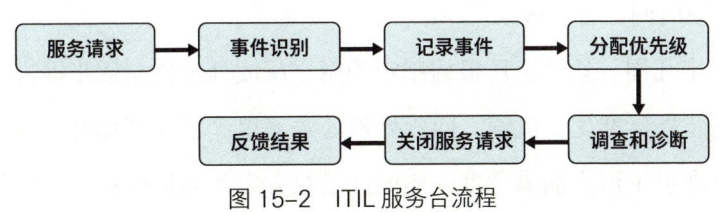

图 15-2　ITIL 服务台流程

"第一,在服务请求管理上,我们需要建立一个机制来接收并处理用户的反馈,确保每个请求都得到适当的识别,并按其重要性排序。"

"第二,在事件管理和问题识别方面,我们可以采用自然语言处理技术来自动分类和标记用户的反馈信息,从而减轻人工筛选的压力。此外,在设计反馈表格时增加详细的信息字段,甚至允许上传错误截图,以帮助我们更精准地了解问题的具体情况。"

"第三,关于事件记录。每当系统发生故障时,应立即记录所有异常情况。这一点我们前期的持续监控已经比较到位。"

"第四,要根据问题的紧急程度进行'分配优先级',确保最重要的服务能够尽快恢复正常。"

"第五,建立标准化的一线调查和诊断流程,确保每位技术支持人员在处理问题时都遵循同样的步骤。"

"第六,制定统一的服务请求关闭和存档标准,明确问题解决的确认流程,只有在问题得到彻底解决后才将其标记为已关闭,并利用自动化工具监控请求的状态。"

"第七,及时向用户反馈进展。开发一个自动通知系统,当用户提交反馈后,可以定期向用户推送处理进度,直至问题解决。"

王云飞满脸喜色："这套流程很好啊，我觉得我们可以按照这个 ITIL 服务台流程试一试，运行得好可以在其他系统中推广开来。"

眼见其他人没有意见，王云飞补充道："官剑，辛苦你按照刚才的内容，先编写一个具体的用户反馈处理机制的解决方案，大家到时候按照这个方案试运行一段时间，看看效果。"

接下来几周，软件工厂根据制定的用户反馈处理机制逐步推进了各项工作。通过建立标准化的流程，问题处理的效率得到了显著提升；透明的沟通机制不仅增强了用户的满意度，还促进了双方之间的信任；统一的归档标准简化了后续的跟进工作，使得问题管理变得更加高效有序；而智能分类系统的引入，则大幅提高了问题识别的准确性和处理的速度。

王云飞时不时进入用户反馈区，一度成为"负面清单窗口"的用户反馈区，逐渐多了很多用户的"自来水"。

"感谢开发团队，每次反馈的问题都能得到及时解决，感觉很被重视。"

"更新和优化都非常及时，每一次使用都能感受到进步，真的很用心。"

"系统设计得很人性化，老年人也能很快学会使用，真是太贴心了！"

在被医院同僚祝贺 QA 工作开展得有声有色时，王云飞满面春风地回应："用户的正反馈让我真切地感受到了工作的价值所在。坚守 QA，终于得偿所愿，让所有的付出都变得值得。"

工作札记 15

全生命周期质量标准体系构建

建立覆盖全生命周期的质量标准框架（如《ER 图设计规范》《前/后端开发规范》《软件测试规范》《项目建设管理规范》等），明确各环节的质量基线要求，实现从需求分析、设计、开发到测试的标准化管理。通过可量化的指标和文档化规范，将质量要求嵌入各环节交付物准出条件，避免后期问题积压与技术债务累积。

全员质量文化驱动 QA 机制创新

推行"All in QA"的理念,将质量责任嵌入每个岗位的日常工作,同时通过跨部门 QA 团队(含开发、测试、产品等角色)强化质量源头控制。QA 专家兼任质量把关人,利用自动化工具(如代码扫描、持续集成)实现隐性质量监控。重构绩效体系以平衡质量与进度:将代码审查贡献度、缺陷逃逸率[①]、用户满意度等指标纳入 KPI,结合质量勋章等激励机制,驱动开发者从"被动合规"转向"主动优化"。同时开展分层培训,使质量管控从专项活动转化为日常实践,解决质量与交付速度的固有矛盾。

ITIL 框架驱动的服务管理优化

借鉴 ITIL 服务管理五阶段模型,重构 IT 服务体系:通过结构化服务请求管理机制实现问题分级、标准化事件处理流程、自动化状态跟踪及严格的问题关闭标准。重点在服务设计阶段植入质量基因,提升 IT 服务效率与用户满意度,形成可复用的最佳实践范式。

---

① 缺陷逃逸率:在软件发布后发现的缺陷数量与在测试阶段发现的缺陷数量的比例。

优化篇

第16章
业务入场券

——天下之事，不难于立法，而难于法之必行。（张居正《请稽查章奏随事考成以修实政疏》）

16.1 代码里藏着的"猫腻"

经历了互联网挂号系统、互联网医院系统两个重大任务的锤炼，软件工厂团队打通了"从左到右"的开发链路，也构建了"从右到左"的反馈机制，形成了初步的DevOps闭环，开发运维工作越来越顺畅。最近，王云飞把自己的工作重心放在了即将到来的市卫健委巡查上。

原以为巡查的重点是"两限"模式的资金使用情况，王云飞和邢振在项目开支方面准备了详尽的材料。但始料未及的是，巡查组将关注重点放在了互联网医院系统建设上。王云飞抓紧组织补充材料、准备迎检，私下和邢振交流时，他们都预判不会有大问题，毕竟近期的系统运行相当稳定。

没想到，巡查组发现了不少问题，其中涉及互联网医院系统的多项不合规操作，这些问题包括但不限于数据安全保护措施不足、用户隐私泄露风险，以及系统的部分关键功能缺失等。巡查组将所发现问题汇总成报告并反馈至医院，这是医院开启信息化建设以来，难得一见的严重通报事件。

审计处处长沈初言辞激烈地给王云飞打来了电话："王主任，你们团队在开发互联网医院系统时，合规性问题是怎么把关的？这次被巡查组发现了这么多问题，你知道这给医院带来了多大的负面影响吗？"

"沈处长，这确实是我们的问题，我保证会在最短时间内完成整改。"

"审计处也会成立一个专项小组，全程监督你们的整改过程。"

挂断电话，王云飞通知邢振组织骨干会议，随即根据报告着手编写了一封邮件。半小时后，相关成员聚集在一起。

"各位，今天上午医院接到了市卫健委的巡查结果通知，涉及我们团队研发的互联网医院系统，被指出存在很多不合规的地方，现在已经被正式通报给院领导。系统不合规，这个问题很严重！"

王云飞叹了口气："我们医院依赖信息化建设提升服务质量，但巡查发现系统存在巨大隐患，代码里藏有不少'猫腻'。这反映出大家工作不够严谨，对规范认识不清。合规性是系统开发的生命线，任何不合规都可能带来严重后果。我们必须立即行动，修复并加固这个支撑点。"

王云飞同步操作电脑进行投屏，大屏幕上显示出问题清单。"这些问题清单，我刚刚已经转发到各组长和骨干的邮箱了。我们再过一遍。"

紧急通知——互联网医院系统合规性问题及整改要求

各位团队成员：

根据市卫健委的正式通报，互联网医院系统在多个方面存在合规性问题。现在需要大家立即行动起来，以最快的速度共同解决这些问题。

一、存在问题概览

1. 接口使用协议与参数设计不合规

互联网医院系统的接口使用协议及接口参数设计未能遵循《远程医疗信息系统与统一通信平台交互规范》，导致数据传输过程存在安全隐患。

2.元数据标准不一致

元数据标准未遵循 WS 445(《电子病例基本数据集》)、WS 365(《城乡居民健康档案基本数据集》)规范,可能导致不一致性问题。

3.科室信息描述不规范

互联网医院系统对医院科室信息的描述不符合 WS 445 要求,可能导致信息交换障碍。

4.文档存储方式不合规

文档存储库内容未完全遵循 WS 445 标准。

5.影像存储方式不合规

影像存储方式未能遵循 DICOM3.0(Digital Imaging and Comm-unications in Medicine,医学数字成像与通信)、医疗数据交换标准 HL7(Health Level Seven,健康七级)等国际标准,影响了影像数据的互操作性和长期保存。

6.患者隐私信息保护不足

部分患者隐私信息的处理未严格遵守《中华人民共和国个人信息保护法》,存在泄露风险。

7.缺乏反腐相关措施

处方管理系统中未设置防统方[①]措施,未对处方表、药品数据表、患者信息表等进行权限限制。

二、整改要求

1.立即成立专项工作组

由王云飞牵头,要求各组人员紧密配合,全员随时在位,成立互联网医院系统合规性整改专项工作组;审计处同步成立专项小组对整改过

[①] 统方是医院对医生用药信息量的统计,若为商业目的"统方",则是指医院个人或部门为医药营销人员提供医生或科室一定时期内临床用药量信息,供其发放药品回扣的行为。防统方是通过技术手段来预防违规统方事件的发生,并对违规统方操作进行实时监控并追根溯源。

程进行监督。

2. 全面排查与评估

对互联网医院系统进行全面排查，评估上述问题的具体影响范围及严重程度。

3. 制定整改计划

根据排查结果，制定详细的整改计划，明确整改目标、时间节点及责任人。

4. 计划整改措施

- 修订接口使用协议及参数设计，确保其符合相关规范。

- 统一元数据标准，确保数据一致性。

- 调整科室信息描述，使其与 WS 445 标准保持一致。

- 优化文档存储方式，遵循 WS 445 等标准。

- 优化影像存储方式，遵循 DICOM3.0、HL7 等国际标准。

- 加强患者隐私信息保护，确保符合《中华人民共和国个人信息保护法》要求。

- 增加权限控制，增加防统方等反腐措施。

- 测试与验证：完成整改后，进行全面的测试与验证，确保问题得到彻底解决。

- 提交整改报告：向卫健委提交整改报告，详细说明整改过程、结果及后续措施。

请各位团队成员高度重视，积极响应，共同应对这一挑战。

王云飞

2022 年 11 月 28 日

王云飞滑动鼠标，随着问题逐一列出，会议室内的气氛愈发凝重。

"接下来，大家讨论讨论，我们该如何应对这些问题？有哪些具体的措施

第16章 业务入场券

可以实施？十分钟后我们集中讨论。一会儿审计处处长也会参与进来。"

话音刚落，一些人开始交头接耳，逐渐带动出嘈杂的讨论声。交谈期间，受王云飞邀请的沈初姗姗来迟。

十分钟后，王云飞示意大家中止讨论："这是沈初沈处长，后续她会监督我们的整改工作。"

沈初发言道："我不多说废话。我们审计部门会全程参与这次的整改，大家不能松懈。现在，我希望大家立即进入紧急状态，在最短的时间内，彻底排查并解决所有合规性问题。"

王云飞接过她的话："沈处长您放心，这次专项工作组将由我来负责。刚刚大家都讨论得怎么样了？我们一条条过，今天得拿出一份具体的整改计划。"

"首先，关于接口使用协议与参数设计不合规的问题，谁有解决方案？"

后端开发人员李遇率先开口："这个解决方法不就是修改有问题的接口协议，再重新设计符合规范的接口参数吗？"

官剑立即补充道："底层逻辑没错，但是这个过程中可能会涉及系统稳定性和兼容性等问题。而且这个接口发现了这类问题，意味着其他接口也会存在这种问题。"

李遇没想到还要举一反三："那该怎么办？"

官剑提出了建议："修改现在用的协议，重新设计参数的工作还是要做。不过，我建议一边着手解决问题，一边重新梳理现有接口的情况，并对照标准重新设计。然后采用迭代开发的方式，后续逐步替换旧的接口。"

林谦主动认领了这项整改任务。随后，团队逐个讨论了剩余问题。

陆立心直口快地说道："我发现很多问题并非难以处理或是有意为之，更多的是缺乏合规意识，忽略了对制度规范的关注和遵守。"

官剑补充道："没错，这条'没有反腐相关措施'，正是由于我们缺乏这方面的意识才忽略了做相关的控制。"

隋毅小声说道："我之前在对处方管理系统进行维护时，确实无意间发现有些药品的统计数量几乎所有人都能查看。我当时只是觉得略有不妥，但没想到居然会上升到这种层面。"

沈初补充道："这个问题确实容易被忽略，我们现在应该庆幸还没有遇到贪污腐败的现象，还能及时查漏补缺。"

陆立很快给出回应："这好说，只针对权限问题的话，我们只要实施最小权限原则就行了，确保用户只能访问其工作所需的最少数据和信息。不过，是否需要一并增加其他暂时没被提到的功能，可能还得细致调研一番。"

孙妙倩回应道："没问题，反腐的问题我会向沈处长请教，同时也会调研相关资料和其他医院的做法。"

很快，解决方案被确定下来，任务也都落实到人。邢振在一旁记录分工，等到会议结束，一份初步的整改计划表已经形成。

互联网医院系统合规性整改计划表

一、整改目标

1. 确保互联网医院系统完全符合《远程医疗信息系统与统一通信平台交互规范》及相关行业标准。

2. 加强患者隐私信息保护，确保符合《中华人民共和国个人信息保护法》的要求。

3. 提升系统安全性，防止数据泄露和非法访问。

4. 加强反腐措施，协助医护人员廉洁从业。

5. 恢复并提升医院声誉，增强患者信任。

二、整改小组及职责

- 组长：王云飞

- 技术组：负责技术方案的制定与实施，包括接口改造、数据加密、访问控制等。

- 审计组：负责合规性审查，确保整改措施符合法律法规要求，并与市卫健委沟通。
- 综合组：负责内部培训、对外公关及整改进度的监督与报告。

三、整改措施及时间安排

表 16-1　合规性整改推进表

序号	问题描述	整改措施	责任人	时间
1	接口使用协议、参数设计不合规	修订接口使用协议，重新设计接口参数，确保符合规范	技术组（林谦）	两周内
2	元数据标准不一致	统一元数据标准，遵循相同元数据规范	技术组（刘超群、金佳伟）	两周内
3	科室信息描述不符合 WS 445 标准	调整科室信息描述，确保与 WS 445 标准保持一致	技术组（官剑）	两周内
4	文档存储方式不符合 WS 365、WS 445 标准	优化文档存储方式，遵循 WS 365、WS 445 标准	技术组（汪宇航）	两周内
5	影像存储方式不符合 DICOM3.0、HL7 标准	优化影像存储方式，遵循 DICOM3.0、HL7 等国际标准	技术组（陆立）	四周内
6	患者隐私信息保护不足	加强隐私信息处理流程，确保符合《中华人民共和国个人信息保护法》	审计组（沈初指定）、技术组（林谦、汪宇航）	两周启动，持续进行
7	没有反腐相关措施	建立完善的防腐方机制，严格限制访问权限，确保数据安全和合规使用	技术组（冯凯）、审计处（沈初指定）	两周启动，持续进行
8	整改计划制定与监督	制定详细的整改计划，明确时间节点和责任人，综合组负责监督执行	综合组（邢振）、各组长	立即启动
9	内部培训与宣传	组织内部培训，提升员工对合规性的认识；加强对外宣传	综合组（邢振）	持续进行
10	整改报告撰写与提交	整理整改过程中的文档资料，撰写整改报告，提交给市卫健委	综合组（邢振）、技术组各组长、审计组（沈初指定）	整改完成后一周内

四、监督与评估

- 每周召开一次整改进度汇报会议，各小组汇报整改进展及遇到的问题。
- 组长王云飞负责整体监督，确保整改计划按时推进。
- 整改完成后，邀请第三方机构进行合规性评估，以确保整改效果。

五、后续措施

- 建立长效的合规管理机制，定期对互联网医院系统进行合规检查。
- 加强与市卫健委等监管机构的沟通合作，及时了解最新的合规要求。
- 持续提升员工的信息安全意识和合规意识，确保医院信息化建设健康发展。

按照认领的任务，各负责人立刻进行了分工，灯火通明再次成为信息中心和软件工厂团队的常态，键盘敲击声此起彼伏，合规整改倾注了整个团队的努力。

16.2 勇敢入"圈"

祸不单行，团队正全力投入合规整改之时，信息中心又收到医保局的通报。

王云飞得知后叫来陆立、官剑，语气焦虑："在对医院进行定期审计的时候，医保局查到互联网医院系统的处方管理功能存在处方开具不合规、处方药物用法用量不合规等情况，比如中药饮片没有单独开具处方、系统没有对处方有效期限做出约束等。此外，医保局也反馈了存在电子病历书写不规范、医嘱执行流程不合规等监管不到位问题。"

王云飞让官剑对整改计划做出调整："这些问题看起来都是小细节，但在

第16章 业务入场券

某些特定条件下就会被触发变成大问题。我们应该在系统设计的时候就考虑到这些细节，比如设置用药剂量、处方有效期的上下限，确保医生开具处方时不会超出合理范围。官剑，你得确保这事落实到位。"

官剑点头应道："我觉得还要加入智能提醒功能，当医生开具的处方不符合规定时，系统能够自动提醒。具体怎么执行，我再好好想想。"

官剑离开后，王云飞去见了沈初。两人一番交流后，王云飞更新了自己的认识："之前的互联网挂号系统业务相对单一，而现在的互联网医院系统不仅需要处理更多的敏感数据，还涉及了更广泛的用户群体。系统复杂性上升，人员增多，难免鱼龙混杂。"

沈初回应道："没错，任何工作一旦体量增大，就容易陷入尾大不掉的状态。合规是整个软件工厂正式融入业务的重要标志，也是医院业务开展的基石。你一定要好好把握这次的整改机会，肃清隐患。"

凭借着应对卫健委的经验，团队成员依照官剑制定的整改计划处理着问题。这一次，大家少了些手忙脚乱。王云飞走近几位开发人员的工作区域，问道："最近接连出现的合规问题，大家有什么看法？"

汪宇航坦诚地回答道："说实话，我完全没预料到这些问题。在设计存储方式时，我是基于以往的经验来进行的，但没想到医保局还有额外的注意事项。"

林谦紧跟着补充："是啊，我负责的接口设计也是这样。当看到接口问题被通报时，我还挺吃惊的。通常我们在开发时，默认都会按照习惯来设计接口，却没有意识到还需要遵守《远程医疗信息系统与统一通信平台交互规范》中的参数设计标准。我甚至之前都没听说过这个行业规范。"

王云飞总结道："显然，合规问题出现的一个重要原因在于我们团队普遍缺乏医疗行业的背景知识，传统的开发经验并不能全盘适用，甚至有些固有经验会让大家一条道走到黑。"

"接下来，关于加强与审计、法务等部门的合作，我来想办法协调。解决问题的过程或许不易，但我们共同努力，一定能够克服这些困难。"

合规整改工作推进了几天，王云飞看着反馈的进度情况，皱起了眉。

王云飞找来官剑，问道："现在这个进度，还能按期完成改造任务吗？"

官剑表示："主任，随着整改工作的推进，出现了一系列连锁反应。有时候原来的问题还没解决，新的衍生问题又冒出来。按照目前的进度，确实很难按期完成。"

王云飞听后立刻让官剑组织骨干间的研讨会："我们得赶紧商量一下解决办法，这个工作不能延期。"

他直奔主题："大家最近都辛苦了，不过我们还是得加加速，医院催得紧。今天叫上几位，就是想要了解下为什么我们的修复进度不及预期？大家都遇到了哪些具体问题？"

金佳伟发言道："主任，我和超群负责修复元数据标准不一致的问题。开始以为是小事，就直接改了些数据，结果影响到其他系统。幸好我们之前建立了版本管理系统，通过分支合并，迅速将代码回退到了修改前的状态，尽管如此，还是影响了进度。类似的问题不断出现，但这类合规漏洞就像是地雷，一不小心就引发连锁反应，导致我们总是遇到改也不是、不改也不是的两难情况。"

林谦补充道："确实如此，我们在进行系统对接时，发现各个系统使用的数据格式和传输协议各不相同，这大大增加了对接的难度和所需的时间。原本以为只需修改为合规的协议和参数就能解决，但实际上远比想象中复杂。"

针对金佳伟和林谦的问题，王云飞没有太好的办法，只让他们再加快速度，加强元数据修改前的风险评估，确保改动不会影响其他系统，并在系统对接前进行充分调研和测试，确保兼容性和稳定性。

紧接着，孙妙倩也分享了自己调研各种规范文件时遇到的波折经历："我发现，在我们能够针对性地解决问题之前，首先得去了解这些标准。比如，互联网医院系统的接口需要遵循《远程医疗信息系统与统一通信平台交互规范》，其数据标准又要遵循《远程医疗信息系统技术规范》，此外，还有一些特定的字段和存储方式也有各自的规范。我们必须逐一梳理这些要求，而这个梳理过程并不是短期内就能完成的任务，需要投入相当的时间。"

她继续说道："之前我们提出应该在系统设计阶段就加入一些限制和提示功能，以帮助医护人员遵守合规要求。但我研究了一段时间后发现，由于对医疗合规的具体内容了解不足，目前只能先集中精力补课。"

王云飞提议："给审计处打个电话咨询一下。"

沈初指派与信息中心对接的审计员倪向阳听完信息中心的困境，做出了一些介绍："实际上，医疗信息化的合规问题大致可以分为两类：一类是信息化合规，另一类是医疗业务合规。信息化合规我想你们懂得比我多。而医疗业务合规则是用信息技术帮助医护人员遵守医疗法规。你们之前可能多遇到信息化合规问题，这次更多是医疗业务合规的挑战。"

> **合规问题**
>
> 1. 信息化合规
> - 主要涉及医院信息系统（HIS）的建设与管理。
> - 信息中心作为专门的信息管理与技术部门，负责制定规划、预算、规章制度，并开发与维护医院信息系统以及确保系统的安全稳定运行，包括冗余备份、权限管理、数据脱敏处理等。这些措施旨在保障医院信息化建设的顺利进行和数据安全。
>
> 2. 医疗业务合规
> - 不仅包括对医疗机构内部业务的规范，还涉及与第三方系统对接的合规要求。
> - 例如，互联网医疗系统与第三方信息系统对接时，应遵循国家法律法规及行业相关产品或服务接入管理机制。同时，互联网医院系统需符合《医疗机构病历管理规定》等相关法规关于病历保存、患者隐私保护方面的规定。

倪向阳介绍完后，王云飞总结道："从长远的角度看，我建议我们加强跨部门间的协作，尤其是在涉及合规问题时，应当邀请法务部、审计处等部门的同事共同参与，确保所有设计既能满足技术要求，也能贴合临床实际需求和医疗业务标准。短期内，我们需要建立一个快速响应机制，指派专人与这些部门对接，尽快将急需整改的部分与合规要求对应起来。"

他进一步阐述道："下一步，我们首先要建立全面的合规标准体系，确保数据格式、系统对接、临床操作等各个环节都有明确的规范；其次是加强人员培训，确保每位员工都能理解和遵守这些标准；最后还要建立有效的监督和反馈机制，及时发现并纠正偏离标准的行为。"

冯凯提议："大家之前参与构建过质量标准管理规范，我认为可以在这些已有成果的基础上转化完善出一套合规标准管理规范，这样也会相对省力。具体操作过程中，可以先建立一个知识库，整理出长期和短期内都可能用到的标准或解决方案，为将来的工作提供参考。同时，制定标准时要特别注意其可操作性和可量化性，明确每项标准的执行细则和评估指标。此外，还可以引入内部审核机制，定期评估并监督标准的执行情况。"

王云飞点头认同，语气严肃地补充道："做合规工作就像孙悟空用金箍棒画了个圈，把大家的行为都规范在这个圈里面，可能实施起来不会太顺畅，但医疗信息化是一个持续发展的领域，需要我们有刀刃向内的勇气和久久为功的狠劲。"

周末，信息中心的会议室内坐了不少人，见人已到齐，王云飞宣告会议正式开始。

"首先，我要感谢大家能在百忙之中抽出时间参加今天的会议。由于需要多方人员的参与，为了照顾到所有人的时间，也为了不耽误合规整改工作的进程，这才安排到了周末，我们尽量不耽误大家太多的时间。"

"正如大家所知，我们医院在合规整改工作中遇到了不少挑战。但幸运的是，我们已经明确了方向，还有幸邀请到了经验丰富的合规领域专家——

赵冠老师，为我们指点迷津。赵冠老师曾在多家知名企业和政府机构担任合规主管，对医疗行业的信息化合规有着深入研究和丰富的实践经验。今天，我们聚集在这里，就是要共同制定出一套符合我们医院实际情况的合规标准体系。"

赵冠是通过沈初的关系邀请而来。王云飞原本想让李子乘担任合规专家的角色，但李教授建议他去找更有经验的专业人士："要想真正做好合规，一定要有专业人员的加入。"

会议进入讨论环节，赵冠首先结合自己多年的经验，详细介绍了国内外医疗行业在合规方面的最佳实践，为标准的制定提供了丰富的参考。

"我们首先来了解一下，咱们在建设医院信息化合规的时候，需要包括哪些方面的内容。"赵冠有备而来，边说边进行投屏（图 16-1）。"根据国家给定的标准，我们要关注这些方面。当然，在制定标准时，我们不仅要考虑技术的可行性，更要关注临床的实际需求。同时，我们还要确保标准具有前瞻性和灵活性，能够适应未来医疗行业的发展趋势。"

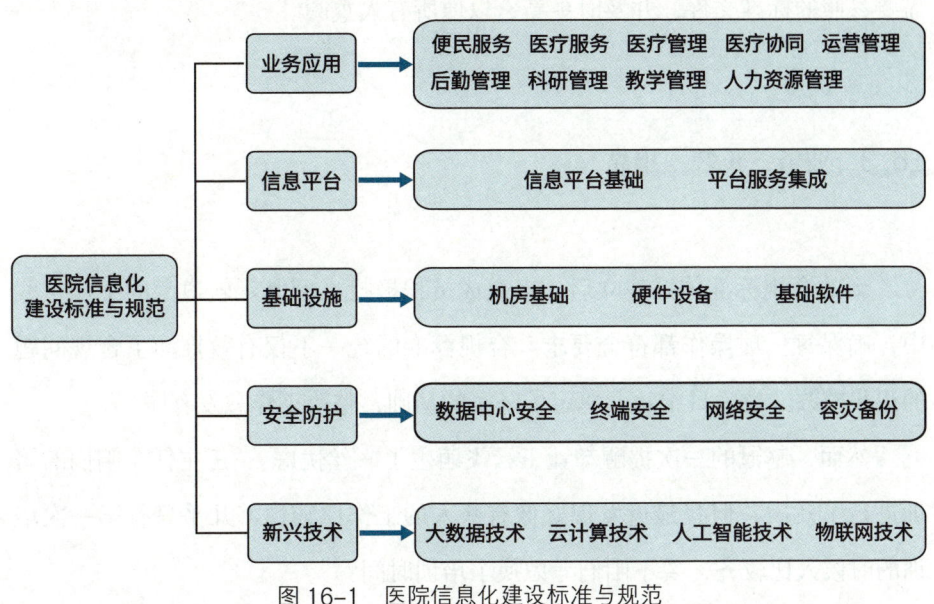

图 16-1　医院信息化建设标准与规范

软件工厂的骨干们从技术实现的角度提出了许多具体的想法。他们讨论了元数据的标准化、系统对接的技术方案，以及如何通过技术手段确保标准的执行与监督等问题。随着讨论的深入，一套初步的合规标准体系逐渐浮出水面。这套标准不仅涵盖了数据格式、系统对接、临床操作等各个方面，还明确了各项标准的执行，如电子病历书写、医嘱执行等关键流程的具体要求。

随着讨论的进行，王云飞做了些说明："我们希望这份指南能够成为大家工作中的得力助手，而不是束缚手脚的枷锁。为了帮助大家更好地适应新标准，我们将针对不同系统的改造，由技术人员提供专门的系统培训。同时，赵老师在整个系统改造过程中也会为我们提供专业指导和合规培训，欢迎所有感兴趣的同事积极参与。我们期待大家都能积极勇敢地迈入'合规圈'，共同推动医院信息化建设向前迈进。"

王云飞话锋一转："此外，为了加快进度，我要求技术人员以文档形式建立一个合规知识库，将已完成改造的合规问题及其解决方案，以及新遇到的合规问题，都分类归档到知识库中。同时，请需求分析人员归纳总结各系统需要参照的标准文件，并及时更新，以便所有人查阅。"

16.3 业务"正装"出席

新的合规标准体系建立后，多数成员积极投入到既定轨道上的工作实践中，确保每一项操作都符合要求。合规标准的统一不仅有效推动了合规问题的逐步整改，也为日常运营奠定了坚实的基础，整改工作愈发有序。

然而，赵冠的一次提醒却让王云飞萌生了一丝忧虑。"王主任，咱们的培训进行了几次，但我最近发现好像有些人的工作比较忙，几乎只有第一次培训的时候人比较齐，要不咱们考虑换个培训时间？"

王云飞直言道："赵老师，我这几次培训都有事没参加，我先去了解一下

第16章 业务入场券

具体情况。"

在几天后的合规培训中，王云飞邀请了沈初参加。培训过程中，赵冠结合了国内外医疗数据合规的经典案例，深入浅出地讲解了法律法规、数据标准以及个人责任等关键内容。

不过王云飞留意到，现场参与培训的人中有不少在浑水摸鱼，假意听课，实际上频繁拿出手机或者长时间走神。

沈初听到一半，起身出门，在办公区域发现了几位缺席培训的人员。沈初假装闲聊："怎么没去参加合规培训？我刚才也在听，感觉这个培训挺实用的。"

隋毅轻率地回答道："手上这么多活儿，哪有时间去参加培训？再说，我觉得这个培训也没什么用。不是已经定了标准吗？照着做就行了。"

"看来你对合规问题的影响认识还不足。作为医院的信息化工作者，一旦工作出现合规漏洞，不仅会影响患者的生命健康、医生的职业生涯，同时你们自身也会受到牵连。刚才赵老师分享了一个案例，一名技术人员因为忽视合规问题，不仅失去了工作，还要承担相应的赔偿责任。"

隋毅有些吃惊，其他几人也侧目，他们七嘴八舌地问道："真的吗？怎么技术人员也要担责？要承担哪些责任？"

沈初只是简单地回应道："培训还在继续，你们自己去听听就知道了。"说完，她头也不回地走进了会议室。

刚坐下，沈初发现隋毅等人灰溜溜地跟了进来。

培训结束后，王云飞把沈初和赵冠留在了会议室，提出了关于建立内部监督机制的想法："我们已经开展培训和合规标准体系建设有一段时间了，我认为现在有必要建立一个监督反馈机制，帮助我们及时发现并纠正偏离标准的行为。这样也能帮助我们检验培训的成果和大家的合规意识。"

沈初对此表现出极大的兴趣："这个主意很好，有些事情光靠自觉是不够的，必须有相应的措施才能真正发挥作用。"

赵冠几次欲言又止，王云飞直接问道："赵老师，您有什么意见？"

"王主任，您的想法非常有前瞻性。然而，在这几轮培训中，我注意到团队中具有医疗背景的成员并不多，这可能会影响监督的专业性和深度。或许我们可以考虑引入一些拥有医疗知识背景的新成员，以增强这一环节的专业度。"

"但是短期内招聘新人可能会有些困难，赵老师，您那边有资源吗？帮我们介绍介绍吧。"

"行，我回头打听打听。"

接下来的日子里，合规培训和标准化体系工作有序推进。王云飞引入了考核制度，以此来强化团队成员的合规意识。与此同时，邢振负责牵头招聘合规专员的工作。

待软件工厂团队的合规审计小组正式成立后，信息中心负责网络安全的工程师方正也被王云飞正式安排来做合规审计的组长，卫健委和医保局之前下发的通报中指出的不合规问题被逐一解决。

然而，新一次内部合规审计的结果显示，虽然之前被通报的问题已经得到了解决，但系统中又发现了新的合规隐患。

王云飞陆陆续续听到团队的很多抱怨，"我还以为合规问题已经告一段落了呢，结果才刚开始。"

王云飞强调："塞翁失马，焉知非福。希望大家明白，合规不应该只是亡羊补牢，我们更重要的是要建立并持续执行一套合规标准体系，做到防患于未然。"

自此之后，王云飞要求每次内部合规审计完成后，必须由技术负责人亲自参与，详细记录发现的新问题及其解决方案，并将其归类到知识库中。同时，为了进一步加强团队成员的合规意识，每次发现的新合规问题及相关负责人会在团队内部公示，并且与个人绩效挂钩。这样一来，为了避免被"公开处刑"，一些合规意识不强的人员也不得不紧绷脑中的弦。

第16章 业务入场券

经过几轮内部合规审计，王云飞发现，软件工厂团队的工作成果已经达到了有条不紊、有章可循的状态。公示上的问题和名单越来越少，知识库中也不再频繁出现新的问题更新，各个系统涉及的最新标准文件都被梳理得相当完善。即便赵冠的合规培训期已经结束，团队成员们也开始自发地跟踪最新的法律法规和行业标准。此外，针对医护人员的系统合规操作培训也已经进行了多轮，确保了操作的一致性和正确性。

在市卫健委和医保局的合规复查中，信息中心获得了监管部门的高度评价。

沈初给王云飞发来微信消息："人皆有过，改之为贵。只有合规做到位，业务工作才算完完整整、堂堂正正，才能'正装'出席，面对用户。"过了几日，沈初还特意送了一幅书法作品，上面写着"律己足以服人"。王云飞将它装裱起来，挂在了软件工厂合规审计部门的办公区域。

工作札记 16

系统性合规整改框架构建

针对互联网医院系统的七大合规缺口（接口协议、隐私保护等），团队梳理出了一套全流程治理机制：组建跨职能专项工作组，制定分阶段整改计划，引入第三方合规评估作为准出条件，并构建长效检查机制，实现从应急整改到持续合规管理的系统性提升。整改需以技术合规为基线，重点解决数据传输安全、数据互操作性、隐私保护及权限控制问题，同时通过防统方措施杜绝医疗腐败风险，确保系统符合国家及行业强制标准。

体系化整改与跨部门协同机制

整改需建立专项工作组与监督审计双线机制：技术组聚焦接口改造、加密与访问控制，综合组负责培训与进度监督，审计组对接监管要求。强调跨部门协作，引入法务、临床等角色参与设计，确保技术方案与业务需求、法律规范深度契合。短期内通过快速响应机制优先解决高风险问题，长期则需构建覆盖数据格式、系统对接、临床操作的标准化体系，并转化为可量化、可操作的管理规范。

合规能力长效化建设路径

以知识库沉淀合规标准与解决方案，通过内部审核机制定期评估执行偏差，结合考核制度强化合规意识。技术负责人需主导问题闭环管理，将整改记录与绩效挂钩。同时建立与监管机构的动态沟通机制，及时响应政策更新，并通过第三方评估验证整改效果，最终使合规要求从被动遵从转化为开发者的编码习惯。

第 17 章
安全向左移

——居安思危，思则有备，有备无患。（左丘明《左传·襄公十一年》）

17.1 漏洞"百出"

"云飞，最近合规整改的情况怎么样？"李子乘抽空给王云飞打了个电话，关切地询问道。

"李老师，现在已经有了明显的进展。多谢老师的挂念。"

"很好。不过，我要多说一句，与合规相伴相生的安全问题也不容忽视。你们不要顾此失彼。"

"老师您放心。我一直和团队强调信息安全的重要性，前段时间医院的综合管理办公室还委托了一家第三方机构开展了等保测评，我们正在等待结果。"王云飞颇有底气，"我觉得应该没什么问题，这段时间以来，我们团队还没有出现过大的安全事故。"

> **等保测评与等保整改**[27-28]
>
> 一、网络安全等级保护
>
> 1. 安全保护等级由低到高被划分为五个等级。

2.为了便于实现对不同级别和不同形态的等级保护对象的共性化和个性化保护，等级保护要求分为安全通用要求和安全扩展要求。

二、等级测评

1.等级测评活动中涉及测评力度，包括测评广度（覆盖面）和测评深度（强弱度）。安全保护等级较高的测评实施应选择覆盖面更广的测评对象和更强的测评手段，以获得可信度更高的测评证据。

2.等级测评包括单项测评和整体测评。

（1）单项测评是针对各安全要求项的测评，支持测评结果的可重复性和可再现性。本标准中单项测评由测评指标、测评对象、测评实施和单元判定结果构成。

（2）整体测评是在单项测评基础上，对等级保护对象整体安全保护能力的判断。整体安全保护能力从纵深防护和措施互补两个角度进行评判。

三、等保整改

等保整改是指在信息系统等级保护测评过程中，针对测评中发现的安全问题和不符合项进行整改，以确保信息系统达到国家信息安全等级保护标准。

"这很好，但信息安全是不断变化的领域，有时候一些看似微不足道的细节，可能成为严重的安全漏洞。我知道你一直在致力于DevOps的实践，但不要忘了，DevSecOps这两年也成为业界关注的重点，这说明安全挑战越来越多，你们要时刻保持警惕，确保系统的安全性。"

"明白！"王云飞干脆利落地答应道。

没过两天，等保测评的结果却让他的自信瞬间崩塌。

第17章 安全向左移

关于四方大学附属医院信息系统安全漏洞整改的通知

医院信息中心：

经近期安全审计，发现互联网医院系统等多个系统存在安全漏洞，这些问题可能会导致数据泄露、服务中断或被恶意利用，严重威胁到医院运营安全及患者隐私保护。为保障医疗数据的安全性和系统的稳定性，我们依据《中华人民共和国网络安全法》及相关法律法规的要求，现发出整改通知，请严格遵照执行。

整改问题列表如下。

1. SQL注入漏洞：部分模块对用户提交的参数未进行有效的过滤处理，直接拼接到SQL语句中执行，易遭受SQL注入攻击。建议对所有涉及数据库操作的代码进行审查，实施参数化查询或使用存储过程，避免直接字符串拼接。

2. 敏感参数过滤缺失：部分输入字段未进行必要的过滤和验证，可能导致跨站脚本攻击（Cross-Site Scripting，XSS）[1]等。请增强输入验证规则，对所有用户输入数据进行严格过滤。

3. 日志管理不当：日志记录定期备份保存时长不足，可能导致重要信息丢失。应立即制定并执行日志备份计划，确保至少保留180天的日志记录。

4. 接口安全控制不足：未对接口请求进行限流，无法防止批量数据获取和接口滥用。建议实施API限流策略，结合用户身份验证，防止恶意刷取。

---

[1] 跨站脚本攻击：是一种常见的网络安全漏洞攻击，攻击者通过将恶意脚本注入到Web页面中，当用户浏览该页面时，嵌入其中的恶意脚本代码会在用户的浏览器中执行，从而达到攻击用户的目的。

5.防火墙设置粗略：防火墙规则设置过于宽松，且策略更新滞后，无法有效防御新型威胁。需优化防火墙配置，细化访问控制规则，定期更新策略以适应最新安全态势。

6.动态安全策略缺失：缺少对安全策略的动态更新机制，无法快速响应新出现的威胁。建议建立安全策略持续更新流程，确保及时性与有效性。

7.第三方软件安全隐患：使用的某些第三方开源软件存在已知安全漏洞，需进行版本升级或替换。建议定期审核开源组件，确保其安全性。

8.跨网跨域访问控制不严格：跨网跨域工具未实施严格的访问控制策略，用户可以越权访问，增加了安全风险。建议加强跨网跨域访问控制，实施最小权限访问控制策略，同时应定期审核和更新访问控制列表，及时移除不再需要的访问权限。

请于三周内完成上述问题的整改，并将整改报告提交至我室进行复查。

如有任何疑问，请随时与我室联系。

综合管理办公室
2022 年 12 月 15 日

王云飞花了几分钟消化邮件内容。当看到期限只有三周时，王云飞睁大了眼睛。

他嘴里嘟囔着："当初信誓旦旦地说跨网跨域在提速的情况下，不会引发相关的安全问题，这下打脸了。"

官剑没听清："什么？"

王云飞说："咱们的系统发现了比较严重的安全问题。我们得调整方向了。等下一起开会商量一下。"

王云飞将邮件转发给骨干和组长，随即通知大家开会，自己也赶往软件工厂。

第17章 安全向左移

王云飞提前来到会议室，在等候其他人时，他在白板上写下了一串数学算式：$(8516-256) \times 366 \times (303875/55) \times \sqrt{1024} \times 62^3 \times (94527+2975) \times 81 \times 0=?$ 在数字零处还用一个便签挡住了。

人到齐后，王云飞宣布开始开会。"大家先看白板上的算式，看看谁能先计算出结果。"

大家都一头雾水，有人掏出手机按起了计算器，估算着时间，王云飞把末端的便利贴撕下来，看到一通加减乘除到最后需要乘一个零，陆立"唉"的一声叹气："白算了。"

看着众人一脸茫然，王云飞在数字"0"的旁边写上了"安全"两个字。

"安全是根基，如果安全出了问题，一切前序工作都是徒劳无功、水中捞月。这就是我今天要说的主题。"

"上午我收到了综合管理办公室发来的等保测评结果，结果让我措手不及。"

王云飞边说着，边把邮件内容投屏出来。

"等保整改的通知，大家都已经看到了，情况比我们预想的还要严重。另外，时间紧迫，只给了三周整改时间，大家需要调整工作安排，优先解决眼前的安全漏洞。"

"所以，今天的首要任务是梳理出每个系统是否涉及以上安全问题，针对这些问题，对照通知中的改造要求，给出具体的改造方案，同时还要分析潜在的风险。"

"接下来，请各系统的负责人依次发言。"

沈初通过连线的方式也参加了会议。当看到解决跨网跨域问题的第三方组件带来的安全问题，沈初发言了："当初就说让你们别光顾着提高速度，一定要保证安全。现在你看，是不是捡了芝麻丢了西瓜？"

官剑回应道："沈处长，您别急。这个问题只是因为在引入第三方组件时没有管控好权限范围，是我们的疏忽导致的，这并不是工具本身的问题。"

而且，解决这个问题并不难。不可否认，这个工具确实给我们带来了很大的便利。"

冯凯看情况不对，说道："我建议，在王主任给出的任务基础上，先对这些安全风险项进行分类，划分责任到人，确保整改工作有的放矢。"

"冯主任，可是我们大多数人的专业背景并不是网络安全，之前的很多安全方面的工作其实也是赶鸭子上架、边学边做的。现在有了更高的要求，我担心即便全力投入，最终效果仍然不尽如人意。"

林谦的发言有理有据，其他人点头默许。

邢振对团队人员背景情况最为熟悉，他开口说道："的确，咱们团队目前缺少专供网络安全的储备力量，方正当前的重心还在处理合规工作，除了安全专员谭文强，据我所知只有周觅、杨尹有相关的专业背景，这点确实比较棘手。"

王云飞问周觅和杨尹是否能承担起这次等保整改的重任。两人互相看了一眼，摇了摇头。一个表示自己工作经验不足，另一个则表示虽然专业对口，但工作以来主要负责的是测试环节的工作，对安全领域的实践已经生疏。

会议室一时陷入了沉默。

沈初的声音透过电脑音响传来："王主任，我没想到这就是你们口口声声对安全问题重视的状态。工作成效不到位，人员储备也捉襟见肘。现在时间紧迫，我也不想多苛责你，要不你再试着去搬搬救兵，问一问你那个导师有没有人脉资源。"

王云飞说："明白。您放心，我们一定会想到办法的。"说完，他起身对冯凯小声说了几句话，便拿起手机往门外走去。

李子乘像往常一样成了王云飞的救星，他提到自己早年在企业工作时的前同事刘玉林，现在是一位深耕网络安全咨询行业的专家，可以介绍给王云飞提供帮助。

在李子乘的牵线搭桥下，王云飞向刘玉林详细说明了当前面临的紧急

第 17 章 安全向左移

情况。面对这些安全问题，刘玉林早已驾轻就熟，表示有信心指导团队解决问题。

第二天，王云飞把刘玉林介绍给了团队成员，并宣布接下来的三周内，等保整改工作将由刘玉林主导。

刘玉林没有过多寒暄，直接切入正题："根据我的经验，王主任给我看的报告里提到的风险漏洞不仅出现在已上线的几个系统中，还需要检查其他尚未上线的系统是否存在同样的问题。如果有，这次也需要一并整改。"

"没错。这个提议很重要。否则到时候又要被通报，咱们要学会举一反三。大家等下具体分析问题时记得把所有系统都考虑进去。"王云飞补充道。

见大家没有异议，刘玉林投屏出了一份讨论框架，指导大家对等保测评报告中的各类问题进行讨论。

林谦首先发言："SQL 注入漏洞的问题，应该属于数据安全。"

"潜在风险方面，若不修复，SQL 注入可能导致患者隐私泄露，数据库数据被篡改，甚至服务器被控制。"

"解决方案可以将现有的 ORM[①] 框架进行升级，新版 ORM 框架内置了参数化查询和预编译语句的支持，可以有效地防止 SQL 注入攻击。"

"对于安全要求，使用新版 ORM 框架可以确保所有数据库操作都经过框架的安全层处理，自动转义用户输入中的特殊字符，从而实现更严格的输入验证。"

"至于受影响的系统，每个系统都有数据库操作，因此都需要进行评估和可能的新版 ORM 框架集成。建议制定详细的迁移计划，逐步实施，以最小化对现有业务的影响。"

刘玉林点头说道："在迁移至新版 ORM 框架的过程中，我们也要强化团队对安全编码实践的认识，确保新开发的功能遵循最佳实践，进一步巩固防

---

① ORM：Object-Relational Mapping，对象关系映射，是一种编程技术，用于将面向对象编程语言中的对象模型与关系数据库中的数据模型进行映射，从而简化数据库操作，提高开发效率。

御措施。"

官剑接着补充:"敏感参数未过滤的问题,类别属于输入过滤。解决方式通常是敏感参数的过滤和加密要一起进行,不仅要过滤敏感参数,还需要对所有敏感参数实施加密存储和传输,并在接收端进行严格的验证和过滤,防止敏感信息的泄露。"

刘玉林转头和王云飞开玩笑说道:"王主任,强将手下无弱兵,你的得力干将们思路很清晰啊。"

随后,在刘玉林的引导和补充下,其他成员也逐个提出问题,讨论的节奏很快,等保测评报告中提到的问题都有了较为清晰的解决路径。

"大家照例先自己认领一下任务,我们再查漏补缺。"

官剑、陆立、谭文强、林谦和周觅主动认领后,其他人却默不作声。

"汪宇航,你怎么考虑?"

"主任,我……我手上还有些合规方面的任务和早就定好完成时间的开发工作,预计还是需要一段时间来处理。这些安全漏洞和风险隐患显然需要马上着手解决。我担心不太能兼顾。"

"大家克服一下,现在是刻不容缓的时期。"王云飞说着,依照合规整改计划表直接点将:"让你们作为负责人不是让你们包办一切,有需要人力支持和技术支持的,我们都会提供。"

刘玉林在一旁帮腔:"大家在执行过程中有任何问题都可以随时联系我。"

随着负责人的名字被逐个填写到对应的问题后,刘玉林提供的整改计划模板也变成了一份完整的整改计划表(表17-1)。

表17-1 安全漏洞整改计划

分类	问题描述	解决方式	安全要求	影响系统	潜在风险	负责人
数据安全	SQL注入漏洞	使用ORM框架	输入验证	所有系统	若不修复,可能导致患者隐私泄露、数据篡改,甚至服务器被控制	林谦

续表

分类	问题描述	解决方式	安全要求	影响系统	潜在风险	负责人
输入过滤	敏感参数未过滤	敏感参数加密处理；检查输入验证逻辑	实施输入过滤框架，增强输入验证规则	互联网医院系统，互联网挂号系统，处方管理系统	可能导致 XSS 攻击，使用户受到钓鱼攻击或恶意脚本执行	谭文强
日志管理	日志无定期备份	审核日志管理流程	实施日志自动备份，加密存储	所有系统	失去关键事件的追踪能力，无法在事件发生后进行有效分析和响应	周觅
接口安全	接口未限流	监控 API 调用频率，分析日志	设定 API 调用速率限制，异常请求监测	互联网医院系统，电子病历系统、互联网挂号系统	高频请求可能导致服务崩溃，影响正常用户访问	陆立
网络防护	防火墙设置粗略	审查防火墙策略检查更新记录	细化防火墙规则定期更新策略	所有系统	未经授权的访问和潜在的攻击者可利用未被封锁的端口入侵系统	张齐
动态防护	缺乏动态安全策略	评估安全策略更新机制	建立动态更新流程，确保及时性	所有系统	安全策略滞后可能使系统暴露于最新的威胁之下	杨尹
第三方软件	开源软件安全问题	审计开源组件，检查安全公告；检查角色权限设置	升级或替换不安全组件，定期审计	所有系统	使用存在已知漏洞的组件可能被攻击者利用，导致系统安全受损	汪宇航
数据传输	跨网跨域的权限管控不严格	加强跨网跨域访问控制，定期审核和更新访问控制列表	确保每个用户只拥有完成其工作所需的最低限度的权限	所有系统	用户越权访问可能导致数据泄露、系统受损和内部人员滥用权限等风险	官剑

离开会议室后，各负责人开始进一步分工安排，将讨论内容转化为可执行的步骤。

随后的日子里，软件工厂异常繁忙，持续被占用的会议室成为了大家全情投入、不懈努力的最好见证。

起初的几天里，只有官剑向王云飞反映过，这些看似不难解决的安全漏洞在实际过程中遇到了较多的阻碍，但当时王云飞未能给予足够重视。然而，接下来几天，他陆续收到了几乎所有整改负责人的消极反馈。

陆立说："在修复完一个漏洞后，对另一个漏洞的修复又会影响到之前已完成的修复工作，需要大量返工。此外，一个系统的漏洞修复还可能牵涉到与之对接的另一个系统，进而引发新的问题，使得整体工作推进变得异常艰难。"

王云飞缺乏解决思路，便联系刘玉林寻求帮助。不巧的是，刘玉林正在外地出差，要两天后才能回到本市。王云飞担心时间紧迫，决定先找李子乘聊聊。表明来意后，王云飞详细地阐述了等保整改过程中漏洞百出的情况。

李子乘轻松地回复："云飞，DevSecOps 中'安全左移'的理念你还记得吗？简单来说，就是将安全考虑的时间点前移，在产品开发的最初阶段就融入安全思维，而不是等到产品成型后再去修补漏洞。这就像是在织网，如果一开始就没织紧，后面再怎么修补，也难以保证网的坚固。在项目的整个生命周期中，每一个环节都应该将安全视为核心要素。通过建立全面的安全审查机制，确保每个环节都符合安全标准。"

"老师，我不明白为什么看似简单的问题却推进得如此慢。"王云飞露出了尴尬的神色，"安全问题越是拖到开发流程的后面解决，付出的成本也越大。"

李子乘补充道："此外，内生安全强调的是构建系统自身的免疫力，让系统在设计时就具备抵御攻击、自我修复的能力。这要求你们在开发过程中，不仅要关注外部威胁，更要从系统内部出发，设计出更加健壮、安全的架构。"

第 17 章 安全向左移

"李老师，我懂您的意思了。过去那种'头痛医头、脚痛医脚'的安全管理方式已经不足以满足当前的需求，必须从根本上改变思路，让安全贯穿在软件工厂'流水线'上。"

17.2 安全向左"移"步

刚从四方大学返回医院，刘玉林发来消息询问整改进展，王云飞再次和他通了电话。

"刘老师，我刚从李老师那里了解到'安全左移'的策略，正想和你讨论它怎么用于当前安全问题的解决。李老师说我们不能等到问题出现后才去想着解决，现在的修复工作难以推进，我想就是这个原因。我们需要在代码编写阶段就开始考虑安全因素，这样可以避免很多后期的麻烦。但在更具体的层面上，这个策略是否适用、如何实施，可能得您来把把关。"

刘玉林表示，"安全左移"的理念比较前沿，自己对它的了解也只停留在理论阶段，虽然看过不少相关材料，但还没有在实践中验证过，所以对其效果不敢打包票。

王云飞听出了刘玉林语气中的迟疑，但他还是坚定地说道："我相信李老师的眼光，您的了解已经让我更有底气了，我们试试看。"

刘玉林有些心动："可以尝试，但我还是有一些顾虑。'安全左移'策略肯定是适用于软件工厂的。只是，这需要整个团队的配合和理解。而且，现在的安全修复工作时间比较紧迫，我怕动作太大，引发大家的不满。"

"为什么这么说？是实施起来很复杂吗？"

"我们可能需要重新调整工作流程，比如设立控制阀门来进行安全审查，让大家在开发的过程中通过工具或互相检查是否存在初步的问题。这些都需要时间和人力的投入，可能会让他们觉得加重了工作负担。"

控制阀门 [13]16-17

控制阀门（Control Gate），是指在软件工厂中，用于确保软件开发过程中的关键阶段符合安全和质量要求的强制性检查点。控制阀门是软件工厂管道中的重要组成部分，旨在通过自动化和人工干预相结合的方式，确保软件工件在进入下一阶段之前满足特定的标准和要求。

控制阀门主要用于网络安全测试设计，以防止环境和行为漂移，并通过开发测试和评估以及运营测试和评估来确保软件的正确性和安全性。但控制阀门不仅限于网络安全测试，还可以包括其他类型的测试和评估，以最大化其在软件工厂管道中的有效性。

"那分阶段实施呢？先从小范围试点开始，逐步优化。或者先实施一个环节，再慢慢增加新的措施。这样可行吗？"

刘玉林见王云飞的态度依然坚决，果断回应："没问题，王主任，我今晚就可以先拟定一份计划。"

第二天，拿到"安全左移"的初步规划后，王云飞叫上技术骨干开了场研讨会，方正从合规整改中抽出身，正式参与到安全工作中。"我和李子乘教授、刘玉林老师都讨论了它的可行性，大家先听听计划，看看有什么建议。"

刘玉林发言说道："考虑到目前安全整改工作的紧迫性，我们暂时考虑小范围试点，再逐步优化。首先要设立控制阀门，明确阶段目标和标准，通过自动化测试和自动化审查，并加强文档和记录，确保每个阶段的输出都符合既定的标准和要求；与此同时，增加同行评审机制，让团队成员之间相互监督，及早发现并修正潜在的安全漏洞，注意这个步骤与控制阀门是紧密相连的，通过同行评审后才可通过控制阀门，前往下一个环节；最后是内部审查，由专人定期对整个项目进行安全审计，确保无遗漏。我们已经有了合规审计组，这部分工作就交由他们来做，和合规一样，对安全漏洞也要进行定期审查。"

第 17 章 安全向左移

官剑面露难色。"当初我们大费周章地打通开发链路，不断优化加速，现在又要自己设立控制阀门作为检查点，这肯定会增加时间，耽误进度。确定要这么做吗？"

刘玉林回应："安全向左'移'一步，和 DevOps 的敏捷开发理念并不冲突。关键是咱们得清楚每个阶段的重点和优先级，然后增加一些代码扫描工具来检测漏洞，这个过程其实挺快的。虽然看起来像是多了三个步骤，但实际上只有两个，控制阀门和同行评审是一起的，而且同行评审可以用工具来辅助，不会增加太多负担。"

"为了平衡这两者的关系，我的建议是在实施前和实施后做一些性能测试，看看具体的影响再做决定。先挑个小范围来试一试这种方法，我觉得没问题。"

看到官剑还是皱着眉头，欲言又止，刘玉林继续解释道："大家现在等保整改的进度慢，出现大量的返工和连锁反应，正是因为这些安全问题都是在软件开发后期才被发现的，这不仅增加了开发成本，也延长了修复周期。'安全左移'的核心在于预防而非补救，现在想要增加的这些步骤是为了减少返工，提高你们的工作效率。'打铁要趁热，治病要趁早'，把安全问题控制在源头，早期发现就能早解决。"

见暂时没有新的反对意见，王云飞补充道："大家都没有其他意见的话，那我们的安全左移计划，从今天起就正式开始了。"

王云飞让更有经验的官剑和陆立各自带着几人开始试点。研讨会结束后，他们俩把细化的任务安排下去，有人直接提出了异议："这会不会让我们的工作变得更复杂？"

陆立耐心地劝说："确实会有一些初期的学习曲线，但从长远来看，会让工作变得更加高效。我们先让加了控制阀门的流水线运转起来试试。"

随着改造的推进，安全整改的返工情况大大减少，这让王云飞放心不少。在等保整改的截止日前夕，被通报的安全漏洞都被顺利修复。趁着大家有所空闲，王云飞邀请刘玉林给软件工厂团队做了正式的安全左移培训。

在培训中途休息时，刘玉林向王云飞提出进一步将安全贯彻在流水线的建议："王主任，经过这段时间的培训，团队的安全意识有了显著提升，现在他们手头的任务也有所缓解了。我认为，现在是时候考虑将'安全左移'的概念更广泛地应用到我们的生产流程中去，最好能让每一位团队成员都能将安全意识融入到日常工作。"

王云飞十分赞同："干就完了，那具体该怎么做呢？"

刘玉林进一步阐述道："我想引入'安全贯穿开发全流程'的理念，将其整合进我们的软件开发流程里。这意味着从设计、编码、测试到部署的每一个环节都要有一个安全管理机制。也就是说，从项目的初始设计阶段就要把安全性当作一个核心要点来考虑，并制定相应的预防措施；在测试阶段，确保每个环节都有安全性检查；在构建和部署的过程中，也要集成自动化的安全测试，确保整个流程的安全性。"

"可以啊，这听起来很不错，安全向左'移'步，效率提升迈'亿'步。我支持！"

17.3　流水线上的守护神

培训接近尾声，刘玉林抛出了一个话题："现在请大家思考一个问题，我们如何才能让安全成为开发流程中不可或缺的一部分？"

短时间内没有人主动发言，刘玉林见状，径直走向白板，画出了一个简单的流程（图17-1），上面只写着计划、开发、测试、部署、安全等几个词和一些箭头。

"想必大家对这个简化版的开发流程图很熟悉了。这里的关键点在于，'安全'并不是独立的一个步骤，而是贯穿在开发周期的各个阶段，将安全

第17章 安全向左移

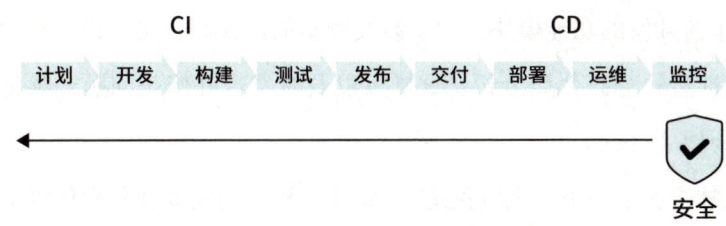

图 17-1 安全流水线

意识和实践融入到每一个环节。如果我们能在每个阶段都考虑到安全因素，那么我们的产品将更加坚固，用户的信任也将更加牢固。这就是将安全贯彻到开发流水线的概念。说白了，就是让安全在开发流水线上充当一个'守护神'的角色，不管是计划阶段、编码阶段还是部署、发布阶段都要考虑安全问题。"

"前期，我们有选择地设置控制阀门和审查制度，有效提升了安全保障，我想现在可以考虑构建起全套的安全流水线了。"

介绍完，刘玉林鼓励大家分享想法。陆立表示，拿编码环节来看，可以在每个功能模块完成后即刻进行静态代码分析，这样可以尽早发现并修复问题，避免后期出现大量积压的缺陷。而林谦则认为，在每次代码集成之后进行检查更为合理，减少重复检查同一段代码的情况，同时也能够及时捕捉到由于代码集成带来的新问题。

面对不同的意见，刘玉林总结道："看来大家有不同的观点，这是非常好的现象。我们可以结合这两种做法的优点，找到一个平衡点。比如对于重要的功能模块或者那些可能影响安全的关键部分，编码完成之后立即进行静态代码分析；而对于一般的模块，则可以在集成测试时进行统一检查。"

他走到白板前，用笔勾勒出几个关键点，接着解释道："对于现有的功能模块，我们可以沿用之前的做法，在每次代码提交前使用静态代码分析工具进行安全检查，这有助于确保代码的一致性和质量，减少回归错误。"

"对于新开发的功能模块，由于涉及较多的新代码，可以设定在功能开发完成后立即进行静态代码分析。这样可以及时发现并修正问题，避免在后期集成时出现大量 bug。"

刘玉林停顿了一下，继续说道："此外，我们确实要在每次代码集成后再次进行测试。因为集成测试能帮助我们发现模块间可能存在的不兼容性问题，这是模块测试无法覆盖的。"

"最后，在项目完成前，还需要进行一次全面的代码审查和质量扫描，以确保整个系统的健壮性和稳定性。"

刘玉林转身面向团队，总结道："这样一来，我们的安全检查既不会过于分散精力，也不会在后期集中爆发问题。我们将在不同的开发阶段实施不同层次的安全措施，以确保每个阶段的安全质量。"

"这样的分阶段多层次策略，不仅能够保证我们在每个开发阶段都有所作为，还能有效地分配资源，避免在某一阶段投入过多或过少的精力。我相信，通过大家的共同努力，一定能让安全成功与开发流程融为一体。"

在讨论如何将自动化测试全面融入安全场景时，团队内部出现了不同的意见。

林谦和刘超群支持使用自动化工具来持续监控代码，以便及时发现潜在的安全威胁，并且随着测试用例的增加，逐步建立一个全面的安全测试框架。

不过，黎顺对整个策略表达了担忧。"安全测试非常复杂，尤其是针对一些特定的攻击场景，可能还需要更专业的安全专家才能设计出有效的测试案例。而且，即使自动化测试能够检测出一部分问题，也不应将其视为唯一的防线，不然出现问题又是测试背锅，但测试不可能将所有的安全场景全部覆盖。"

最终，考虑到实施成本以及执行周期等因素，团队在刘玉林的协调下达成一致。虽然自动化安全测试不是万能的，但它确实可以在早期帮助识别和防范许多常见的安全风险。为了控制成本，他们决定采用开源的自动化安

第 17 章 安全向左移

全测试工具,并且会定期为开发人员提供安全培训,以提升编写安全代码的能力。

在讨论中,官剑提出了自己的观点:"我打断一下,这次讨论的是安全问题,但我发现很多人将安全和合规合二为一了。我们是不是应该先明确一下,到底是应该区分合规和安全,还是可以将它们混为一谈?"

有人主张合规与安全应当分开处理。"我认为合规主要是为了满足法规要求,而安全则是保护数据和系统免受攻击。两者的目标和方法不同,不应该混为一谈。如果把它们合并处理,可能会导致重点模糊,从而难以有效应对不同的挑战。"

也有人持相反的观点。"但是,合规标准往往包含了对安全的基本要求,而实现安全通常也是做到合规的重要途径。因此,在考虑合规的同时,不应忽视安全的考量。"

王云飞补充道:"实际上,合规与安全并非完全割裂,而是可以相互促进的。比如,合规审计和同行评审等流程在确保合规的同时,也可以用来检查代码的安全性。通过这种方式,团队可以在不增加额外负担的情况下,同步提升合规和安全水平。"

他进一步解释说:"合规不仅仅是为了应付检查,更是为了建立用户信任,而安全则是为了保护用户和医院的利益。如果我们能够有效地整合这两者,就能事半功倍。比如,在进行合规改造时,考虑是否能够增强系统的安全防护能力;在进行同行评审时,除了检查代码的规范性,也可以关注是否存在安全漏洞。"

陆立不禁感叹道:"原来没有白走的路啊。此前做的一系列改造升级,其实很多环节的工具或者方法都可以沿用,在原来的基础上补充安全的场景就完全可以适用了。"

原定两个小时的培训不仅圆满达成了既定目标,还意外地变成了一场激烈的讨论会。王云飞和软件工厂团队围坐在会议室里,这场讨论最终达成了一个共识：要全面实施安全左移策略。

王云飞带领团队在会议上做出了计划，开发初期便引入自动化安全测试工具，这样任何潜在的安全威胁都能在早期被发现并及时处理。在 CI/CD 流水线上，则打算嵌入一系列安全防护措施，包括静态代码分析、动态应用安全测试[1]，甚至是交互式应用安全测试[2] 工具，以此形成一道坚固的安全防线。在测试环节，加入针对安全性的测试案例与情景模拟。在部署与运维阶段，则计划利用现有的监控系统与安全漏洞扫描工具，对所有集成的第三方开源组件进行细致入微的安全审查。不仅如此，为了多加"保险"，项目中的控制阀门、同行评审以及合规审计等环节也会加强。

这次会议之后，整个团队被"安全左移"的理念所激励。他们不仅进一步巩固了此前在等保测评中暴露的风险问题，还高效地执行了"安全贯穿开发流水线"的规划。陆立牵头制定了详细的进度表，计划赶在年关放假前，将一套体系化、分阶段、多层次的安全策略嵌入到开发运维流水线中。

17.4　安全别打盹儿

随着安全升级工作的推进，系统的安全性有了质的提升。软件工厂合规审计小组的工作变得更加轻松，曾经频繁出现的合规问题和安全隐患，如今已难觅踪影。

刘玉林作为安全顾问的任期将满，临别前几天，他特意提醒王云飞："王主任，这次的安全改造计划实施得非常顺利，我也很开心能有这次实践

---

[1] 动态应用安全测试：是一种在应用程序运行时进行的安全测试方法，用于检测运行时的安全漏洞和攻击面。它帮助识别应用程序在实际运行中的安全问题。
[2] 交互式应用安全测试：是一种结合静态和动态测试方法的安全测试技术，它通过监控应用程序的运行行为来检测安全漏洞，通常在测试阶段使用，提供更精确的安全漏洞检测。

DevSecOps 的机会。不过，离开前，我得给大家的这份兴奋降降温。"

王云飞立刻问道："怎么了？又出漏洞了吗？"

"这倒没有，目前的系统安全工作开展得不错。我是要提醒您，团队不能因为一时的成功而放松警惕。安全是一个持续的过程，要求我们时刻保持警觉，并具备前瞻性的视角和坚持长期主义的韧性。虽然目前系统已经具有较高的安全性，但面对不断变化的网络威胁环境，要不断加固系统安全防线，持续提高安全等级，确保系统长期稳定运行。"

"道理我明白，刘老师您尽管提建议，我们一定全力执行。"

"在提升系统安全性的同时，我们必须兼顾用户体验。在未来的设计与升级过程中，我们应该坚持'安全第一，体验并重'的原则，从设计初期就要充分考虑用户的实际需求。例如，通过增加个性化选项、简化验证步骤以及设计直观的用户界面等方法，在保障安全的同时，也为用户提供更加顺畅和便捷的服务。"

"刘老师，您提醒得对，平衡安全与用户体验确实是要为长远考虑。您有什么好主意吗？"

刘玉林点了点头。

"首先，关于人力资源，我注意到团队中专注于网络安全、信息安全的技术人员数量有限，后期需要引进更多专业力量。同时，建议成立一个跨部门的安全应急小组，确保在遇到安全事件时，能够迅速响应、协同作战，将影响降到最低。此外，合规审计组的支持对于提升整体安全性至关重要。除了执行定期的安全检查外，还可以由他们主导一些安全演练，模拟各种可能的攻击场景，以此来评估系统的防御能力。"

"其次，我建议在现有的持续监控体系基础上，引入一个实时的安全监控系统。通过对系统行为进行深度分析，来及时识别异常并迅速响应。具体来说，需要整合所有关键的日志和指标，构建正常系统行为的基线模型，开发智能告警机制。同时，设立人工审核环节，确保告警的准确性和有效性。并且要定期评估系统的运行效果,根据反馈不断调整和优化监控策略。这样不仅能提升安全性,还能减少因安全问题导致的服务中断,也能提升用户体验。"

"最后,在用户体验方面,我们需要更加细致地考量。例如,验证码功能虽然增加了安全性,但如果设计得过于复杂,很可能会成为用户抱怨的焦点。"

王云飞听着刘玉林的建议,快速在笔记本上记录关键信息。

"刘老师,您太有远见了。的确是该居安思危。这样吧,我找方正出一份实施计划,是时候让他更多参与到软件工厂的安全业务中了,包括刚刚您提到的安全应急响应小组的组建、持续监控补充以及用户体验的优化等。请您多指导他。等计划落定后,我安排一次专题研讨会,届时请骨干们集思广益,再共同敲定实施方案。您觉得怎么样?"

"没问题,我全力支持。"

几天后的研讨会由方正主持。在提案中,他向大家讲解了方案细节,并详细解释了如何应对潜在的安全威胁以及如何提升用户体验的满意度。方案介绍完成后,大家提出了不少建议,有的从技术角度提出了更加高效的解决方案,有的则从用户体验角度提出了更加贴心的设计思路。

实施方案基本达成共识后,王云飞作了总结。

"各位同事,安全是一件需要长期坚持和持续努力的事情,要久久为功,善作善成。所谓'千里之堤,溃于蚁穴',安全工作容不得丝毫懈怠,任何时候都不能抱有理所当然的心态。记住,安全问题上,可不能'打盹'。"

"在过去的一段时间里,我们经历了一系列的挑战,从合规整改到等保测评,再到安全左移的实践,每一步都考验着团队的决心。但正是这些经历,让我深刻地认识到,只有将安全融入日常工作的每一个环节,才能真正做到防患于未然。"

"病患走进我们医院,寻求的是健康与安全。在这个信息化时代,如果我们无法提供一个安全可靠的数字医疗环境,又怎么能赢得病患及其家属的信赖呢?与过去不一样的是,评价一家医院是否卓越,已经不仅仅局限于医生团队的专业技能，信息化建设与安全保障方面同样举足轻重。"

"因此，大家对安全问题的重视与投入，不仅能确保技术层面的稳固与可靠，更承载着无数患者的信任，保障他们的安心体验。我们向新技术迈近的每一步，在安全防线上左移的每一步，都是在助力医院与病患群体心手相连、更近一步！"

工作札记 17

安全左移的 DevSecOps 集成策略

"安全左移"策略通过前置安全控制点（控制阀门、自动化扫描工具）及同行评审机制，将安全实践嵌入需求设计、编码、测试及部署全流程，避免后期返工。其关键在于建立强制性检查点（如静态代码分析、安全测试集成至 CI/CD），结合自动化工具与人工审核，形成"预防为主"的防护链。该策略与敏捷开发兼容，通过早期漏洞拦截降低修复成本，同时强调安全与质量的同步提升，使安全成为开发流水线的内生属性而非附加环节。

将安全防护前置至开发生命周期早期：在需求阶段嵌入威胁建模，编码阶段引入静态代码分析工具与参数化查询强制规范，构建阶段集成依赖项漏洞扫描。通过 CI/CD 流水线设置"控制阀门"，结合同行评审与自动化安全测试，实现代码提交、集成、部署三阶段安全卡点，使漏洞修复成本降低，避免后期大规模返工。

合规与安全的协同增效机制

合规审计与安全实践应深度耦合，例如通过同行评审同步检查代码规范性与漏洞，或在合规改造中强化安全防护能力。合规不仅是监管要求，更是建立用户信任的基础；安全则通过技术手段为合规提供支撑。二者协同可减少重复工作，例如将日志留存周期（合规需求）与攻击溯源（安全需求）统一规划，实现资源效率与防护效果的双重提升。

安全与体验的平衡设计

在安全加固中植入用户体验考量：比如可考虑采用无感验证技术（如行为生物识别）替代复杂验证码，通过分级权限控制减少合法用户操作摩擦。设计阶段引入隐私工程，在数据加密存储的同时优化查询性能。建立安全策略A/B测试机制，量化评估安全措施对用户体验的影响，确保安全增强不损害服务可用性。

第18章
技术环境加 BUFF

——欲穷千里目，更上一层楼。（王之涣《登鹳雀楼》）

18.1 "秒懂"需求

王云飞最近遇到一个新的需求。公共卫生科李响主任见互联网医院系统已成功上线多个业务，受到启发，想委托信息中心开发在线健康教育平台，旨在普及疾病预防知识，增强公众防范意识，并改善疫情期间摆展台和社区宣讲不便的现状。

李响计划先构建医疗科普线上社区。他打算将医院现有健康讲座视频上传至互联网医院系统，方便公众随时观看，并配套开发在线问答模块，让公众可以随时提出健康问题，由专业医生及时在线解答。此外，李响还计划邀请更多的国内外医学专家加入，通过互联网医院系统为公众提供更广泛、更权威的健康指导。

面对李响的需求，王云飞微微皱眉。"李主任，这个需求要先评估一下，我安排需求工程师孙妙倩和你们对接。咱们先把需求梳理清楚，您的这些提议都需要具体商议。"

几天后，王云飞见到满脸疲惫的孙妙倩，便追问进展。孙妙倩无奈地回答:"主任,需求梳理比预期复杂,李主任那边的需求不够明确,宣教内容的范围、目标受众、互动形式和评估方法等关键点都还不清晰。这两天我陪他们开了三次会,每次都有不同意见,没有实质进展。"

王云飞点了点头:"这种情况并不少见,非技术背景的用户往往难以清晰地表达需求。我们要在前期多花些时间,帮助他们理清思路。"

孙妙倩思索片刻,说道:"主任,要不请您征求一下李子乘教授的意见?有没有快速确认需求的方法。李响主任的说法让我很困惑,但他是部门领导,我也不好直接反驳。"

王云飞理解她的顾虑,转身走向办公室,拨通了李子乘的电话,简单描述了科室需求的不确定性及由此带来的挑战。

李子乘的回答十分干脆:"你们需要采取更直观的方式表达需求,考虑使用可视化工具,比如草图或原型设计。这样能帮助需求方更清晰地理解实际需求。我找个例子,微信上发给你参考下。"

王云飞应了一声,消息提示音随即响起。他快速切换到微信看了眼图片,眼睛一亮。"李老师,您是说,用快速原型法构建草图,展示初步的功能和界面,让科室给出反馈,再逐步明确需求?"

草图与原型设计图[17]137

快速原型法:是一种原型法,其重点是在过程早期就开发出原型,使反馈和分析提前以支持开发过程。

草图:草图是利用快速原型法构建的初步的、简化的界面或功能展示的手绘图,因为有可视化的呈现效果,可以帮助用户和开发者共同理解需求。

"正是如此。很多时候,用户无法清晰表达所有需求,核心需求虽能直接说出,但隐性需求需要挖掘。可视化工具如流程图、思维导图和界面原型图可简化复杂信息,帮助快速理解。因此,你们应当主动提供一些具体的结果

第 18 章 技术环境加 BUFF

示例以获取明确的反馈，而不是被动等待指示。"

挂断电话，王云飞转头看向孙妙倩，她点点头，表示已经明白。

过了两天，孙妙倩兴奋地找到王云飞汇报进展。"主任，公共卫生科的需求敲定了，开发团队也已经开始推进相关工作。我刚和林谦的团队开了会，他们也认为需求可视化的新方法非常有效。"

"这是一个非常好的开端。我们应该借此机会推广这一方法，优化工作流程。妙倩，后续的推广和优化工作就由你来牵头负责。"

孙妙倩咧嘴一笑，保证不负期待。

不到一周，互联网医院系统的健康宣教新版块顺利上线。李响感谢道："王主任，你们的软件工厂确实名不虚传！新功能上线速度远超预期。妙倩也很专业，她用可视化工具清晰呈现了我们的初步想法，大大便利了初期讨论。我们科室希望未来能和你们多交流，我们还有很多想法，以前的供应商总是以成本为由各种拖延，现在有你们这样的专业队伍，一切都大不一样了！"

"李主任，我们非常欢迎。'互联网医院'项目要想成功，离不开一线科室的支持和专业意见。"

王云飞深知，深入一线了解实际需求是打造实用系统的基石，而获得一线科室的认同则是对他们工作成效的最好证明。不过，他并未沉溺于称赞之中，一年多的工作经历，有起有伏，让他养成了及时复盘和反思的习惯。

王云飞和冯凯聊起了这次可视化帮助业务部门"秒懂"需求的经过，感触颇多。"这一年多对我们软件工厂团队来说属实不易，尤其是在开发运维链路和反馈流程上的改进，确实取得了进展。但这次需求对接的经历提醒了我，即便是成熟的流程也仍有较大优化的空间。"

冯凯若有所思地说道："主任您说得对，这次需求对接虽然看似简单，但它暴露出来的问题值得我们重视——我们离真正的高效运转还有多远？"

"还有很长的路要走。"王云飞回应道，"技术工具的应用和一个适合的技术环境是提升效率的关键。开发团队不仅要关注流程本身的优化，还应该积极引入和更新技术配套工具。"他随即在电脑上新建了一份共享文档，命名为《软件工厂技术配套工具清单查漏补缺列表》，并将冯凯和陆立设置为协作者。

18.2　集体智慧+1+1+1

由于前段时间接连进行的合规和等保整改，医院审计处近期对"互联网医院"项目给予了特别关注。

周一，王云飞接到沈初的通知，要求配合审计处对"互联网医院"项目进行阶段性审查。他联系了邢振，两人一同着手准备审查所需的材料。在整理材料的过程中，王云飞第一次真切地意识到，软件工厂团队的规模已经扩大到了五十多人。

虽然软件工厂团队不属于医院人力资源体系，但实际上由信息中心管理，其快速的扩张使团队规模已超过医院一般业务科室。

邢振说道："主任，随着团队规模的扩大，管理上遇到的问题也在增加。最近，团队成员反映了一些问题，我已经整理成报告，请您过目。"

"确实，软件工厂团队现在处于全院的关注焦点。外界认为我们拿着高额的经费和数量可观的研发人员，期望我们能有与规模相匹配的产出。任何不尽如人意的地方，都会拿着'放大镜'仔细审视。"

王云飞翻阅了邢振准备的材料，提到的几个关键问题他也有所察觉：人员流动增多、技术文档的规范性不足、知识管理体系欠缺。他回应道："这些问题确实需要及时解决，麻烦你去叫一下冯主任、官剑和陆立，我们开个小会讨论一下。"

陆立好奇地走进办公室，不清楚王主任这次开会的目的是什么。

人到齐后，王云飞开门见山地说："近期我注意到团队在工作中遇到了一

第18章 技术环境加BUFF

些瓶颈。随着团队人数的增加，部分工作的执行质量似乎有所波动。我收到了关于人员流动和技术文档质量不高的反馈，不知道大家在工作中是否也遇到过类似的问题？"

陆立说："人员流动在所难免。团队扩展到了五十多人，有些人积累了经验后去更好的地方发展也是合理的。"

邢振回应道："但我们也不能忽视人才流失的影响。当前工作任务繁重，频繁地招聘填补空缺效率不高。"

王云飞接过话："确实，我们要尽量留住培养出来的人才，毕竟'肥水不流外人田'嘛。邢振，你和医云科技的人力经理商量一下，在绩效管理和晋升渠道方面优化现有政策，留住内部人才。"

邢振表示没有异议，在笔记本上记下了这个待办事项。

官剑瞅准时机提起了下个话题："关于技术文档的问题，我也深有体会。新人接手项目或团队调整时，常常因为文档做得不够细致而难以快速上手。虽然我一直强调创建和更新技术文档的重要性，但每个人编写文档的标准、质量和风格不同，原作者觉得写得清楚，但其他人却难以理解。结果，技术文档被搁置，只能面对面交接。"

陆立感慨道："也有人和我抱怨，搞懂一份技术文档很费时间，想找人直接去问，但对方经常忙，也不好过多打扰。"

冯凯补充说："确实，团队规模大了，新老员工之间的磨合问题不可避免。项目周期紧张，老员工忙于手头工作，很难腾出时间带新人。这种状况我们要想办法解决。"

王云飞此刻眉头紧锁，回想起之前的一次项目验收会，评审专家因技术文档不符合要求否决了验收申请，导致项目延期。"除了技术文档，项目验收文档的质量也很堪忧。现阶段并行任务多，每个项目都需要详尽的技术文档，但我们的研发人员在文档编写能力上有短板，重视程度也不够。原本软件研发任务就重，再加上技术文档编写，成员们通过加班、赶工等方式来应对，质量难以保证。"

陆立附和道:"坦白讲,作为程序员,我理解大家对编写文档缺乏热情,抱着'只要过关就行'的心态,质量自然不高。不少文档最后都丢给新员工编写,格式混乱,后期修改费时费力。有时候,重新编写文档会比修修补补更省事。我看,要不成立一个专门小组来解决文档问题如何?"

听到这里,王云飞苦笑了一下。这时,官剑接到一通紧急电话,需要立即处理。

王云飞顺势结束了讨论:"大家先回去处理各自的工作。团队扩大带来的问题,我们还需要更多时间去思考。我再去联系下李老师,看看他有什么建议。"

几人离去后,王云飞约见了李子乘,在校园咖啡馆见面。

"李老师,我们团队的规模在扩大,但效率提升没能跟上人员增长的步伐,这和 DevOps 模式有点背道而驰了。"王云飞说道。

李子乘点了点头:"这种情况几乎是所有快速增长的团队都会遇到的瓶颈。既然你们已经有了一定的项目经验,现在是时候重视组织的软件过程资产库建设了。"

"组织的软件过程资产库,具体是指什么?"王云飞问。

李子乘放下咖啡杯,耐心解释道:"简单来说,就是将以往项目中的经验、教训、最佳实践、标准模板和相关文档系统地收集整理,构建一个全团队共享的知识库。这样,不论是现有成员还是新同事,都能快速获取所需信息,掌握团队的核心知识,提升协同作战能力。"

组织的软件过程资产

由组织维护的,供项目在制定、剪裁、维护和实施其软件过程时使用的一组实体的集合。组织的软件过程资产一般包括:

- 组织的标准软件过程;

- 被批准使用的软件生命周期的描述；
- 制定组织标准软件过程的指南和准则；
- 组织的软件过程数据库；
- 软件过程相关文档库；
- 组织认为在进行过程定义和维护活动方面有用的任何实体。

"原来如此，早前在做合规整改时，我们引入过知识库的做法，但没想过推广到所有工作领域。"王云飞说道。

李子乘点头说道："没错，项目结束后如果不进行系统性的总结和复盘，团队就无法将经验转化为可传承的知识，这会限制团队的持续进步。"

"我明白了，构建组织过程资产库就是要凝聚每个成员的经验，形成集体智慧 +1+1+1……的正循环。不过，关于技术文档的编写，我有些困惑。团队的积极性和能力水平都不高，您有什么建议吗？"

李子乘建议道："针对技术人员普遍不愿写文档或文档质量参差不齐的问题，我建议开发一些辅助工具，并让技术骨干设计文档模板。在此基础上，组织培训课程，指导成员有效使用这些工具和模板，减少他们的工作量。"

"另外，我有一些带研究生做项目时整理的资料和文档样本，可以提供给你们参考。"说着，李子乘用手机发送了一个云盘链接给王云飞。

王云飞接收后快速浏览，发现这些资料涵盖了从需求分析报告、系统设计方案到用户手册和技术指南等文档样本，还有国标参考文件，几乎覆盖了项目文档的各个方面。他立刻将链接转发给合规审计小组，让他们先查漏补缺。

技术文档编制参考材料清单

《GB/Z 31102-2014　软件工程　软件工程知识体系指南》
《GB/T 11457-2006　信息技术　软件工程术语》

《GB/T 8567-2006　计算机软件文档编制规范》

《GB/T 9385-2008　计算机软件需求规格说明规范》

《GB/T 9386-2008　计算机软件测试文档编制规范》

《GB/T 15532-2008　计算机软件测试规范》

《GB/T 38634.3-2020　系统与软件工程　软件测试　第3部分：测试文档》

《GB/T 38634.4-2020　系统与软件工程　软件测试　第4部分：测试技术》

《GB/T 32421-2015　软件工程　软件评审与审核》

《GB/T 28035-2011　软件系统验收规范》

《GB/T 16680-2015　系统与软件工程 用户文档的管理者要求》

《GB/T 32424-2015　系统与软件工程 用户文档的设计者和开发者要求》

《GB/T 1526-1989　信息处理　数据流程图、程序流程图、系统流程图、程序网络图和系统资源图的文件编制符号及约定》

……

回到软件工厂，王云飞迅速召集了骨干及各组长，宣布要重视组织过程资产的积累，并指定陆立牵头建立组织过程资产库。"此外，我们还需要研发一个在线技术文档协作工具，解决文档编制的难题。李老师已经提供了参考资料，我们要在此基础上编写文档模板。这件事由合规审计组和开发组共同负责。"

经过约半个月的努力，团队成功开发出了一套组织过程资产库工具，并对原有的项目资料进行了全面整理与归档。随后，团队推出了一款内置常用技术文档模板及编写示例的在线文档协作工具。

自从这两个工具正式运行以来，软件工厂团队的工作效率显著提升，项

第 18 章　技术环境加 BUFF

目交付时间缩短，文档质量大幅提高。更重要的是，团队成员间的协作更加流畅，知识和经验传递也更加高效。

不久后，王云飞的做法引起了四方大学信息中心前领导张志荣的关注。张志荣特意向王云飞请教经验，并邀请他和信息中心的冯凯、官剑、陆立等人一起吃晚饭。聚餐时，大家对王云飞的工作成效表示赞赏，称赞他在新岗位上取得的成绩。

"雄关漫道真如铁，而今迈步从头越。在软件工厂建设过程中确实克服了许多困难，但每一步进展都离不开大家的努力和支持。"王云飞说道，"希望未来我们能继续保持沟通，共同进步。"

众人相视一笑，默契地点头应和。

18.3 "省事多了"

这天，王云飞在办公室逐一查看各组长通过邮件发来的月度工作总结。点开林谦的邮件时，他眉头微皱起来。

除了常规的工作进展汇报，林谦还提到了开发组遇到的两个问题。

"一是团队代码重复开发严重，注释少，代码风格不统一。不少开发人员在重复造轮子，但这些'轮子'只有他们自己能用。"

"二是老员工带新人遇到了难题，老员工觉得自己已经尽力教了，甚至影响了自己的工作效率，但新员工理解起来还是有问题，导致老员工也受到连带批评。"

这些问题让王云飞感到困惑，他认为之前引入的质量管理体系和组织过程资产库应该能够有效解决这些问题。为进一步了解情况，他立即叫来了林谦。

林谦解释道："实际上，在日常工作中，虽然我们制定了规范，但并没有完全落实到位。有些技术人员依然保持着自己的编码习惯。短期内，这种方式或许不会引发太大问题，但从长远来看，无论是代码的复用性还是未来的可维护性，都会变得非常棘手。"

王云飞表示理解，并交代林谦专注互联网医院系统的业务，眼下的瓶颈问题他会着手解决。

随后，王云飞给李子乘发去了微信。等了小半天，李教授才回拨电话。

"云飞，我刚下课。看了你提到的问题，我有几个想法，时间紧张，长话短说。"

"首先，关于减少重复开发的问题，你们需要更多地利用现有的代码资源。可以考虑引入开源的低代码平台或技术，用于封装常见的、通用的功能模块。这样不仅能提高开发效率，还便于代码管理和维护，保证代码风格的一致性和质量。"

"关于老员工带新员工的问题，关键在于沟通的有效性。我建议优化内部沟通方式，确保信息传递的准确性和及时性。这不仅能帮助新员工快速了解现有的技术框架，也有助于他们更快地融入团队。"

王云飞认真记录后，答道："谢谢老师，不耽误您上课。这些建议够我思考一阵子了。"

挂断电话后，王云飞立即与冯凯、官剑商讨执行方案。

官剑主动说道："我对李教授提到的低代码平台感兴趣，我去研究一下开源的低代码平台，看看有没有适合的。"

王云飞点点头："我这有些之前在学校工作时使用低代码平台的资料，一会发你。"

冯凯补充道："说到内部沟通，我们现在使用的通信软件有些过时了，我去找下开源协作软件。"

"那你们先去做调研，明天下午我们再碰面，汇总结果。"

第18章 技术环境加 BUFF

次日，三人齐聚在 324 办公室。

官剑递上调研报告，语气中带着一丝无奈："王主任，我这边的调研情况不太乐观。"

"为什么这么说？"

官剑解释道："开源低代码平台的功能相对有限，要使用全部功能需要购买商业版本，而这不符合我们复杂业务流程的需求。如果选择从零开始研发，也是一个巨大的挑战。"

王云飞接过报告，翻阅后点了点头："明白了，这个方向确实需要重新评估。冯凯，你那边的情况如何？"

冯凯回应道："开源协作软件的功能确实比较完善，也提供了很多接口，但我们需要适配医院的开发环境，基于接口自行扩展功能。这也会涉及时间和成本的考量。"

王云飞问道："那么，说到底就是要不要自研地选择，你们有什么想法？"

官剑眼神坚定。"我们可以基于现有的开源软件进行定制开发，打造出更适合内部需求的低代码平台和内部通信系统。此外，为了确保这些新系统、新平台能够高效运行，还需要优化现有的微服务、容器和 K8s 环境，部署更多的不可变基础设施[1]，加速持续集成和部署流程。"

王云飞拍板决定："就这么办。我们软件工厂难道还会怕定制化开发的工作？"三人相视一笑。

然而，低代码平台的研发初期并不顺利。老员工对新技术持怀疑态度，认为低代码是"儿童编程"，新员工却被医院繁杂的业务逻辑绕得晕头转向。资源的分配和优先级的确定也一度成为难题，导致项目进度受到影响。

---

[1] 不可变基础设施：是一种运维理念，强调基础设施（如服务器、容器）一旦部署后不应被修改，而是通过替换整个实例来更新。这种方式可以提高环境一致性，减少配置漂移和人为错误。

在一次团队会议上，王云飞坦诚地分享了自己的想法："我们正面临技术转型的关键节点，这需要时间，也需要大家的理解和配合。但请相信，一旦跨越这个阶段，我们将迎来质的飞跃。"为了化解内部矛盾，他组织了几次培训和研讨会，并请来李子乘教授讲解低代码平台的优势和应用案例。

一个月后，低代码平台和内部通信系统陆续上线，团队焕然一新。

"省事多了，以前写代码像砌砖头，现在复制粘贴就能搞定不少基础性功能。"金佳伟说道。

"没错，这些组件都是预制的，即插即用，再不用担心风格不一。难点功能有示例代码，规范和效率双管齐下。"官剑补充道。

经过数月的努力，团队成员逐渐适应了新的工作方式，自研版低代码平台也在数次迭代后变得更加稳定可靠。其间，陆续有其他医院的信息化部门前来参观学习。每当有人询问王云飞如何高效开发软件时，他会翻开软件工厂介绍 PPT 中的一个页面，上面醒目地写着"开源 + 自研"，并向大家解释这一模式如何帮助团队在短时间内构建高质量应用程序，确保代码的可维护性和一致性。

18.4　开源是把双刃剑

送走市立医院的参访团队后，王云飞回到办公室，习惯性地打开邮箱。一份来自老东家四方大学信息中心网络安全部的预警邮件揭示了一个严重的问题——他们使用的前端框架 Vue.js[①] 存在潜在风险。

[①] Vue.js：简称为 Vue，是一个渐进式 JavaScript 框架，用于快速构建性能良好、生产级的 Web 应用和网站。

第 18 章 技术环境加 BUFF

关于 Vue 2 终止官方支持的预警通知及迁移建议

四方大学附属医院信息中心：

　　王主任您好，根据 Vue.js 官方公告，Vue 2 将于 2023 年 12 月 31 日正式终止支持，届时官方将不再提供任何功能更新、安全补丁或问题修复。尽管 Vue 2 仍可通过现有渠道（如 CDN、包管理器、GitHub 等）获取，但长期使用未维护版本可能存在技术风险。

　　为确保系统稳定性和安全性，建议贵中心尽快开展以下工作：

● 全面自查：梳理现有项目中 Vue 2 的使用情况，评估潜在影响。

● 制定迁移计划：参考官方迁移指南（Vue 3 迁移文档见附件），优先升级至 Vue 3 或其他受支持版本。

● 风险预案：若暂无法迁移，需制定应急预案以应对可能的兼容性或安全问题。

　　请务必重视此次升级过渡，特此提醒。

四方大学信息中心网络安全部

王云飞感叹道："看来，开源软件也暗藏陷阱，不能一劳永逸。"

随后，他联系冯凯来办公室。

冯凯凑近屏幕一看，脸色凝重："主任，这可不是小事。我们有一些早期项目，因为赶时间，当时出于团队对 Vue 2.x 更有经验、能够快速上手的考虑，还是基于 Vue 2.6.0 来构建的。"

王云飞问道："我们不是会定期对开源组件进行安全审查吗？"

冯凯答复："Vue 2 没有发现已知的安全漏洞，所以不会做出风险预警。虽然一直有全面升级成 Vue3 的想法，但考虑到需要大量的重构和测试工作，并且一直更关注新系统的开发工作，就这么搁置下来了。"

王云飞没有犹豫："那趁这次机会，全面梳理和评估所有使用 Vue 2 的项目，务必尽快完成迁移。我们兵分两路，你立刻去软件工厂组织排查工作，

我去四方大学找李老师。"

冯凯迅速打开内部通讯软件,发出紧急通知。

"紧急通知:各位同事,我们接到了关于 Vue 2 将在年末终止官方支持的预警通知。请大家对现有的项目进行安全自查,准备迁移至 Vue 3。冯凯。"

与此同时,王云飞前往四方大学拜访李子乘教授。

听闻来意后,李子乘冷静地说:"云飞,开源社区的力量是巨大的,但确实也有风险。"

"李老师,您有什么建议吗?"

"云飞,你目前的解决思路是对的。"李子乘安抚道,"首先,需要组建一个由技术骨干组成的应急响应团队,开展现有系统技术栈全面排查,尤其是核心业务系统,评估迁移至 Vue 3 的技术可行性及资源投入。其次,可以趁此时机,将定期的安全培训形成惯例。最后,建立一套开源组件的管理制度,这包括自动化的 SBOM 清单更新和监控机制,确保所有使用的开源软件都在可控范围内。"

SBOM(Software Bill of Materials)清单[29]

软件物料清单(SBOM)是一个详尽的列表。包含了项目中使用的所有组件、模块、库以及其他依赖项。这份清单不仅列出了构建软件所需的所有资源,还确保开发团队对每个依赖项的版本和来源有清晰的认识,有助于更好地管理和维持项目。借助 SBOM,团队能够迅速发现并处理可能存在的安全漏洞或其他潜在问题。

从计算机学院离开后,王云飞直奔软件工厂,迅速组建了应急响应小组,并亲自牵头对所有项目进行深度审查。冯凯、官剑和陆立等技术骨干也积极参与。讨论结束后,他们走出会议室,发现大多数成员都没有离开。虽然已经过了下班时间,但大家都表示这是一场硬仗。

周觅主动站了出来:"王主任,您白天安排的安全自查大家都完成了,您

第 18 章 技术环境加 BUFF

看还有什么需要我们做的吗？"

王云飞环视在场的人，宣布了下一步解决思路，并重新组织了分工。

官剑一边揉了揉太阳穴，一边说道："Vue 3 的语法改动不小，好在能兼容大部分 Vue 2 代码，但重构的工作量依旧很大。由于找不到更合适的替代方案，老代码只能全面重构。"

> **重构**
>
> 代码重构是指对现有代码进行修改，以提升其可读性、可维护性和安全性。通过重构，可以识别并修复潜在的安全漏洞，提高代码质量，同时保持原有功能不变。

陆立也是一脸无奈："是啊，升级跨度不小，得从头开始，但这或许是提升我们技术水平的机会。最近大家伙有的忙了。"

夜色已深，软件工厂团队仍然是各尽其职，咖啡的香气弥漫在空气中。在这种 all in 的氛围下，成员之间的沟通语速都不由自主地加快。

"每一次挑战，都是我们成长的机会。"王云飞鼓励着团队，"我们不仅要修复漏洞，还要借此机会升级技术栈，并建立 SBOM 清单，确保对每个开源组件都有清晰的了解和控制。"

官剑补充道："建立 SBOM 清单确实迫在眉睫，这将是我们防御系统的第一道防线。有了它，我们就能迅速定位和修复开源组件的漏洞，确保系统的稳健运行。"

经过阶段性的奋战，团队终于完成了全部代码的重构。陆立高举双手，做出欢呼状，但也几乎没了力气。王云飞全程陪同，虽然疲惫，但满脸自豪。

打完这场"攻坚战"后，王云飞对技术环境给软件工厂模式加 buff 有了更深的思考。他事后和几位组长交流说："这次我深刻体会到了'开源是一把双刃剑'这句话。我们要拥抱技术，但不能受困于技术。自身也要不断探索和学习，才能在这个快速变化的时代中立于不败之地。"

工作札记 18

需求可视化与快速原型实践

采用快速原型法与可视化工具（如草图、流程图、界面原型）降低需求理解偏差，通过早期原型迭代挖掘用户隐性需求。结合思维导图与交互式原型设计工具，将抽象需求转化为具象呈现，加速需求对齐，确保核心需求与边缘场景均被精准捕获，提升需求分析效率与准确性，减少后期返工。

软件过程资产库与协作工具建设

构建组织级软件过程资产库，集成标准开发流程、剪裁指南、技术文档模板及历史项目案例，形成可复用的知识体系。开发在线文档协作工具，内置规范化模板（如 API 设计规范、微服务契约示例），实现文档版本协同编辑与智能校验。通过资产库的持续沉淀与工具赋能，减少重复劳动，确保团队输出的一致性与合规性。

低代码平台与架构优化整合

基于开源框架定制低代码平台，封装通用功能模块（如表单引擎、权限管理），通过拖拽式开发降低基础功能编码成本。结合微服务架构与 K8s 容器化部署，实现组件化开发与动态扩缩容。利用不可变基础设施提升环境一致性，加速 CI/CD 流程，提升开发效率，同时保障代码风格与质量标准化。

开源组件治理与 SBOM 防御体系

建立开源组件全生命周期管理制度：引入 SBOM 自动化生成工具，实时追踪组件版本与依赖关系；部署漏洞扫描系统。组建应急响应团队，结合定期安全培训与自动化监控，将开源漏洞修复响应时间缩短，构建主动防御能力。

组织协同与知识传递机制

优化团队协作模式，通过内部通信系统集成代码示例库与架构文档，实现"老带新"知识高效传递；推行标准化沟通模板，减少信息失真，加速新员工技术框架融入与能力提升。

第 19 章
多管齐下专业团队

——岂曰无衣？与子同袍。王于兴师，修我戈矛，与子同仇。(《诗经·秦风·无衣》)

19.1　打工人都是平等的

院务会上，投影仪投射出的幻灯片显示着医院近期的重点工作和发展方向。会议室内气氛严肃，所有人都静待院长晏九嶷的下一项议题。

晏九嶷清了清嗓子，开始讲话："各位同仁，今天我要宣布一项由院领导层审议并通过的重要决策。为了响应国家和省市两级关于医保支付改革的号召，并结合我院现状，决定在现有'互联网医院'项目基础上，增设一个全新的医保 DIP 运营监管系统[①]。"

"这个系统将集成数据采集、数据治理、智能分析和综合决策等功能，旨在提高支付效率、保证支付准确性、促进医疗质量提升和降低运营风险。具体将由医院信息中心负责建设。"众人纷纷鼓掌表示赞同。

王云飞作为"互联网医院"项目的负责人，站起身来回应道："感谢院领

[①] DIP（Diagnosis-Intervention Packet），指按病种分值付费，是一种医保支付方式，根据疾病的诊断和治疗方案来确定支付标准。DIP 运营监管系统则是基于这种支付方式的智能化管理系统，旨在提高支付效率和准确性，促进医疗质量提升和降低运营风险。

导的信任和支持。信息中心团队将立即行动，组织精干力量，全力以赴推进项目的对接与实施，确保项目能够早日落地见效。"

晏九嶷点头认可："很好，云飞。我相信你们有能力完成这个任务。希望你们尽快制定详细的实施方案，并定期汇报项目进展。"

王云飞回到座位上，迅速打开笔记本，记录下关键点：组建项目团队、确定技术方案、协调各部门资源。他明白，这个新系统的建设会直接影响到医疗服务的质量和效率。

会议结束后，王云飞立刻给冯凯打了电话："冯主任，卫健委领导下周要来参观我们的软件工厂建设情况，我需要准备材料。但院务会上院长提出了建设 DIP 运营监管系统的需求。这个任务也非常重要，我最近抽不开身，你来主导安排吧。相关资料我一会发到你邮箱。"

冯凯挂断电话后，看了看日程表，上面已经排满了会议和汇报。他决定将这项任务转交给官剑："官剑，这个 DIP 运营监管系统，院领导很重视，但我手头上的事也急。你先组织起来，等我忙完再加入。"

官剑手头也有事，只能迅速将任务分配给了林谦："林谦，你先牵头这个项目，等冯主任和我忙完再加入。"

林谦正在准备一场技术分享会，于是将任务交代给隋毅："隋毅，这个项目你来负责前期工作。"

隋毅过去犯过几次错误，少有机会独立负责重要项目。这次的任务对他来说既是挑战也是机遇。隋毅向林谦建议："我想和新加入软件工厂的梁迦一起，这样更有把握。"

林谦同意了，隋毅和梁迦便组成了一个临时团队，着手新系统的研发工作。

隋毅和梁迦找到孙妙倩寻求支持："孙姐，我们接手了一个新的监管系统，想用需求可视化工具，能帮我们一下吗？"

孙妙倩正忙着其他项目："行，我一会派一个小伙子来协助你们，他也入职不久，你多带带他。"

于是，一个经过多层委派组成的"草台班子"匆匆上线。成员们对项目背景不了解，缺乏项目管理和开发经验。不出所料，项目的进展远未达到预期。沟通不畅、理解偏差和技术难题频现，导致团队常常因小问题停滞不前，进度缓慢，成效甚微。

一周后，晏九嶷院长询问 DIP 运营监管系统的进展。王云飞听后心中一紧，意识到自己在这项工作上的管理有所缺失。他开始逐级询问项目的实际状况，从冯凯到官剑，再到林谦，发现任务已被多次转手，最终落到了几位几乎没有完整项目经验的新员工手中。

得知真相的王云飞没有责怪任何人，他理解任务积压的现状，与冯凯探讨问题的根源："冯主任，我认为这次的问题主要在于人员分散和层级架构固化。"

冯凯在医院工作多年，对这种情况早已习以为常，但在王云飞的点拨下，他也恍然大悟："您说得对，主任。信息中心与医云科技团队之间，由于职位、工作年限不同，形成了层层递进的权力关系。临时任务往往是由年轻、经验少的新员工承担，影响了工作质量和效率。"

王云飞沉思片刻后说道："这种'转包'现象不仅反映了任务分配的问题，更暴露了我们在团队管理、沟通机制及资源配置方面的不足。怎么打破层级壁垒？怎么建立更高效协同的工作氛围？怎么让每个人都在其岗位上发挥最大价值？这些都是我们需要解决的问题。"

王云飞决定以此事为契机，进行一次全面改革。他召集所有项目相关人员，共同商讨解决方案。

"这次事件暴露了我们在团队运作上的深层次问题。我们过去专注于技术流程的挑战，但软件工厂的高效运作不仅依赖于技术工具，人员同样是不可或缺的驱动力。原本的团队凝聚力似乎被稀释了，这对我们的效率和士气产生了很大影响。"

第 19 章 多管齐下专业团队

冯凯表情严肃："传统的粗放式管理模式已经显得力不从心，我们必须寻找新的方法来应对当前的挑战。我认为应该召开一次全员大会，让每个人都能够参与到解决问题的过程中来。"

"这个建议很好，现在请大家都来开诚布公地谈一谈这些问题。"王云飞赞同道。

梁迦心直口快，提出了自己的顾虑："全员大会上大家不一定会说真心话吧，毕竟这像是在给领导和团队挑刺，谁会愿意当出头鸟呢？"

他的直言不讳确实引起了共鸣。一番讨论后，梁迦提出了一种解决方案——使用匿名问答箱收集团队成员的真实意见。王云飞采纳了这个建议，通过匿名形式收集团队成员的反馈。

王云飞从匿名反馈中了解到了不少真实的声音：

"提个建议要过五关斩六将，等审批完，黄花菜都凉了。"

"有些人仗着资历老，对年轻人指手画脚。打工人都是平等的，应该靠技术实力说话。"

"工作汇报的层级太多，责任推诿、互相甩锅成了常态。遇到问题时，有些人的第一反应是推卸责任。"

"努力工作未必能得到认可，有的人更关注'向上管理'和表面功夫，真没劲。"

"为了应付上级的检查，我们花大量时间准备报告，真正用于实际工作的时间被压缩了。我觉得自己像个文员。"

"有些工作一旦接手，很难有转型或提升的机会。"

看完这些反馈，王云飞意识到层级管理带来的种种问题：创新受阻、信息传递滞后、责任不清、晋升机制不公、工作效率低下。显然，团队迫切需要一种注重实效、鼓励创新的工作环境，让每个人都能成为推动医院信息化进步的有力推手，而不再是机械运转的一部分。

带着这一堆"反馈"，王云飞再次向李子乘请教。

李子乘建议道："你们可以借鉴互联网公司的扁平化管理模式（图 19-1）。通过减少管理层级，促进信息快速流通，增强团队成员间的互动与协作。每个人都有机会参与决策，这不仅能增强归属感和责任感，还能打破现有僵局。"

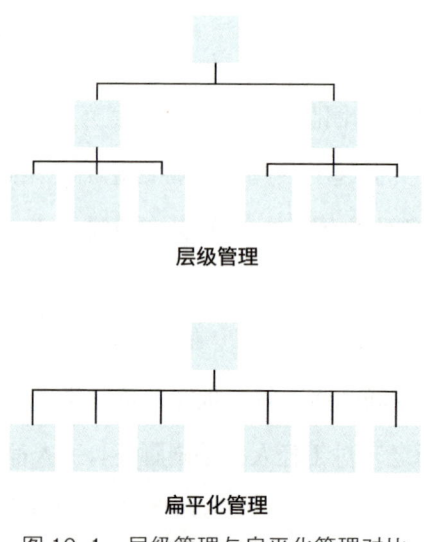

图 19-1　层级管理与扁平化管理对比

李子乘补充道："管理要建立在制度上，制度要建立在流程上，流程要建立在数据上。具体操作层面，可以建立'组长—组员'的二级架构，配套完善的管理制度，明确职责划分，建立能上能下的组长竞聘机制，激发大家的自我驱动力。同时，还需制定清晰的工作流程，确保每一个步骤都得到有效执行，然后基于数据分析进行决策。有效的监督机制也是非常必要的，能够帮助你们及时发现问题并调整。"

几天后的团队会议上，王云飞详细介绍了新的团队架构设计，强调了小组模式下的自主性和灵活性，以及管理层角色的转变——从指挥者变为支持者和协调者。

"我们引入了扁平化的团队结构，"王云飞在白板上勾勒出各个小组的标识，"有需求分析、架构设计、前端开发、后端开发、数据库管理、测试与验证、CI/CD、系统运维、合规审计、安全管理等小组。每个小组分工明确，职责清晰。"

王云飞进一步解释道："新的团队架构将减少决策延迟，提升项目执行速度，减轻管理者负担，让大家更专注于工作。"

王云飞宣布了各分组的组长设置，并请各组长具体介绍了本组的重点工作。随后，他正式宣布面向团队公开所有岗位，实行组员与组长之间的双向选择机制，以便组建各个工作小组。未能成功选择岗位的人员暂时纳入人员储备，从事临时性工作。

团队成员们互相交换眼神，不少人露出了好奇的神情。

三天后，团队架构调整顺利完成。这次调整打破了因资历形成的管理格局，一些能力出众的年轻人获得了展示机会。尽管有些波动，但大多数成员对这种更加平等的工作氛围表示欢迎。

实施扁平化管理后，信息传递迅速，沟通渠道开放直接，决策到执行的过程更加高效。这些变化增强了团队的凝聚力和生产力，为后续的工作奠定了良好基础。

院务会上，王云飞汇报了近期的工作进展，重点介绍了扁平化管理带来的成效。晏九嶷高度肯定这一改变，援引奥林匹克格言"更快，更高，更强——更团结"来评价团队的变化。

这给了王云飞极大的鼓舞，他将格言的原文"Faster, Higher, Stronger-Together."制作成标语，挂在了墙上，激励团队继续前进。

19.2 人人为我我为人人

周一，王云飞坐在办公桌前，专注地盯着电脑屏幕，轻声念着汇报的内容。他正在为即将到来的信息化交流会议准备PPT，其中一页关于团队构成的信息仍然空白。

王云飞拨通了邢振的电话："邢科长，我需要软件工厂团队成员的详细资料，特别是学历专业背景、工作年限等信息。"

邢振略显迟疑："主任，软件工厂的人员属于供应商管理，具体的人员资料都在医云科技那里保管。我立即联系他们，为您调取这些信息。"

半小时后，邢振发来一份表格。王云飞打开查看，发现文档中仅包含姓名、职位、联系方式和专业背景等基本信息，缺少工作年限、工作经历和参与项目等详细信息。

这显然无法满足王云飞的需求。他原本认为一个简单的人员情况统计应当容易完成，但现在他感到自己与软件工厂团队仿佛成为了"最熟悉的陌生人"。现有的人员管理方式显然存在缺陷，无法提供全面的团队成员信息，这对团队建设、项目分配和个人职业规划极为不便。

王云飞起身，决定去找邢振讨论这个问题。路过办公区域时，他注意到刘超群的工位空着，电脑黑着屏。他向旁边的金佳伟询问："超群是请假了吗？怎么这两天都没看到他？他手上的项目有影响吗？"

金佳伟挠了挠头："王主任，这个我也不太清楚。他应该是前天开始请了假，但具体原因和工作进展我就不太清楚了。"

王云飞微微皱眉，这种信息不透明的情况让他头疼。类似的情形不是第一次出现了，由于缺乏有效的人员跟踪和管理机制，团队的协调和工作调度常常被动。

王云飞询问刘超群的组长官剑："官剑，超群最近请病假了吗？他的项目进度会受影响吗？"

官剑解释道："他急性肠胃炎请了几天病假，手上的项目暂时搁置。虽然没人接手，但预计整体项目不会延期。"

稍晚时候，王云飞把这些问题和邢振一一细谈。邢振表示，如果想了解每个员工的工作年限和具体工作内容，只能再次统计。王云飞看着邢振现场

第19章 多管齐下专业团队

编辑了一条通知，要求各组长收集组员的相关信息，犹豫了一下还是说道："我们作为信息化建设团队，居然在获取基本信息时还要采用如此原始、低效的方法，这显然是不合理的。"

王云飞向邢振建议："我们需要一个更加系统化的平台，不仅要能记录成员的基本信息，还要能够实时更新每个人的工作状态和项目参与情况。"

在当周的工作周会上，王云飞特意点出了这个问题："我们的团队在个人特征、工作表现以及职业发展路径上缺乏系统性的记录，这妨碍了我们对个人能力的准确评估，也限制了团队整体改进的可能。"

冯凯频频点头，补充道："我们需要构建一个成熟的人力资源管理体系，覆盖从招聘、入职培训到绩效考核直至离职的全周期管理，实现团队的精细化运营。"

官剑接着发言："鉴于团队规模扩大，员工请假、人事变动以及培训需求增多，我们可以增设行政专员的岗位，专门负责这些日常事务，保证团队运转流畅。"

王云飞鼓励道："这些调整都势在必行。邢振，你来和供应商协商，为我们招聘专门的行政人员。官剑，你来负责调研和规划该平台建设。"

官剑回应道："没问题，主任。我建议我们以市面上成熟的人力资源管理系统为基础，根据具体需求进行定制化开发，以满足团队的管理需求。"

作为改革的第一步，软件工厂首先构建了一个全面的人员管理系统。这个系统记录了每位员工的个人信息和工作表现，使人才培养和晋升有据可依。管理层能够更准确地评估员工的能力和潜力，并为他们提供个性化的成长路径。为了确保系统的有效性和实用性，王云飞亲自提出了功能需求。系统最终集成了员工档案管理、招聘管理、培训管理、考勤管理、薪酬管理、福利管理、合同管理和数据分析等多种功能，实现了全面的员工信息管理。

随着人员管理系统的不断完善，邢振制定了详细的人员变动交接流程。这套流程明确了责任分工，并规定了必要的文档交接和知识转移程序。每当有员工离职或岗位调整时，确保所有工作都能够平稳过渡，减少对团队运作的影响。

为了进一步巩固团队的稳定性并确保项目的顺利进行，王云飞推动了职业规划管理和技能培训的制度建设。通过定期的职业发展研讨会，员工能够清晰地看到自己的职业道路，也能通过系统化的培训提升自身的技能水平。

与此同时，王云飞致力于改进沟通机制和决策流程。他引入了定期的圆桌会议，鼓励成员主动参与。在这些会议上，无论职位高低，每个人都有机会发表自己的观点和建议。此外，基于上次意见收集的启发，王云飞建立了常态化的匿名反馈渠道。这些反馈有助于管理层及时发现问题，也为持续改进提供了宝贵依据。

这些改革措施迅速见效。新的管理理念与平台不仅将团队成员从单纯的任务执行者转变为具有独特才能的伙伴，还让他们感受到组织对其个人发展的重视。因此，成员们的工作热情大幅提升，逐步凝聚成一股强大的集体智慧。

在后续的一次信息化交流会议上，王云飞分享了"人人为我我为人人"的团队管理哲学："之前在匿名问答箱中的一句话让我印象深刻——'打工人都是平等的'。我们追求的不仅仅是一种扁平化的管理结构，更是一种透明、开放的管理文化。在这个文化中，每个人的成长和贡献都应被看见、被记录、被认可。我们的目标是营造一个更加开放的环境，让每个人都能感受到自己的价值，无论是技术贡献还是管理建议，都应该得到平等对待。"

19.3　一而再再而三

随着开发系统的增多，配置变更的频率也随之飙升。

王云飞对着电脑屏幕上的报告内容，皱着眉头："怎么，一而再再而三？

第19章 多管齐下专业团队

总是在变更上被绊住脚？"

官剑也有些无奈："的确，现在的流程效率不高，大家对遵循这套流程的积极性也在下降。我觉得我们的变更管理方式确实需要更新了。现有的流程过于复杂、链路太长，已经跟不上快速迭代的节奏。"

王云飞点了点头："我同意，但任何改动都必须谨慎处理。我们不能因为追求速度而牺牲质量，风险控制仍然是首要任务。你和陆立考虑一下怎么解决。"

陆立接到新任务后，很快有了思路："我有个想法，我们可以尝试引入更加灵活的变更审查机制，既要提升效率，又要确保安全性。之前我们只是对需要变更的工作内容做了分类，却没有对审批流程本身做出区分。"

官剑对此表示赞同："灵活的审批机制是个不错的方向。"

接下来的几天里，两人深入分析了配置和变更管理流程。桌上堆满了资料，白板上密布着流程图和问题清单。

准备好后，他们找到王云飞和冯凯汇报解决方案。陆立拿起马克笔，在白板上写下了几个关键词："自动流程、内部评审、项目负责人审核。"

王云飞眼中闪过一丝惊喜："具体怎么操作？"

陆立解释道："对于常规变更，我们可以采用自动化流程进行初步审核，这样可以大幅提高效率，并减少人为失误。对于关键变更，则需要引入内部评审，让团队内部的其他开发人员参与审批，这样不仅能确保变更的质量，还能促进团队之间的沟通与协作。最后，对于影响范围广、风险高的重大变更，则由项目负责人亲自审核，确保每个环节都不出纰漏。"

> **内部评审**
>
> 指在组织或团队内部对项目、文档、代码或其他成果进行的系统性审查活动，旨在评估其质量、合规性和可行性。内部评审通常由相关领域的专家或团队成员参与，通过讨论、分析和反馈，发现潜在问题并提出改进建议，目的是提高软件产品的质量和可靠性。

王云飞点了点头："这个方案听起来合理。我们需要在保证安全的前提下，尽量简化流程，提升效率。你们继续细化这个方案，尽快实施。"随即，他提出了进一步的想法："同时，我们也需要强化变更前的风险评估，确保每个变更都在可控范围内。"

为了确保变更流程的有效性，冯凯提议引入变更管理软件，以实现自动跟踪变更状态，并根据重要性自动分配审批流程。此外，他表示还希望该软件能生成详细的报告并加入智能预警功能。

他们四人还讨论了员工的工作效率问题，最终决定组织一系列培训，特别是针对新入职的员工，加大教育培训力度。同时，将变更导致的工作失误与绩效挂钩，以此强化变更规范的执行力度。

不久，新的变更管理制度正式实施。通过"软硬兼施"的策略，员工们开始更加严格地遵守规定。

然而，王云飞的欣慰并未持续太久。邢振报告了一个紧急情况："主任，'互联网医院'项目的款项支付出现了延误，我们目前还在走院内的审批流程，但医云科技表示不愿垫资支付大家的工资。"

王云飞表情凝重，深知事态的严重性。这周五就是发薪日，时间紧迫。他迅速联系了医云科技的行政专员邓豪。

"邓经理，你好，我是王云飞。情况我已经听邢振说了，医院的审批流程确实比较繁琐。这次因为上级新规定临时增设了一些审批要求，加上部分领导外出学习，程序还未走完。但你放心，医院并没有刻意拖欠的意思。"王云飞尽量保持语气的亲和，"如果不能按时发放工资，会引发员工不必要的困扰，还请贵司多体谅配合一下。咱们一直以来的合作都很好，希望不要因此影响合作关系。"

邓豪的声音显得有些无奈："王主任，不瞒您说，公司资金链紧张，给几十个员工发工资压力很大。我们以'两限'的方式接下这个项目本就不图利润，现在公司高层对持续垫资有抵触。王主任，您看能不能和医院再争取一

第 19 章 多管齐下专业团队

下，不要再拖了。"

"我理解你们的处境，但员工们依靠薪水生活，如果不能按时发放，尤其是这么临时的通知，会造成很大的影响。"

邓豪沉默了片刻后回应："王主任，公司领导的态度很明确，我跟您透个底，如果医院款项不能及时到位，公司只愿意支付基本工资，绩效部分需要等到款项到账后再补发。"

"邓经理，新的审批要求是大家都没预想到的，能否再次与公司高层沟通，看看是否有其他解决办法？如果需要我出面解释，也没问题。"

"王主任，我会尝试，但成功的可能性不大。据我了解，公司财务状况确实紧张，这不是在敷衍您。"

接下来的几天里，王云飞一方面与医院的财务部门和审计部门进行沟通，试图加快审批流程，但因为孔静珊出差，下周才能返回，审批流程仍然停滞不前。另一方面，王云飞也多次与医云科技进行协商，但对方始终不肯让步。到了周五下午，供应商坚持只发放了基本工资。

面对这一局面，王云飞紧急召集了团队会议，坦诚地向大家解释了当前的情况，并承诺一周内补齐所有欠发的绩效工资。同时，他表示如果员工们在这段时间遇到困难，可以来找他，他会尽个人能力先行垫付剩余工资。

会议结束后，邢振反思道："要解决这类问题，必须从根源入手，修订采购合同，增加保护条款，建立风险预警和应急处理机制，以应对未来的不确定性。"

为了避免此类资金延迟事件再次发生，保障团队稳定，王云飞对孔静珊态度强硬了一回："软件工厂是一个专业团队，如果因为流程问题导致发不出工资，这会影响到团队的专业性和士气，这种事情绝不能再发生。"通过据理力争，王云飞与财务处达成了共识——今后"互联网医院"项目的财务审批材料不会卡着最后期限提交，财务处也承诺将不再让软件工厂团队陷入此类困境。

19.4 "别老想着摸鱼"

王云飞的一系列举措有效凝聚了团队的向心力,"互联网医院"项目的各个系统的开发运维质量和效率都得到了提升。

这天,冯凯从院务会带回来一个新任务。"主任,毛书记想要听取我们'互联网医院'项目的建设情况汇报,时间定在两天后。"

王云飞揉了揉太阳穴:"我知道毛书记注重细节,肯定会追问很多系统建设的具体情况。我得好好准备,确保每个项目的进度都了然于胸。"

冯凯点头表示理解:"这个大项目里面有十几个系统在推进,每个系统都有其特殊进展和难题,确实不容易。"

王云飞提出了初步方案:"我先搭一个汇报框架。需要你帮我做两件事:第一,收集所有项目的最新数据和动态;第二,提炼每个项目的关键节点和潜在风险。"

"没问题,我立即联络各系统负责人,要求他们报告最新进展,我来汇总这些内容。"冯凯回应道。

王云飞补充道:"再准备一个图表和时间轴,帮助书记直观理解项目的时间线和进度。"

第二天一早,冯凯将汇总的资料发送给王云飞。冯凯几乎熬了一夜才完成这项任务,去茶水间接咖啡的时候正好碰到了王云飞。交谈后,王云飞意识到现在的信息汇总效率亟待提高。

经过两天的精心准备,汇报日当天,王云飞逐一介绍了各个系统的进展,详细说明了已完成的任务、正在进行的工作,以及可能面临的挑战。毛无夷全程专注,不时提问,而王云飞有备而来,对答如流。

汇报结束,毛无夷进行点评:"云飞,你们的工作做得非常扎实。不过,

第19章 多管齐下专业团队

下次汇报时，可以多使用图表展示，这样更易于理解，也不会让外行的听众感到疲惫。"

带着毛书记的指示，王云飞回到办公室后找到了冯凯，一起探讨如何优化现有的项目管理方式。

"我们需要一个集中平台，能够实时更新项目进展，"王云飞说，"这样一来，无论是我们还是医院领导，都能轻松掌握最新情况。"

冯凯眼前一亮："对，有了统一的项目管理平台，还能便于资源调配和策略调整，项目间的协作也将更加高效。"

初步的项目管理系统很快开发完成。王云飞在院务会上作了简短汇报，并展示了这一新工具的功能。他详细介绍了项目管理系统的实时数据图表、项目状态、资源分配等功能，院领导对此表示高度认可，认为这一举措将极大提升信息中心的管理效率和透明度，尤其是对并行项目的按时交付有重要意义。

毛书记对这次汇报非常满意："云飞，这次进展汇报非常到位，我对你们团队的进展和效率有了新的认识。我建议将这个系统也推广到其他科室，让医院的管理更加高效透明。"

会后，毛无夷把王云飞叫到了办公室，语气变得严肃："云飞，最近外界有一些传言，说软件工厂在私下承接业务。尽管我个人对你非常信任，但这些传言已经开始影响到医院的声誉。审计处的沈处长也对此表示关注，认为软件工厂的规模和技术能力足以与中型软件公司相提并论，这难免会引起误解。因此，你们需要采取措施来澄清事实。"

王云飞坚定地表态："书记，这些指控毫无根据。软件工厂团队的所有努力都是围绕着医院的信息化建设展开的。为了消除外界的疑虑，我们愿意配合一切审查措施。"

稍作思考后，王云飞说道："毛书记，我认为如果能够提升信息中心的透明度，让全院同事都能见证我们的工作成果和贡献，这将有助于改善外界的看法。"

毛无夷点头赞同："的确，提高透明度不仅能展现你们的工作成效，还能增强部门间的信任。你们可以考虑设置一块显示工作进展的大屏幕，或定期组织技术交流会和工作坊，邀请其他部门参与，以增进彼此的理解。"

离开书记办公室后，王云飞心情复杂。外界的质疑刺痛了团队的努力。他决定采取积极措施，证明软件工厂团队的价值。王云飞和冯凯、陆立、官剑等技术骨干坦率地讨论了所谓的传言。

"虽然树大招风，但我们必须用实际行动来回应这些质疑，展示我们的专业能力和职业操守。"王云飞语气坚定。

陆立提出了一个建议："我们可以对现有的云桌面系统进行升级，加入无感考勤和工作记录功能，这样就能客观记录每位成员的工作状态和成效。我们这么努力，应该让大家看看我们每天的工作有多充实。"

无感考勤

人脸识别：高清摄像头捕捉员工的面部图像，这一过程几乎瞬间完成，员工无需停留或特意配合。

云桌面录屏：员工登录个人工作账户时，系统会自动启动录屏，记录工作期间的电脑屏幕活动。

自动打卡：通过人脸识别技术和云桌面录屏功能的结合，自动检测员工的实际工作时间，无须手动操作打卡设备。

冯凯补充道："这个主意不错，相关的数据可以通过大屏实时展示。另外，我们还可以设立'软件工厂开放日'，邀请医院各部门同事前来参观，让他们亲身体验我们的工作环境和技术实力。"

邢振表达了担忧："这样做会不会让人感觉像是被监视？"

王云飞耐心解释："这不是监控，而是为了创建一个开放和公平的工作环境，确保所有人的努力都能被公正评价，同时也是对外部争议的一种回应。这也是一种手段，让有些成员别老想着'摸鱼'。"

第19章 多管齐下专业团队

经过一个月的努力，云桌面系统焕然一新，新增了人脸识别、自动考勤和录屏管理功能。新开发的绩效评估平台也顺利上线，使工作流程更加严谨和透明。

冯凯策划了"开放日"活动，在信息中心的公共大厅精心布置了一面成果展示墙。墙上罗列了近年来完成的项目，从互联网挂号系统到互联网医院系统，每一项里程碑成就都配有图文解说。开放日还特别设置了"正在进行的项目"展示区，通过大屏实时更新项目进度，让到访者了解最新的工作动态。

为了进一步展示团队的技术实力和创新能力，王云飞发起了一项名为"医护程序员培训"的活动，邀请各医护部门的代表参加。活动中不仅安排了技术演示和互动环节，还引入了低代码平台，让非技术背景的同事也能了解软件开发的基本流程，并亲手构建简单的应用，获得成就感。

王云飞解释道："通过低代码平台，医护人员无需深入了解复杂的编程语言，就能设计和开发符合自己需求的应用。"

在培训中，团队成员详细介绍了低代码平台的功能和使用方法，并手把手指导医护人员进行实际操作。从创建表单、设置工作流到部署应用，每一步都有详细的说明和示范。参与者们很快上手，开始构建自己的小应用，如患者预约系统、药品库存管理等。

一位参与培训的医生兴奋地说："没想到我也能这么快做出一个应用程序！这个平台真的很好用，以后我可以根据科室的需求，自己动手做一些小工具，提升工作效率。"

开放日当天，信息中心热闹非凡，不少医护人员前来参观。他们不仅对项目细节有了更全面的了解，还提出了宝贵的改进建议和需求，为后续的系统优化提供了方向。

王云飞指着展示墙上的项目列表说："这些是我们近年来完成的项目，每一项都凝聚了大家的心血。"他转向大屏幕，继续介绍道："这里实时更新正在进行的项目进度，大家可以随时了解最新的工作动态。"

院领导对王云飞团队的这些创新举措给予了高度评价。书记毛无夷表示："这些改革不仅提升了团队的工作效率，还展示了信息中心的职业操守。"审计处的沈初也点头赞同："软件工厂近期的行动已有效化解了外界质疑，重塑了团队的专业形象。"

王云飞看着这一切，语气坚定地说道："透明、开放的管理方式是团队成长和医院信息化建设不可或缺的催化剂。"

工作札记 19

扁平化管理与制度重构

传统层级管理模式因创新抑制、信息滞后、权责模糊等问题暴露局限性，需向扁平化结构转型。通过构建"组长—组员"二级架构，配套竞聘机制与清晰权责划分，实现决策下沉与快速执行。制度设计以流程标准化为基础，依托数据驱动决策，并嵌入监督机制动态调整。利用项目管理平台实时追踪任务状态与资源分配，确保信息透明流通与责任可追溯，提升决策效率，激活团队自驱力与创新潜能。

数字化人力资源管理体系建设

针对人员评估与培养的盲点，定制化人力资源管理系统实现了员工全生命周期管理，覆盖招聘、培训、绩效、晋升等环节。系统整合多维数据（档案、考勤、项目参与等），为能力评估与个性化发展路径提供客观依据。结合职业规划研讨会与技能培训制度，形成"数据支撑+成长赋能"双轮驱动，增强员工归属感与团队稳定性，推动人才梯队科学化建设。

技术支撑平台与流程自动化

开发集成化项目管理平台，通过实时数据看板、资源调度与协作模块，提升跨项目透明度与交付可控性。云桌面系统升级引入无感考勤（人脸识别、自动录屏)与绩效评估平台,实现工作状态客观量化。变更管理分层设计(自动化初审、内部评审、负责人终审),兼顾效率与风险控制。技术工具与流程优化的结合,使管理从经验驱动转向数据驱动,减少人为干预误差。

第20章
文化不只是说说而已

——兴于诗，立于礼，成于乐。(《论语·泰伯》)

20.1 "我是自愿的"

转眼间，时间来到了2023年的春天。王云飞加入医院信息中心已近两年，他回想起这一路的经历，脸上也不自觉地流露出一丝自豪。信息中心的老员工们都能明显感受到，王云飞通过"两限"模式组建了软件工厂，打通了开发、安全、运维一体化的链路，推动医院信息化工作迈上了自主研发的新台阶。他的努力得到了广泛认可，多次被评为优秀员工和先进工作者。

不过，自软件工厂开始组建后的几起几落，也让王云飞不敢有丝毫松懈。尽管团队运作表面上稳定，但王云飞时常思考怎样让团队更进一步。冯凯多次提到技术栈更新换代的速度远超团队的学习速度。每当王云飞翻阅最新的技术文档或参加行业研讨会时，焦虑便会爬上眉头。

在最近两次的工作例会上，王云飞有意引导大家探讨团队在新技术探索方面原地踏步、无法跟上行业发展节奏的问题。

散会后，王云飞看着自己笔记本上记录的内容：部分项目显露出滞后的苗头，尤其是涉及新技术的应用时，团队需要花费更多的时间去探索和适应；

第20章 文化不只是说说而已

由于对新技术掌握不够熟练，一些项目频繁出现 bug，需要反复调试，影响了产品质量；年轻工程师与资深工程师在技术选择和接受程度上存在差异，新员工对某些新工具更为熟悉，但缺乏实践经验，在实际项目中难以将其有效应用；互联网医院系统的开发进入"深水区"，来自各科室的需求愈加复杂，这对开发团队提出了更高的技术要求，导致一部分技术人员感到吃力，更不用说进一步学习新技术。

为了寻找解决方案，几天后，王云飞来到四方大学见到了李子乘教授。两人寒暄几句后，王云飞直入主题："李老师，我最近一直在思考一个问题，我们的团队在技术更新方面显得有些停滞，您觉得我们应该怎么应对？"

李子乘沉思片刻，说道："如果不能迅速适应这股技术变革的浪潮，信息中心将不再是医院的数字心脏，而是一块迟滞的绊脚石。"

王云飞点头认同："是的，我也意识到这个问题的严重性。我们不仅要持续引进新技术，更要激发团队的学习热情。"

李子乘坚定地说："你们必须从根本上改变，建立一个学习型组织，让每个人都成为自我驱动的学习者。"

根据李教授的建议，软件工厂团队实施了一系列的改革措施。

首先，搭建内部学习平台，汇集在线课程、技术文章和内部分享，鼓励成员利用业余时间自我提升。

王云飞说道："我希望每个人都能把这个平台当作是自己的'充电宝'，随时随地给自己充电。"同时，他还不定期组织技术研讨会，邀请行业专家分享最新的技术趋势和发展方向。

然而，这些措施并未迅速见效。一部分团队成员对这突如其来的"学习压力"感到不满，认为其超出了正常工作范畴。尽管平台资源丰富，但真正愿意投入时间学习的人并不多。

王云飞很快注意到了这一问题，在骨干会议上提出了自己的想法："单纯的资源堆砌并不能激发团队成员的学习动力，还需要更有效的激励机制，提升大家的主动性。"

经过讨论，陆立提出了一个新颖的计划——举办一场技术挑战赛。这个提议一经公开，确实激发了不少人的兴趣。挑战赛的规则很简单，参与者需要利用新技术解决实际的开发问题，获胜者不仅能获得奖金和绩效奖励，还有机会成为项目负责人。

王云飞连连称赞陆立："还是你脑子灵活，这个计划一举两得，既能推进实际问题的解决，也能激发大家的热情。"

挑战赛的准备阶段充满了紧张与期待。不少团队成员开始自发寻找资料，钻研新技术，甚至结队成组，攻克难题。下班后的办公区域，王云飞经常能看到几人围坐在一起，热烈讨论某个技术点的应用。当被问及为何还不下班时，大家纷纷表示："我是自愿的。"

随着比赛日期的临近，挑战赛的氛围越来越浓厚。参赛者都憋着一股劲，王云飞和冯凯也忙着协调资源，组建专家评审团。

终于，比赛日来临。软件工厂的大会议室被改造成了临时竞技场，配备了大屏幕和投影仪。参赛者们依次上台，详细阐述自己解决方案的创新之处。经过一番激烈的角逐，最终的获胜者脱颖而出——乔漠，一位平时并不起眼的测试工程师。他凭借对自动化测试工具的深度应用，提出了解决长期困扰团队回归测试问题的有效方案。他的方案赢得了评委和同事们的一致好评。

乔漠发表获奖感言："我从没想过能获得这个奖，因为我的背景在团队里并不出众，但这次比赛让我明白，只要愿意去学习，去挑战自己，每个人都有无限的可能。"

王云飞赞同道："只有从心里面拥抱软件工厂的理念文化，我们才能真正做好软件工厂。这不仅是一种工作方式，更是一种思维方式。"

挑战赛的成功不仅激发了团队成员的学习热情，还在无形中促进了团队之间的交流与合作。不少人意识到，技术边界是可以被打破的，而打破它的钥匙就是持续学习与探索。

第 20 章　文化不只是说说而已

> **持续学习**
>
> 持续学习是指个体或组织在职业生涯中，主动并持续地获取新知识与技能的过程，旨在促进适应性、竞争力以及终身成长。

随着持续学习文化的普及，软件工厂的面貌焕然一新。团队成员主动追踪技术趋势，更加积极地参与培训与研讨会，逐步形成了"提升认知不仅有利于用户，更能促进个人成长"的共识。这种文化深入人心，转化为行动上的自觉。

王云飞与冯凯据此调整了绩效评估标准，将学习成果和定期考核作为评估的关键指标之一。

王云飞在团队会议上表示："我们评价员工时，除了考量其工作表现，更加重视其学习能力和成长潜力。我非常高兴看到大家在学习态度上的变化，我们已经从单纯执行任务的团队，转变为一支充满活力、勇于创新的队伍，每个人都是这个团队进步的推动者。"

20.2　有问题大家一起上

近期，王云飞留意到团队里一些不寻常的表现：键盘敲击声不断，但成员间的交流却不多；在例会上，当组长汇报工作进度时，其他人心不在焉。基于这些观察，王云飞与冯凯沟通，推测团队内部可能存在沟通问题。

为验证这一假设，王云飞挑选了一天，未事先通知便召集几位组长开会。会上，他要求组长们介绍其他组的当前工作，讨论自己组下一步的工作是否需要其他组的支持，同时确认相关小组是否已了解到这些需求，以及各组之间的工作计划是否已经相互沟通。

大多数组长显得颇为意外，显然他们对其他组的具体情况知之甚少。王云飞有些不满："这印证了我的想法，我们团队内部的沟通确实存在不足。"

王云飞进一步询问造成这种状况的原因。

测试组长黎顺首先发言："团队里面有些人处于非必要不主动沟通的状态。他们或许认为只要做好自己的本职工作就好，有些则是出于害羞或是担忧自己的意见得不到认同。长此以往，确实会导致信息的不对称。比如，当某位同事已经找到了一类 bug 的解决方法，却因为没有及时分享，导致其他成员仍在为此耗费大量时间和精力。"

运维组长张齐接着说："我们的沟通工具太多了，从内部沟通软件到微信群，再到电子邮件以及直接面对面交谈，信息被分散在多个平台上。有时候我想找个记忆中探讨过的内容，得把各个沟通渠道翻个遍。"

开发组长林谦补充道："我们开发组近期正全力推进新功能的上线，而测试团队则仍专注于旧版本的维护工作。两边的优先级不一样，有时候开发这边已经急得跳脚了，测试那边还在按部就班地走他们的流程，这影响了整体进度。"

需求组孙妙倩提到："性格差异也会导致沟通障碍。有的人说话直接，有的人则比较温和。这些不同有时会使简单的问题变得复杂化。我曾经跟一个同事讨论需求，结果他说话带刺，最后搞得两个人都不高兴。"

合规审计组的方正指出："邮件数量过多也是一个问题。有时候忙了一天下来，点进邮箱发现未读邮件有一长串，很多是抄送来的，与我手头的工作关系不大，导致重要和紧急的信息容易被忽略。此外，长时间的会议也很浪费时间，一开就是半天，很多具体问题其实可以私下解决，这样容易浪费大家的时间。"

众人发言结束后，王云飞总结道："大家的观点都非常中肯。确实，如果不是今天集中讨论，我们平时可能很少会重视到这些问题。我的建议是，为了解决沟通障碍，我们可以从以下几个方面着手：首先，营造更加开放的交流氛围，鼓励每个人自由表达观点，形成积极的沟通文化；其次，简化沟通渠道，尽可能将日常交流集中到一两个平台，提高信息处理效率；同时，明确团队目标与优先事项，确保所有成员步调一致、协同作战；此外，学会管理情绪，避免个人情感对工作造成负面影响；还要优化邮件使用，减少无效信息的干扰，确保重要信息不被忽略；最后，减少大规模会议频率，需要讨论的具体问题，采用小组会议或一对一沟通方式，以节省时间。我相信，通过这些措施，我们的沟通效率和团队协作能力都将得到提升。"

带着初步的解决思路，王云飞联系了李子乘教授，详细说明了团队当前面临的沟通难题，特别是如何营造一个更加包容的沟通环境。

李子乘安慰道："云飞，你提到的难点实际上触及了建立透明沟通文化的核心。在软件工厂模式下，认知的转变是基础，而沟通则是连接这一切的桥梁。构建透明沟通文化的关键在于建立信任，而这需要从改变自身的行为做起，逐渐引导团队形成健康的沟通习惯。"

"透明的沟通文化不仅是指信息的公开和共享，更重要的是确保每位团队成员都能轻松获取所需的信息。首要任务是让团队成员感受到被尊重和信任，这是有效沟通的基石。通过组织定期的内部培训，以及合理利用内部沟通工具，可以促进信息的流畅传递，帮助团队建立起这样的文化。"

王云飞点头赞同："李老师，我们也意识到了内部沟通工具使用上的随意性问题。如果放任不管，确实很难达到有效管理。目前我们匿名的反馈渠道倒是还算运转有效，但终究不成体系。此外，当面提意见、会议上大家主动发言的情况很少，感觉话都被几个老员工说了。"

李子乘建议："你们可以先从培训入手，改变大家的思维定式。通过培训，帮助团队成员理解透明沟通的重要性，并提供具体的沟通技巧和工具使用指导。这样可以逐步改善现状，形成更健康、高效的沟通文化。"

王云飞立即行动，他联系了此前参加交流会时认识的 DevOps 资深培训师张诚，邀请其为团队举办以"透明沟通"为主题的系列培训。

张诚的培训课程设计的内容丰富且互动性强，不仅包括了沟通技巧的理论基础，还融入了实际案例分析和角色扮演等实践环节。他强调："沟通不只是信息的单向传递，它是连接人心、建立信任的桥梁。"

张诚还组织了一系列工作坊和团队建设活动，帮助团队成员掌握倾听、表达和理解的技巧。在一次工作坊中，张诚说："有效的沟通不仅仅是说话，更重要的是倾听和理解对方的观点。只有这样，我们才能真正建立信任。"

随着这些活动的推进，团队成员之间的信任逐渐增强。开发人员和测试人员也开始展现出更好的配合度，原本因意见不合而产生对立的情况越来越少。

在张诚的指导下，王云飞决定在软件工厂开始实行敏捷会议机制。通过每日短小精悍的站会，每个人都能够快速地分享自己的工作进展和遇到的问题。这种方法提高了会议的效率，推动团队迅速拉齐认知、解决问题，同时也加深了成员间的信任。

站会

站会是一种简短、高效的会议，通常在每天的固定时间举行，时间控制在15分钟内，会议要求所有参与者站立，每个参与者只需要回答三个基本问题：

昨天你完成了什么？

今天你计划做什么？

你遇到了哪些障碍？

一次例会上，王云飞说："从今天起，我们每天早上花15分钟开个简短的站会，大家轮流汇报进展和问题。这样可以更快地发现问题并及时解决。"

几天后，效果开始显现。团队成员们变得更加主动地分享信息，过去动辄半天的会议时长显著缩短，决策过程也变得更加透明。

一次项目讨论会上，开发组提出了一个技术难题，测试组回应："我们这边可以调整测试流程，配合你们的需求。"这种合作精神让王云飞感到欣慰。

第 20 章　文化不只是说说而已

王云飞在团队会议上总结道："通过这段时间的努力,我们的沟通文化发生了显著变化。现在,大家更愿意主动分享信息,遇到问题一起解决。这不仅提高了工作效率,也让团队更加团结。这种'有问题大家一起上'的凝聚感是我们软件工厂充满活力、高效协作的重要体现。"

20.3 "硬核"的支持

这一天,对于软件工厂团队来说意义非凡——院长晏九嶷亲临现场进行参观调研。王云飞与团队成员早早地做好了准备,全体员工精神抖擞,迎接这一重要时刻。

随着自动门轻缓开启,晏九嶷面带亲切笑容步入软件工厂,瞬间响起了热烈的掌声。王云飞带队介绍了荣誉墙上的各项内容,展示了团队近年来取得的成就和里程碑。

参观结束后,王云飞陪同晏九嶷来到会议室入座。晏院长环视四周,温和地开口道:"各位同仁,感谢你们的辛勤付出。今天我来的目的,不仅是要了解软件工厂的实际运作情况,更是要表达院领导对大家工作的高度认可。你们每个人都是推动我院信息化进程的重要力量。特别是在'互联网医院'项目的推进上,软件工厂模式展现出了其独特的优势和无限的潜力。这不仅是技术的胜利,更是我们医院创新探索、敢为人先的最佳体现。"

"今天我还带来了一个好消息,"晏九嶷继续说道,"院管理层决定,未来医院的所有信息化建设项目都将由软件工厂团队主导。这是对你们过往成绩的高度认可,也是对医院信息化发展的一次重大投资。"

"当然,这也意味着你们需要不断优化和完善现有的工作模式。"晏九嶷语气坚定,但不失鼓励,"我期望大家能持续保持团队的创新力和活力,同时也重视个人职业成长和技术提升。面对挑战时,希望你们能积极沟通,及时反馈，医院管理层会提供必要的支持。"

晏院长的话语落下，会议室里再次爆发出了热烈的掌声。王云飞微笑着点头，明白这掌声代表着团队成员的真诚喜悦。院领导的决策不仅肯定了软件工厂团队的成绩，更为团队的未来发展提供了坚实的保障。

王云飞代表团队发言："感谢晏院长及院领导对软件工厂团队的高度认可和支持。我们定不负期望，持续提升技术水平和服务质量，为医院信息化建设作出更大贡献。"

晏九巍微微一笑，继续说道："除了这个好消息，我还带来了医院领导对团队的要求。今天，我们医院站在信息化的十字路口，面临前所未有的挑战与机遇。为进一步引领创新，你们团队必须实施一系列更坚实有效的组织与管理策略，使软件工厂真正成为医院数字化转型的先锋部队。"

他目光坚定，侃侃而谈："首先，软件工厂的组织战略必须与医院的整体愿景无缝对接。为此，我建议设立专门的战略规划小组，负责审视和调整软件工厂的发展方向，确保每一步都精准无误，每一笔投入都能产生最大的效益。"

"此外，新的团队面貌应更加注重创新思维、工作效率和团队凝聚力。为此，我建议你们引入全新的评价模型和考核体系，确保每位同仁的努力与付出都能获得应有的认可和回报。"

随后，晏九巍还在流程优化、安全合规、知识管理、人才队伍建设等方面提出了具体指示。王云飞冯凯等人作了详尽的记录。

临近尾声，王云飞总结道："软件工厂的变革离不开医院高层的全力支持。今天，晏院长和领导们的指导为我们指明了方向。现在，我们的任务是将这些期待转化为实际行动，通过优化组织架构，简化工作流程，创建跨职能团队，营造一个开放、积极、包容的工作环境。"

晏九巍离开后，王云飞召集了组长及骨干开会，讨论院长的提议。他恢复到严肃状态："这是一个绝佳的时机，来深化我们团队的组织文化和凝

第 20 章 文化不只是说说而已

聚力。"

"我们要做的第一件事，就是继续加强组织凝聚力的建设。晏院长宣布的决策，算是给我们软件工厂提供了更加'硬核'的支持，大家要有更强的'主人翁'心态，在今后的工作中拧成一股绳。尽管软件工厂的流程已经非常细化，但正是这种细致分工，更加凸显了组织协调的重要性。我们需要共同努力，将各环节紧密相连，形成合力。"

"我们团队中有很多年轻的新员工，他们充满活力，但有时缺乏经验。因此，需要制定一些计划，帮助他们更快地融入团队。同时，也要高度重视他们的职业发展。"

"鉴于现有的资源较为有限，必须采取措施提升资源使用效率，确保每一项投入都能最大化产出，提高整体工作效率。在此过程中，保持学习的热情和集体意识尤为重要。之前开展的内部培训和知识分享，我会持续组织，只有不断学习，我们才能保持竞争力。"

结束了连轴转的会议，王云飞坐在办公室内思考如何让组织文化深入人心。恰巧，李子乘给他转发了一篇国外关于 DevOps 的调研报告，两人顺势聊了起来。

李子乘建议道："构建持续改进的学习型组织文化非常重要。首先，要确保信息的流畅传递。其次，将安全风险评估嵌入到日常流程中。最后，要达成责任共担的共识，确保每位成员都对自己的职责有明确的认识。"

"李老师，我们确实需要在可持续发展方面下更多功夫。您有什么建议吗？"

李子乘继续说道："要形成可持续的文化，可以考虑与绩效考核挂钩。要切实发挥绩效工资作用，扩大绩效工资差异，改变'守摊子''各扫门前雪'的现象，通过任务奖励激励各组高质量发展。"

"此外，加快流程自动化，以减少人为错误。重视从每个项目中提炼经验教训，并应用到未来的流程中，避免重蹈覆辙。鼓励团队保持创新精神，勇于面对失败并从中学习，迅速解决问题。最重要的是，每位成员都应增强责任心，致力于不断优化流程，提高效率，减少浪费。"

"太感谢李老师了。院长也提到要优化绩效评估体系。接下来，我会重点关注您刚才提到的方面，并尽快将这些改进措施付诸实践。"

医院更全面、更深入的支持，让团队成员们有了相对稳定的工作保障，这极大提升了团队成员的积极性。对于王云飞后续提出的一些工作要求也贯彻得当。当月的绩效考核结果显示，大部分成员的表现确实因新的管理手段而有所改善。

周末，医院附近的公园一角，阳光透过树叶洒在地上，形成斑驳的光影。王云飞和冯凯、官剑和陆立围坐在一张石桌上，交流着近期团队的变化。

王云飞看着几位老搭档，开口说道："这段时间，大家的努力确实看到了成效。"

冯凯点了点头："过去不时出现的推卸责任的现象，现在很少见了。大家的责任心确实增强了。"

官剑接着说："组与组之间虽然分工明确，但大家更愿意协同互助。遇到难题时，大家习惯性地围坐一起，就像我们现在这样，分享想法和建议，直到找到最佳解决方案。"

大家相视一笑，王云飞对这种转变倍感自豪："这是我们团队凝聚力的体现，只有过硬的战斗力才能配得上'硬核'的支持。"

陆立补充道："不过，虽然大多数人的工作态度变得更加积极，但仍有一小部分人表现如常，可能还需要想想办法，让持续学习的文化再走进他们的心里。"

王云飞点了点头，总结道："确实，道阻且长，但路在脚下，我们一步步来。"

几人静静地坐了一会儿，享受着这片刻的宁静。远处传来孩子们的笑声，仿佛也在为他们的努力加油打气。

第 20 章 文化不只是说说而已

20.4 "想都是问题，做才是答案"

"文化"成为近期王云飞的工作关键词。他目光落在面前的笔记本上，上面记录着关于"软件工厂文化"的思考和计划。在与李子乘教授的一次沟通中，他被提醒道，要想团队再有所进步，文化不能只是说说而已，必须落到实处，深入每一个员工心中。

李子乘嘱咐道："彻底改变一个组织的文化绝非易事，需要时间和耐心。为了减少成员们的抵触情绪，要在润物细无声中逐步实现。"

第二天，王云飞与技术骨干围坐在会议桌前，大屏上展示了一幅软件工厂研发机制图（图 20-1），清晰地展示出软件开发全生命周期的流程。

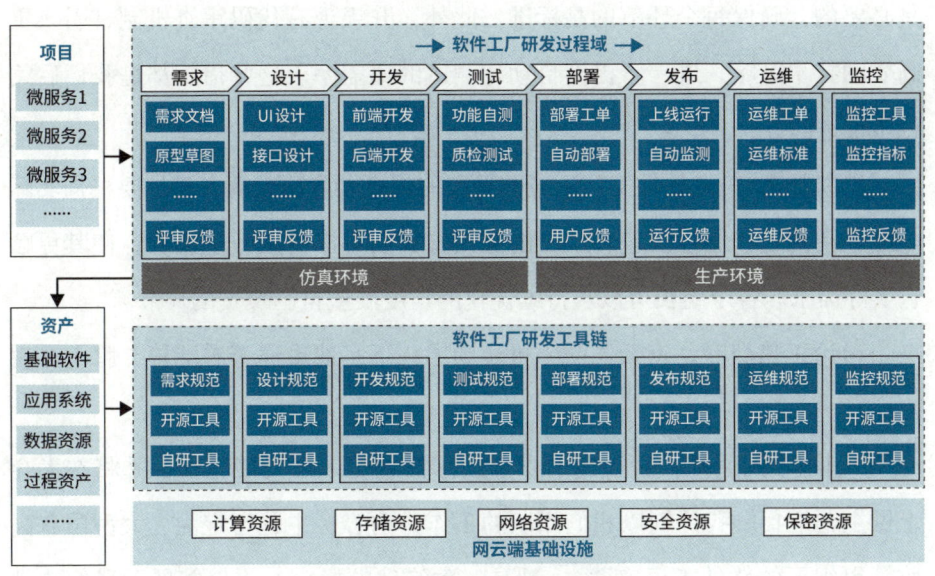

图 20-1 软件工厂研发机制图

王云飞指向图片，说道："数字化时代，软件工厂不仅是技术的革新，更是医院文化的一次深刻变革。我们必须认识到自身的有限性，贯彻持续进化的理念,让每一次迭代都更加贴近用户需求,提升我们的研发效率和产品质量。下一步,我的想法是让团队对标这个全景图,再继续查漏补缺,持续迭代我们的运行模式。"

陆立非常赞同:"主任说得对,软件工厂的核心在于持续改进与创新,我们应当从自动化流程、创新驱动到数据驱动,全方位提升研发效能。"

王云飞鼓励大家:"请大家记住,软件工厂不仅是一种实践,也是一种文化。相比一两年前,我们的工作效率可以说翻天覆地,但我们不能停滞不前。软件工厂不是一个静态的模式,我们要持续优化现有的工作流程。"

他继续说道:"想都是问题,做才是答案。就拿评审环节来说,我们有许多可以持续优化的空间。理想的评审过程应该是多维度的,涵盖同行评审、专家评审等多个层面。我们可以设立多个评审节点,包括代码审查和设计评审,及时发现潜在问题,同时加强内部知识共享。定期进行质量控制审计也是必要的,确保每个环节的高标准。此外,升级现有代码审查机制,引入更高效的技术策略,进一步提高自动化测试的覆盖率。这些措施都是我们后续稳步推进的方向。"

冯凯补充道:"软件工厂不应被繁重的规章制度所束缚,而是要根据实际情况灵活调整。通过快速和全面的反馈,我们可以持续改进流程,使其更贴合实际需求。各个组长可以从持续优化的角度展望自己负责的环节。"

讨论正热烈时,王云飞的手机震动了一下。他迅速查看屏幕,脸上浮现出惊喜。

"刚刚收到通知,我被邀请参加医疗信息化未来发展论坛,并将在大会上做主题汇报。我计划以我们团队的工作为内容,主题暂定为'大型国有高监管组织下的软件工厂实践'。这是一次绝佳的机会,不仅能展示我们软件工厂的实践成果,还能与其他医疗信息化专家进行交流,推广我们的经验和文化。"

冯凯附和道:"太好了,汇报材料要精心打磨。我们要展示软件工厂是如何提升开发效率、保证软件质量和满足合规要求的，还要分享持续改进和创新的经验。"

讨论结束后，王云飞立即组织了一个专项小组，开始筹备汇报材料。研发小组梳理了软件工厂的整个实践历程，从最初的构想到最终的成果，每一个里程碑事件都记录在案。成员们分工合作，有的撰写案例分析，有的负责收集数据和图表，还有的制作演示文稿。王云飞亲自审阅调整内容，反复演练汇报流程，确保每一个细节都尽善尽美。

论坛如期举行，王云飞登上了报告台。他沉稳自信地站在讲台前，开始了引人入胜的演讲。

王云飞首先回顾了信息中心的历史与现状，强调了在快速变化的数字时代中所遇到的种种挑战。这些挑战不仅来自技术的飞速发展，也源自用户需求的复杂化和对软件质量、安全的更高期待。

接下来，他深入浅出地讲述了软件工厂的运作理念与实践策略，并参照DevOps的理念将其总结为四个关键阶段。

第一个阶段是采办模式。王云飞介绍了在高监管环境下，软件工厂如何采用符合法规要求的"两限"创新建设模式。这种模式不仅确保了项目的合规性，还为后续软件工厂的建设奠定了基础。

第二个阶段是流程贯通。王云飞详细介绍了软件工厂如何打通从开发到运维的各个环节，实现开发运维一体化理念下的无缝衔接。他以互联网挂号系统项目为例，讲述了从自主研发，到构建仿真环境，再到打通开发、构建、集成、部署和运维环节，最终形成CI/CD的这一套完整DevOps持续交付循环过程。

第三个阶段是监控反馈。软件工厂建立了一套从运维到开发的实时监控和反馈机制，形成一个闭环的改进过程。王云飞以"互联网医院"项目为例，讲述了从运维事故梳理，到持续运维，再到打通变更、配置和质量等环节，最后实施安全左移实践和技术环境升级，完整地构建了DevSecOps的持续监控循环过程。

第四个阶段是持续学习。软件工厂鼓励团队成员保持学习的心态，尝试新技术和方法。这种持续学习的文化，帮助团队紧跟技术前沿，促进软件工厂持续创新。王云飞分享了组织结构调整、院领导的支持以及持续文化建设等方面的内容。

在演讲中，王云飞特别提到了信息化在医疗反腐中的应用。他解释道，在医疗系统中，透明度是减少腐败的关键。医院利用信息技术来防范非法统方行为，建立完善的数据管理和监控机制，保障医疗数据的安全和透明，有效遏制不当行为的发生。

台下的听众们聚精会神，不时点头表示赞同，许多人举起手机拍照记录。当王云飞提到团队如何成功应对各种挑战，信息化建设的波折，以及软件工厂文化与实践深度融合时，更是引起了信息化建设者的共鸣，屡次赢得掌声。

汇报完成后，王云飞的心情激动。他在台上分享的每一句话，每一个案例，都凝聚着软件工厂团队的心血与智慧。听众的目光充满敬意，这让他感到前所未有的成就感。

答疑环节中，许多同行对软件工厂模式表现出浓厚兴趣，纷纷提问。王云飞耐心解答，分享了更多实践心得和经验教训。尽管时间有限，王云飞还是留下了自己的联系方式。茶歇时，他再次打开手机，发现待通过的好友申请已经爆满。

这次论坛不仅让医院的软件工厂实践在行业内得到了广泛认可，也让其他医院和机构看到了在高监管环境下构建高效软件开发环境的可能性。王云飞和他的团队用实际行动证明了软件工厂不仅是技术的革新，更是文化与理念的传播，为医疗信息化的未来描绘了一幅更加光明的图景。

论坛结束后，王云飞正准备离开会场时，一位商务打扮的男士走向了他，并递上一张名片。名片上印着一家国内知名软件企业首席执行官的头衔，王云飞知道这家公司在业界以创新与高效著称。

第20章 文化不只是说说而已

"王主任，您的演讲令人印象深刻，"他的语气中充满诚意，"我们公司一直在寻找像您这样的技术领导者，您不仅展现了专业能力和技术视野，还有卓越的团队管理和项目执行力。我们非常希望邀请您来我们公司做一次深度分享。"

对方稍作停顿，继续说道："我个人也非常认同您在医院信息化建设方面的探索。其实，贵院的工作成效在业内早已声名在外。我们公司也关注贵院的信息化建设已久。如果您有意愿，我们公司空缺一位人工智能事业部总监的职位。我相信，我们所能提供的平台以及待遇，肯定能助力您在职业生涯中再上一个台阶。您可以考虑考虑，我们另找机会详聊。"

王云飞收好名片，礼貌地回应："非常感谢贵司的赏识。我需要时间仔细考虑，毕竟现在的工作对我来说意义重大。不过，我很乐意接受贵司的邀请，进行一次深入的交流。我们保持联系，有机会的话，我也想带着团队成员去拜访贵司。"

对方点头表示理解："当然，这完全没问题，期待与您进一步交流。"

离开会场的路上，王云飞的脑海里闪过各种可能性。他知道，这不仅仅是一个职业选择的问题，更是对自己职业生涯规划的一次深思。回想起两年前加入医院信息中心时的犹豫不决，这一次，他的选择异常坚定。他明白，自己肩负的责任和使命远未结束。

几天后，王云飞召集了核心团队成员，召开了一次简短的会议。

"最近收到一家知名软件企业的邀请，他们希望我能加入并担任人工智能事业部总监。"王云飞开门见山地说，"但我已经做出了决定，继续留在信息中心，带领大家一起前行。"

团队成员们纷纷表示支持。陆立说："主任，我们都相信您在这里能发挥更大的作用。医院的信息化建设还需要您带领我们继续突破呢。"

冯凯也附和道："是啊，软件工厂还有很多潜力可以挖掘，我们也都希望能在这个平台上继续成长。"

王云飞点点头："感谢大家的信任。接下来，我们将要一起面对更多的挑战，继续优化流程，提升开发效率。医院的信息化建设还有很长的路要走，但我们有信心走得更稳、更远。"

工作札记20

持续学习文化与组织进化

持续学习作为软件工厂的核心驱动力，强调个体与组织通过主动获取新知识技能提升适应性与竞争力。通过调整绩效评估标准（引入学习指标与定期考核），团队从任务执行型转向创新驱动型，使团队成员的技术敏锐度与成长潜力成为组织竞争力的关键要素。持续学习不仅旨在技术升级，更是追求认知跃迁，推动团队形成自我迭代的生态系统，最终实现开发效能与创新能力的双重突破。

透明沟通文化的构建与实践

针对沟通壁垒，团队构建了分层解决方案：在战略层通过战略规划小组确保目标对齐，在操作层采用敏捷会议机制（如每日站会）提升信息同步效率，在工具层整合沟通平台减少信息碎片化。特别提出"信任前置"理念，将情绪管理、责任共担等软性要素纳入沟通文化，通过专项培训重塑沟通范式，最终形成"开放表达—精准传递—快速响应"的良性循环，为DevOps流程贯通奠定协作基础。

软件工厂的四阶段演进逻辑

基于DevOps理念，软件工厂运作分为四个关键阶段：

（1）采办模式：采用合规的"两限"创新模式，平衡监管要求与技术创新；

（2）流程贯通：打通设计、开发到CI/CD的全链路，验证开发运维一体化可行性；

（3）监控反馈：建立监控反馈闭环，实现从事故响应到安全左移的预防性升级；

（4）持续学习：通过组织结构调整将学习机制嵌入流程，形成技术迭代与文化演进的双螺旋结构。

文化变革与持续改进机制

软件工厂的本质是动态文化变革，需要通过多维度机制保障：

- 战略对齐：设立规划小组，确保与医院整体愿景一致，聚焦投入产出效率；
- 流程自动化与知识沉淀：减少人为错误，提炼项目经验，形成可复用资产；
- 绩效牵引：通过差异化考核激励高质量发展，打破"守摊子"思维；
- 责任共担与安全内嵌：将风险评估融入日常流程，强化个体责任意识。

最终目标是构建灵活、自驱的学习型组织，通过快速反馈与迭代（如对标全景图查漏补缺），使流程持续贴合实际需求，避免静态化束缚，实现效率与创新的螺旋上升。

1　跨界

当余之南走进会议室时,他没想到接下来一段时间,还有机会客串一次记者。

每周一上午,《百姓卫健报》吴社长都会主持召开工作例会。副社长、总编辑、副总编辑、社务委员在会上汇报一周来的主要工作,吴社长组织进行工作研究,并作出具体工作部署。余之南作为融媒体的技术负责人,每次都会和其他业务口负责人一起列席会议,以便受领相关工作安排。大部分情况下,例会讨论的事情都与余之南不甚相关,余之南也就乐得自在,可以在工作笔记本上敲敲打打。

吴社长是一个相当严谨、又不失远见的老报人。尽管对技术细节不甚了解,但在新媒体兴起之初,时任副社长的他便积极推动报社转型,大胆拥抱互联网。余之南是第一个进入报社的IT技术人员,这些年在吴社长的支持下,逐步搭建起《百姓卫健报》的融媒体矩阵,保持了报社的行业影响力。正是由于技术上的创新,吴副社长得到了上级的重视,在老社长退休时顺利转正。余之南在报社也逐渐从"另类"转变为"网红",当大家都用纸笔记录会议内容时,只有他在会上使用笔记本电脑。

余之南浏览着AI技术发展相关新闻,忽然想起了以前做程序员时的场景。对比当年在互联网行业加班加点,当前工作轻松稳定,也没有什么大的技术难题。改行后,余之南工作上游刃有余,生活上也培养了不少爱好。特别是成天和编辑、记者一起,对新闻工作也有了一定了解,觉得当记者也挺有意思的,能够了解社会生活的方方面面。

会议接近尾声,余之南的思绪也从远方飘回了现实。吴社长准备结束会议,"本周重点工作基本上都讨论完了,大家看看还有没有其他事情需要提醒注意的。没有的话，今天的会就到这里。"

"有一件小事，想报告一下。"牛副总编辑——报社最年轻的副总编辑，平时话不多，今天有点欲言又止。

吴社长微笑点头后，牛副总编辑接着说道："上周去上海参会时，碰到了四方大学附属医院晏九巍院长，说是他们医院信息化工作做得很好。他们医院的信息中心搞了一个软件工厂，能够自主建设各种业务系统，响应速度快、建设质量好，有效降低了全医院管理成本，得到了主管部门肯定。晏院长希望我们能去采访报道一下。"

吴社长说道："晏九巍我见过一次，是一个专家型领导。当前大部分医院都在搞信息化建设，他们提的软件工厂，我倒还是第一次听到。可以去做个采访，好的话我们就报道，也可以给其他医院提供借鉴。"

"是，感觉应该是有可以采访报道的地方。"牛副总编辑回答道，"主要是有两个疑问，所以没有直接列到工作计划上。一是我们报社科技板块主要报道一些医疗科技进步情况，基本上不报道互联网技术发展，现在做'互联网医院'的这么多，其他医院这方面的报道也很少，如果单独报道四方大学附属医院，显得不怎么合情理；另一是我们记者大部分没有技术背景，不擅长报道互联网技术上的创新，容易出现外行看热闹现象，如果技术上的事情没有写实写准，反而容易被人做文章，出现负面舆情。"

"你的顾虑是对的。"吴社长看向余之南，"余之南，你怎么看？"

平时很少被问到采访问题，余之南感觉很突然："要不要采访报道我没法判断。只是感觉一般医院信息中心都是业务外包，找地方公司买各种系统，还是第一次听说有自己建设业务系统的，应该有新闻价值。"

"还是去看看吧。如果确实做得好，可以做两方面的工作。一方面，可以在媒体上报道他们取得的成绩，帮他们宣传技术上的创新；另一方面，可以写一篇内部参考，报给上级机关，毕竟我们也有建言献策的责任哈。"吴社长合上笔盖，"余之南，最近忙不忙，有没有时间一起去看看，改行临时当个记者试试？"

"最近还好，很多工作也能在网上处理。那我听领导安排。"

吴社长站了起来，对牛副总编辑说道："科技板块一直是你在具体负责，那就辛苦你安排一个资深记者，带着余之南一起去看看。来得及的话，今天下午就出发，争取尽快把情况摸透。"

"好。"牛副总编辑和余之南异口同声地答道。

随后，余之南收好笔记本电脑，最后一个走出了会议室。

回到办公室后，余之南赶紧请好假，和两个负责新媒体运营的同事大致商量了下本周主要工作，就走着回家收拾行李。来报社工作后，余之南一年到头也就出一两次差，不像大部分同事，办公室就放着随行包，随时可以奔赴现场。

余之南住在报社旁边，和父母一个小区。

当时他来报社也是机缘巧合，时至今日，很多老同事都不能理解他这个工资打骨折的选择。但余之南内心并不喜欢互联网行业的忙忙碌碌，报社工作按照"事少钱多离家近"的条件，一下子就占了两样，很符合他的个性。钱虽然少点，但好在余之南家境尚可，自己也没有什么费钱的爱好，报社工资足以应付日常开销。而且从另一方面来看，有充足时间辅导小孩功课，余之南在增进父子感情的同时，节约了一大笔课程培训费用。

刚收拾完为数不多的几件行李和证件，打电话和家人报备完出差安排，余之南就接到了牛副总编辑的电话。说是安排了付刚去四方大学附属医院采访，让余之南直接联系他。付刚在报社很有名，发表过多篇有影响力的内参，是一名年轻的主任记者。

2　预习

余之南一边往办公室走，一边拨通了付刚的电话："付兄，这次有机会跟你学习新闻采访了哈。打算什么时候出发？"

"我刚刚看了下车次信息，有一趟下午五点多的动卧，明天早上 7 点多就能到。我等下把车次信息发给你，咱们抓紧订票，现在只剩 8 张票了。"付刚一如既往的干净利落，"对了，这次采访主要靠你哈。我刚刚和医院那边宣传科联系了。宣传科说他们其实也搞不懂信息中心的技术工作，之前新闻宣传主要是信息中心自己写的稿子。这次采访，宣传科只能对接保障，要了解情况还是需要直接和信息中心沟通。所以在技术问题上还主要靠老弟你来沟通，我不懂的地方很多，还请不吝赐教哈。"

余之南答道："付兄客气了，采访上你是专业的。我马上买票，下午四点半打个车一起走吧？"

"好。你有时间可以上网看看他们医院之前的新闻报道，做个预习，这样后续沟通起来也能有的放矢。"

余之南回到办公室后，开始在网上搜索四方大学附属医院信息化相关的新闻和报道，还找到了医院信息中心的微信公众号，便认认真真地边读边想边记。遇到一些相关领域的知识，余之南需要上网查查资料，争取弄懂。好久没有钻研过技术相关知识了，一看起来还停不下来了，就连回家吃饭时，还在琢磨着医院软件工厂。

下午刚打上车，付刚就问道："看了四方大学附属医院信息化的相关报道没有？感觉怎么样？"

"看了，能公开找到的新闻、采购情况和学术论文都读了，确实有些东西，看来此行必有收获。"余之南笑着答道。

"哟，我中午也抽时间做了些功课，你说说看。"

"我稍微整理了一下，打印了出来，您帮忙看看。"余之南调整了下安全带，打开放在地板上的双肩背包，从内格中掏出一张 A4 纸。

四方大学附属医院信息中心信息化建设主要特点

一、基本情况

收集了近 3 年新闻报道 32 篇、采购公告 14 篇、学术论文 5 篇。从时间分布来看，近 1 年的新闻报道和学术论文占比达一半，近 2 年占比达 80%。从内容来看，主要是技术研究成果介绍和信息化服务推广。

二、主要特点

通过归类分析，信息中心近三年的信息化建设具有以下特点。

（1）建设模式上以购买服务为主

一般医院信息中心主要采购成品软件系统，即使有些地方需要调整，大部分也是在采购参数中说明，由乙方负责处理。

附属医院的采购参数在技术要求上较为宏观，但对实施人员的要求却非常细致。建设模式并非购买软件，主要是购买开发技术人员的服务，并要求供应商派出程序员驻场开发。

建设模式创新：软件主要是由人开发出来的，直接购买服务确实是抓住了问题的关键。

（2）功能开发上重视用户需求

医院在采购成品软件时，通常会选择其他医院成功应用过的产品。这类软件功能丰富，业务成熟，能够快速上手。然而，由于每个医院的实际情况各不相同，用户在使用通用软件时，往往需要付出较高的学习成本，且部分功能可能并不符合实际需求，只能将就使用。

附属医院业务软件的大量功能都是根据用户的需求定制开发的。有篇论文提到一个案例：把同一个功能做成三种不同的模式，分别满足不同类型用户的需求。

此外，附属医院大量系统放弃了传统的C/S架构（Client/Server架构，客户端/服务器架构），全面改用B/S架构（Browser/Server架构，浏览器/服务器架构），从而提升终端兼容性和更新及时性。

功能开发创新：持续听取用户意见并不断修改，打造用户认可的好用系统。

（3）系统更新特别频繁

医院的业务软件都是生产系统，承载着大量生产数据。一般情况下，只要还能用，就没有人去改动。采用新技术升级老系统，可以说是一个风险大、责任大、压力更大的事，一般没有人愿意去干。毕竟光是数据迁移就是一项艰巨的工作，升级好了没有人说好，出了问题容易被批评。

附属医院经常发布系统升级公告，且大部分系统维护升级工作都安排在周末或晚上10点后、第二天6点前。

系统升级创新：敢于并善于升级业务系统，不断解决老问题、提供新功能。

三、小结

附属医院信息中心另辟蹊径，开展业务软件建设，在多个方面都有相应的创新。建议在采访时，逐一摸清各项工作创新的运行逻辑和实际成效。

付刚看完材料后，点头说道："老弟你做事井井有条，令人佩服。如果你改行，一定会成为一名优秀的记者。"

余之南谦虚道："付兄过誉了。不知这次去，有哪些方面需要注意的？"

"我也看了一些相关报道，只能算是外行看热闹了。一是他们提到了驻场开发，这个是不是和美国马斯克推崇的第一性原则有点像，能不能从这个方面做点文章？二是我去过很多医院，看医生用的软件界面风格还停留在十几年前，看起来就像飞机面板一样复杂，这次去能不能实际看看他们系统的页面长什么样子？三是我看他们经常熬夜加班，这次去看一看工作时的精神状态怎么样？"付刚看问题的角度有些不一样。

余之南笑道："付兄，您提的这些想法属于典型的以小见大，能够从细微变化来预见整体趋势。确实很多时候软件好不好，从界面上就能看出来，现在手机上的软件越做越漂亮，医院的软件却差得有点远。"

"哈哈哈。老弟你从技术上看得透，我就只能看看面上的事情了。这次采访，主要指望你了哈。"

"付兄客气了。你是资深记者，我是跟着过去学习的。"

"哈哈哈。"

3 初识

刚到出站口，余之南和付刚就见到了早早等候的四方大学附属医院宣传科的金峰，随后被他拉到了酒店楼下的米粉店。

"两位领导，咱们入乡随俗，早餐就在这家店嗦个粉。吃完早饭后，再去办理入住。前面我联系了信息中心王云飞主任，他本来也要一起过来。但他一早有个软件工厂例会，说是9点钟在办公室恭候。我们过去的时候他差不多也开完了。"

"好的好的，早就听说咱们这里的米粉好吃，今天终于得偿所愿了。"

早上九点，余之南和付刚在信息中心主任办公室见到王云飞后，金峰就匆匆告辞去忙了。

余之南只是客串记者，付刚当仁不让地介绍了来意。王云飞没有急着接受采访，而是带着两人在信息中心参观了一圈。余之南在运维大厅看到了医院主要信息系统的运行态势，同时通过远程视频会议系统看到了软件工厂的开发现场，有那么一瞬间，仿佛又回到了在互联网公司搞程序开发的时候。和一般的医院信息中心不同，余之南觉得附属医院信息中心更像一家互联网企业，IT氛围很浓厚。

回到324主任办公室后，付刚在征得王云飞同意后，打开了录音笔，笑着看了眼余之南，然后转头问道："王主任，非常感谢您接受我们的采访。要不前半段我先向您了解一些基本情况，后面再请我的同事余之南在技术上多跟您请教。刚刚在信息中心参观了一圈，整体氛围确实感觉不一样。您来信息中心工作多久了？"

"我硕士毕业后，就一直在信息中心工作，现在已经满16年了。只不过之前在四方大学信息中心，两年多前才调到医院信息中心。"

"当时为什么选择来医院信息中心呢？"付刚继续问道。

"当时也是机缘巧合。之前我在学校信息中心，主要负责数据资源建设工作，工作上还比较顺心，和领导同事相处也比较融洽。当时医院信息中心主任岗位出现了空缺，人事部门找到学校信息中心，学校信息中心的张主任推荐我过来的。"

"来到医院信息中心之后，工作上有哪些变化呢？"

"从表面上看，都是信息中心的工作。但来这里后，跟原来的工作相比，确实发生了比较大的变化。最主要的不同就是，原来只要负责自己的一小块业务，来这里后需要负责方方面面的工作。机房、服务器、存储、网络、中间件、各种各样的软件系统，还有形形色色的终端设备，都是信息中心负责建设、运行和维护。"王云飞喝了口水，接着说，"来这里后事情更多，责任更大。当然，能够发挥的作用和取得的成绩也更大。看到各项工作向好向上，个人还是挺有成就感的。"

余之南现在也算半个IT人，看到眼里有光的王云飞，不禁暗暗钦佩。

"才两年时间，就能取得这么大的成绩，王主任是位优秀的领导。"付刚接着问道，"是什么原因，让您决定采用新的方式来开展医院信息化软件建设呢？"

"您这个问题问得非常好,之前我也自己琢磨了很久。我们现在用的这个模式叫软件工厂。当时之所以采用软件工厂,可以说是问题倒逼出来的。回过头,有时候我自己还在想,如果能有一家公司,比如说大的互联网公司,能够把医院的信息化业务做好,能够响应用户的基本需求,不要求尽善尽美,只要做得还可以就行,那我也会毫不犹豫地采购这家公司的服务。之所以选择自己下场,主要还是在市面上找不到这样一家公司。毕竟任何一家公司,都不可能真正跟信息中心站在同一个战壕。大家的诉求还是有很大的不一样,公司更看重的是项目收益,我们却需要满足多种多样的业务需求。让公司不计成本地投入,公司不愿意。让我们改个需求就要掏钱,我们也不乐意。"

听着王云飞娓娓道来,余之南想到了描述软件服务公司的段子:一流人才跑销售、二流人才做系统、三流人才来交付。以前在互联网公司跟甲方对接也是这样,往往理想很丰满,现实很骨感。

付刚有些疑惑:"那您现在也还是通过公司来做系统,这个新模式跟之前的建设模式有什么不同呢?"

"确实也是通过公司来做,毕竟现在我们也没办法改变现行的采购制度。"王云飞回答,"所以我们只能稍微改变下具体的合作方式。以前搞系统建设,我们只能提需求,系统怎么设计、怎么编码、怎么集成、怎么部署,都由公司说了算。往往一个系统建成后,只有原公司的开发人员才搞得清楚系统是怎么运行的。系统一旦上线运行,后续要做任何升级维护工作,都只能找原来的公司,钱多钱少都是对方说了算。"

"说到这,我们之前有一个系统,用了 10 年,到后来原公司所有参与过开发的程序员都离职了,原来的项目实施团队,只有老板还在。导致新需求没法加,老 bug 没法改,隔三岔五地出故障。最后,我们费了九牛二虎之力,才把数据导出来,又做了一个新的系统,总算替换掉原来的系统。"

这个味道很对,余之南暗自苦笑。之前他就职的公司,很多客户就是通过这样的方式被深度"绑定"的。

又听王云飞继续说道:"现在我们采用的这个模式,既限制基本的开发内容,又限制中标公司需要投入的人力资源。可以说是把公司绑到了我们的战壕里。系统做得好,公司能赚取合理利润,我们也能完成建设;系统做得不好,大家都一起难受。公司程序员做开发的时候,需要接受我们的直接管理,选什么样的架构、分哪几个模块、怎么设计页面、怎样集成测试、怎样部署运维,我们都有相当的话语权。开发出来的程序符合标准规范,不依赖于具体的程序员,这样换一家公司也能继续进行升级改造。"

付刚听到这里,说道:"主任,您讲得很清楚,但我开始有些听不懂了。要不后面请余之南向您请教?"

余之南刚清清嗓子,王云飞的电话响了。王云飞说了一声抱歉,走到窗边接起了电话。

几分钟后,王云飞满脸焦急和歉意:"不好意思。孩子班主任打来的电话,有点急事需要去处理下,还不知道下午什么时候才能赶回来。这样,等会儿让我们中心邢科长带两位去采访下我们中心副主任和软件工厂的程序员。中餐宣传科已经安排好了,晚餐我请你们吃特色小龙虾。"

余之南与付刚、邢科长一同,又去采访了冯凯副主任和陆立、官剑等人。下午,他们还特意与前端程序员、后端程序员、测试工程师交流了工作内容和感受,看了看软件开发相关规范文档,从而对软件工厂有了更为具体的认识。

4 服务

余之南和付刚采访完软件工厂程序员后,已是下午四点半。金峰联系了王云飞,王云飞说还要晚一点,拜托金峰将两人先送回酒店。

余之南中午也没有休息,便和付刚一道先回酒店了。

等到跟着王云飞走进大排档时，已是晚上 7 点多了。余之南看着人来人往、烟熏火燎的热闹场景，一边感受南方城市的别样氛围，一边琢磨着要跟王主任请教的问题。

等三人坐定寒暄后，余之南开口道："王主任，我们今天感觉收获满满，但还有很多问题需要向您请教。"

"您客气了，我知无不言、言无不尽。"

余之南给王云飞添了些茶水，问道："今天上午听您提到，咱们医院信息中心以前的软件建设模式存在不少问题，这方面您能再详细讲讲吗？"

"没问题，但这个很难一两句话说清楚，想到哪说到哪哈。对了，您的录音笔准备好了吧？"

"不好意思，忘了忘了。"余之南笑着从付刚手里接过录音笔，打开后摆在王云飞侧方。

"我从三个方面来讲吧。"王云飞对这个问题很感兴趣，打开了话匣子，"第一个方面，就是什么是业务软件，业务软件的本质是什么。书本上说软件是程序、数据和文档的集合。这个定义是放之四海皆准的，但不能帮我们认清楚什么是业务软件。"

"我个人认为，软件是人类思维、逻辑和创造力的一种表达方式，能够模拟复杂的现实世界过程，从而简化管理流程、提高工作效率、改善决策过程。这样来看，软件就不仅仅是一种产品，更是现实业务工作的一种模拟和优化。而现实中的业务，那就多种多样了。哪怕是同一种业务工作，不同的人也有不同的看法。不同医院的现实情况、业务逻辑更是不一样。因此，从市场上找公司买一个软件，试图满足医院的业务需求，本来就是一个不可能完成的任务。最终结果，要么弃之不用，要么只能削足适履。"

"从业务软件的本质上来看，不应该按照传统工业思维，把它做成一个标准产品，而应该按照现代工业思维，按照定制产品的方式来生产个性化的产品。与传统意义上的产品不同，软件是可以不断迭代更新的。因此，它更像是信息时代的前店后厂，随时可以对软件进行修改和完善。其实现在我们用的大部分互联网软件，已经是这样做的了。像医生买个听诊器、血压仪，可以好多年都不用换。但我们手机上用的各种软件，经常需要升级，有时候甚至大部分内容上的更新都不需要用户交互。"

"虽然软件与传统工业产品完全不同，但大部分人还是用传统眼光来看待业务软件。无论是供应商还是用户，都仍然将业务软件视为一个标准化的产品。而事实上，大部分的工业产品都是看得见、摸得着的，软件却看不见、摸不着，甚至连价格都不好衡量。比如说防火墙，防火墙本质上就是一个软件，但如果只卖软件的话，基本上没人买。外面加一个服务器壳子，一下子大家就好理解了，就可以卖得起价格。以至于时间长了，很多人都觉得防火墙就是应该长得像服务器一样，是不是这个道理？"

余之南笑着点了点头，道："确实如此。"

"所以说，对业务软件认知上的偏差，导致我们习惯性地用自己能够理解的方式去建设业务软件。生产方按照标准产品的方式去生产软件系统，用户方按照标准产品的方式去采购软件系统。大家一开始方向就搞错了，怎么可能建得好呢？"王云飞欠身帮服务员摆好一大盆小龙虾，"来来来，尝尝我们这儿的特色。"

余之南和付刚谦让着尝了一口刚出锅的小龙虾，麻辣鲜香，味道确实不错。不过比起美味的小龙虾，余之南更关心的是，到底什么是业务软件："主任，您所讲的对软件的认识非常好，我受益匪浅。但到底什么是业务软件的本质呢，能不能用生活中能够理解的概念来描述它？"

"这个问题我也想了很久，我觉得可以用'服务'这个概念来描述业务软件。举一个例子，比如说医生以前都是手写处方单，写好后就诊人拿着处方单去收费处交钱，交完钱盖好章后，再送去药房，药房再根据处方配药。这个过程中，就诊人需要来回跑，收费员、药剂师需要读处方、记账，需要花大量的时间成本。上线 HIS 系统以后，医生在系统里面开处方，就诊人可以直接在网上缴费，药房也可以根据系统信息先开始配药，这样就诊人基本上不用怎么等，就可以直接拿到自己所需要的药了。在这个过程中我们可以认为，HIS 系统就是一群看不见的助理，他们同时为医生、就诊人、收费员和药剂师服务，让他们不再需要读处方、记账、复核，大家花的时间更少了，活还干得更好了。这个服务就是有价值的，服务的价值就是业务软件系统的价值。"

"我听明白了。其实我们买软件并不是真的去买一个软件产品，而是去买一个服务组合。确实从服务的角度，能够更好理解业务软件的作用。"余之南一边点头，一边顺手接过服务员递过来的蚝油生菜，"这就好比有些餐馆用的送餐机器人，本质上是代替服务员，提供送菜上菜的服务。"

"对。菜上齐了，我们先吃饭，估计大家都饿了，先垫一下肚子，再接着聊。"王云飞举起了筷子。

确实有些饿了，余之南一边吃饭，一边思索着刚刚王主任讲的理念。自己在软件行业也干了好几年，但从来没有考虑过软件的本质是什么，今天听王云飞一讲，确实有拨云见日的感觉。

5　需求

既然软件的本质是服务，那么应该怎样搞软件建设呢？怎样才能建一个好的系统呢？余之南反复琢磨，不得其解。

眼看着王云飞放下了筷子，余之南赶紧以茶代酒，敬了王主任一杯："主任，我原来也搞过软件开发，好多问题都没有仔细琢磨过，今天听您一讲受益匪浅。我在想，既然软件的本质是服务，那软件建设应该重点关注什么问题，才能搞好建设呢？或者说我们想搞好软件建设，应该从哪里着手呢？"

"您这个问题，这就是我想说的第二个方面。软件建设的中心工作是什么，怎样才能抓住中心。这个问题，不同的人有不同的答案，同一个人在不同的阶段可能也有不同的答案。"王云飞放下茶杯，自问自答道，"我个人认为，软件建设的中心工作是需求管理。只有以用户为中心，围绕用户真实的需求开展软件建设，才有可能成功。"

"用户需求听起来很简单，但大多数时候软件都快做完了，需求还是搞不清楚或者搞偏了。一般采购软件时，采购参数里面写的都是功能指标、性能指标，很少有提到用户的需求。这些指标能不能反映真实的需求呢？这个问题很难回答。一般情况下，采购参数是不能反映真实的用户需求的。采购参数，要不就是根据已有软件的功能来写，要不就是根据自己的理解来写，很少会在完成需求调研后，根据用户的需求来写。采购参数都不能反映用户的真实需求，那么采购回来的软件怎么可能让用户觉得好用呢？这就是传统软件建设模式无法回避的一个问题。"

余之南问道："是不是先搞好需求调研，把需求摸准之后，再去采购软件就行了呢？"

"我之前也是这样想的。后来发现，根本就不可能搞清楚用户的真实需求。我个人有一个主观判断数据，就是业务软件建设之初，往往只能提准30%的需求，60%的需求有待后续持续发掘，还有10%的需求只能在客观环境变化后临机提出。也就是说在开展软件建设之前，是不可能搞清楚所有的真实用户需求的。这是因为需求这个问题，本来就是很复杂的。哪怕是用户自己说的，也不一定是用户自己真实的需求。"

"用户自己说的，都不一定是用户自己真实的需求？"余之南还是第一次听到这种说法，"这是为什么呢？"

"我举一个例子，看能不能说清楚这个问题。这是我实际遇到过的真实案例。记得那时候是在推广'光盘行动'，食堂的领导找到我，说是想要做一个系统来促进'光盘行动'。这个系统说起来也不复杂，就是在餐盘回收的地方装一个摄像头，当吃完饭大家送回餐盘的时候，采用智能识别技术，识别出具体是谁倒掉了多少剩饭剩菜。这样就能根据系统数据，对经常大量倒掉剩饭剩菜的人进行批评。"

"这个系统需求，技术上确实有一定难度。"余之南插话道。

"是的，技术上确实有一定的难度，但还是可以实现的。但这个用户需求，最主要的问题不在技术上，而在业务逻辑上。我们假设有这么一个人，他认识所有的就餐人员。然后让他站在餐盘回收处，他能够统计出大家倒掉的剩饭剩菜的数量，但他能够针对性地进行批评吗？我觉得基本上不可能。因为就餐人员可以找出 100 种理由，来证明要倒掉餐盘中剩饭剩菜的合理性，比如说鱼刺太多、盐放太多、辣椒太辣，等等。正因为如此，哪怕按照这个需求把系统建设出来，最终结果也是失败的。"

"所以当时我提出了另外一种解决方案，就是开发一个'光盘行动'的小程序。就餐人员光盘后可以拍照打卡，表现好的可以给予一定的正向奖励。这样既能促进光盘，又能降低开发的难度。因此，我们在进行需求分析的时候，不能用户说什么就怎么做，一定要判断这是不是真实的用户需求。换句话说，只有找出真实的用户需求，才能够知道业务系统应该怎样去建设，才能避免建出来一个失败的系统。"

"一方面，用户需求我们很难一次性搞清楚；另一方面，传统软件建设模式又要求必须明确需求，这是无法调和的矛盾。最终的结果，往往是逼着建设人员硬着头皮，去搞需求分析、搞项目立项、搞招标采购、搞进场实施、搞交付验收。这样得到的业务系统，往往学习成本高、故障修复慢、推广适配难。在这个过程中，一个软件系统建设的中心工作，往往就会悄悄摸摸地变成了采购公开公平、流程合规合理，而没有人真正关心用户的真实需求是什么。软件系统建成之后好不好用、管不管用，往往不是合同验收的最终标准。因为许多关键需求在合同中根本没有体现。某种程度上讲，公司确实完成了合同规定的开发内容，从合同履约的角度出发，是可以验收的，但这并不是用户真正需要的。我听到有些供应商的实施交付人员私下聊天时提到，即使用户不满意，最后还是能验收，无非只是多扯皮而已。"

余之南附和道："确实如此，我以前参与的项目都能验收。只是有些项目，验收整改时间拖得比较长。需求确实很难说清楚。"

"对啊，按照质量功能部署的说法，业务软件需求可以分为常规需求、期望需求和意外需求。常规需求指用户认为理所当然应该具备的功能，用户一般还能描述得出来。期望需求指用户说不出来，但希望要有的功能，这就得靠建设人员想办法去挖掘。意外需求指一旦有，就能够给用户带来惊喜的功能，这就更难了，一般没有对行业的深入理解是很难挖掘出意外需求的。你们说这么多需求，怎么可能在项目采购的时候就说得清楚呢。"

余之南算是一直在IT行业，但他从未从这样的角度来考虑过问题，不由得佩服王云飞看问题的角度："王主任，您这么一分析，我觉得传统的软件建设模式，确实难以建出来一个好用的系统。"

"是啊。"王云飞接过服务员手中的盘子，"来来来，再吃几个烤串。"

刚出炉的烤串外焦里嫩、鲜香多汁，每一口都是味觉的盛宴。余之南等人不由得大快朵颐。

6　好用

等烤串被消灭后，余之南举起茶杯看向王云飞："王主任，今天听您这么一说，感觉好些问题都找到了答案。软件的本质是服务，软件建设的中心是需求，还有一个方面是什么呢？"

"还有一个方面就是软件怎样才能算成功，怎样做才能提高软件建设的成功率。"王云飞刚放下喝干了的茶杯，余之南赶紧就续上了水。

这时，付刚插话道："我注意到前面王主任不管是在讲服务，还是在讲需求的时候，一直说的都是'有可能成功'。看来主任还是非常严谨，伏笔在这里呢，哈哈。"

"哈哈，确实如此。我们把软件当成一种服务，尽全力去搞清楚需求，都只是在一定程度上增加了软件建设成功的概率，不能确保软件建设一定能够成功。合同验收、项目交付，甚至试运行，都不代表软件建设就成功了。软件建设成功的唯一标准是好用，只有软件系统确确实实已经用起来了，并且用得非常好，才能说软件系统建设是成功的。这其实和前面提到的服务、需求是一脉相承的，用不起来就不能产生服务效益，也就是不符合用户的真实需求。之前大部分项目，用户能够勉强用一用，也就算对得起建设投入了。"

余之南频频点头，这种情况以前还真不鲜见，继续倾听王主任的阐述。

"为什么说好用是衡量软件建设成功与否的唯一标准呢？主要原因在于，任一软件系统上线都是对既有业务模式的一种冲击。这种冲击能不能被接受，有没有缓冲措施，都是软件建设需要考虑的问题。就像刚刚提到的 HIS，表面上看好处很多，但实际上也让一部分用户不好接受。比如说，老专家老教授习惯了手写处方，不愿意使用新系统；药剂师也有较大的学习成本；收费员甚至连工作都变没了。这些冲击都会产生反作用力，甚至还有可能导致系统完全无法使用。"

"这里面存在一个矛盾，就是系统刚做出来肯定有不少小问题。如果不用的话很难发现问题，如果用的话，用户又容易因为一个流程设计不合理、一个模块出现小故障等局部堵点，而弃用整个系统。这个问题，在传统的软件建设模式下，是比较难以解决的。业务软件系统建设往往大而全，建出来的系统往往模块多、功能杂。在很多细节问题处理上，都是开发人员拍脑袋决定。用户学习成本非常高，有些小修小改响应也很慢，既不叫好也不叫座。而且建设过程中，各方都对业务软件系统的期望很高，不管甲方乙方，都希望毕其功于一役，有一种错觉，好像当前的问题只要系统一上线都能够立马解决掉。"

"这个建和用之间的矛盾，采用传统的软件建设模式是很难解决的。用户方希望是交钥匙工程，公司又交不出这把钥匙来。平时大家买个精装房，都是毛病一大堆、各种扯皮。何况是软件这么复杂的事情，怎么可能建出来后用户就会觉得好用、就会觉得满意？可以说，业务软件用比建更难更重要。只有在推广使用过程中，各级各类用户认为使用软件获得的收益明显大于其付出的成本时，才会认为好用、才能发挥效益。"

"确实如此！"余之南不由得感叹，"我们平时用的各种软件，基本上都是大浪淘沙、去芜存菁之后留下来的，都是经历了各种应用考验的、用户觉得确实好用的软件。"

"您说得非常对。"王云飞喝了一口茶，"互联网公司建成的好用的软件系统，没有哪一个是通过项目招标采购回来的，都是组建一个团队，根据用户的需求持续迭代开发。有问题就赶紧改，有需求就赶快上，通过持续不断地打磨，最后才能得到一个精品。这个过程中，如果哪个软件不能契合用户需求和市场需要，往往就被淘汰掉了。虽然我们的软件建设模式不可能跟互联网公司完全一样，但用户对我们的期望，从来都是看齐互联网公司成功软件的，这其中的差距就是我们需要创新的地方。"

王云飞说完后，余之南沉默良久。

很多情况下，以前只看到了表面上的现象，没有看到根子上的原因。余之南再次举起茶杯："主任，今天听您这么一讲，受益颇多。以前的软件建设模式存在的问题，感觉本质上还是用传统工业的思维在生产标准件，而不是用现代工业的理念，来创造好用管用实用的作品。"

王云飞笑着点了点头。

余之南继续说道："这样看来，什么供应商绑定、代码改不动等问题，都有其内在的深层次原因。要想改变这种状态，头痛医头脚痛医脚是远远不够的。只有彻底地从理念、机制、工具等方面，进行体系化的革新，才有可能改变现有软件建设模式的问题。"

"对，确实需要整体性的改进。"余之南的说法得到了王云飞的肯定。

余之南问道："我有一个疑问，现在大部分单位应该都还是使用传统的方式在开展软件建设，而头部互联网企业基本上都在采用新的模式。为什么不能直接采用互联网的方式呢？"

"不是不能够，而是有难度。"王云飞笑着说，"你看，咱们一不小心就聊到 11 点了。你们昨天晚上估计也没休息好，要不今天回去早点休息。明天上午，我们在办公室继续？"

"好。"付刚打了一个哈欠，赶紧应承了下来。

回到酒店后，余之南和付刚商量了一下，决定明天上午分头行动。余之南专门去找王云飞采访，付刚再去找医院领导和其他科室采访。两人商定，争取明天花大半天时间完成采访，坐明天傍晚的动卧回单位。

余之南回到房间买好车票后，还在仔细复盘今天的所见所闻所感。这一天得到的信息量，比得上过去一个月。看来这次没有白来，既然找到的问题都是根子上的问题，那软件工厂的解决方案应该也差不到哪里去。

7　创新

第二天一早，余之南匆匆赶往医院信息中心，恰好碰到了刚来上班的王云飞。

"余记者，这么早啊。"

余之南赶紧凑了上去："王主任早，这不还有好多问题，想过来跟您学习一下嘛。不会太影响您工作吧？"

"不会不会，今天没有重要的会议。"

余之南到王云飞办公室后，赶紧打开昨天付刚留给他的备用录音笔，摆在了王云飞的办公桌上，顺手接过王主任递来的一杯红茶。

"主任，昨天在贵单位学习了咱们的软件开发模式，确实能够避免传统软件开发遇到的一些问题。但我感觉，昨天看到的基本上都是表象，深层次的东西我还是没搞懂。为了解决传统软件开发遇到的一些问题，您做了哪些方面的创新呢？"

"其实也说不上什么创新。我们搭建的这个软件工厂，本质上就是打破传统软件采购建设模式，采用成熟的增强安全设计的互联网软件研发模式，提升医院业务软件的持续交付能力。换句话说，软件工厂大部分做法，在互联网行业早就已经成熟了。只是受限于医院这个环境，没法直接采用互联网行业的做法。我们做的工作，就是把互联网行业的相关做法，迁移、适配到医院这个环境里来。"

余之南接话道："王主任您说得比较轻松，但我感觉这个中间还是很有难度的。要不然这个软件建设模式早就改过来了。"

"是的，简单的拿来主义确实无法达到我们想要的效果。这主要是因为我们面对的情况、所处的环境与互联网企业有很大的不同。简单地将互联网企业的成功做法搬过来，肯定会存在'水土不服'的情况。最简单的一个例子是，虽然我们大量的业务都在互联网上跑，但同时还需要有一套不连接互联网的内部网络，专门用于支撑医院日常运营的核心业务系统，以保护敏感数据和患者隐私，这个要求就比互联网公司要高一些。"

"学术界管医院信息中心这种情况，叫高监管环境。大致就是说，在高监管环境中，软件的设计、开发、部署、运维，都要受到更多的约束。包括软件建设相关的经费投入、采购流程、安全要求，也和互联网公司有很大的不同。"

余之南点头说道："在医院这个环境下，能够把互联网公司好的做法搬过来，这本来就很了不起了。正是因为很多东西没法直接用，这里面才存在需要去琢磨、去创新的地方。王主任，您能不能介绍一下咱们在这个方面做了哪些创新呢？"

"前面做的工作，可能一两句话也没法说清楚，之前也没有系统地总结过。我大致捋一捋，说得不一定对。我觉得最重要的是打破了原有的项目管理模式。我们引入了一种新的软件项目采购方式，不仅设定了一个最小开发任务的基准，以保证每个项目都有明确且可实现的目标，同时也规定了最低的人月数量，即根据项目的经费规模，供应商都必须保证一定量的人力投入。为了加强团队间的协作和沟通，我们还要求供应商派遣合格的研发人员到我们的工作场地进行驻场研发。这意味着这些程序员将直接加入我们的团队，合作更紧密。我们坚持至少80%的合同经费应该用于支付人力成本，确保大部分的资金用于聘请优秀的程序员，把钱花在刀刃上。通过这种方式，我们可以为项目的各个阶段提供稳定而充足的人力资源支持。一方面，能够确保项目能够按照预定的时间表顺利进行，实现高质量的软件基础功能交付；另一方面，能够随时响应项目中的新需求，为项目的长期成功奠定基础。"

余之南暗自佩服这个方法，问道："是不是可以理解为，这就是买程序员的开发服务，更好地去响应用户的需求？"

"对。这种方式还有一个好处，就是项目经费花在哪里，很容易说清楚。而且采用这种方式，我们能够采用边建边用边完善的方式推进项目建设。在项目的一开始，我们并不需要建特别复杂的功能，先保证几个点上能够用起来，然后根据使用情况和新的需求，逐步完善软件系统建设。像之前的模式，可能改几个点，就涉及合同变更，就要加钱。现在这种新模式下，只要人月数没有用完，我们都可以一直持续开展建设。"

余之南有些疑惑："我觉得这种方式确实很好，只是如何保证程序员最后都能发挥效益呢？会不会存在人也过来了，也开发了，但是没有产生实际成果的情况？"

"在保证开发效率方面，我们做了很多工作。一是我们采用了一套基于'人脸识别+云桌面'的解决方案，构建了一个名为'研发桌面云'的系统。该系统部署了开发环境、测试环境和仿真环境等不同的环境，能够满足不同阶段的研发需求。特别是在仿真环境中，可以模拟真实的使用场景，提前发现潜在的问题。为了支持日常工作，我们还集成了代码库、软件库、视频会议、即时通信等多种必要的工具和服务，方便程序员的日常工作。程序员使用终端盒子安全接入、刷脸登录、集中办公，现在已经实现了开发行为全程记录、考勤管理自动开展。"

余之南笑道："这样整个工作过程都在系统监管下，感觉有点可怕呀。"

"哈哈哈。其实开发行为记录主要是用于审计，绝大部分情况下都用不到。只有当个别人磨洋工，没有完成既定工作任务的时候，才会调出他的考勤记录和行为记录看一看，到目前为止，这种情况也就出现过两次。这是保证开发效率的兜底办法。"

"第二种保证开发效率的办法就是改进研发流程。在最小化运行状态下，我们也会按需求分析、前端开发、后端开发、集成测试、部署运维五个小组，分阶段开展工作。需求分析组的重点是讲清当前业务模式、预期业务模式和要解决的痛点；前端开发组采用 Vue 框架，使用 MOCK 数据[①]快速构建软件页面，并及时邀请业务方试用；后端开发组基于用户确认的系统设计，采用微服务架构进行编码实现；集成测试组在单元测试的基础上，开展功能、性能和安全性测试；部署运维组将通过测试的系统发布到生产环境，开展运行维护。"

"三是我们在质量管理方面也有一些新做法。为了使开发工作更加系统化、规范化，我们编制了一套详尽的管理规范文件，旨在覆盖从项目启动到最终交付乃至后续升级维护的每一个环节。这套规范包括《项目建设管理规范》《ER 图设计规范》《前端页面设计规范》《后端开发规范》《软件测试规范》等，覆盖了需求、设计、编码和测试的诸多环节。大到开发框架、小到变量命名都有明确要求，这样我们就能够支持开发全流程管控、源码全细节掌握、

---

① MOCK 数据：指在软件开发和测试过程中，为了模拟真实数据的行为和特性而创建的虚假数据。它通常用于在开发初期或测试阶段替代尚未准备好的真实数据，以便开发者能够快速构建和测试应用程序的功能。

升级全过程开展。这样一来，每一次系统迭代、每一项功能升级，都能够在这个规范体系内开展。在实际操作中，甲公司开发的软件，乙公司能够接手修改。同时，我们在两个研发阶段之间设置交付线，右侧小组要求参与左侧小组绩效评价，从而促使各组提升工作成效。"

"四是在工作评价上，我们全面采用了信息化的手段，自主开发了软件研发全流程管理平台。在开发过程中，组间成果交付、组内任务分发、故障跟踪处置等工作，均依托平台开展。我们能够将管理工作细化到一个页面、一个接口和一个用例的程度，不仅实现了对项目全生命周期的精细控制，也为每一位程序员提供了一个既灵活又有序的工作环境。正因为我们开发任务的分发和检查都依托系统进行，这样每个程序员的周工作纪实都能自动生成。同时，我们还内置了月度工作评价系统，各级管理人员可以依据系统预设规则综合打分，自动计算所有开发人员的月度工作绩效，并发给供应商参照执行。因为我们的绩效是建立在实际工作数据上的，相对客观公正，能够激发程序员的主观能动性。"

"您这套体系还是很完备的，实际运行效果怎么样呢？"余之南问道。

"目前来看，效果还是不错的。前期，有些优秀的程序员，当他们原来所属的供应商退场后，还愿意留下来，转聘到其他供应商，继续在这个团队工作。"王云飞边回答边起身，给余之南的茶杯添上了热水。

余之南欠身接过茶杯，问道："您说的这些，我感觉像是软件工厂的管理制度。具体来说，软件工厂怎样才能高效运行呢？"

"对，这些都是现行的运行制度。"王云飞从书柜里拿出一罐松子、一罐腰果，打开盖后摆在余之南面前，"来，我们也搞个茶歇。边吃边聊。"

8　三足

余之南一边轻轻地搓掉紫皮腰果上那层薄薄的衣，一边听王云飞介绍软件工厂高效运行的内在逻辑。

"软件工厂相关做法，和精益生产、敏捷开发、DevOps（开发运维一体化）、DevSecOps（开发安全运维一体化）是一脉相承。软件工厂要高效运行，需要从三个方面来进行优化，就像三足鼎立一样。如果把软件工厂看成一个三脚架，那么第一条腿就是速度。这个速度，是指一个功能从需求提出来，到开发、测试、集成、部署，到最后用户用上新功能，中间所需要耗费的时间。传统软件开发，这个时间通常是用月为单位来计算的。软件工厂如果运行得好，这个时间就能做到以天或小时为单位来计算。"

余之南刚拿起的松子一滑，掉进了垃圾桶："以小时为单位？这不太可能吧。"

"如果没有好的方式方法，确实不太可能。"王云飞得意一笑，"但是如果能使用正确的方法，还是完全有可能做到的。我微信上给你发一张图（图1），你看一看。这个是美军总结的软件开发最佳实践变迁情况，他们就是瞄着以天或小时为单位来计算软件更新周期。"

余之南露出疑惑的目光："那咱们该怎么做呢？"

"首先，就是要在开发环境中建立一套生产环境的仿真环境。这样程序员开发的任何功能，都能马上在仿真环境中得到验证，验证后的功能就能直接更新到生产环境中。采用传统模式建设的时候，往往做不到软件发布就能使用，经常要在生产环境里面集成调试好几周。"

"其次，需要打通从开发、测试、集成到交付部署的链路。这条链路中，所有能够自动化的环节都应该自动化。这在业界有一个标准的说法，就是持

图 1 软件开发最佳实践变迁图

续集成、持续测试、持续交付、持续部署。这项工作在以前需要编写大量自动化脚本，现在采用容器化的方式，能够非常快捷地达成目标。"

"最后，考虑到生产环境和开发环境相互隔离，中间还需要有跨网数据交互设备。这在互联网公司就没有这么多问题，开发人员和运维人员一般在同一套网络环境下工作。但在医院信息中心，开发人员和运维人员分别在不同的网络下工作，跨网数据交互非常频繁。如果没有自动化的设备，效率会很受影响。"

"软件工厂的速度要求，就相当于建立一条从需求到产品的高速公路。在原来的开发模式下，开发、测试、集成、交付、部署、运维等环节，就像一条一条的运河，运河之间还有船闸。哪怕大家都积极配合，也需要花费相当长的时间，才能完成一个功能上线。我们现在这个新模式，能够做到软件以周为单位进行开发，功能以小时为单位进行迭代，故障以分钟为单位进行修复。"

余之南不禁点赞："这个速度确实非常快！"

"我们追求速度，并不是单纯为了速度。提高速度，最主要的目的是让用户能够用起来。在软件开发上，我们可以先开发一个比较小的基础性功能集合，然后把这个功能集合先发布出来，让用户先用。用的过程中，用户就会不断提出新的需求，也能不断发现系统中存在的问题。这样，我们就能持续地、快速地改进系统，不断发布新的功能和版本，最后做到持续更新。"

"前面，我们的互联网医院系统第一版上线后，能够做到用户当天反映意见建议，程序员当天开发迭代，运维人员当晚更新上线，第二天用户就能用上新的功能。这样就有效地保护了用户信心，能够有效提升用户的参与感和获得感。以前是用户去适应软件，现在速度上来了，就可以软件去适应用户。"

余之南说道："这就实现了建用相长。"

"是的。所以说速度就是软件工厂发挥效益的第一要求。"王云飞笑着说，"软件工厂的第二条腿就是反馈。"

"反馈，具体是指什么呢？"余之南问道。

"前面讲的是加速，要想跑得又快又好，就不能出现脱节。反馈就是需求、开发、测试、集成、交付、部署、运维、监控等环节，任一环节出了问题，都能及时追溯上一个环节。业务软件系统在生产环境里面可能会出问题，或者已经出了问题的时候，都能及时反馈给开发人员进行相应的调整和修改。这样的话任何问题都不会积累，小问题也不会发酵成大问题，出了问题也能很快修复。"

余之南还是有些疑惑："那反馈具体应该怎么做呢？"

"其实刚开始我们也不知道怎样做，但我们在追求速度的过程中发现了很多问题，把这些问题解决好，其实也就把反馈工作做好了。具体来说，反馈的基础是软件开发过程中的变更管理。变更管理就是说系统有任何需求调整，或者说是功能变化，都应该要纳入到管理流程里面来，不能随意地升级程序。打个比方，追求速度就是路更畅通、车跑得更快。变更管理就是制定交通规则,让车都按照规则跑,提升系统的稳定性和安全性。"

"刚开始推行软件工厂的时候,有段时间我们忽略了软件的变更管理。大家都在努力地往前赶,但还是不可避免地发生了很多问题。回过头一看,基本上都是没有开展变更管理引发的混乱,后面不得不停下来,建立一套行之有效的变更管理体系。可以说变更管理是建立反馈的前提,没有变更管理,什么都是乱的,反馈速度再快、反馈内容再准,也没什么用。"

余之南点头附和:"确实如此。我原来在搞软件开发的时候,公司也特别强调,所有的变更都要纳入管理流程。"

"是的。没有变更管理,大家就只能各守一摊,遇到新的情况或者大的任务,就会打乱仗。反馈的核心,就是要做好持续运维和持续监控。持续监控主要是利用自动化工具,实时收集和分析生产环境中软件系统的性能指标、日志数据,从而及时发现并预警潜在问题。持续运维主要是在应用程序部署后,通过持续监控获得数据输入,根据数据情况尽量自动化地执行相应的配置调整、错误修复或系统重启等操作。持续监控和持续运维相互依赖,共同保持系统的稳健运行。有什么问题就能快速反馈给运维人员和开发人员,这样就能支撑系统更快、更智能地迭代发展。"

"现在很多互联网程序,特别是互联网上的热门应用,运维就是一项很大的工作。很多时候开发和运维确实分不太开。"余之南补充了自己的见解。

"对。如果运维和开发分开,就不可能构建一个快速的反馈循环。通过持续运维、持续监控,构建了快速的反馈循环后,一旦有问题,就能很快解决。更何况运行时间长了,通过监控特定的指标,就能够提前规避掉很多问题,防患于未然。"

"反馈最后还应当跟质量管理和配置代码化结合起来。在每次代码编写、提交和部署过程中,通过规范化编码、自动化测试、持续集成和持续交付等环节的质量检查点,一般能够保证只有符合既定质量标准的系统才能进入生产环境。但质量标准不可能一成不变,质量检查也不可能万无一失。根据反馈和修复情况，能够有效提升质量检查的有效率，甚至还能根据具体业务情况，帮助改进质量标准。"

"配置代码化不仅能够简化环境配置和管理，还能增强业务软件系统的可靠性和可重复性，从而支持更好地构建反馈机制。如果出现问题，通过配置代码化可以快速恢复到之前的稳定状态，而无需手动重建环境。"

余之南说道："可不可以这么说，速度就是从需求到交付越快越好，尽快地把新功能发布出来，提供给用户使用。反馈就是从出问题、到发现问题、到修复越快越好，尽量避免影响用户使用。如果能够在问题发生前，预测到问题并完成修复，那就更好。"

"对。除了速度和反馈，软件工厂的第三条腿就是持续学习。持续学习就是不断探索新的方法和技术，来提升开发运维工作效率。当然也不仅仅是对新技术的学习，更要改进工作流程、优化开发工具、加强文化建设。这样才能够快速适应变化，保持竞争力，持续开发出更好的业务信息系统。"

"持续学习，感觉有点学海无涯呀。"余之南感叹道。

"是的。持续学习是一个过程，既不是一朝一夕能完成的，也不是说只有达到某个条件才能开展的。在开发运维一体化中，持续学习强调的是团队和文化。在软件工厂中，团队和文化当然重要，但同时也要强化业务上的学习和安全上的加强。"

"在互联网公司，业务一般都是成型的，比较稳定，可能会有发展，但不会有剧烈的变化。开发人员一旦理解了业务，就能够长时间地在业务领域里面持续改进。软件工厂则不一样，经常开发完一个系统，马上又要投入开发新的系统。程序员能在一个系统开发上，持续干三个月，时间就已经算比较长的了。这就要求程序员能够快速地学习理解业务，这一点光靠程序员个人的学习能力，是远远不够的，还需要有很多方法和手段来支撑。"

"同样，软件工厂对安全的要求也比较高。安全要求应该和质量管理一样，从需求开始，一直到交付运维，都应有相应的措施。不同的单位、不同的行业，安全要求也各有不同。如果不是在行业内沉浸了较长时间，一般很难理解并遵守安全要求。互联网公司的安全，有专门的团队负责。但软件工厂生产的各个系统的安全，只能靠软件生产流程来保证。"

余之南叹道："听您这么一说，我好像明白软件工厂怎样才能高效地运行了。但我感觉又有一些朦朦胧胧，这里面细节性的工作非常非常多。纸上得来终觉浅，绝知此事要躬行。看来要真的搞明白软件工厂怎么运行，就要上手做一遍，像我这样走马观花还是很难搞明白的。"

"哈哈哈，您谦虚了。其实这里面真的不难，有句话怎么说来着，想都是问题，做才是答案。要是您来负责做这个工作，肯定能搞得比我们更好。"王云飞起身重新沏了一杯红茶，"来，咱们换一杯茶。要不要去一趟洗手间？"

"正有此意。"

9 度量

余之南跟着王云飞回到办公室后，坐定说："主任，我们来的时候领导安排了两项工作。一个是宣传一下咱们信息化建设取得的成绩；另外一个就是看能不能总结一下咱们这边的经验，写一篇内部参考，帮其他单位提高信息化建设水平。如果现在想把咱们这边建设的成果，或者说成功经验，复制到其他单位，有没有可能？"

"这个问题其实我们也考虑过。前期很多单位过来调研的时候，比较认可软件工厂这个模式，提到过想把软件工厂在自己单位用起来。这个在技术上和理论上，应该是完全没有问题的。但在实际操作过程中，还是有一些难度。可以说我们具备一定的可复制推广的基础，但是要比较大范围地推广还需要解决一些问题。最大的问题，就是很多工作还没有形成规范性的制度。我们这里软件工厂运行，依赖于一支小而精的技术团队，供应商的组织管理作用并不明显。推广应用软件工厂，还需要研究解决运行过程监管、研发成本度量、作用效益评估等问题。"

余之南问："前面听您说，咱们的工作管理可以细化到一个接口、一个页面、一个用例，是不是在制度建设方面已经有了相应的探索？"

"前期确实做了一些工作。比如说我们的人员绩效，基本上就是按照实际工作情况的量化值来打分的。但现在这些制度，还只是在我们这里用得比较好。真正要推广的话，还是要建立一套软件工厂的成熟度模型，支持其他单位基于成熟度模型，对软件工厂当前运行状态进行度量。有了度量结果以后，可以改进完善软件工厂运行状态，从而提升整体生产效益。"

余之南问："您这个思路很好。那我们现在有没有一套软件工厂的成熟度模型呢？"

"现在我们写了一个初稿，但是感觉还不太成熟。其实仅有成熟度模型，还是远远不够的。只是我们希望能够基于成熟度模型，改变现有软件生产的一些度量方式，甚至能够影响和改变一些制度建设。"

余之南越听越感兴趣："这个您能举例说明吗？"

"比如说软件工厂大家都普遍关注的一个点，就是成本度量。软件的成本度量，一直都是一件比较困难的事情。现在软件成本度量一般采用功能点分析法（Function Point Analysis，FPA）[①]。大致方式就是统计软件功能点数量，然后按照一定公式计算出软件开发的成本。这个方法与开发语言、开发方式、系统架构都没有什么关系，只看功能点的类型和数量。在软件开发前、部署运行后，都可以用这个方法度量软件的成本。与其他方法相比，功能点分析法的实际应用比较广泛。"

"我以前在公司也用过，但好像和程序员没什么关系。记得当时是有专门

---

① 功能点分析法：是一种用于估算软件开发成本的技术。它通过计算软件的功能点数量来评估软件的规模和复杂度，然后根据这些功能点的数量来估算开发成本。功能点分析法不考虑具体的编程语言或技术实现，而是专注于软件的功能需求。

的人来编制功能点计价报告。"余之南说道。

"对。这就是功能点计价最大的问题，就是不能反映开发过程中的实际情况。虽然作为一种估算方式，功能点分析还是比较靠谱的，但要详细度量软件的研发成本，就显得有些粗糙了。所以细化工作任务管理后，我们就在考虑改变软件成本度量的方式。由于我们的程序员工作安排粒度非常细，这样就能开展高度精确的成本追踪。例如，我们后端一个中级程序员，大约每天平均可以开发 7 个接口，并完成相应的测试工作。这样，我们能够估算出一个后端接口开发的实际成本。在开发过程中，我们会准确地记录每个软件开发涉及的所有工作，这样就能较为精确地计算出软件开发的实际成本。"

"按照这个方式，我们还发现了很多很有意思的现象。比如说，软件开发过程中，变更是不可避免的，按照功能点计价的方式，变更过程是不会体现在成本里的。在新的度量方式下，软件变更的过程成本也能比较直观地体现出来。如果是需求上的变更，我们就可以查一查，是前期需求分析不准，还是客观环境发生了变化，还是用户提出了新要求。这样就能帮我们改进需求分析工作，以前只能做原则性的要求，现在就可以说，需求分析一定要注意某某问题，如果没有注意，会带来多少钱的额外成本。"

"这个很有意思。"余之南挠了下头，"那岂不是程序员开发时出现了 bug，也能算出这个 bug 造成了多少损失？"

"确实。以前在软件开发过程中，发现了 bug，第一时间想的就是修复，只要修复好了就行。虽然也会总结很多教训，供后续开发参考，但落实的时候总是不够理想。后来，我们就尝试着度量一下修复 bug 的成本。我记得第一次度量故障修复成本，是有个程序员违反编码要求，不当使用了一个全局变量。在前期的测试、检查中都没发现，直到生产环境中才出了问题。当时故障现象还是偶发性的，排查时也没有往全局变量这个方向去想，直到后面进行代码走查时才发现问题。解决问题后，我们统计了一下投入的所有资源，折算后发现，在不考虑故障损失的情况下，光修复成本就达到了 2.4 万元。相比之下，写出这个 bug 的程序员一个月用人成本才 1 万多元。事后复盘时，有人就说，如果按照 bug 修复成本扣钱，那就两个月白干了。"

"这个例子确实很有趣。IT 行业经常讲，一个优秀的程序员，抵得上十个普通的程序员。您这个例子就生动地说明了这一点。"余之南打趣道。

"所以说，这件事发生后，我们后续很多工作也得到了改进。一是程序员看待质量管理工作的态度完全不一样了，制定的开发规范也更容易贯彻下去；二是我们的代码审计①也更严格，在不赶工期的情况下，所有变动都必须通过代码审计；三是我们的用人观点也发生了变化，初级程序员一般尽量安排一些不容易出错的、标准化程度高的工作。"

"那现在初级程序员多吗？"余之南问道。

"不多，不多，哈哈哈。"王云飞绕开了这个话题，"其实我们做软件成本度量，本意还是想探索一条新的采购路径。传统采购软件的模式，现在用的限制人月数量的模式，都感觉没有直击要害。比方说，我们要做一个系统，该怎样确定这个系统要花多少钱？这个预算是很难确定的，那么能不能签订可变价格合同②，根据实际开发运维情况付费？这些问题，我感觉有答案，但还没有找到可行的路径。如果将来有一天，能够基于软件工厂的新的成本度量方式，改变现有软件采购模式，预计能够节约大量软件建设经费。毕竟，大部分医院还是有很多系统建完后用不起来，用户又被迫开展下一期建设，一期又一期，投入的经费体量就上去了。"

余之南叹道："您说的这种情况，我们报社也存在。我想起一个问题，现在很多医疗软件开发都有相应的标准，软件工厂的开发模式是否符合这些标准？"

---

① 代码审计：是指对软件代码进行系统的检查，以确保代码的质量、安全性和符合编码标准。代码审计可以帮助发现潜在的错误、安全漏洞和不符合最佳实践的代码。
② 可变价格合同：是一种特殊的合同形式，其价格不是固定的，而是根据实际的工作量、成本或其他因素进行调整。这种合同形式适用于项目范围或工作量难以预先确定的情况。

"余记者，您找到了软件工厂推广面临的第二个难题。"

"是嘛，那算是误打误撞了。"余之南笑了。

"这样，我预计今天您过来，一时半会儿聊不完。昨天我约了四方大学李教授一起吃中饭，您一起去吧，我已经和李教授说过了。李老师是我硕士导师，我们搞软件工厂，前前后后得到了他非常多的指导，估计很多问题，您能从他那里找到更好的答案。"王云飞看了一下手表，"现在11点，您先到会议室休息下，我处理下手头几件急事，咱们11点半出发？"

余之南犹豫了一下："那就不好意思叨扰了，谢谢！"

刚走到会议室，余之南就接到了付刚的电话，说金峰安排中午一起吃饭。余之南解释说还有很多问题没有和王主任沟通完，打算中午和王主任一起吃饭，顺便再多了解一点软件工厂推广需要考虑的问题。

10　标准

余之南随王云飞在一家闽菜馆见到了李教授。这家闽菜馆，王云飞和李教授经常光顾，吃完饭后，还能边喝茶边讨论一些技术问题。

李教授比想象中的还要热情，听到余之南的问题后，微笑说道："要回答这个问题，还需要考虑软件系统的分类。虽然都叫软件，但是不同的软件开发模式和要求还是存在巨大差别的。"

余之南问道："那软件类别和软件开发需要遵守的标准有什么关系呢？"

"软件开发标准最初出现的目的，就是为了保证软件开发目标可控、质量可控、进度可控。不同类型的软件对软件开发可控性的要求是不一样的。比如说航空器上面的软件开发，可控性要求就非常高。像我们平时乘坐的航班，飞机上有各种各样的软件，这些软件有的是跟飞行控制紧密相关的，但凡有个小问题，都有可能造成严重的事故。云飞，你觉得飞机上的软件系统，跟你现在做的软件系统主要有什么区别?"

王云飞放下菜单,答道:"飞机上的软件系统,或者叫机载软件,有两个显著的特点。一是需求不怎么变化,基本上所有的软件需求在设计的时候都能够说清楚,开发完后也不会发生较大的变化。二是对软件的稳定性、安全性要求非常高,系统不能出任何故障。我们现在开发的是业务软件,需求经常变化,稳定性要求也没有那么高,和机载软件还是大不一样的。"

"是的。两者差别特别大。为了使机载软件安全可靠,航空无线电技术委员会很早就开始发布机载软件开发需要遵循的 DO-178 系列标准[①]。来,我加你微信,手头上正好有一张 DO-178C 标准认证示意图,可以说明标准的作用。"李教授听说余记者也是学计算机的,潜意识中把余之南当成了学生。

余之南赶紧掏出手机,扫码添加了李教授的微信,收到了一张 V 型图(图2)。

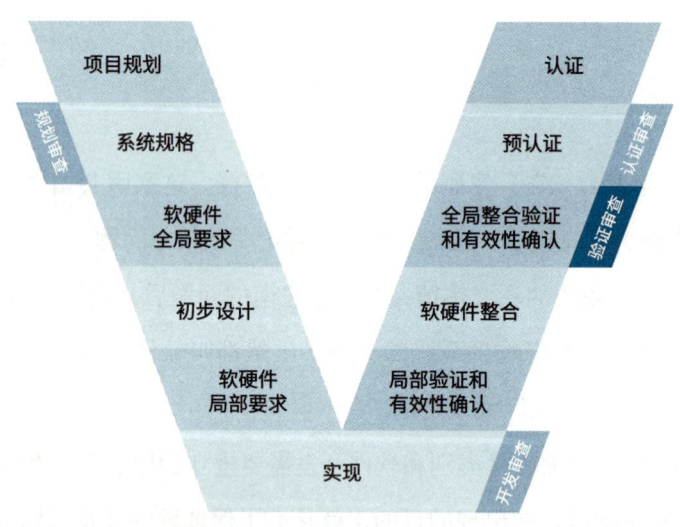

图2　DO-178C 标准审计示意图

[①] DO-178 系列标准:是航空电子领域最重要的软件开发和认证标准之一,旨在确保机载软件的安全性和可靠性。该标准为软件的设计、实现、验证和确认过程提供了详细的指导,并根据软件故障可能导致的后果,将软件划分为不同的设计保证等级。

"你看这张图,从需求到设计,再到编码,不管是代码,还是文档,都需要做大量的验证工作。这里的验证和测试相似,但内涵和范围要更大一些。我们可以看到,按照标准进行软件开发,就是一个稳扎稳打、步步为营的过程。通过大量的测试验证,确保最终得到的软件能够满足预定需求。"

余之南琢磨了一会,问道:"那这样子搞的话,写代码的人是不是还没有管写代码的人多?"

"哈哈。"李教授和王主任笑了。

李教授点点头:"写代码的人确实不多。这还不算什么,最新的DO-178C标准,还提出了基于模型的开发与验证方法[①]。也就是说,软件开发编码之前,还要先建立模型,模型还得通过测试。"

"我了解了。软件工厂的方法,不一定适合所有的软件开发。"余之南说道。

"是的。"李教授说,"但建立标准、遵循标准的思路,还是没有错的。没有标准的软件开发是走不远的,只有不适应技术发展的标准。"

"对。"王云飞给三人依次添了点茶,"我们在开发过程中,也要遵守相关标准。在标准没有修改前,我们一样需要写很多软件开发相关文档,有时还有些别扭。比如说,我们主要用原型设计工具来进行需求分析,但一样还需要写需求规格说明书。"

余之南接过茶杯,说道:"要是这样的话,还是会增加不少额外工作的。"

王云飞说:"所以软件工厂要推广,还是有些难度的。毕竟以前大家都习惯了按照标准进行管理,现在又没有新的标准出来,有些时候难免出现'两张皮'现象。"

李教授接话:"软件开发遵守标准的本意是提高软件开发可控性。但既然

---

① 基于模型的开发与验证方法:这是一种软件开发方法,它强调在编码之前先建立软件模型,并通过模拟和测试来验证这些模型的正确性和有效性。这种方法可以提高软件开发的效率和质量,特别是在复杂系统的开发中。

是标准，就不可能天天更新。所以按照软件工厂现有模式，构建一套可持续演进的标准体系也是很有必要的。特别是像医院日常办公用的业务软件，完全没有必要按照严格的工程化方法进行开发。当然，有些特殊的软件，还是需要严格遵守标准进行开发。记得之前有新闻报道，某型飞机的某型控制软件有漏洞，导致发生了坠机事故。"

余之南频频点头："所以说如果软件工厂要推广，得先看开发的软件是否适合软件工厂的开发模式。只有需求变化多、故障后果能够接受的软件，才适合使用软件工厂的开发模式。"

王云飞补充解释道："随着技术发展，其实大部分软件都能使用软件工厂进行开发。美军在软件工厂建设过程中，就提倡'更新版本而不是回退修复故障'的理念，意思就是通过持续交付和改进来解决问题，而不是简单地回到之前的稳定版本，以避免当前的问题。在一般认知里，军用软件应当稳定可靠，应该采用严格的质量管理体系，按照相应的标准进行开发。但大部分军用软件需要应对变化万千的客观态势，一味追求软件可靠性也是不对的。软件工厂模式用得好，一样可以在适应性和稳定性中取得平衡。"

余之南问道："可不可以这样理解，软件工厂讲究的是天下武功、唯快不破，而传统遵循标准的工程化方法，就是一力降十会、慢工出细活？"

"哈哈哈，就是这么个意思。"三人同时笑了起来。

王云飞招呼道："菜上齐了，来来来，先吃饭。"

11 智能

吃饭时，李教授和王云飞先聊了一些近期的工作，随后话题转到了最近热门的人工智能应用。

余之南近来对人工智能非常感兴趣，转而问道："王主任，人工智能可以和咱们的软件工厂结合起来吗？"

"其实我们现在已经有一些人工智能的应用了。"王云飞看向李教授，"这方面主要还是李教授指导我们做的，要不请李教授介绍一下？"

李教授放下筷子："人工智能对软件工厂的影响与作用，还是王主任研究得更多。我离开开发一线很久了，大致说一下人工智能对软件开发的影响，这只是一些个人思考，说得不对的，欢迎指正。个人觉得人工智能对软件开发的影响主要在三个方面。"

"一是能够扩展软件的能力域。原来很多工作，用软件来实现的话效率并不高，很多事情还得依赖人来做。有了人工智能后，可以完成很多原来做不到的工作。特别是这两年大语言模型[①]发展非常快，在检索增强生成[②]、特定内容生成、行业智能体[③]等方面，已经有了一些成功的应用案例。比如说搜索引擎，原来只能自己一个网页一个网页去找想要的东西，现在人工智能可以快速地搜索相关的知识，并且总结梳理后再展现给用户。"

"二是能够改变软件的使用方式。现有大部分软件的使用方式还是功能导向的，用户需要打开一个一个的模块，找到自己想用的功能，完成相应的工作。人工智能进一步发展后，使用软件的时候，只要跟软件说一下想要实现的目标，就能自动化完成相应的工作。这就好比最近这两年快速发展的汽车产业，有了智能座舱后，大部分人车交互都不再需要按按钮，只要说一声就能完成相应的功能调节。"

"三是能够提升软件的开发效率。大语言模型出来后，很多人开始研究自

---

① 大语言模型（Large Language Model，LLM）：是一种基于大量文本数据训练的人工智能模型，能够理解和生成自然语言文本。这些模型在自然语言处理任务中表现出色，如文本生成、翻译、问答等。
② 检索增强生成：是一种结合了信息检索和文本生成的技术。在这种模式下，模型首先从大量数据中检索相关信息，然后基于检索到的信息生成文本，从而提高生成内容的相关性和准确性。
③ 行业智能体：指针对特定行业需求定制的人工智能系统或应用。这些智能体能够理解和处理特定行业的术语、流程和规则，提供更加精准和专业的服务。

动化编码[①]，也取得了相当的进展。我们经常能看到一些报道，说是用 AI 可以自动做一个系统出来。这一块王主任最有发言权，说让 AI 完全代替程序员，现在肯定是不现实的，但是确确实实可以加快很多开发环节。比如说让 AI 写一个简单的接口，开展一些自动化的回归测试，还是很轻松的。是不是啊，云飞？"

王云飞答道："是。现在我们已经在开发环境里面部署了大模型，并且开始使用 AI 辅助开发了。让 AI 一次性生产整个模块代码还做不到，但是一段一段地生成，还是能够帮程序员减少很多工作量。"

余之南问道："那未来 AI 对软件工厂有什么影响呢？"

王云飞说："个人感觉，软件工厂有了 AI 之后，很多开发环节都能通过 AI 得到加速。软件工厂的开发效率和标准化程度能够得到有效提升。"

李教授补充道："当前人工智能在软件开发上的应用，只有当将软件开发的工序拆到足够细，才能看到明显的效果。我这里有一张图，你可以看一看。"

余之南的手机收到了一张软件开发工序图（图3）。

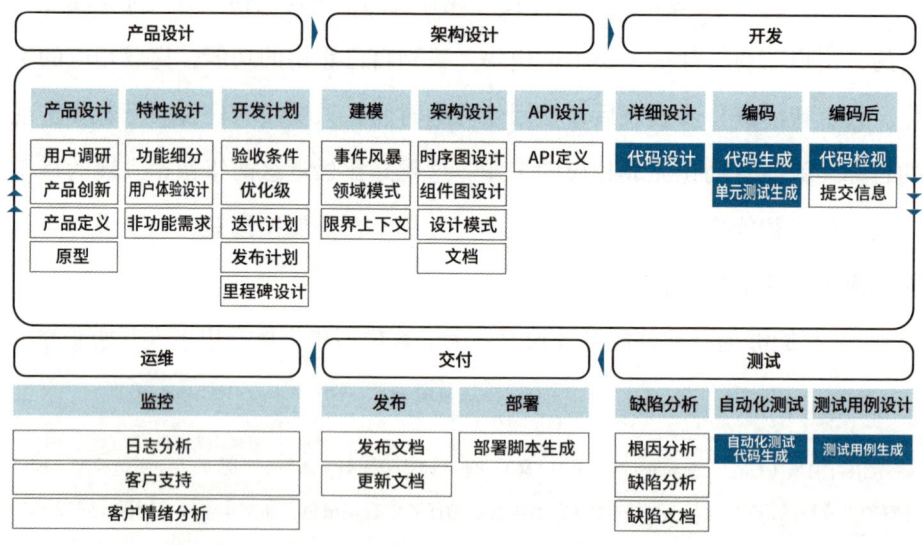

图3　软件开发主要工序

---

① 自动化编码：指使用人工智能工具自动生成或辅助生成软件代码的过程。这些工具可以基于给定的需求或设计自动编写代码，从而减少人工编码的工作量。

李教授介绍道："上面标深色的工序，就是现在人工智能应用得比较好的地方。随着时间的推移，估计以后大部分的工序都能够通过人工智能得到加速。在软件开发上，用 AI 的模式大致有三种。我再给你发一个图，看一看。"

话音刚落，余之南又收到了一张新图（图4）。

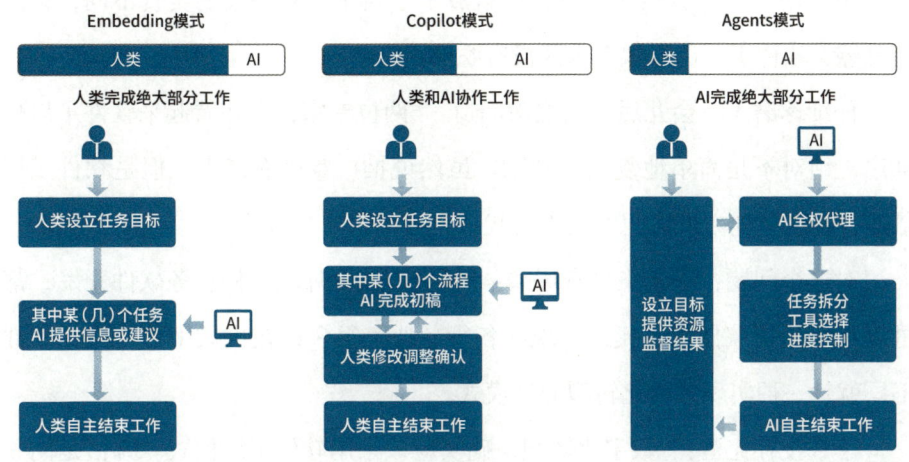

图 4　人类与 AI 的三种合作模式

王云飞笑道："李老师在斗图上从来没有输过，哈哈哈。"

"老习惯了，哈哈。"李教授也笑了，看向余之南说，"Embedding 模式下，AI 只是在几个环节起作用，大部分工作还是需要人类来完成。Copilot 模式下，AI 的作用越来越大，可以和人类协同工作，这也是目前用得最多的一种模式。随着技术的快速发展，估计未来会出现很多 Agents 模式的 AI 应用，多个 Agent 自主协同工作，到那时，软件工厂的开发队伍应该是一支虚实结合的队伍了。"

余之南还是有些疑惑："现在大模型已经有了很多创新应用，但其内在机理还是难以解释，未来真的会出现虚拟程序员吗？"

王云飞答道："有没有虚拟程序员，现在还不好说。但有了大模型后，确实很多开发工作得到了简化。未来很有可能会出现一个人就是一支队伍的情况，一个优秀的软件开发工程师，在多种 AI 工具的辅助下，可能一个人就能完整地开发出一个比较复杂的系统。这对现在的软件行业，还是有比较大冲击的。"

李教授附和道："所以我现在上课，都要想方设法地在课程中加入一些新技术新发展的介绍。"

余之南吃饭一直很快，没多久就放下了筷子。和果腹的美食不同，余之南总感觉软件工厂还有很多东西没有吃够。

仔细琢磨了一会儿后，余之南问道："两位专家，现在看起来软件工厂想推广，绝对不是简单地复制、粘贴。虽然说推广难度有点大，但是软件工厂最适合在哪些地方推广呢？回去后我想写一篇内部参考。"

对这个问题，王云飞早有琢磨："所有高监管环境，做业务软件开发，都可以参考采用软件工厂模式。现在各行各业，很多都在推数字化转型，软件工厂就是一种实现数字化转型的好模式。"

李教授补充道："数字化转型，确实应该采用软件工厂模式。哪怕是同一类型的不同单位，业务需求也会不一样。一个单位要搞数字化转型，那就只能从它自己的实际业务出发。直接买一个软件，业务模式不匹配，很容易导致转型失败。"

吃完饭后，余之南收起录音笔。虽然还感觉有好多东西想进一步弄清楚，但实在不太好意思屡屡打扰王主任和李教授，于是告别两人后，回到了宾馆。

12　契合

付刚回来后，余之南毫无倦意、满脸兴奋地拉着他，热切地讨论起今天采访的所见所闻。

"付兄，我这次跟着您，收获颇丰哈。离开互联网公司也有七八年了，第一次看到这么大的变化。您今天的采访怎么样？"

"我感觉和昨天差不多啊，在技术上确实有很多创新。但说深一点，就听不懂了。对了，我这里还有很多录音，你帮忙整理整理啊。今天采访完，医院上上下下还都是挺满意的，软件工厂确实给医院工作人员和就诊人员带来很多便利。对了，我看了他们医院工作人员用的系统界面，确实比其他医院要好看很多。"

"您对软件工厂的推广有什么看法？"

"我感觉软件工厂这个模式要推广，说难也难，说不难也不难。说难，主要是软件工厂没法直接花钱买过来，需要有一帮人认认真真地去干。说不难，就是只要有人愿意去干，建立一个相对公平的技术管理体系，应该就能干成。"

余之南说道："付兄，您说得对。今天我采访王主任他们，询问推广的事情，更多的是从技术角度来分析。"

"这次采访，确实主要是技术问题。你给讲讲今天主要有哪些技术上的收获，当然得让我听得懂哈。"

"好，正想和您讨论下呢。"余之南一五一十地给付刚讲起了今天采访的所见所闻。特别是标准化、智能化、数字化转型等等，吸引了付刚的注意，两人你一言我一语讨论了起来。

正当余之南和付刚热烈讨论时，金峰打来了电话，他正在来宾馆的路上，打算送两人去高铁站。

"不好意思，这一讨论都忘事了。要不是付兄你安排好了，咱俩说不定就误车了。"

"哈哈，主要是金峰很客气。那我们赶紧收拾收拾吧。"

余之南一路上没有闲着，他将两支录音笔内的采访录音都导了出来，利用断断续续的手机热点，通过互联网上的AI应用进行语音转写，愣是在火车到站前都一一完成了语音转文字工作。原来语音直接转文字得到的文本，里面经常有一些表达上的口语化冗余。现在 AI 应用越来越先进，可以对转写的文字进行提炼加工，最终得到的文本表达上更为精炼。粗略一算，这次采访语音转写得到的文本合计达 13 万字，提炼加工后也有 8 万字，看来真是收获满满。

回到报社后，余之南和付刚一起，先去给牛副总编辑做了汇报。

牛副总编辑听完后，向总编辑汇报了一声，随后便带着两人直接去找吴社长了。

吴社长听完余之南和付刚的汇报后，说道："这次去看看还去对了，昨天刚收到一个通知，要求我们根据《"十四五"全民健康信息化规划》，做好医院信息化建设的相关宣传工作。目前各医院正在推进信息化建设提档升级，建设智慧医院，这次采访恰好赶上了。接下来，还得辛苦一下，牛总编这边做一个系列宣传报道的计划，从下周开始陆续进行报道。同时，还要从应用软件工厂模式、加快推进智慧医院建设的角度，写一篇内部参考。"

"好。"牛副总编辑答应后，带着两人直接回办公室，研究新闻报道和内部参考的写作安排。

"这次采访，余之南做了不少工作，所有采访录音都整理出来了。按照社长部署，我想就请付刚做系列新闻报道，请余之南负责写一份内参。"

余之南连连摆手："没写过，不知道怎么写啊。"

付刚说："没关系，你先写个初稿，后面我来一起修改。"

"那就先这么定了。"牛副总编辑结束了讨论。

余之南回到办公室后，一时没有头绪。于是认认真真地读起采访的文字记录，一边读一边将关键的地方摘录出来。

等到快下班时，余之南又找来几篇之前的内参做参考，终于有了点思路，于是决定晚上加班来写。

　　第二天一早，余之南就将写好的内参初稿发给了牛副总编辑和付刚，但内心还是平静不下来。到报社工作的这段日子，余之南内心早已波澜不惊。可没想到短短一周的经历，一石激起千层浪，让余之南总觉得还有些东西如鲠在喉，不吐不快。

　　余之南一边轻车熟路地忙着工作，一边在心里琢磨着软件工厂。等到夕阳西下时，余之南忽然一念闪过：何不写本书，介绍一下软件工厂呢？

参考文献

[1] KIM G, BEHR K, SPAFFORD G. The phoenix project: a novel about IT, DevOps, and helping your business win [M]. Portland: IT Revolution Press, 2013.

[2] WOMACK J, JONES D, ROOS D. The machine that changed the world: the story of lean production [M]. New York: Macmillan Publishing Conipany, 1990.

[3] LIKER J. The Toyota way: 14 management principles from the world's greatest manufacturer [M]. New York: McGraw-Hill Education, 2020.

[4] GRABAN M. Lean hospitals: improving quality, patient safety, and employee engagement [M]. 3rd ed. New York: Productivity Press, 2016.

[5] POPPENDIECK M, POPPENDIECK T. Lean software development: an agile toolkit [M]. Boston: Addison-Wesley Professional, 2003.

[6] 刘明亮, 宋跃武. 信息系统项目管理师教程 [M]. 4版. 北京: 清华大学出版社, 2023.

[7] 吉恩·金, 杰兹·汉布尔, 帕特里克·德博瓦. DevOps 实践指南 [M]. 刘征, 王磊, 等译. 北京: 人民邮电出版社, 2018.

[8] HUMBLE J, FARLEY D. Continuous delivery: reliable software releases through build, test, and deployment automation [M]. Boston: Addison-Wesley Professional, 2010.

[9] 阿里云开发者社区. 阿里巴巴 DevOps 实践指南 [R/OL]. (2021-06-23) [2025-01-13]. https://developer.aliyun.com/ebook/428/read?spm=a2c6h.26392459.ebook-detail.2.6f8476371SW6xG.

[10] MORALES J, YASAR H, VOLKMAN A. Implementing DevOps practices in highly regulated environments [C] //Proceedings of the 19th International Conference on Agile Software Development: Companion. New York: Association for Computing Machinery, 2018.

[11] MORALES J. Challenges to implementing DevOps in highly regulated environments: first in a series [EB/OL]. (2019-01-29) [2025-01-13]. https://insights.sei.cmu.edu/blog/challenges-to-implementing-devops-in-highly-regulated-environments-first-in-a-series/#:~:text=In%20this%20blog%20post%20

series%20DevOps%20and%20HREs,%20which%20is.

［12］LAM T，CHAILLAN N. DoD enterprise DevSecOps reference design：version 1.0［R/OL］.（2019-08-12）
　　　［2025-01-13］. https://dodcio.defense.gov/Portals/0/Documents/DoD%20Enterprise%20DevSecOps%20
　　　Reference%20Design%20v1.0_Public%20Release.pdf?ver=2019-09-26-115824-583#:~:text=
　　　This%20DoD%20Enterprise%20DevSecOps%20Reference%20Design%20describes%20the%20
　　　DevSecOps%20lifecycle.

［13］USA DoD. DoD enterprise DevSecOps fundamentals［R/OL］.（2021-05-20）［2025-01-13］.
　　　https://dodcio.defense.gov/Portals/0/Documents/Library/DevSecOpsTools-ActivitiesGuidebook.pdf.

［14］CURRAN J. DoD's Zeleke：software factory count reaching 50 across agency［EB/OL］.（2023-12-05）
　　　［2025-01-13］. https://www.meritalk.com/articles/dods-zeleke-software-factory-count-reaching-50-
　　　across-agency.

［15］Air Force Technology. Lockheed supports establishment of Rogue Blue Software Factory in US［EB/
　　　OL］.（2021-05-12）［2025-01-13］. https://www.airforce-technology.com/news/lockheed-rogue-
　　　blue-software-factory/?utm_source=&utm_medium=6-212095&utm_campaign=.

［16］中国国家标准化管理委员会.计算机软件文档编制规范 GB/T 8567-2006［S］.北京：中国标准
　　　出版社，2006：4.

［17］中国国家标准化管理委员会.信息技术 软件工程术语 GB/T 11457-2006［S］.北京：中国标准
　　　出版社，2006：65，137.

［18］ROGER S，BRUCE R.Software engineering：A practitioner's approach［M］. 9th ed.New York：
　　　McGraw-Hill Education，2020：362，364-365，440，469-492.

［19］USA DoD. Test and evaluation enterprise guidebook［R/OL］.（2022-06-20）［2025-01-13］.
　　　https://www.afacpo.com/AQDocs/DOT&E%20Test%20and%20Evaluation%20Enterprise%20Guidebook_
　　　FINAL_v3%20June%202022.pdf.

［20］乔梁.持续交付2.0：业务引领的DevOps精要［M］.北京：人民邮电出版社，2022.

［21］CARNELL J. Spring microservices in action［M］.Shelter Island：Manning Publications，2017.

［22］USA DoD. DoD enterprise DevSecOps strategy guide［R/OL］.（2021-05-19）［2025-01-13］.
　　　https://dodcio.defense.gov/Portals/0/Documents/Library/DoDEnterpriseDevSecOpsStrategyGuide.pdf.

［23］MARK M. Practical security for Agile and DevOps［M］. Boca Raton：CRC Press，2022.

［24］DAVIS J，BANIELS S. Effective DevOps：building a culture of collaboration，affinity，and tooling at
　　　scale［M］.Sebastopol：O'Reilly Media，2016.

［25］HEINRICH H. Industrial accident prevention. A scientific approach［M］. New York and London：
　　　McGraw-Hill Book Company，1941.

［26］BEYER B，JONES C，PETOFF J，et al. Site reliability engineering：how Google runs production
　　　systems［M］. Sebastopol：O'Reilly Media，2016.

［27］中国国家标准化管理委员会. 信息安全技术 网络安全等级保护基本要求 GB／T 22239-2019［S］. 北京：中国标准出版社，2019：3-4.

［28］中国国家标准化管理委员会. 信息安全技术 网络安全等级保护测评要求 GB／T 28448-2019［S］. 北京：中国标准出版社，2019：2-3.

［29］HADDAD I. Strengthening license compliance and software security with SBOM adoption［R／OL］.（2024-08）［2025-01-13］. https://www.linuxfoundation.org/hubfs/LF%20Research/lfr_sbom_adoption24_082324a.pdf?hsLang=en.